普通高等教育规划教材

三菱 FX 系列 PLC 基础及应用

主　编　韩晓新
副主编　邢绍邦
参　编　刘海燕　朱品伟　吴晓庆

机 械 工 业 出 版 社

本书是普通高等教育教材，从工程实践的角度出发，强调宽基础、重应用，力争为学生今后的持续创造性学习打下好基础。本书介绍了可编程序控制器（PLC）的历史、现状及发展，并以三菱 FX2 系列为例，使学生了解 PLC 的类型、硬件构成、软件编程方法、应用开发，常用组态软件的选择、使用、编程方法，以及与 PLC 之间的通信、基于 PLC 与组态王等组态软件的系统开发等知识；还具体介绍 PLC 控制系统的设计及编程方法，并附有习题和实例参考。

本书主要作为电气工程、自动化、机电一体化专业的大学本科生的教材，对于机电行业的广大技术人员、技术工人也是一本更新知识结构及学习新技术应用的入门教材。

本书有教学课件，欢迎任课教师索取，索取邮箱为：Jinacmp@163. com。

图书在版编目（CIP）数据

三菱 FX 系列 PLC 基础及应用/韩晓新主编．—北京：机械工业出版社，2010. 8（2022. 1 重印）
普通高等教育规划教材
ISBN 978 - 7 - 111 - 31141 - 6

Ⅰ．①三…　Ⅱ．①韩…　Ⅲ．①可编程序控制器 - 高等学校 - 教材　Ⅳ．①TM571. 6

中国版本图书馆 CIP 数据核字（2010）第 122383 号

机械工业出版社（北京市百万庄大街 22 号　邮政编码 100037）
策划编辑：吉　玲　责任编辑：吉　玲
版式设计：霍永明　责任校对：李锦莉
责任印制：张　博
涿州市般润文化传播有限公司印刷
2022 年 1 月第 1 版 · 第 7 次印刷
184mm × 260mm · 16. 75 印张 · 409 千字
标准书号：ISBN 978 - 7 - 111 - 31141 - 6
定价：45. 00 元

电话服务　　　　　　　　网络服务
客服电话：010-88361066　机　工　官　网：www. cmpbook. com
010-88379833　机　工　官　博：weibo. com/cmp1952
010-68326294　金　书　网：www. golden-book. com
封底无防伪标均为盗版　机工教育服务网：www. cmpedu. com

前　言

可编程序控制器（PLC）是一种基于计算机技术、专为在工业环境下应用而设计的电子控制装置，它采用可编程的存储器，用来存储用户指令，通过数字或模拟的输入/输出，完成一系列逻辑、顺序、定时、计数、运算等确定的功能，来控制各种类型的机电一体化设备和生产过程。当今的PLC吸取了微电子技术和计算机技术的最新成果，得到了快速的发展。从单机自动化到整条生产线的自动化，乃至整个工厂的生产自动化；从柔性制造系统、工业机器人到分散式网络化控制系统，PLC都承担着极其重要的角色，从而被称为“先进国家工业三大支柱”之一。

鉴于上述原因，目前国内外大专院校的机械、电气、机电一体化专业及其他有关专业都普遍开设了PLC这门课程。但PLC的产品和其他电子产品一样，具有种类较多、发展较快的特点，因此常常造成教材内容、教学专用设备和企业实际应用脱节，内容滞后于产品技术发展的现状。有感于此，我们查阅了大量国内外PLC的资料，选择了有代表性的日本三菱FX2系列PLC作背景机，讲述其原理、应用及编程方法。FX2系列有多种模块、功能齐全、性能价格比高，是各大专院校购置实验装置时的较佳选择。同时通过掌握一种型号的PLC后，在选择使用其他型号的PLC时也可触类旁通，相互参照。

本书的主要内容是阐述三菱FX2系列PLC的类型、硬件构成、软件编程方法、应用开发和常用组态软件的选择、使用、编程方法及与PLC的通信、基于PLC与组态王等组态软件的系统开发等知识，具有与PLC应用实际紧密联系、突出实践性、侧重典型性、淡化纯理论性、强调综合应用性的特点。在教学中，综合应用性这一特点往往容易被忽视。因为在工业自动化控制领域，一个实际使用的控制系统往往是很复杂的，本书把机械、电工、电子、液压、气动和计算机等知识与PLC知识有机地综合起来，增设的一些实践教学项目以提高学生分析问题和解决问题的能力，培养学生的创新和综合应用的职业能力，真正实现学生毕业后在PLC技术应用领域“零距离上岗”的最终教学目标。

本书由江苏技术师范学院韩晓新主编并负责第1、7章编写，副主编邢绍邦负责第6章编写，刘海燕负责第2、3章编写，吴晓庆负责第4、5章编写，朱品伟负责本书所有插图、表的设计与编排，全书由韩晓新负责统稿并审阅全稿。此外，江苏技术师范学院教务处为本书的编写提供了立项资助，编者在此表示衷心感谢。

由于编者水平有限，书中难免有不少遗漏和错误之处，敬请广大读者批评指正。

编　者

目　录

前言
第 1 章　可编程序控制器概述 …… 1
1.1　可编程序控制器的分类及特点 …… 1
1.2　可编程序控制器的组成和工作原理 …… 3
1.3　三菱产品概述 …… 8
1.4　FX 系列 PLC 的编程器件 …… 12
习题 …… 25
第 2 章　基本逻辑指令 …… 26
2.1　逻辑取及输出线圈（LD/LDI/OUT） …… 26
2.2　触点串联（AND/ANI） …… 27
2.3　触点并联（OR/ORI） …… 28
2.4　串联电路块的并联（ORB） …… 28
2.5　并联电路块的串联（ANB） …… 29
2.6　多重输出电路（MPS/MRD/MPP） …… 30
2.7　主控触点（MC/MCR） …… 33
2.8　自保持与解除（SET/RST） …… 34
2.9　计数器、定时器（OUT/RST） …… 35
2.10　脉冲输出（PLS/PLF） …… 36
2.11　脉冲式触点指令（LDP/LDF/ANP/ANF/ORP/ORF） …… 37
2.12　逻辑运算结果取反（INV） …… 40
2.13　空操作指令（NOP） …… 40
2.14　程序结束指令（END） …… 41
2.15　编程注意事项 …… 42
2.16　编程实例 …… 43
习题 …… 52
第 3 章　状态图与顺控指令 …… 55
3.1　状态转移图 …… 55
3.2　编程方法 …… 59
3.3　状态的详细动作 …… 66
3.4　操作方式 …… 68
习题 …… 74
第 4 章　功能指令 …… 75
4.1　功能指令通则 …… 75
4.2　程序流控制（FNC 00 ~ FNC 09） …… 83
4.3　传送与比较（FNC 10 ~ FNC 19） …… 90
4.4　四则与逻辑运算（FNC 20 ~ FNC 29） …… 96
4.5　循环移位与移位（FNC 30 ~ FNC 39） …… 101
4.6　数据处理（FNC 40 ~ FNC 49） …… 105
4.7　高速处理（FNC 50 ~ FNC 59） …… 111
4.8　方便指令（FNC 60 ~ FNC 69） …… 116
4.9　外部 I/O 设备（FNC 70 ~ FNC 79） …… 122
4.10　外部设备 I/O 功能指令 …… 129
4.11　实数处理（FNC 110 ~ FNC 147） …… 133
4.12　点位控制（FNC 155 ~ FNC 159） …… 139
4.13　实时时钟处理（FNC 160 ~ FNC 169） …… 150
4.14　码制转换指令 …… 154
4.15　触点比较（FNC 224 ~ FNC 246） …… 156
4.16　编程注意事项 …… 158
习题 …… 162
第 5 章　FX 系列 PLC 的通信方案 …… 164
5.1　FX_{2N}—16CCL—M 型 CC—Link 系统主站块 …… 164
5.2　FX_{2N}—32CCL CC—Link 接口模块 …… 166
5.3　FX_{2N}—64C—M 型 CC—Link/NT 系统主站模块 …… 167
5.4　FX_{1N}—232—BD/FX_{2N}—232—BD RS—232C 通信板 …… 168
5.5　FX_{2NC}—232ADP RS—232C 适配器 …… 169
5.6　FX_{2N}—232IF RS—232C 通信接口模块 …… 170
5.7　FX_{1N}—485—BD/FX_{2N}—485—BD RS—232C 通信板 …… 171
5.8　FX_{2NC}—485—ADP RS—485C 通信板适配器 …… 172
5.9　FX—485PC—IF RS—232C/RS—485 转换接口 …… 173
5.10　FX_{1N}—422—BD/FX_{2N}—422—BD

RS—422 通信板 …… 174
5.11　N：N 网络 …… 175
5.12　并联 …… 176
5.13　微机链接 …… 177
第 6 章　组态软件控制技术 …… 179
6.1　组态王软件介绍 …… 179
6.2　组态王程序设计步骤 …… 180
6.3　创建新工程 …… 181
6.4　定义设备与变量 …… 183
6.5　制作图形画面 …… 190
6.6　建立动画连接 …… 194
6.7　命令语言编程 …… 198
6.8　程序运行 …… 202
第 7 章　可编程序控制器的设计与应用 …… 205
7.1　PLC 控制系统设计的内容与步骤 …… 205
7.2　PLC 的硬件设计 …… 207
7.3　PLC 的软件设计 …… 211
7.4　可编程序控制应用举例 …… 215
7.5　可编程序控制应用参考选题 …… 249
参考文献 …… 259

第1章　可编程序控制器概述

可编程序控制器（Programmable Controller，PC，后又称为PLC）是近几年迅速发展并得到广泛应用的新一代工业自动化控制装置。它的产生和发展与继电器有很大的关系。继电器是一种弱电信号控制强电信号的电磁开关，在复杂的继电器控制系统中，故障的查找和排除是非常困难的，如果工艺要求发生变化，就得重新设计电路、连线安装，严重地影响生产。显然，将计算机功能的完备、灵活、通用与继电器控制系统的简单易懂、操作方便、价格便宜等优点结合起来，制造一种新型的工业控制装置成为电气控制系统的发展方向。

1969年，由美国数字设备公司（DEC）研制出第一台可编程序控制器并在GM公司汽车生产线上首次应用成功，实现了生产的自动化控制。此后，日本、德国等相继引入可编程序控制器，使之迅速发展起来。这一时期它主要用于顺序控制，虽然也采用了计算机的设计思想，但当时只能进行逻辑运算，故称为可编程序逻辑控制器，简称PLC（Programmable Logic Controller）。

20世纪70年代后期，随着微电子技术和计算机技术的迅速发展，可编程序控制器在原有逻辑运算的基础上，更多地具有了计算机的功能，不仅用于逻辑编程取代硬连线逻辑，还增加了运算、数据传送和处理等功能，真正成为一种电子计算机工业控制装置，而且做到了小型化和超小型化。这种采用微电脑技术的工业控制装置被简称为PC，但由于PC容易和个人计算机（Personal Computer）混淆，所以人们仍习惯沿用PLC作为可编程序控制器的缩写。

PLC具有可靠性高、编程简单、通用性好并且易于安装维护的优点，它的几种常见的控制类型为逻辑控制、生产监控、模拟量控制、闭环调节控制、大型控制网络。正是由于它的这些控制功能使其被广泛应用于冶金、化工、机械、印刷、电子、电力、建筑建材、交通等几乎所有的工业控制领域。

1.1　可编程序控制器的分类及特点

PLC的种类很多，其实现的功能、内存容量、控制规模、外形等方面均存在较大的差异。因此，PLC的分类并没有一个严格的统一标准，而是按结构形式、控制规模、实现的功能、生产地域等大致进行分类。

1. 按结构形式分类

PLC按照硬件的结构形式可以分整体式和组合式。整体式PLC外观是一个长方形箱体，又称为箱式PLC。组合式PLC在硬件构成上具有较高的灵活性，其模块可以像拼积木似的进行组合，构成具有不同控制规模和功能的PLC，因此这种PLC又称为积木式PLC。

（1）整体式PLC

整体式PLC的CPU、存储器、I/O安装在同一机体内（如三菱的FX系列），其特点是：结构简单、体积小、价格低。

（2）组合式 PLC

组合式 PLC 为总线结构。其总线做成总线板，上面有若干个总线槽，每个总线槽上可安装一个 PLC 模块，不同的模块实现不同的功能。PLC 的 CPU、存储器和电源等做成一个模块，该模块在总线板上的位置一般来说是固定的，而且该模块也是构成组合式 PLC 所需的。其他模块可根据 PLC 的控制规模、实现的功能进行选取，安装在总线的其他任一总线槽上。组合式 PLC 的总线板又称为基板。其特点是：系统构成灵活性较高，可构成具有不同控制规模和功能的 PLC，价格较高。

2. 按控制规模分类

I/O 点数是衡量 PLC 控制规模的重要参数。因此，PLC 按控制规模可分为小型 PLC、中型 PLC 和大型 PLC。

（1）小型 PLC　I/O 点数在 256 点以下。

（2）中型 PLC　I/O 点数在 256 ~2 048 点之间。

（3）大型 PLC　I/O 点数在 2 048 点以上。

3. 按实现的功能分类

按照 PLC 所能实现的功能不同，可以把 PLC 大致分为低档 PLC、中档 PLC 和高档 PLC 三类。

（1）低档 PLC　具有逻辑运算、计时、计数、移位、自诊断、监控等基本功能，还具有一定的算术运算、数据传输，以及比较、通信、远程和模拟量处理功能。

（2）中档 PLC　除了具有低档 PLC 的功能外，还具有较强的算术运算、数据传输和比较、数据转换、远程、通信、子程序、中断处理和回路控制功能。

（3）高档 PLC　除了具有中档 PLC 的功能外，还具有带符号的算术运算、矩阵运算、函数、表格、CRT 显示、打印等功能。

4. 按生产地域分类

目前，PLC 产品按地域可分成三大类：美国、欧洲和日本产品。美国和欧洲的 PLC 技术是在相互隔离情况下独立研究开发的，产品有明显的差异性；日本的 PLC 技术是从美国引进的，对美国的 PLC 产品有一定的继承性。但是，日本的主推产品定位在小型 PLC 上，而欧美以大中型 PLC 为主。

我国从 1974 年也开始研制 PLC，1977 年研制成功了以微处理器 MC14500 为核心 PLC，并开始工业应用。令人遗憾的是，国产 PLC 始终没有突破性的发展，占有市场份额很小。

（1）美国 PLC 产品

美国是 PLC 生产大国，有 100 多家 PLC 生产厂商，其中著名的有 A-B 公司、通用电气（GE）公司、莫迪康（MODICON）公司、德州仪器（TI）公司、西屋公司等。其中 A-B 公司是美国最大的 PLC 制造商，其产品约占美国 PLC 产品市场的一半。

（2）欧洲 PLC 产品

德国的西门子（SIEMENS）公司、AEG 公司和法国的 TE 公司是欧洲著名的 PLC 制造商。德国西门子的电子产品以性能精良而久负盛名，在中、大型 PLC 产品领域与美国的 A-B 公司齐名。

（3）日本 PLC 产品

日本的小型 PLC 最具特色，某些需要用欧美的中型机或大型机才能实现的控制，日本的小型机就可以解决。在开发复杂的控制系统方面明显优于欧美的小型机，所以十分受用户欢迎。日本有许多PLC制造商，如三菱、欧姆龙、松下、富士、日立、东芝等，在世界小型PLC市场上，日本产品约占有70%的份额。

1.2　可编程序控制器的组成和工作原理

PLC的种类很多，但其组成的一般原理基本相同，其实质是一个新型的工业控制计算机。本书以三菱FX系列的PLC为例进行讲述，以后不再说明。

1.2.1　可编程序控制器的硬件组成

PLC主要由单板机、I/O接口、电源、扩展接口、编程器接口、存储器接口和编程器组成，其结构框图如图1-1所示。

1. 单板机

PLC的单板机即为CPU板，它包括一台基本计算机必须的部件：中央处理器（CPU）、存储器（RAM、ROM）、并行接口（PIO）、串行接口（SIO）、时钟（CTC）。它的作用是对整个PLC的工作进行控制，工作分两部分：一部分是对系统进行管理，如自诊断、查错、信息传送时钟、计数刷新等；另一部分就是根据用户程序执行输入/输出操作、程序解释执行操作等。

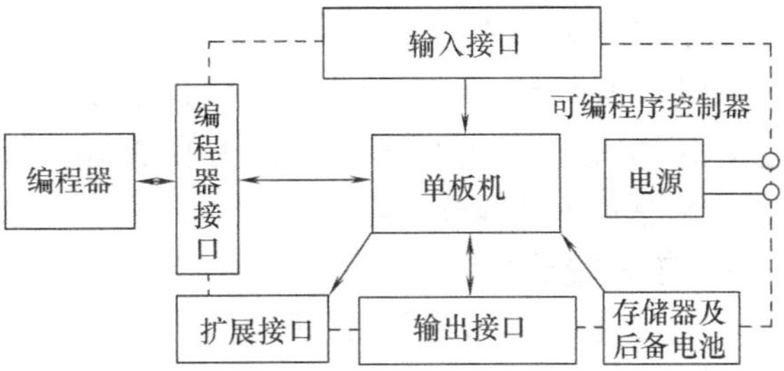

图1-1　可编程序控制器的硬件结构框图

单板机中的CPU主要采用通用微处理器、单片机和双极行位片式微处理器三种类型。常用的通用微处理器有：8位微处理器，如Z80A、8085、M6800、M6809等；16位微处理器，如8086、M68000等。常用的单片机有8039、8031、M6801等。常用的双极行位片式微处理器有AMD2900、AMD2903等。PLC的档次越高，CPU的位数也越多，功能指令也越强。FX_{2N}系列的PLC使用的微处理器是16位的8096单片机。

单板机中的存储器主要用于存储系统监控程序及系统数据，并且用于生成用户环境。其容量的大小取决于系统的工作能力和系统程序的质量。

串行接口和并行接口用于CPU与接口器件交换信息，它的数量取决于系统规模的大小。

单板机中的定时器/计数器用于产生系统时钟及用户时钟信息。这里我们要注意，在一台单板机中，CTC的数量是很有限的，但经过系统监控程序的处理，可以产生几十个甚至数百个相对独立的计数器和定时器。

PLC用于存储用户程序及参数的存储器有三种类型。一种是RAM，通常都是CMOS型的，耗电极微。在PLC中通常都用锂电池作后备，这样在失电时不会损坏程序，在调试时很方便。为了防止偶然操作失误而损坏程序，还可采用EPROM或EEPROM，在程序调试完成后就可以固化。但EPROM的缺点是写入时必须用专用的写入器，擦除时要用专用的擦除器，这对于用户是很不方便的。因此，最近的发展是采用电可擦除只读存储器（EEPROM），它的写入和擦除只需用编程器即可，而不再需要其他的装置。

2. I/O 接口

I/O 接口是 PLC 与现场 I/O 设备或其他外部设备之间的连接部件。PLC 通过输入接口把外部设备的状态或信息读入 CPU，用户程序运算与操作后，把结果经输出接口传送给执行机构。输入接口对输入信号进行滤波、隔离、电平转换等，把输入信号的逻辑安全可靠地输入到 PLC 的内部。输出接口是把程序执行的结果输出到 PLC 的外部，输出接口具有隔离 PLC 内部电路和外部执行元件的作用，还具有功率放大的作用。

（1）输入接口电路

各种 PLC 的输入接口电路大都相同，通常有两种形式：一种是直流输入，其输入器件可以是无源触点或传感器的集电极开路晶体管，它又进一步分为源型（共“+”端）和漏型（共“-”端）；另一种是交流输入，这实际上是将交流信号经整流、限流后再通过光耦合器传入 CPU。

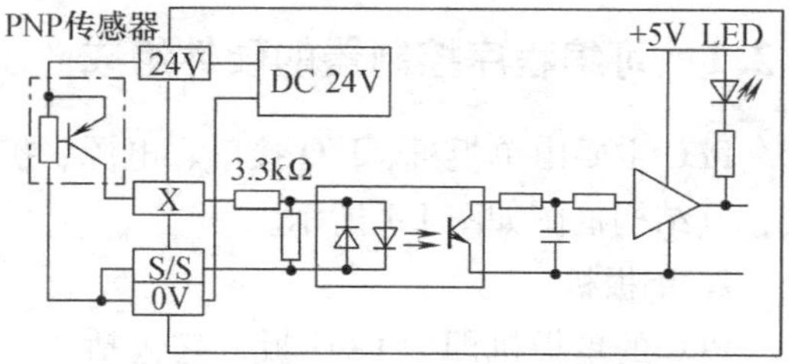

图 1-2 FX 系列 PLC 输入电路

图 1-2 所示是 FX 系列 PLC 的输入电路（包括 RUN 输入）的例子。此例为直流源型，它包括如下几部分内容。

1）输入端子

当电流通过输入端子时，输入信号接通。公共端为“+”的是源型；公共端为“-”的是漏型。对于源型机，将 S/S 端与 0V 相连；对于漏型机，将 S/S 端与 24V 连接。输入信号为 ON 时输入指示灯亮。所有输入的公共端是 S/S 端子（而不是接地端）。

2）输入电路

输入电路的一次电路与二次电路用光耦合器隔离。二次电路中设有 RC 滤波器，这是为防止由于输入触点的颤振、输入线混入的噪声引起误动作而设计的。因此，外部输入从 ON 到 OFF 或从 OFF 到 ON 变化时，PLC 内部有约 10ms 的响应滞后。

3）输入灵敏度

PLC 的输入为 DC 24V 7mA。引起输入动作的最小电流为 2.5～3mA，但为了确实启动，必须取 4.5mA 以上。为了确实切断，必须取 1.5mA 以下。

4）传感器用外部电路

PLC 的输入电流是由 PLC 内部的 DC 24V 电源供给的，因此，光电开关等传感器用外部电源驱动时，该外部电源须为 DC 24V ±4V，传感器的输出晶体管须为 PNP 型集电极开路型（对于源型）或 NPN 型集电极开路型（对于漏型）。

（2）输出接口电路

输出通常有三种形式：一种是继电器输出型，CPU 接通继电器的线圈，继而吸合触点，而触点与外线路构成回路；另一种是晶体管输出，它是通过光耦合使开关晶体管通断以控制外电路；再一种就是晶闸管输出型，这里的晶闸管是采用光触发型的。

1）公共点

输出端子有两种接法：一种输出是各自独立的（无公共点）；另一种为每 4～8 个输出点构成一组，共用一个公共点。在输出共用一个公共端子范围内，必须用同一电压类型和同一电压等级，但不同的公共点组可使用不同电压类型和等级（如 AC 200V、AC 100V、DC

24V 等）的负载。各输出公共点之间是相互隔离的。

2）电路隔离

继电器输出型是利用输出继电器的触点和线圈，将 PLC 的内部电路与外部负载电路进行电气隔离；固态继电器（SSR）输出型是在 PLC 的内部电路与输出器件（三端双向晶闸管开关器件）之间用光敏晶闸管进行隔离；晶体管输出型是在 PLC 的内部电路与输出晶体管之间用光耦合器进行隔离。

3）响应时间

继电器型响应时间最长，从输出继电器的线圈通电或断电到输出触点 ON 或 OFF 的响应时间均为 10ms。SSR 型和晶体管型的响应时间都很短，SSR 型从光敏晶闸管驱动（或断开）到输出三端双向晶闸管开关器件 ON（或 OFF）的时间为 1ms 以下，晶体管型从光耦合器动作（或关断）到晶体管 ON（或 OFF）的时间为 0.2ms 以下（在 24V 20mA 时）。

4）输出电流

FX 系列 PLC 输出接口电路如图 1-3 所示。

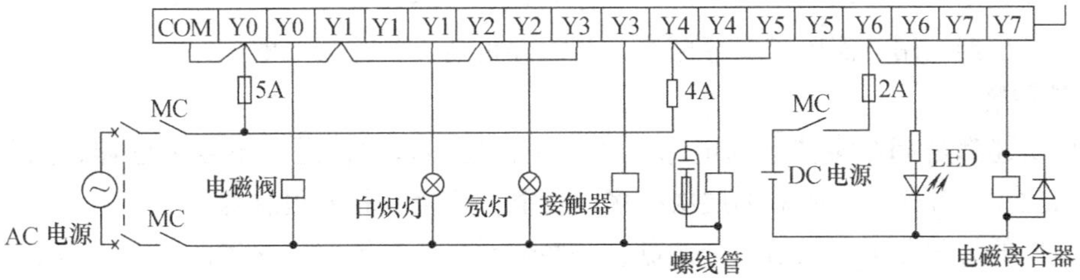

图 1-3　FX 系列 PLC 输出接口电路

继电器型在 AC 250V 以下电路电压时可驱动负载为：纯电阻负载 2A/1 点；感性负载 80V · A 以下（AC 100V 或 AC 200V）；灯负载 100W 以下（AC 100V 或 AC 200V）。

驱动感性负载时，容量越大，触点寿命就越短。另外，根据输出触点的不同，直流感性负载启闭时，要将该负载与并联分流二极管连接，最大电压要在 DC 30V 以下。

SSR 型每点的输出电流最大为 0.3A，但是，为了防止温度上升，每 4 点的总电流必须在 0.8A 以下（1 点平均 0.2A）。浪涌电流大的负载，开关次数频繁时，电流有效值要取 0.2A 以下。

晶体管型每个输出点可有 0.5A 电流。但是，因有温度上升的限制，每 4 点输出总电流不得大于 0.8A（1 点平均 0.2A）。因为输出晶体管的通态电压降约为 1.5V，所以驱动半导体器件等时，要考虑这 1.5V 的压降。

5）开路漏电流

继电器型输出触点 OFF 时没有漏电流。

SSR 型输出端子处接有关断用 C—R 吸收电路，故有开路漏电流（1mA/AC 100V，2mA/AC 200V），可能引起微小电流负载的误动作，所以负载应在 0.4V · A/AC 100V，1.6V · A/AC 200V 以上。若小于该指标或接灯负载时，还应并接浪涌电流吸收电路。

SSR 输出型与继电器输出相比，有较大的开路漏电流，它能使 MY—1、LY—2 等小型继电器保持动作，使用时应加以注意。晶体管输出型的开路漏电流在 100μA 以下。

3. 电源

PLC 的供电电源是 AC 220V，也有用 DC 24V 供电的。PLC 对电源稳定度要求不高，内部有开关式稳压电源，电源的交流输入端一般有尖峰脉冲吸收电路，以提高抗干扰能力。允许电源电压在额定值 -15% ~10% 的范围内波动。现在大部分 PLC 电源部分还有 DC 24V 输出，用于对外部传感器等供电，但电流一般都不超过 100mA。

4. 扩展接口

扩展接口是用于扩展 I/O 单元的，它使 PLC 的点数规模配置更为灵活。这种扩展接口实际上为总线形式，或以配接开关量的 I/O 单元，也可配置如模拟量、高速脉冲等单元以及通信适配器等。在大型机中，扩展接口为插槽扩展基板的形式。

5. 编程器接口

PLC 本体上通常是不带编程器的。为了能对 PLC 编程及监控，PLC 上专门设置有编程器接口，通过这个接口可以连接各种形式的编程装置，还可以利用此接口做一些监控的工作。

6. 存储器接口

为了存储用户程序以及扩展用户程序存储区、数据参数存储区，PLC 上还设有存储器扩展口，可以根据使用的需要扩展存储器，其内部也是接到总线上的。

7. 编程器

上面所述都是 PLC 本体上的电路。对于正常使用来说，通常不需编程器，因此，编程器设计为独立的部件。编程器的层次很多，性能、价格都相差很悬殊。

最简单的编程器至少包括一个键盘、一些数码字符显示器。这里的键盘不是单板机上的那种键盘，而是直接表示 PLC 指令系统的键盘，因而使用很方便；其显示部分包括三部分，即序号、指令码和元件号（在讲指令系统时详述）。它具有输入编辑、检索程序的功能，同时还具有系统监控的功能；有些还设有存储转接插口，用于将 PLC 中的程序转储到诸如盒带、软盘光盘等存储介质中去。

这种最简单的编程器的缺点是无法以梯形图图形的方式输入并编辑程序和监控运行。因此，层次稍高的编程器上就设置了一小块液晶显示器，用于图形编辑、监控。这种编程器对于习惯于使用梯形图的人员来说，无疑方便了许多。

对于较复杂的控制电路图，用这种小型的图形编程器显示就非常不方便。因此，再上一个层次的编程器是通用的大型液晶显示屏编程器。它的功能相当于一台独立的专用计算机，为了便于现场使用，将它设计得非常轻巧，它采用更换程序存储器的方法更换系统程序。这种编程器可脱机独立编辑程序，与 PLC 联机后可将程序写入/读出 PLC，并且可以监控运行，还具有打印机接口、录音机接口等外设接口。

为了进一步完善功能，近来开发了不少功能极强的专用图形编程器。这种编程器就像一台便携式计算机，本身带有 CRT。软盘驱动器，还有许多接口（如打印机接口、串行接口等），程序编辑功能也极强。它还可以作为工作站使用，即把它挂在 PLC 网络上，对各站进行监控、管理、调试等。

1.2.2 可编程序控制器的软件系统和编程语言

PLC 是一种工业控制计算机，不仅有硬件，软件也是必不可少的。在 PLC 中软件分为两大部分，即系统程序和用户程序。

1. 系统程序

系统程序是 PLC 赖以工作的基础，采用汇编语言编写，在 PLC 出厂时就已固化于 ROM 型系统程序存储器中，不需用户干预。系统程序分为系统监控程序和解释程序。系统监控程序用于监视并控制 PLC 的工作，如诊断 PLC 系统工作是否正常，对 PLC 各模块的工作进行控制，与外设交换信息。根据用户的设定使 PLC 处在编制用户程序的状态或者处在运行用户程序状态等，解释程序用于把用户程序解释成微处理器能执行的程序。当 PLC 处在运行状态时，系统监控程序启动解释程序，解释程序将用户利用梯形图或语句表编制的用户程序编译成处理器可以执行的由指令组成的程序，处理器执行这些处理后的程序来完成用户的控制任务。与此同时，系统监控程序对这一过程进行监控并控制，如发现异常立即进行报警并做出相应的处理。

2. 用户程序

用户程序又称为应用程序,是用户为完成某一特定任务利用 PLC 的编程语言而编制的程序。用户程序通过编程器输入到 PLC 的用户存储器中,通过 PLC 的运行而完成这一特定的任务。

3. 编程语言

各种型号的 PLC 都有其自己的编程语言，以三菱 FX 系列 PLC 为例主要有以下几种。

（1）指令表编程语言

指令表编程语言是以 LD、AND、OUT 等基本指令或功能指令助记符输入的方法。

例如：

步	指令	软器件号	
0	LD	X000	
1	OR	Y005	
2	ANI	X002	
3	OUT	Y005	
4	LD	X001	
5	MOV	K5	DO
10	END		

这种以列表形式表示的程序，控制内容难以看懂，但如果使用简易编程器（手编）输入程序时，必须以这种方法输入。

（2）梯形图编程语言

梯形图编程语言是类似于继电器控制电路的一种编程语言，它面向控制过程，直观易懂，是 PLC 编程语言中用得最多的一种语言。

（3）SFC 顺序功能图编程语言

SFC 顺序功能图编程语言是应用步进指令和状态器进行编程的方法，一般是在顺序控制时应用。在应用步进指令编程时，一般先根据控制要求画出 SFC 流程图（详见本书第 3 章），再根据流程图转化成梯形图。

以上这三种程序表达方式可以互相转换。

1.2.3　可编程序控制器的工作方式

PLC 采用循环扫描的工作方式，整个工作过程可以分为输入处理、程序处理、输出处理三个阶段。工作过程如图 1-4 所示。

1. 输入处理

程序执行前，PLC 的全部输入端子的通/断状态读入输入映像寄存器。在程序执行中，即使输入状态变化，输入映像寄存器的内容也不变，直到下一扫描周期的输入处理阶段才读入该变化。另外，输入触点从通（ON）到断（OFF）［或从断（OFF）到通（ON）］变化到处于确定状态为止，输入滤波器还有一响应延迟时间（约 10ms）。

2. 程序处理

对应用户程序存储器所存的指令，从输入映像寄存器和其他软元件的映像寄存器中将有关软元件的通/断状态读出，从 0 步开始顺序运算，每次结果都写入有关的映像寄存器中。因此，各软元件（X 除外）的映像寄存器的内容随着程序的执行在不断变化。

输出继电器的内部触点的动作由输出映像寄存器的内容决定。

3. 输出处理

全部指令执行完毕，将输出 Y 的映像寄存器的通/断状态向输出锁存寄存器传送，成为 PLC 的实际输出。PLC 内的外部输出触点对输出软元件的动作有一个响应时间，即要有一个延迟才动作。以上的方式称为成批输入/输出方式（或刷新方式）。

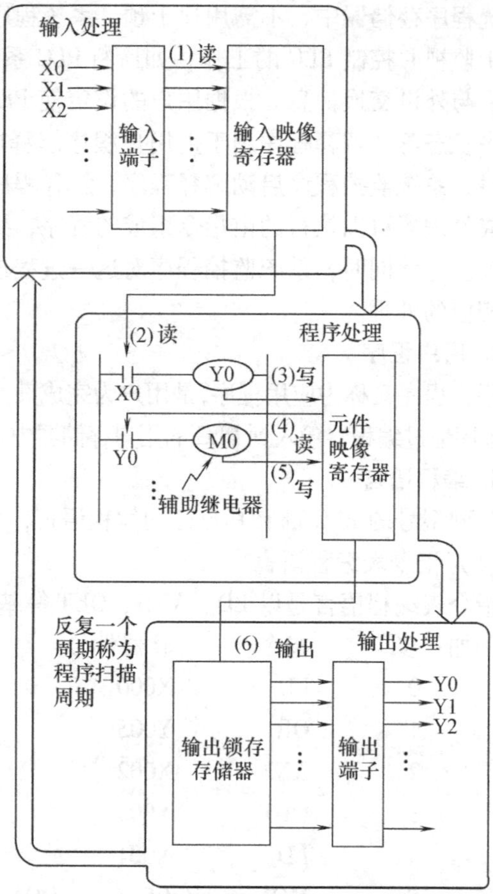

图 1-4　PLC 的工作过程

1.3　三菱产品概述

1.3.1　FX 系列 PLC 型号命名方式

FX 系列 PLC 型号命名的基本方式为

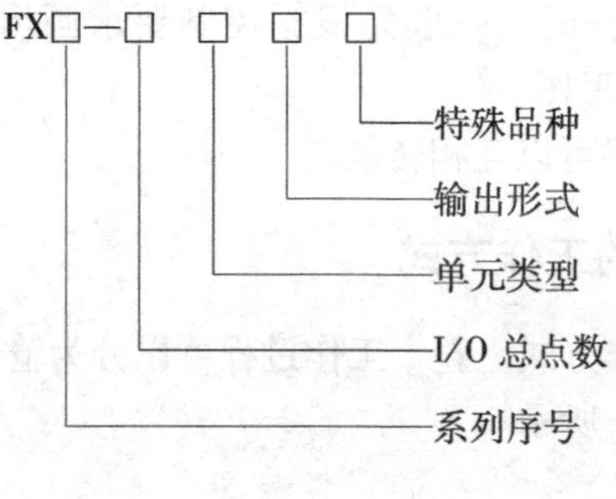

系列序号：1S、1N、2N、2NC，即 FX_{1S}、FX_{1N}、FX_{2N}、FX_{2NC}。

I/O 总点数：14～256 点。

单元类型：M—基本类型。

E—I/O 混合扩展单元及扩展模块。

EX—输入专用扩展模块。

EY—输出专用扩展模块。

输出形式：R—继电器输出。

T—晶体管输出。

S—晶闸管输出。

特殊品种：D—DC 电源，DC 输入。

A1—AC 电源，AC 输入。

H—大电流输出扩展模块（1A/点）。

V—立式端子排的扩展模块。

C—接插口 I/O 方式。

F—输入滤波器 1ms 的扩展模块。

L—TTL 输入型扩展模块。

S—独立端子（无公共端）扩展模块。

若特殊品种一项无符号，通常指：AC 电源，DC 输入，模式端子排，继电器输出 2A/点，晶体管输出 0.5A/点，晶闸管输出 0.3A/点。

1.3.2　FX 系列 PLC 概述

FX 系列 PLC 包括 FX_{1S}、FX_{1N}、FX_{2N}、FX_{2NC}。各型号的 PLC 在性能上都有所区别，了解各型号 PLC 的特点和性能是选择 PLC 的前提条件。

1. FX_{1S}系列 PLC

FX_{1S}系列 PLC 是一种卡片大小的 PLC，适合在小规模环境中进行控制。

（1）特点

①控制点数为 10～30 点（主单元：10 点、14 点、20 点、30 点）。

②结构紧凑，性价比高。显示模块和扩展板使系统升级变得很容易。

③高速运算。基本指令是 0.55～0.7μs/指令，应用指令是 3.7μs/指令至几百 μs/指令。

④具有可靠的、大规模的寄存器规格。EEPROM 寄存器达 2 000 步。

⑤丰富的器件资源。辅助继电器 512 点、定时器 64 点、计数器 32 点、数据寄存器 256 点。

（2）功能

①具有实时时钟功能。使用标准型号的实时时钟，满足对时间的应用要求。

②连网能力。串行扩展板通过 RS-232、RS-422 或 RS-485 使连网更容易。

③电源使用范围很宽。世界上任何地方的标准电压都适合，也可以使用直流电源。

④基于 Windows 软件。使用 GX-Developer 或 FX-PCS/Win-C 软件能快速、容易地开发程序。

⑤脉冲输出和定位功能。一个 PLC 单元中每相能同时输出 2 点 100kHz 脉冲。PLC 配备

有7条特殊的定位指令，包括零返回、绝对位置读出、绝对或相对地址表达方式以及特殊脉冲输出控制等。

⑥模拟电位器。使用模拟电位器 VR_1、VR_2 能容易地改变模拟量或定时器的值。

⑦密码保护。使用一个8位数密码保护程序。

⑧远程维护。通过调制解调器通信，可以监测、上传或下载程序和数据到远处的编程软件上。

2. FX_{1N}系列PLC

选用 FX_{1N}系列PLC是一种被选用较多的产品，最多可达128点控制，并且能增加特殊功能模块或扩展板。通信和数据链接功能选项使得 FX_{1N}在体积、通信、特殊功能模块和能源控制等重要的应用方面非常完美。

（1）特点

①控制点数为14~128点（主单元：14点、40点、60点）。

②结构紧凑，性价比高。显示模块和扩展板使系统升级变得很容易。

③具有可靠的、大规模的寄存器规格。EEPROM寄存器达8 000步，便于电池安装，维护也很方便。

④丰富的器件资源。辅助继电器1 536点、定时器256点、计数器235点、数据寄存器8 000点。

（2）功能

①实时时钟功能。使用标准型号实时时钟，功能满足对时间的应用要求。

②网络能力。完全补充的网络模块使数据通信更容易。

③电源使用范围很宽。适合世界上任何地方的标准电压，可以使用直流电源。

④增加了过程控制。在系统要求精确控制时使用PID指令。

⑤特殊功能模块。增加了大量的特殊功能模块满足单个需要。

⑥基于Windows软件。使用GX-Developer或FX-PCS/Win-C软件能快速、容易地开发程序。

⑦模拟电位器。使用模拟电位器 VR_1、VR_2 能容易地改变模拟量或定时器的值。

⑧脉冲输出和定位功能。一个PLC单元中每相能同时输出2点100kHz脉冲。PLC配备有7条特殊的定位指令，包括零返回、绝对零、绝对或相对驱动以及特殊脉冲输出控制等。

⑨密码保护。使用一个8位数密码保护程序。

⑩远程维护。通过调制解调器通信可以监测、上传或下载程序和数据到远处的编程软件上。

3. FX_{2N}系列PLC

FX_{2N}系列PLC是FX系列中最高级的产品，它拥有极快的运算速度、高级的功能、逻辑组件以及定位控制等优势。

（1）特点

①控制点数为16~256点（主单元：16点、32点、48点、65点、80点、128点）。

②灵活的配置。除了具有满足特殊要求的大量特殊功能模块外，6个基本 FX_{2N}单元中的每一个单元可扩充到256点的I/O。

③高速运算。基本指令0.08μs/指令，应用指令1.52μs/指令至几百μs指令。

④突出的寄存器容量。FX_{2N}系列包括8 000步内置RAM寄存器，用一个寄存器盒可扩充到16 000步RAM或EEPROM。

⑤丰富的器件资源。辅助继电器3 072点、计时器256点、计数器235点、数据寄存器8 000点。

（2）功能

①实时时钟功能。使用标准型号实时时钟，功能满足对时间的应用要求。

②增加了过程控制。使用FX_{2N}的PID指令或FX_{2N}-2LC温控模块可以实现过程控制。

③特殊功能模块。增加了大量的特殊功能模块满足单个需要，FX_{2N}主单元可配置8个特殊功能模块，为工厂自动化应用提供很大的灵活性和很强的控制能力。

④网络能力。可以连接到世界上最流行的开放式网络（CC-Link、Profibus DP和DeviceNET）或者采用传感器层次的网络（如AS-I或I/O Link）解决通信的需要，串行通信选项包括RS-232、RS-422或RS-485。完全充足的网络模块使数据通信容易实现。

⑤很强的数学指令集。使用32位处理、浮点数、方均根和三角几何指令满足数学功能。

⑥基于Windows软件。使用GX-Developer或FX-PCS/Win-C软件能快速、容易地开发程序。

⑦定位控制功能。通过定位模块（FX_{2N}-10GM、FX_{2N}-20GM）或脉冲输出模块（FX_{2N}-1PG）最多可达16轴的控制。

⑧密码保护。使用一个8位数密码保护程序。

⑨远程维护。通过调制解调器通信可以监测、上传或下载程序和数据到远处的编程软件上。

4. FX_{2NC}系列PLC

FX_{2NC}系列PLC，是在保留了强大功能的前提下实现了卡片式大小的PLC。I/O接口降低了接线成本并节省了空间。

（1）特点

①控制点数为16～256点（主单元：16点、32点、64点、96点）。

②体积小、灵活的配置。体积小，可以安装到比标准PLC小很多的位置上。基本单元可扩充到256点的I/O，可以使用高达4个特殊功能模块来扩展FX_{2NC}的能力。

③高速运算。基本指令0. 08μs/指令，应用指令1. 52μs/指令至几百μs指令。

④突出的寄存器容量。FX_{2NC}系列包括8 000步内置RAM寄存器，用一个寄存器盒可扩充到16KB步。

⑤丰富的器件资源。辅助继电器3 072点、计时器256点、计数器235点、数据寄存器8 000点。

（2）功能

①实时时钟功能。使用标准型号实时时钟功能，可以满足对时间的应用要求。

②定位/模拟量控制。可以连接多达4个定位/模拟量等特殊功能模块，利用它内置的功能能控制两轴（包括插补）或通过增加扩展单元能控制多轴。

③网络能力。通过连接扩展板或特殊适配器能实现多种通信和数据链接。利用CC-Link、Profibus DP和DeviceNET可以连接到世界上最流行的开放式网络，串行通信选项包括RS-232C、RS-485。数据链接包括N:N连接、并行连接、计算机连接及I/O连接。

④基于 Windows 软件。使用 GX-Developer 或 FX-PCS/Win-C 软件能快速、容易地开发程序。

⑤密码保护。使用一个 8 位数密码保护程序。

⑥远程维护。通过调制解调器通信可以监测、上传或下载程序和数据到远处的编程软件上。

1.4 FX 系列 PLC 的编程器件

1.4.1 输入/输出继电器（X/Y）

输入/输出继电器（X/Y）电路如图 1-5 所示。

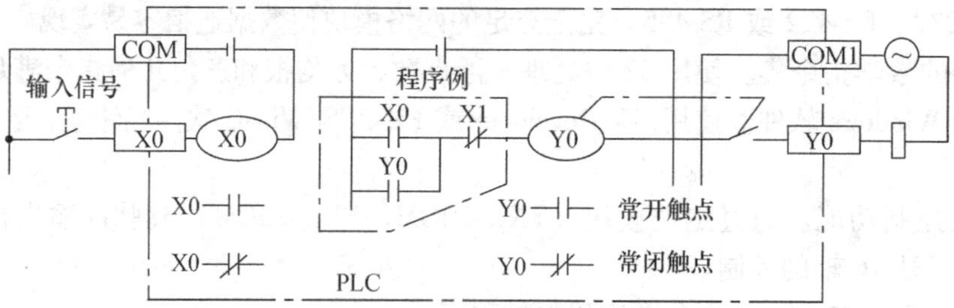

图 1-5 输入/输出继电器（X/Y）电路

1. 输入继电器（X0 ~ X7，X10 ~ X17，X20 ~ X27，…）

PLC 的输入端子是从外部开关接收信号的窗口。与输入端子连接的输入继电器（X）是光电隔离的电子继电器，其常开触点（a 触点）和常闭触点（b 触点）的使用次数不限。这些触点在 PLC 内可以自由使用。

FX_{2N}的输入继电器最多可达 256 点，且不能用程序驱动。

2. 输出继电器（Y0 ~ Y7，Y10 ~ Y17，Y20 ~ Y27，…）

PLC 的输出端子是向外部负载输出信号的窗口。输出继电器的外部输出触点（继电器触点、双向晶闸管 VTH、晶体管等输出元件）接到 PLC 的输出端子上。输出继电器的电子常开和常闭触点使用次数不限，在 PLC 中可自由使用；但外部输出触点（输出元件）与内部触点的动作有所不同。

FX_{2N}的输出继电器最多可达 256 点。

扩展单元和扩展模块的输入/输出元件号是接续着其紧靠的单元，开始采用八进制编号。输入、输出虽然各有 256 点，但总点数不可超过 256 点。

1.4.2 辅助继电器（M）

PLC 内有很多辅助继电器。辅助继电器的线圈与输出继电器一样，由 PLC 内各软元件的触点驱动。辅助继电器的电子常开和常闭触点使用次数不限，在 PLC 内可以自由使用。但是，这些触点不能直接驱动外部负载，外部负载的驱动必须由输出继电器来完成。

在逻辑运算中经常需要一些中间继电器用于辅助运算。这些元件不直接对外输入、输出，经常用作状态暂存、移位运算等。它的数量常比 X、Y 多。另外，在辅助继电器中还有一类特殊辅助继电器，它有各种特殊的功能，如定时时钟、进/借位标志、启动/停止、单步运行、通信状态、出错标志等。这类元件数量的多少，在某种程度上反映了 PLC 功能的强弱，能对编程提供许多方便。

1. 通用辅助继电器 M0 ~ M499（500 点）

在逻辑运算中经常需要一些中间继电器用于辅助运算，用作状态暂存、中间过渡等。通用辅助继电器的特点是线圈通电，触点动作；线圈断电，触电恢复；当系统断电时，所有的状态也复位。

2. 停电保持辅助继电器 M500 ~ M1023（524 点）

停电保持辅助继电器可用参数设置方法改为非停电保持用。

PLC 在运行中若发生停电，输出继电器和通用辅助继电器全部成为断开状态。再运行时，除了 PLC 运行时就接通（ON）的以外，其他仍断开。但是，根据不同的控制对象，有的需要保存停电前的状态，并在再运行时再现该状态的情形。停电保持用辅助继电器（又名保持继电器）就是用于这种目的的。停电保持由 PLC 内装的后备电池支持。

3. 停电保持专用辅助继电器 M1024 ~ M3071（2 048 点）

停电保持专用辅助继电器的停电保持特性不可改变。

4. 特殊辅助继电器 M8000 ~ M8255（256 点）

这些特殊辅助继电器各自具有特定的功能，可以分成以下两大类。

（1）只能利用其触点的特殊辅助继电器（只读）

线圈由 PLC 系统驱动，用户只可以利用其触点。例如：

M8000 运行（RUN）监控（PLC 运行时接通）

M8002 初始脉冲（仅在运行开始瞬间接通）

M8012 100ms 时钟脉冲

（2）可驱动线圈型特殊辅助继电器（读/写）

用户驱动线圈后，PLC 作特定动作。例如：

M8030 使 BATT LED（锂电池欠压指示灯）熄灭

M8033 PLC 停止时输出保持

M8034 禁止全部输出

M8039 定时扫描

注：未定义的特殊辅助继电器不可在用户程序中使用。

1.4.3 状态元件（S）

状态元件（S）在步进顺控程序的编程中是重要的软元件，它与后述的步进顺控指令 STL 组合使用。有以下四种类型：

初始状态 S0 ~ S9（10 点）

回零 S10 ~ S19（10 点）

通用 S20 ~ S499（480 点）

保持 S500 ~ S899（400 点）

注：通用与保持型状态元件（S）元件数的分配可以通过参数设置方式加以改变。

各状态元件的常开和常闭触点在 PLC 内可以自由使用，使用次数不限。不用步进顺控指令时，状态元件（S）可作为辅助继电器（M）在程序中使用。

1.4.4 报警器

部分状态元件可用作外部故障诊断输出。作报警器用的状态元件为 S900 ~ S999（100 点）。S900 ~ S999 中任意一个置 1（ON），特殊继电器 M8048 就动作，接通故障显示输出 Y10。由外部故障诊断程序接通的状态元件可按 X5 键复位（置 0）。每次按下 X5 键，已动作的状态按元件号由小到大依次复位。

1.4.5 指针（P/I）

1. 分支指令用指针 P0 ~ P127（128 点）

分支指令用指针来指定条件跳转，子程序调用等分支指令的跳转目标。

2. 中断用指针

FX 系列 PLC 的中断事件的类型有三种：外部输入中断、定时器中断和高速计数器中断。

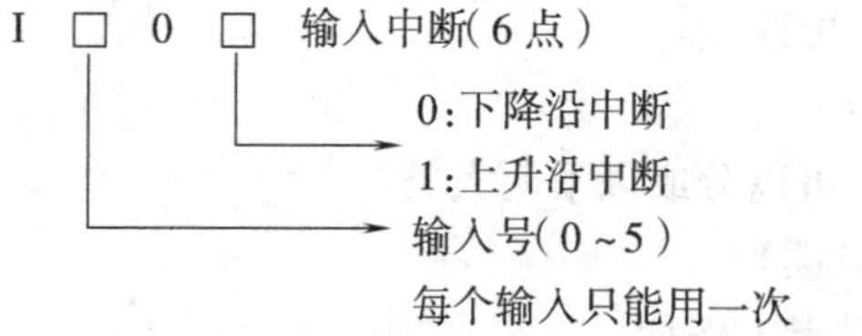

譬如，I001 为输入 X0 从 OFF→ON 变化时，执行由该指针作为标号后面的中断程序，并根据 IRET 指令返回。

FX_{2N}系列有 3 点定时器中断，中断指针为：

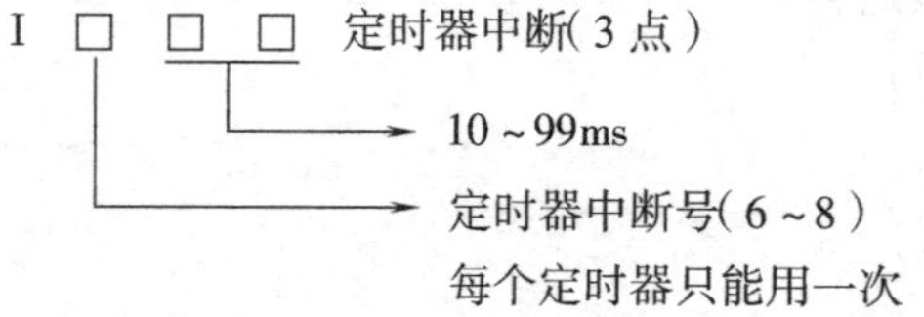

譬如，I610 即为每隔 10ms 就执行标号 I610 后面的中断程序，并根据 IRET 指令返回。

FX_{2N}系列有 6 点高速计数器中断，中断指针为：

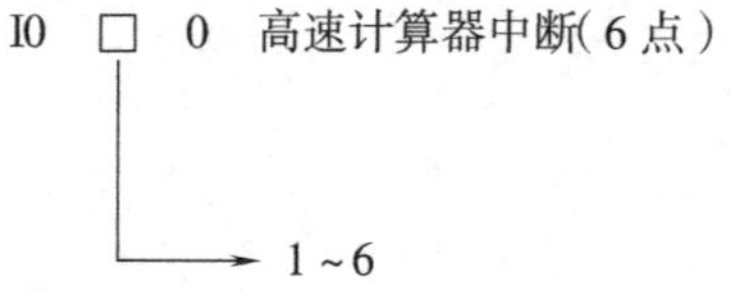

譬如，用了 I100 就不能用 I101，用了 I610 就不能用 I620。

注意：

①中断指针必须编在 FEND 指令后面作为标号。

②中断点数不能多于 15 点。

③中断嵌套级不多于 2 级。

④中断指针中百位数上的数字不可重复使用。

⑤用于中断的输入端子，就再也不能用于 SPD 指令或其他高速处理。

1.4.6 定时器（T）

定时器在可编程序控制器中的作用相当于一个时间继电器，它有一个设定值寄存器（字），一个当前值寄存器（字）以及无数个触点（bit）。对于每一个定时器，这三个量使用同一名称，但使用场合不一样，其所指也不一样。通常在一个可编程序控制器中有几十至数百个定时器，可用于定时操作。

1. 普通型定时器 T0 ~ T245

如图 1-6 所示，定时器线圈 T200 的驱动输入 X0 接通时，TI00 的当前值计数器对 10ms 的时钟脉冲进行累积计数，当该值与设定值 K123 相等时，定时器的输出触点就接通，即输出触点是在驱动线圈后的 1. 23s 时动作。

当驱动输入 X0 断开或发生停电时，计数器就复位，输出触点也复位。

注：若在子程序和中断程序中使用 T192 ~ T199，则在执行 END 指令时计时值变更。当到达设定值后，在执行线圈指令或 END 指令时，输出触点接通。

2. 积算型定时器 T246 ~ T255

如图 1-7 所示，定时器线圈 T250 的驱动输入 X1 接通时，T250 的当前值计数器开始累积 100ms 的时钟脉冲的个数，当该值与设定值 K345 相等时，定时器的输出触点接通。

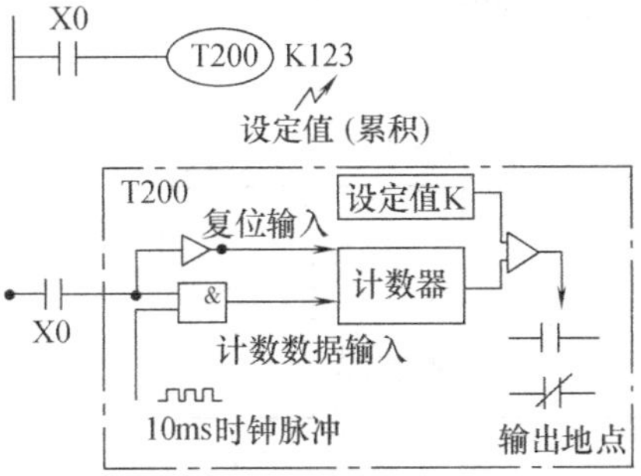

图 1-6　普通型定时器

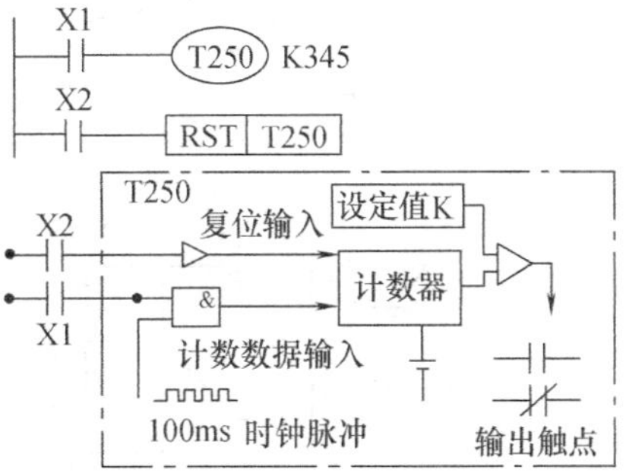

图 1-7　积算型定时器

计数中途即使输入 X1 断开或发生停电，当前值可保持。输入 X1 再接通或复电时，计数继续进行，其累计时间为 34. 5s 时触点动作。

当复位输入 X2 接通，计数器就复位，输出触点也复位。

注：若在子程序或中断程序中使用中断定时类型的 1ms 定时器，在到达设定值后，执行该定时器第一个线圈指令时，输出触点就接通。

3. 触点的动作时序及精度

定时器在其线圈被驱动后开始计时，到达设定值后，在执行第一个线圈指令时输出触点动作，如图 1-8 所示。

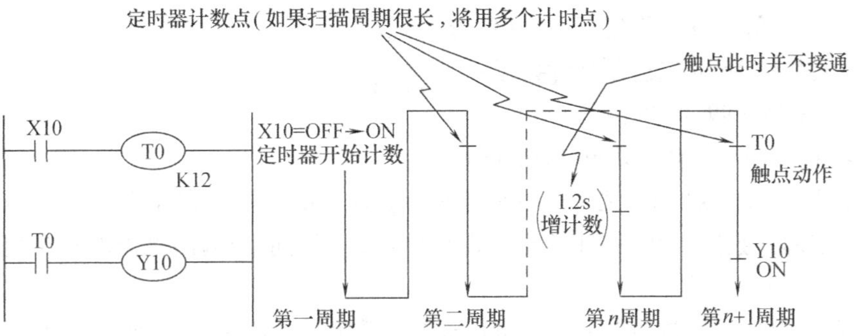

图 1-8　触点的动作时序

因此，从驱动定时器线圈到其触点动作，计时触点的动作精度大致可用式 $T^{+T_0}_{-\alpha}$ 表示，其中 T 表示定时器设定时间（s）；α 表示 1ms、10ms、100ms 定时器对应的 0.001s、0.01s、0.1s；T_0 表示扫描周期（s）。

如果编程时定时器触点指令写在线圈指令之前，在最坏的情况下，定时器线圈触点动作误差为 $+2T_0$。

但当定时器的设定值为 0 时，在下一扫描周期执行线圈指令时输出触点就动作。

另外，1ms 定时器在执行线圈指令后，以中断方式对 1ms 时钟脉冲计数。

定时器的详细动作如图 1-9 所示。

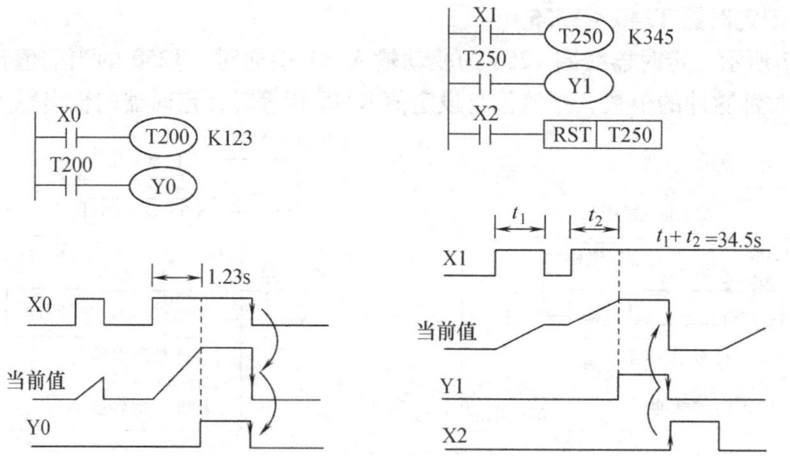

a) 普通型定时器　　b) 积算型定时器

图 1-9　定时器的详细动作

1.4.7　计数器（C）（字，bit）

1. 内部信号计数器

内部信号计数器是在执行扫描操作时对内部元件（如 X、Y、M、S、T 和 C）的信号进行计数的计数器。因此，其接通（ON）时间和断开（OFF）时间应比 PLC 的扫描周期稍长，通常其输入信号频率大约为几个扫描周期/秒。

（1）16bit 增计数器（设定值：1～32 767）

有两种类型的 16bit 二进制增计数器：

①通用：C0～C99（100 点）。

②停电保持用：C100～C199（100 点）。

其设定值在 K1～K32767 之间。设定值 K0 与 K1 含义相同，即在第一次计数时，其输出触点动作。使用计数器 C100～C199 时，即使停电，当前值和输出触点的置位/复位状态也能保持。

通用/停电保持型计数器数目分配可以通过参数设置加以改变。如图 1-10 所示，X11 为计数输入，X11 接通时，计数器当前值加 1。当计数器的当前值为 10 时，即计数输入达到第 10

次时,计数器C0的输出触点闭合;之后即使输入X11再接通,计数器的当前值都保持不变。当复位输入X10接通(ON),执行RST指令,计数器当前值复位为0,输出触点也断开(OFF)。

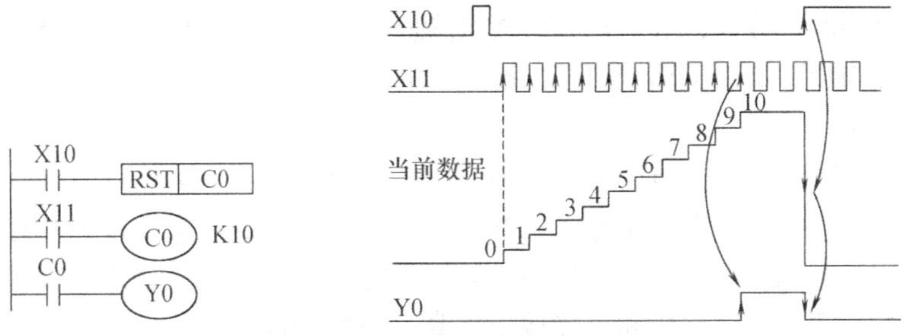

图1-10　16bit增计数器

计数器的设定值，除了可由常数K设定外，还可间接通过指定数据寄存器的元件号来设定，如指定D10而D10的内容为123，则与设定K123等效。

如果将大于设定值的数置入当前值寄存器（例如用MOV指令），则当计数输入端ON时，计数器继续计数。其他计数器也是如此。

（2）32bit双向计数器（设定值：－2 147 483 648～+2 147 483 647）

有两种32bit的增/减计数器：通用计数器C200～C219（20点），保持计数器C220～C234（15点）。其设定值为－2 147 483 648～+2 147 483 647，计数的方向（增计数或减计数）由特殊辅助继电器M8200～M8234设定。

如图1-11所示，用X14作为计数输入，驱动C200线圈进行加计数或减计数：

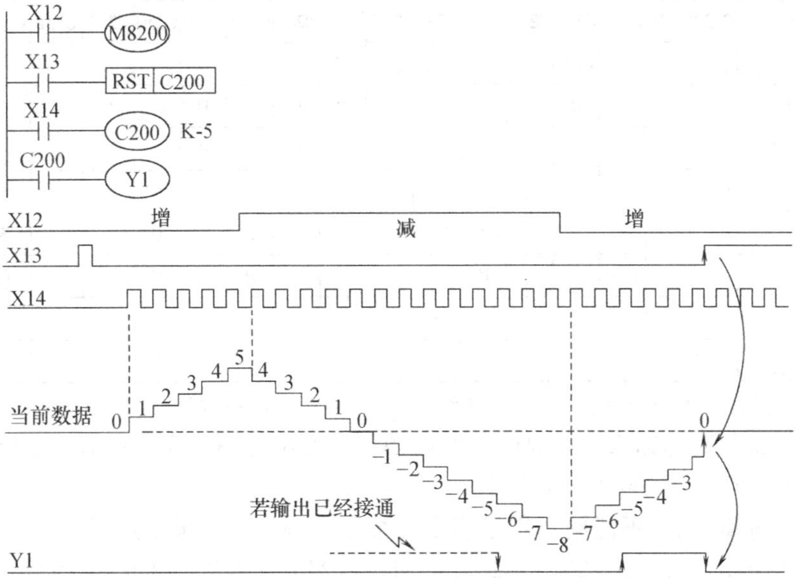

图1-11　32bit双向计数器

当计数器的当前值由－6→－5（增加）时，其触点接通（置1）；由－5→－6（减少）时，其触点断开（置0）。

当前值的增减虽与输出触点的动作无关，但从+2 147 483 647起再进行加计数，当前值就成为－2 147 483 648。同样从－2 147 483 648起进行减计数，当前值就成了

+2 147 483 647（这种动作称为循环计数）。当复位输入 X13 接通（ON），计数器的当前值就为0，输出触点也复位。

使用停电保持的计数器，其当前值和输出触点状态均能停电保持。32bit 计数器可当作 32bit 数据寄存器使用，但不能用作 16bit 指令中的操作元件。

2. 高速计数器

虽然 C235 ~ C255（共21点）都是高速计数器，但它们共享同一个 PLC 上的6个高速计数器输入端（X0 ~ X5）。即如果输入已被某个计数器占用，它就不能再用于另一个高速计数器（或其他用途）。也就是说，由于只有6个高速计数的输入，因此，最多同时用6个高速计数器。另外，还可用作比较和直接输出等高速应用功能。

高速计数器的选择并不是任意的，它取决于所需计数器的类型及高速输入的端子。计数器类型如下：

1 相无启动/复位端子　C235 ~ C240；

1 相带启动/复位端子　C241 ~ C245；

2 相双向　　　　　　 C246 ~ C250；

2 相 A—B 相型　　　 C251 ~ C255。

上列所有的计数器均为 32bit 增/减计数器。各种计数器对应输入端子的名称如表 1-1 所示。

表 1-1　高速计数器（X0，X2，X3：最高 10kHz；X1，X4，X5：最高 7kHz）

输入	1相无启动/复位						1相带启动/复位					2相双向					2相A—B相型				
	C235	C236	C237	C238	C239	C240	C241	C242	C243	C244	C245	C246	C247	C248	C249	C250	C251	C252	C253	C254	C255
X0	U/D						U/D			U/D		U	U		U		A	A		A	
X1		U/D					R			R		D	D		D		B	B		B	
X2			U/D					U/D			U/D		R		R			R		R	
X3				U/D				R			R			U		U			A		A
X4					U/D				U/D					D		D			B		B
X5						U/D			R					R		R			R		R
X6										S					S					S	
X7											S					S					S

注：U—增计数输入；D—减计数输入；A—A 相输入；B—B 相输入；R—复位输入；S—启动输入。

X6 和 X7 也是高速输入，但只能用作启动信号而不能用于高速计数。不同类型的计数器可同时使用，但它们的输入不能共用。

注：输入端 X0 ~ X7 不能同时用于多个计数器。例如，如果使用了 C251，下列计数器和指令就不能使用：C235，C236，C241，C244，C246，C247，C249，C252，C254，I0**，I1** 及 SPD（FNC 56）指令的有关输入。

高速计数器是按中断原则运行的，因而它独立于扫描周期，选定计数器的线圈应以连续方式驱动以表示这个计数器及其有关输入连续有效，其他高速处理不能再用其输入端子。

例 1-1　如图 1-12 所示，当 X20 接通时，选中高速计数器 C235，根据表 1-1，C235 对应计数输入 X0，因此，计数输入脉冲应从 X0 而不是 X20 输入。当 X20 断开，线圈 C235 断开；同时，C236 接通，因此，选中计数器 C236，其计数输入为 X1 端。

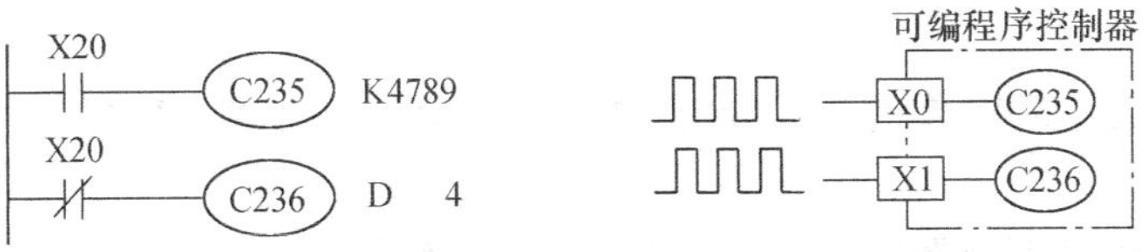

图 1-12 高速计数器应用示例

警告：不要用计数输入端作计数器线圈的驱动触点，如图 1-13 所示。

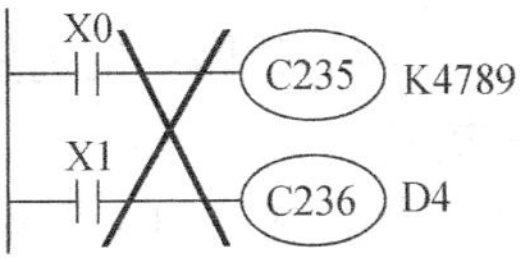

图 1-13 高速计数器错误应用举例

（1）1 相型（C235 ~ C245）

1 相高速计数器有如下两组：

C235 ~ C240	无启动/复位端	设定值范围
C241 ~ C245	有启动/复位端	−2 147 483 648 ~ +2 147 483 647

上列两组计数器的计数方式及触点动作与前文中讲述的普通 32bit 计数器相同。作增计数器时，当计数值达到设定值时，触点动作并保持；作减计数时，到达计数值则复位。

1 相计数器的计数方向取决于其对应标志 MS△△△，△△△为对应计数器号（235 ~ 245）。

图 1-14a 所示为 1 相无启动/复位（C235 ~ C240）高速计数器。每个计数器只用一个计数输入端。其动作如下：

a) 无启动 / 复位(C235~C240)　　b) 带启动 / 复位(C241~C245)

图 1-14 1 相型（C235 ~ C245）高速计数器

①方向标志 M8235 为 ON 时，计数器 C235 为减计数；方向标志 M8235 为 OFF 时，计数器 C235 为增计数。

②X11 接通，C235 复位至地，触点 C235 断开。

③当 X12 接通，C235 选中，从表 1-1 中得知，对应计数器 C235 的输入为 X0，C235 对 X0 输入的 OFF→ON 信号计数。

图 1-14b 所示为 1 相带启动/复位（C241 ~ C245）高速计数器。这些计数器各有一个计数输入及一个复位输入。计数器 C244 和 C245 还另有一个启动输入。其动作如下：

①当方向标志 M8245 为 ON 时，C245 减计数；当方向标志 M8245 为 OFF 时，C245 增

计数。

②当 X14 接通，C245 像普通 32bit 计数器一样复位。从表 1-1 可知，C245 还能由外部输入 X3 复位。

③计数器 C245 还有外部启动输入端对。当 X7 接通时，C245 开始计数；当 X7 断开时，C245 停止计数。

④X15 选通 C245，对 R 输入端的 OFF→ON 计数。

注意：对 C245 设置 D0 实际上是设置 D0、D1，因为计数器为 32bit；外部控制启动（X7）和复位（X3）是立即响应的，它不受程序扫描周期的影响。

（2）2 相双向计数器（C246 ~ C250）

这种计数器具有一个输入端，用于增计数，另一个输入端用于减计数。某些计数器还具有复位和启动输入。

以图 1-15a 所示计数器 C246 为例，其动作如下：

①当 X10 接通，C246 以普通 32bit 增/减计数器一样的方式复位。

②从表 1-1 可知，C246 计数器用 X0 作为增计数端，X1 作为减计数端，X11 必须接通以选通 C246，以使 X0、X1 输入有效：

X0“OFF→ON”，C246 增 1

X1“OFF→ON”，C246 减 1

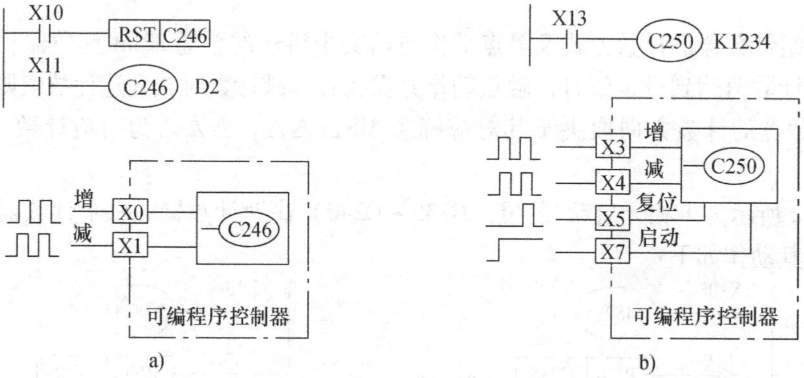

图 1-15　2 相双向计数器

又如图 1-15b 所示计数器 C250，由表 1-1 得知，双向计数器 C250 将 X5 作为复位输入，X7 作为启动输入，因此，可由外部复位，而不必使用 RST C250 指令。

①要选通 C250 必须接通 X13，启动输入 X7 必须接通以开始脉冲计数，X7 为 OFF 时停止计数。

②增计数输入：X3；

减计数输入：X4。

③计数方向可由监视相应的状态寄存器 M8△△△得到，△△△为计数器号。

ON：减计数；

OFF：增计数。

（3）2 相 A—B 相计数器（设定值：-2 147 483 648 ~ +2 147 483 647）

2 相 2 输入（C251～C255，1 个或 2 个电池后备）最多可有 2 个 2 相 32bit 二进制增减计数器，其对于计数数据的动作过程与前文中描述的 32bit 计数器相同。对这些计数器，只有表 1-1 中所示的输入端可用于计数。它是采用中断方式计数，与扫描周期无关。这些计数器还有一些独立于逻辑操作的执行比较和输出操作的应用指令。选定计数器元件号后，对应的启动、复位及输入信号就能使用。A 相和 B 相信号决定了计数器是增计数还是减计数。当 A 相波形为 ON 状态时：

B 相输入 OFF→ON：增计数

B 相输入 ON→OFF：减计数

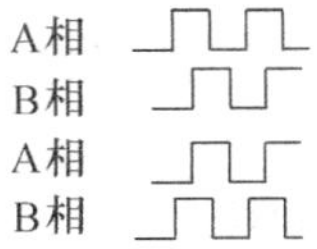

如图 1-16 所示，检查对应的特殊继电器 M8△△△可知道计数器是增计数还是减计数：

①在 X11 接通时，C251 对输入 X0（A 相）、X1（B 相）的 ON/OFF 事件计数。

②选通信号 X13 接通时，一旦 X7（S 启动输入）接通，C255 立即开始计数，计数输入为 X3（A 相）和 X4（B 相）。

③X5（R 复位输入）接通时，C255 复位。在程序中编入虚线所示指令，则 X12 接通时也能使 C255 复位。

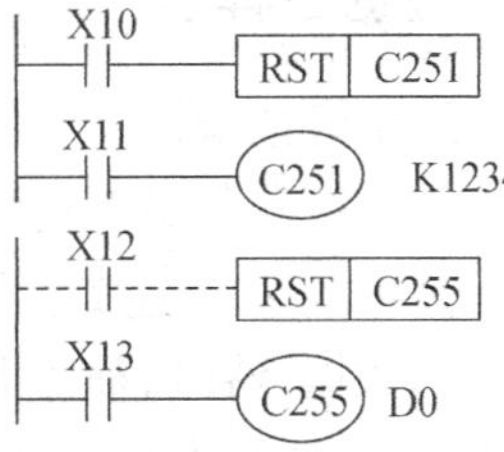

图 1-16 2 相 A-B 相计数器应用实例

最高计数频率：

计数器的最高计数频率受两个因素约束：各个输入的响应速度、全部高速计数器的处理时间。

①各输入端的响应速度。它由硬件所限制，只用一个计数器时各输入点的最高响应频率为：X0，X1，X2，X3：最高 10kHz；X1，X4，X5：最高 7kHz。

②全部高速计数器的处理时间。这是高速计数器的主要速度限制。计数器操作是采用中断方式，因此，计数器用得越少，则可计数频率就越高。但如果某些计数器用比较低的频率计数，则其他计数器可以较高的频率计数。

使用的全部计数器的频率总和应低于 20kHz。频率总和是指同时在 PLC 上出现所有信号的最大频率的总和。为使高速计数器准确计数，这个频率总和必须小于 20kHz。

注意：FX_{2N}的 X0、X1 是特殊的硬件计数器，当 C235、C236、C246 作单相高速计数器时，最高频率可达 60kHz；C251 作 2 相计数器时，最高频率可达 30kHz。使用高速比较指令采用 X0、X1 作输入点时也有频率限制：FNC53、FNC54 最高可达 11kHz；FNC55 最高可达 5. 5kHz。

3. 相计数器

①双向型：设计成增计数信号和减计数信号不会同时发生。实际上，在特定时刻只使用 1 相信号。因此，它们可按单相计数器计算方法来计算频率总和。

当增、减计数信号脉冲同时到达计数器，则作为 2 相信号计数器来计算频率总和。

当使用具有顺时针和逆时针输出形式的编码器时，这些双向计数器可用比 A-B 相计数器高得多的频率计数，而不会影响结果。

②A-B 相型：是另一种类型的计数器，它可同时将 A 相与 B 相信号解码，自动确定增计数或减计数。

在使用 1 个或 2 个这种计数器后，建议不要用高于 2kHz 的频率对其计数。当计算频率总和时，每一个计数器的最大信号频率应乘以 4 后再与其他计数器的频率相加。

虽然求得的频率总和（19kHz）低于 20kHz，但双向计数器（C246）的输入 X1 的硬件响应频率限制为 7kHz。因此，C246 的信号频率须从 8kHz 降为 7kHz。

当使用多个计数器或多种类型的计数器时，其频率总和必须低于 20kHz（记住将 A-B 相计数器频率乘以 4）。

例 1-2 1 相计数器：10kHz（1 个），2kHz（1 个）；

A-B 相计数器：2kHz（1 个）；

频率总和 = 10kHz + 2kHz + 2kHz × 4 = 20kHz

1.4.8 数据寄存器（D）（字）

PLC 用于模拟量控制、位置量控制、数据 I/O 时，需要许多数据寄存器存储参数及工作数据。这类寄存器数量随机型的不同而不同，较简单的只能进行逻辑控制的机器没有此类寄存器，而高档机中可达数千个。

每一个数据寄存器都是 16bit（最高位为符号位）；可以用两个数据寄存器合并起来存放 32bit 数据（最高位为符号位），称为数据寄存器对，如图 1-17 所示。

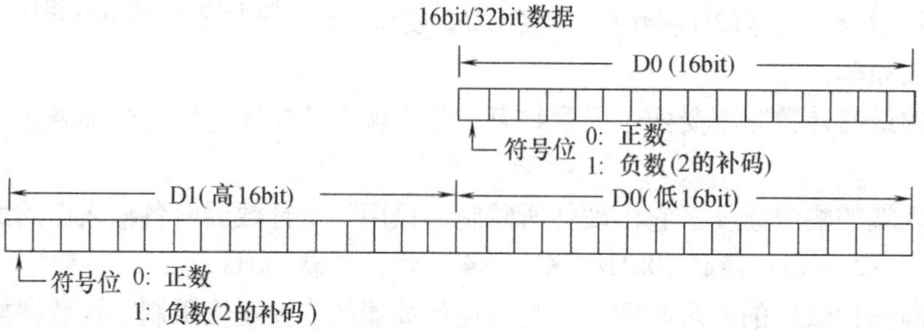

图 1-17 数据寄存器

（1）用数据寄存器 D0 ~ D199（200 点）（可通过参数设置改为保持型）

只要不写入其他数据，已写入的数据不会变化，但是，PLC 状态由运行（RUN）到停止（STO）时，全部数据均清 0。

注：若将特殊辅助继电器 M8033 置 1，在 PLC 由 RUN 转为 STOP 时，数据可以保持。

（2）停电保持数据寄存器 D200 ~ D511（312 点）（可通过参数设置改为通用型）

同上，除非改写，否则原有数据不会丢失。不论电源接通与否，PLC 运行与否，其内容也不变化。在两台 PLC 作点对点的通信时，D490 ~ D509 被用作通信操作。

（3）停电保持专用数据寄存器 D512 ~ D7999（7 488 点）

参数设置无法改变其保持的性质，但通过参数设置可将 D1000 以后的最多 7 000 点设为文件寄存器。

（4）特殊数据寄存器 D8000 ~ D8255（256 点）

这些数据寄存器供监控 PLC 中各种元件的运行方式之用，其内容在电源接通（ON）时写入初始化值（全部先清 0，然后由系统 ROM 安排写入初始值）。

譬如，D8000 所存放警戒监视时钟（watchdog timer）的时间是由系统 ROM 设定的，要改变时，用传送指令将目的时间送入D8000。该值在运行（RUN）到停止（STOP）时保持不变。

注：未定义的特殊数据寄存器请用户不要使用。

（5）文件寄存器D1000～D7999

文件寄存器是一类专用数据寄存器，用于存储大量重要数据，例如采集数据、统计计算数据、控制参数、配方等。FX_{2N}可编程序控制器的数据寄存器区域，从D1000开始，以500点为一个子文件。最多可设置14个子文件，即500×14=7 000点作为文件寄存器。D1000～D7999中不作文件寄存器的部分，仍可作为一般使用的停电保持型数据寄存器。

在这里要注意，FX_{2N}的文件寄存器同时储存在机内两个不同的地方。存在程序存储器中（RAM，EEPROM）的称为［A部，存在系统RAM中的称为B］部，如图1-18所示。［A］与［B］的地址相同。

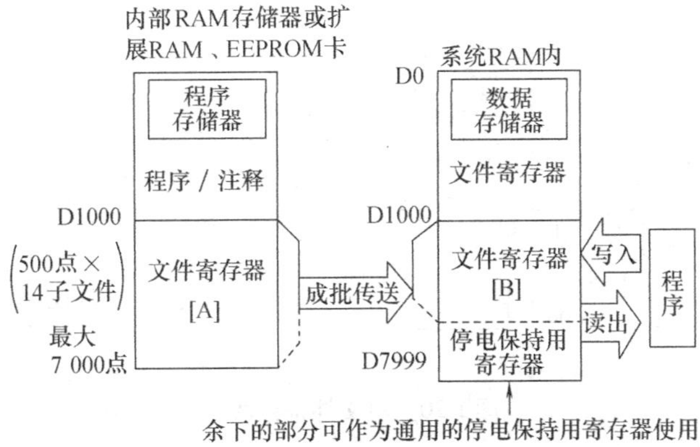

图1-18　文件寄存器传送

用外围设备（编程器等）写文件寄存器时，是把数据写入［A］部。然后系统自动将［A］的内容复制（copy）到文件寄存器［B］。程序运行时，一般情况下，无论读/写操作，均访问文件寄存器［B］，文件寄存器［A］的内容不受影响。在［B］中没有被设置成文件寄存器的部分，尽管是停电保持的，但在下一次开机时（由STOP到RUN），系统自动将［A］的内容复制到［B］，即将［B］初始化了。如果要改变［A］的内容就要用FNC15（BMOV）指令，该指令的用法稍后再述。

从外围设备监视文件寄存器时，读出的是文件寄存器［B］的内容。而从外围设备对PLC的文件寄存器做“当前值变更”、“强制复位”、“PLC存储器全清”操作时，操作对象则是［A］，随后系统自动将［A］的内容复制到［B］。进行上述操作时EEPROM卡的写保护开关必须置于OFF位置。

程序运行期间文件寄存器［A］与［B］相互间数据的交换，可以利用FNC15（BMOV）指令来实现。例如，用该指令将文件寄存器［B］的内容读出，如图1-19所示。当X0有上升沿时，将文件寄存器［B］的内容读出。［S·］指源，［D·］指目标，*n*指文件数目。即是将D200开始的400个数据寄存器的内容复制到D200开始的400个数据寄存器中，当然源和目标也可以同在文件寄存器内。上述读出操作，数据只在系统RAM内流动。

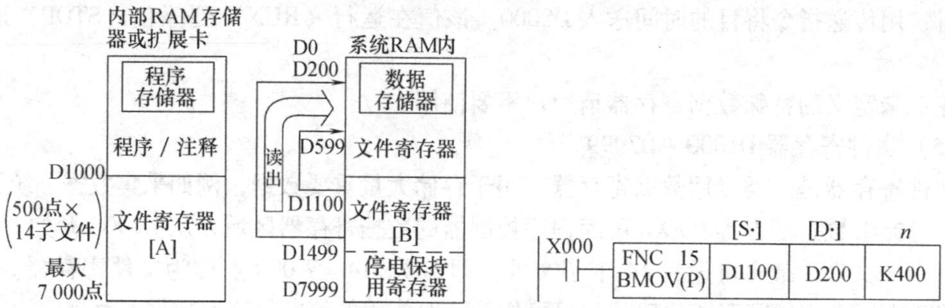

图 1-19 读文件寄存器

也可用 FNC15 BMOV 指令来写文件寄存器，如图 1-20 所示。当 X1 有上升沿时向文件寄存器［B］及［A］写人数据；若［A］部不能写入（写保护），则只向［B］写入。

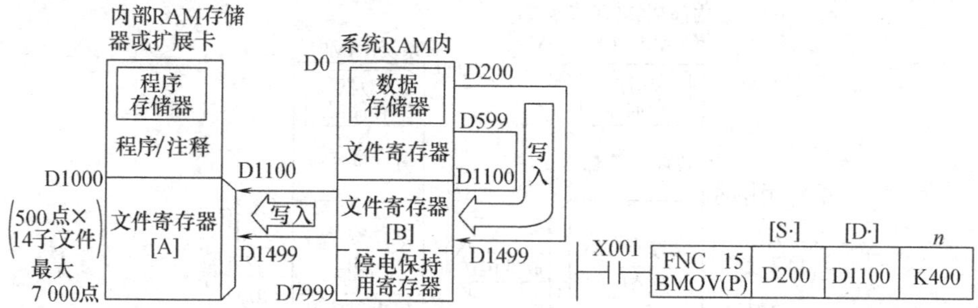

图 1-20 写文件寄存器

控制 FNC15（BMOV）指令的方向标志 M8024，可以改变数据传送方向，如图 1-21 所示。

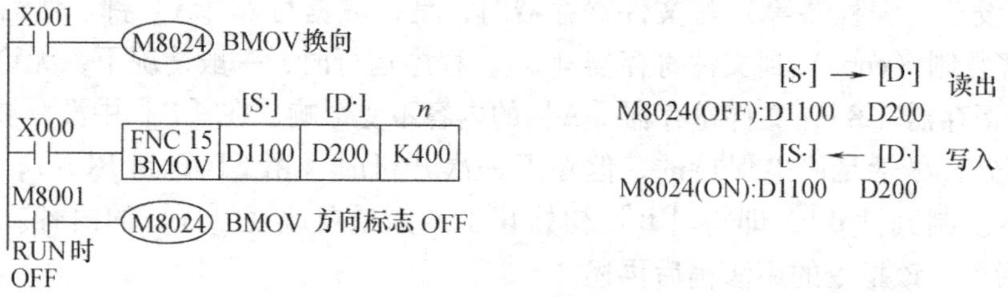

图 1-21 改变数据传送方向

若 FNC15 BMOV 指令中，源［S·］和目标［D·］指定的地址相同，则数据在文件寄存器［A］与［B］之间传送，方向仍由 M8024 的 ON/OFF 来决定。

M8024 为 OFF 时，从［A］到［B］，如图 1-22 所示，M8024 = OFF，当 X2 在上升沿时，把文件寄存器［A］从 D1100 开始的 400 个数据寄存器的内容复制到文件寄存器［B］D1100 开始的 400 个数据寄存器中。

M8024 = ON，从［B］~［A］，如图 1-23 所示。X1 = ON 时，M8024 = ON，数据从［B］到［A］，当 X3 有上升沿时，文件寄存器［B］从 D1100 开始的 400 个数据寄存器的

内容复制到文件寄存器［A］的相应文件中。

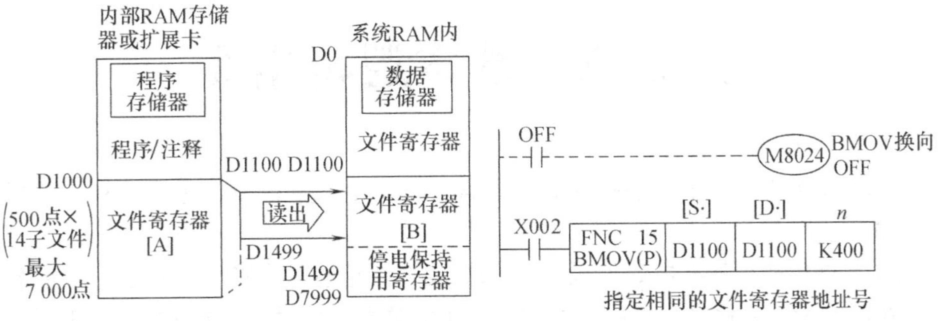

图1-22　读出示意

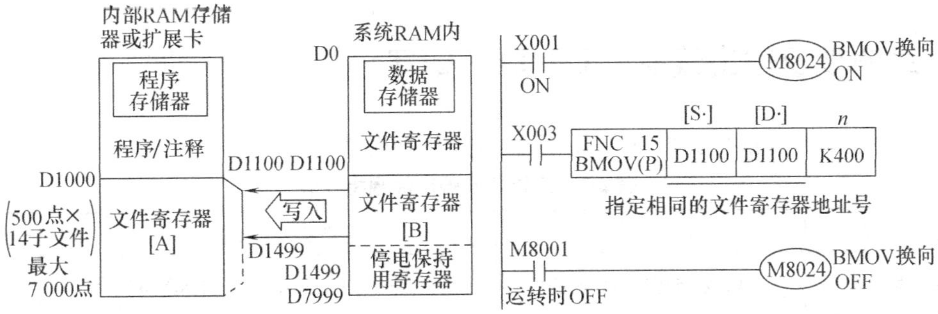

图1-23　写入示意

注：利用FNC15 BMOV指令实现［A］和［B］间的数据传送时，除应使源和目标地址相同外，还要注意使 n 的数目不应跨越不同的子文件，否则指令不能执行。

1.4.9　变址寄存器（V/Z）（字）

变址寄存器V与Z和普通用途的数据寄存器一样，是进行数据的写入和读出的16位数据寄存器。进行32位运算时，将两者组合使用，指定Z变址寄存器（即Z为低位，V为高位）。V和Z的主要功能是能够修改软器件的地址，能够修改的软器件有X、Y、M、S、P、T、C、D、K、H、KnX；但不能修改V与Z本身以及指定用的Kn本身，如K4M0Z0有效，K0Z0M0无效。变址应用示例如图1-24所示。

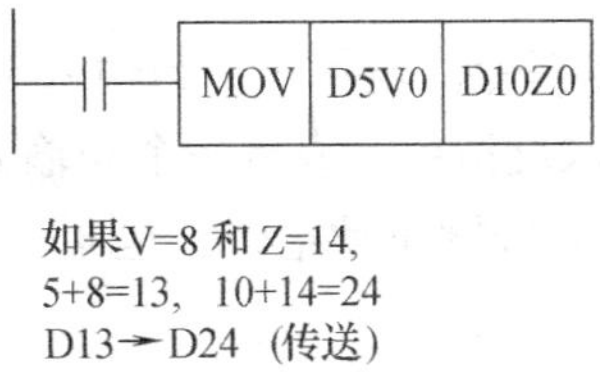

图1-24　变址应用示例

习　题

1-1　PLC由哪几部分组成？简述各部分的功能。

1-2　PLC有哪几种编程器件？各有什么特点？

1-3　什么叫做PLC的扫描周期？其长短与什么有关？

1-4　在一个扫描周期中，如果程序执行器件输入状态发生变化，输入映像寄存器的状态及输出状态是否随之变化？试说明原因。

第 2 章　基本逻辑指令

基本逻辑指令是 PLC 中最基础的编程语言，掌握了基本逻辑指令也就初步掌握了 PLC 的使用方法。

FX_{2N}系列 PLC 共有基本指令 27 条，本章主要介绍这些基本指令的功能、梯形图的编制方法以及对应的指令表程序。最后，通过几个实例说明从实际控制要求出发，怎样编制能满足要求的 PLC 程序。

2.1　逻辑取及输出线圈（LD/LDI/OUT）

逻辑取及输出线圈指令如表 2-1 所示，其应用如图 2-1 所示。

表 2-1　逻辑取及输出线圈指令表

符号、名称	功　能	电路表示及操作元件	程序步
LD（取）	常开触点逻辑运算开始	X,Y,M,S,T,C	1
LDI（取反）	常闭触点逻辑运算开始	X,Y,M,S,T,C	1
OUT（输出）	线圈驱动	Y,M,S,T,C	Y,M:1 特 M:2 T:3 C:3～5

LD，取指令。表示一个与输入母线相连的常开触点指令。

LDI，取反指令。表示一个与输入母线相连的常闭触点指令。

OUT，是线圈驱动指令，也叫输出指令。

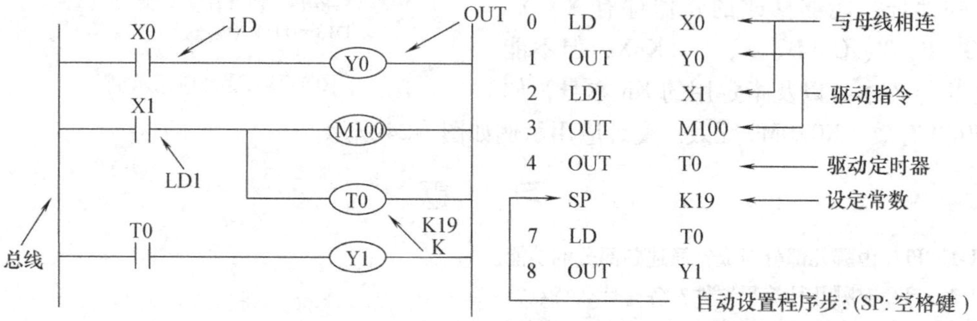

图 2-1　LD/LDI/OUT 指令应用示例

说明：

①LD、LDI 两条指令可以与后述的 ANB 指令组合，在分支起点处也可使用。

②OUT 指令是对输出继电器、辅助继电器、状态继电器、定时器、计数器的线圈的驱动指令，对于输入继电器不能使用。

③并行输出指令可多次使用（如例中的 OUT T0 和 OUT M100）。

④LD、LDI 是一个程序步指令，这里的一个程序步即是一个字。OUT 是多程序步指令，要视目标元件而定。

⑤OUT 指令的目标元件是定时器 T 和计数器 C 时，必须设置常数 K。

2.2　触点串联（AND/ANI）

触点串联指令如表 2-2 所示，其应用如图 2-2 所示。

表 2-2　触点串联指令表

符号、名称	功　能	电路表示及操作元件	程序步
AND(与)	常开触点串联连接	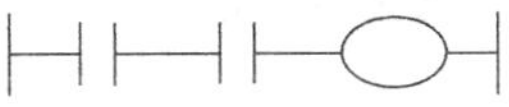 X,Y,M,S,T,C	1
ANI(与非)	常闭触点串联连接	 X,Y,M,S,T,C	1

AND，与指令。用于单个常开触点的串联。

ANI，与非指令。用于单个常闭触点的串联。

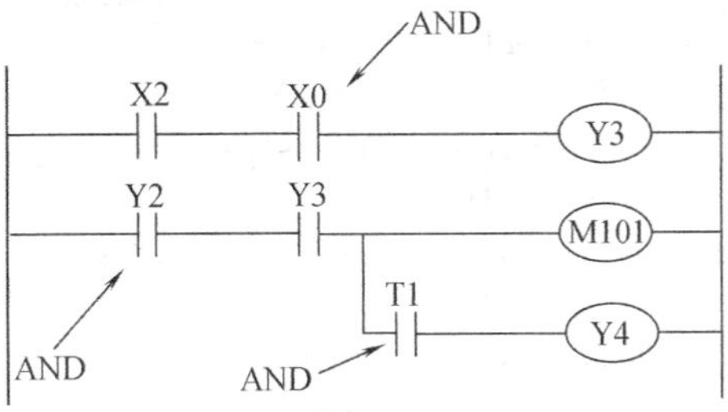

0	LD	X2	
1	AND	X0	← 串联触点
2	OUT	X3	
3	LD	Y3	
4	ANI	X3	← 串联触点
5	OUT	M101	
6	AND	T1	← 串联触点
7	OUT	Y4	← 纵接输出

图 2-2　AND/ANI 指令应用示例

说明：

①用 AND、ANI 指令，可进行触点的串联连接。串联触点的个数没有限制，该指令可以多次重复使用。

②OUT 指令后，通过触点对其他线圈使用 OUT 指令称为纵接输出或连续输出，如图 2-2 中的 OUT Y4。这种纵接输出，如果顺序不错，可以多次重复。但如果驱动顺序换成图 2-3 所示的形式，则必须

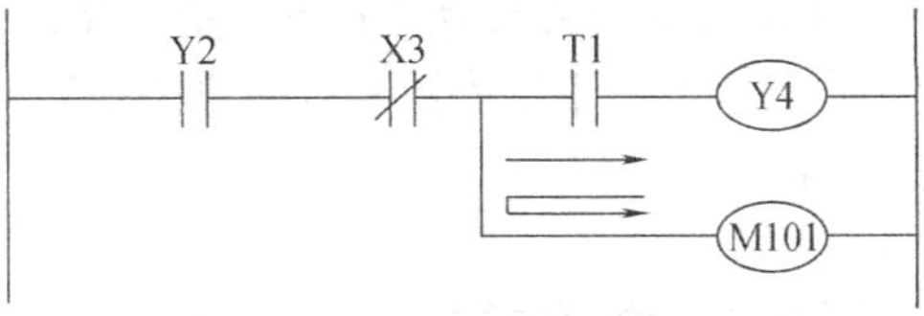

图 2-3　驱动顺序的形式

用后文中提到的 MPS 指令。这时程序步增多，因此不推荐使用。

2.3 触点并联（OR/ORI）

触点并联指令如表 2-3 所示，其应用示例如图 2-4 所示。

表 2-3 触点并联指令表

符号、名称	功　能	电路表示及操作元件	程序步
OR(或)	常开触点并联连接	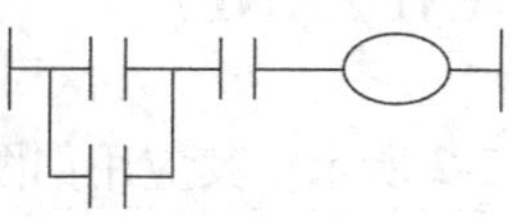	1
ORI(或非)	常闭触点并联连接	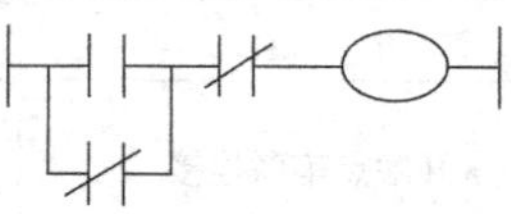	1

OR，或指令。用于单个常开触点的并联。

ORI，或非指令。用于单个常闭触点的并联。

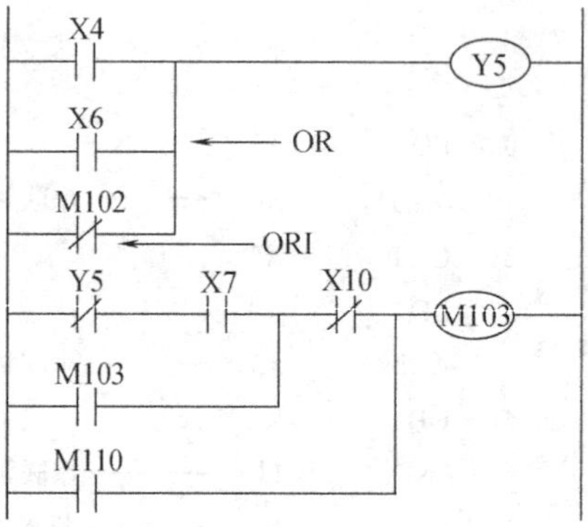

0	LD	X4	并联触点
1	OR	X6	
2	ORI	M102	
3	OUT	Y5	
4	LDI	Y5	并联触点
5	AND	X7	
6	OR	M103	
7	ANI	X10	
8	OR	M110	
9	OUT	M103	

图 2-4 OR/ORI 指令应用示例

说明：

①OR、ORI 用作为 1 个触点的并联连接指令，为连接 2 个以上的触点串联连接的电路块的并联连接时，要用后述的 ORB 指令。

②OR、ORI 指令是从该指令的当前步开始，对前面的 LD、LDI 指令并联连接。并联连接的次数无限制，但由于编程器和打印机的功能对此有限制，所以并联连接的次数实际是有限制的（24 行以下）。

2.4 串联电路块的并联（ORB）

串联电路块的并联指令如表 2-4 所示，其应用示例如图 2-5 所示。

表 2-4　串联电路块的并联指令表

符号、名称	功　能	电路表示及操作元件	程序步
ORB(电路块或)	串联电路块之间的并联连接	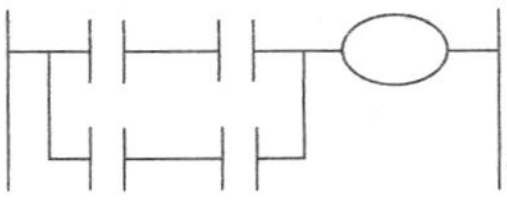 操作元件:无	1

说明:

①2 个以上的触点串联连接的电路称为串联电路块。串联电路块并联连接时，分支的开始用 LD、LDI 指令，分支的结束用 ORB 指令。

②ORB 指令与后述的 ANB 指令等均为无操作元件号的指令。

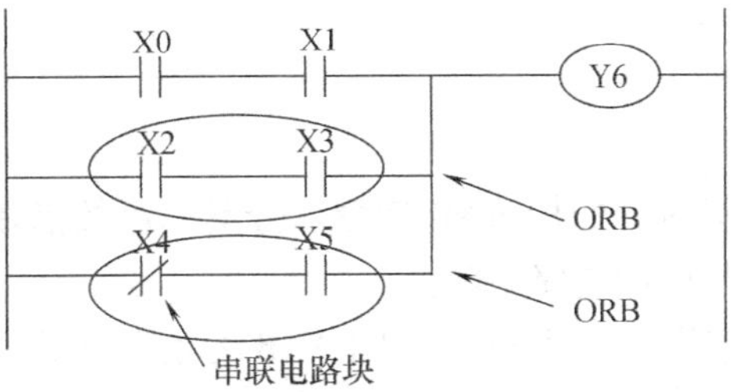

最好用如下程序:

0	LD	X0
1	AND	X1
2	LD	X2
3	AND	X3
4	ORB	←
5	LDI	X4
6	AND	X5
7	ORB	←
8	OUT	X6

而不用如下程序:

0	LD	X0
1	AND	X1
2	LD	X2
3	AND	X3
4	LDI	X4
5	AND	X5
6	ORB	←
7	ORB	←
8	OUT	X6

图 2-5　ORB 指令应用示例

注意:

①每一电路块使用 ORB 指令（参见上述编得好的程序），则并联电路块数无限制。

②ORB 指令也可连续使用（见上述编得不好的程序），但这样用时，重复使用 LD、LDI 指令的次数限制在 8 次以下。这一点要注意。

2.5　并联电路块的串联（ANB）

并联电路块的串联指令如表 2-5 所示，其应用示例如图 2-6 所示。

表 2-5　并联电路块的串联指令表

符号、名称	功　能	电路表示及操作元件	程序步
ANB(电路块与)	并联电路块之间的串联连接	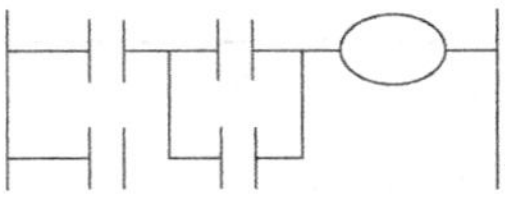 操作元件:无	1

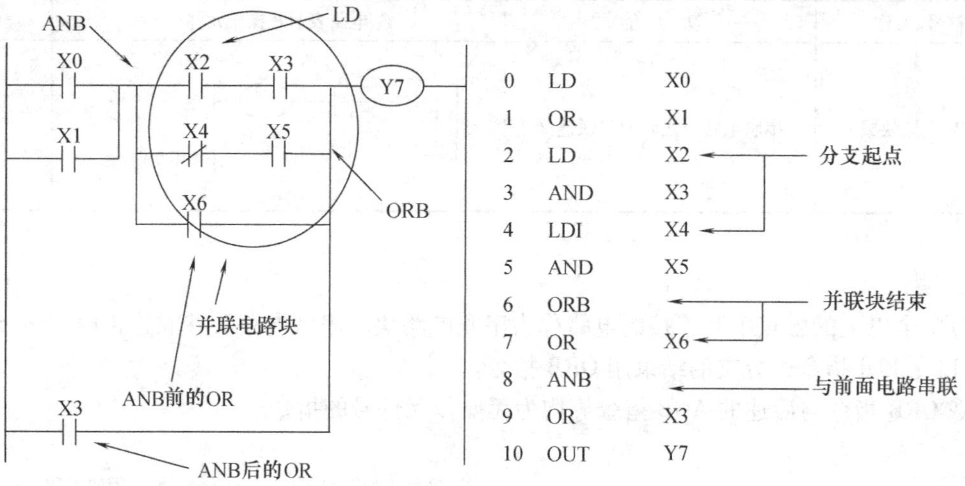

图 2-6　ANB 指令应用示例

说明：

①分支电路并联电路块与前面电路串联连接时，使用 ANB 指令。分支的起始点用 LD、LDI 指令。并联电路块结束后，使用 ANB 指令与前面电路串联。

②若多个并联电路块顺次用 ANB 指令与前面电路串联连接，则 ANB 的使用次数没有限制。

③虽然可以连续使用 ANB 指令，但这时与 ORB 指令同样，要注意 LD、LDI 指令的使用次数限制（8 次以下）。

2.6 多重输出电路（MPS/MRD/MPP）

多重输出电路指令如表 2-6 所示。

表 2-6　多重输出电路指令表

符号、名称	功　能	电路表示及操作元件	程序步
MPS(Push)	进栈	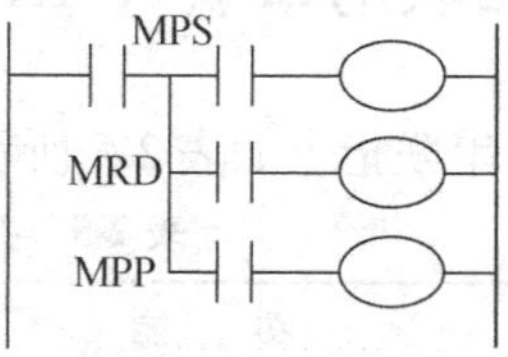 	1
MRD(Read)	读栈		1
MPP(POP)	出栈		1

MPS、MPP、MRD 为无操作元件指令，都为一个程序步长。这组指令用于多输出电路。可将连接点先存储，因此可用于连接后面的电路。

FX 系列 PLC 中，有 11 个存储运算中间结果的存储器，被称为栈存储器，MPS 和 MPP 指令必须成对使用，而且连续使用的次数应少于 11 次。

使用一次 MPS 指令，该时刻的运算结果就压入栈的第一层。再次使用 MPS 指令时，当时的运算结果压入栈的第一层，先压入的数据依次向栈的下一段压移。

使用 MPP 指令，各数据依次向上层托移。最上层的数据在读出后就从栈内消失。

MRD 是最上层所存的最新数据的读出专用指令，栈内的数据不发生下压或上托。使用 MPS 指令、MPP 指令、MRD 指令栈内的数据存储如图 2-7 所示。

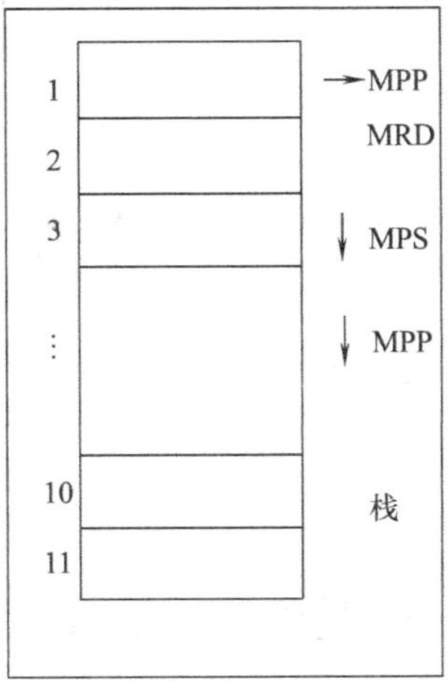

图 2-7　栈存储器

与多重输出电路指令相关的使用，分别如图 2-8 ~ 图 2-11 所示。

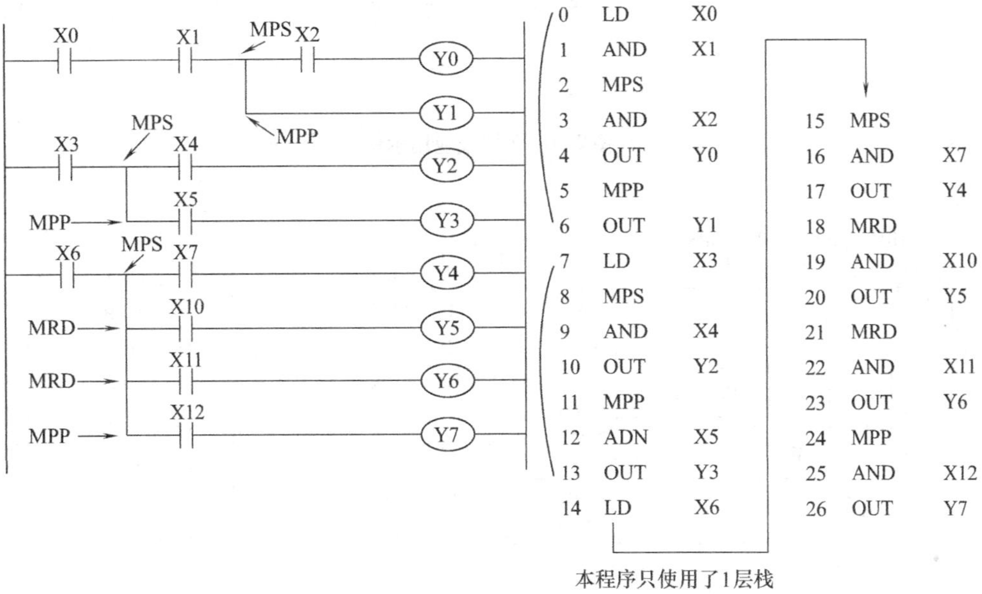

图 2-8　MPS/MRD/MPP 简单电路例（1 层栈）

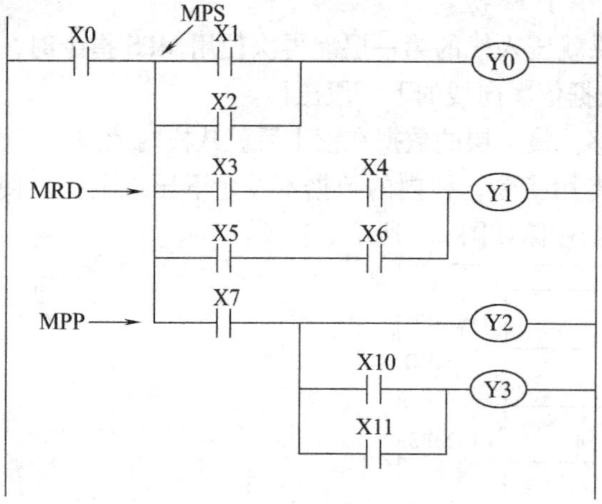

0	LD	X0	10	AND	X6
1	MPS		11	ORB	
2	LD	X1	12	ANB	
3	OR	X2	13	OUT	Y1
4	ANB		14	MPP	
5	OUT	Y0	15	AND	X7
6	MRD		16	OUT	Y2
7	LD	X3	17	LD	X10
8	AND	X4	18	OR	X11
9	LD	X5	19	ANB	
			20	OUT	Y3

图 2-9　1 层栈和 ANB、ORB 指令应用示例

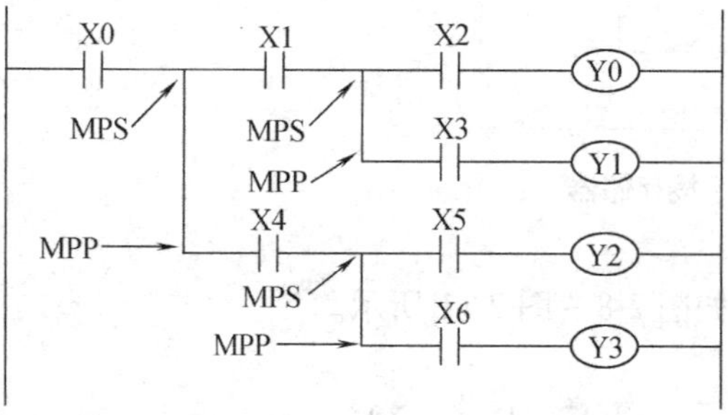

0	LD	X0	8	OUT	Y1
1	MPS		9	MPP	
2	AND	X1	10	AND	X4
3	MPS		11	MPS	
4	AND	X2	12	AND	X5
5	OUT	Y0	13	OUT	Y2
6	MPP		14	MPP	
7	AND	X3	15	AND	X6
			16	OUT	Y3

图 2-10　2 层栈应用示例

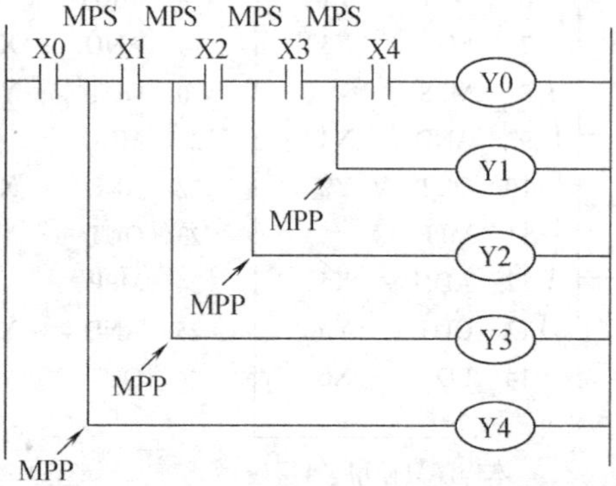

0	LD	X0	9	OUT	Y0
1	MPS		10	MPP	
2	AND	X1	11	OUT	Y1
3	MPS		12	MPP	
4	AND	X2	13	OUT	Y2
5	MPS		14	MPP	
6	AND	X3	15	OUT	Y3
7	MPS		16	MPP	
8	AND	X4	17	OUT	Y4

图 2-11　4 层栈应用示例

2.7　主控触点（MC/MCR）

主控触点指令如表 2-7 所示。

表 2-7　主控触点指令表

符号、名称	功　能	电路表示及操作元件	程序步
MC（主控）	主控电路块起点	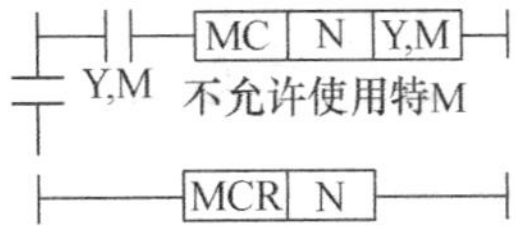	3
MCR（主控复位）	主控电路块终点		2

MC 为主控指令，用于公用串联触点的连接。

MCR 为主控复位指令，即 MC 的复位指令。

在编程时，经常遇到多个线圈同时受一个或一组触点控制。如果在每个线圈的控制电路中都串入同样的触点，将多占用存储单元，应用主控指令可以解决这一问题。只用主控指令的触点称为主控触点，它在梯形图中与一般的触点垂直。它们是与母线相连的常开接触点，是控制一组电路的总开关。MC、MCR 应用示例如图 2-12 所示。

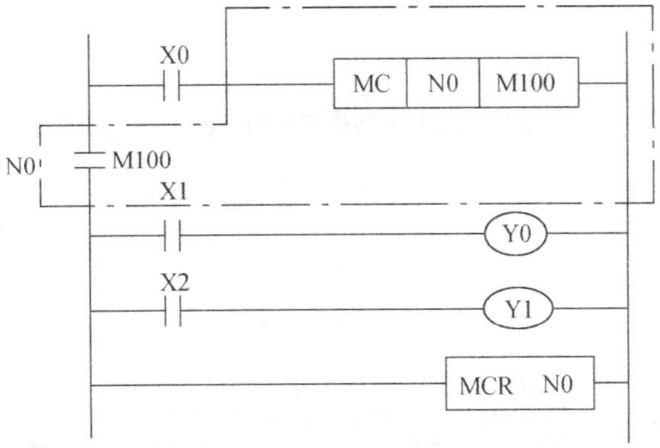

0	LD	X0	
1	MC	N0	MC为3步指令
	SP	M100	
4	LD	X1	
5	OUT	Y0	
6	LD	X2	
7	OUT	Y1	
8	MCR	N0	← MCR为2步指令

N 的嵌套层数从 0~7

SP 是编程器上的空格键

特殊辅助继电器不能用作MC的操作元件

图 2-12　主控触点指令应用示例

1. 说明

①输入 X0 接通时，执行 MC 与 MCR 之间的指令。输入 X0 断开时，成为如下形式：

保持当前状态的元件：积算定时器、计数器及用 SET/RST 指令驱动的元件。

变成断开的元件：非积算定时器，用 OUT 指令驱动的元件。

②MC 指令后，母线（LD，LDI 点）移至 MC 触点之后，返回原来母线的指令是 MCR。MC 指令使用后必定要用 MCR 指令。

③使用不同的 Y、M 元件号，可多次使用 MC 指令。但是若用同一软元件号，就与 OUT 指令一样成为双线圈输出。

④在 MC 指令内再使用 MC 指令时，嵌套级 N 的编号就顺次增大（按程序顺序由小到

大)。返回时用 MCR 指令，就从大的嵌套级开始解除（按程序顺序由大至小)。

2. 嵌套级（见图 2-13）

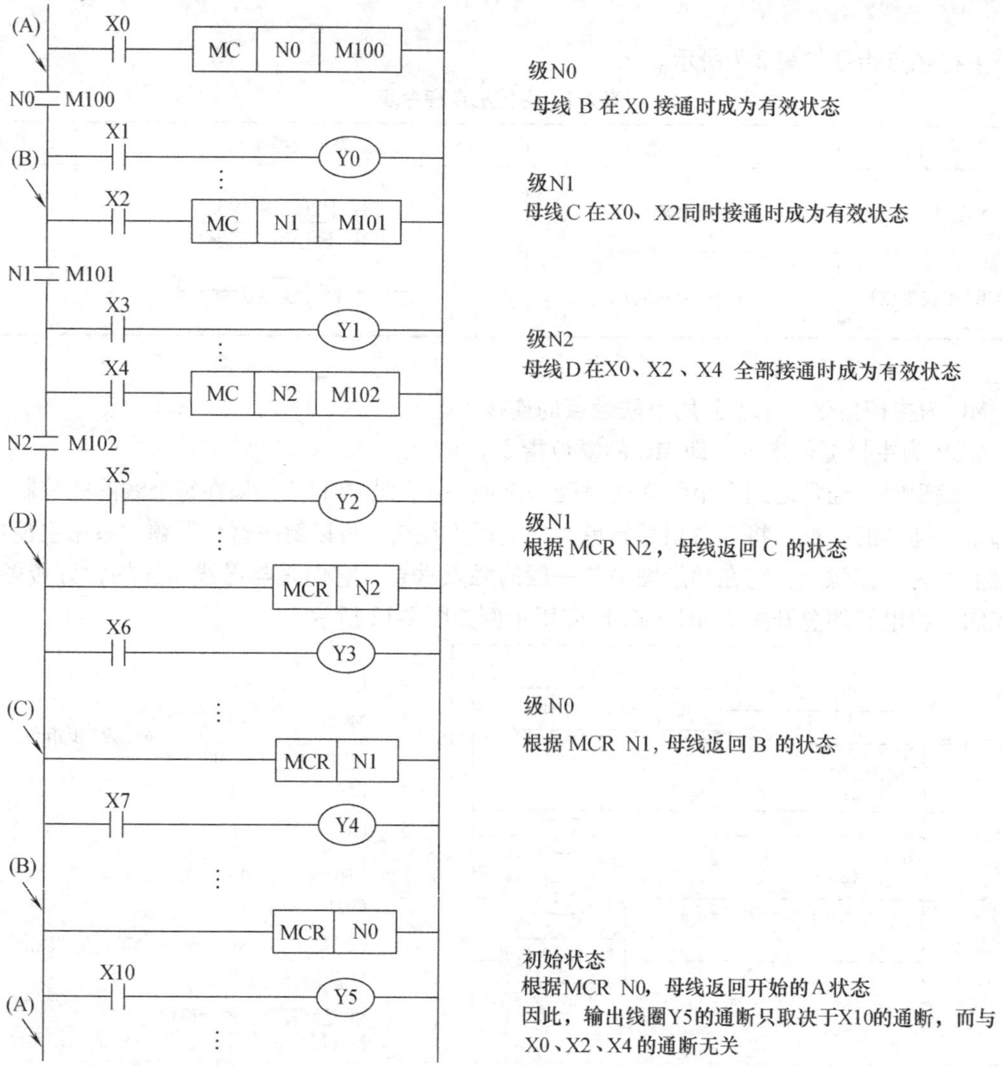

图 2-13　嵌套级示例

2.8 自保持与解除（SET/RST）

自保持与解除指令如表 2-8 所示。其应用示例如图 2-14 所示。

表 2-8　自保持与解除指令表

符号、名称	功　能	电路表示及操作元件	程序步
SET(置位)	令元件自保持 ON	SET Y,M,S	Y,M:1 S,特 M:2
RST(复位)	令元件自保持 OFF 清数据寄存器	RST Y,M,S,D,V,Z	D,V,Z, 特 D:3

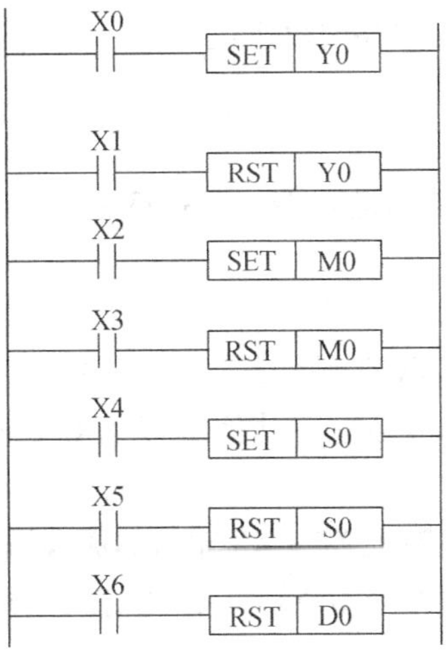


```
0   LD    X0
1   SET   Y0
2   LD    X1
3   RST   Y0
4   LD    X2
5   SET   M0
6   LD    X3
7   RST   M0
8   LD    X4
9   SET   S0
11  LD    X5
12  RST   S0
14  LS    X6
15  RST   D0
```

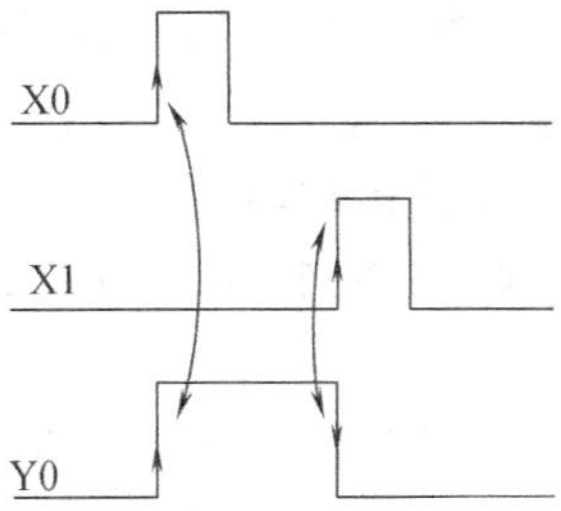

图 2-14　SET/SRT 指令应用示例

说明：

①X0 一接通，即使再变成断开，Y0 也保持接通。X1 接通后，即使再变成断开，Y0 也将保持断开。对于 M、S 也是同样。

②对同一元件可以多次使用 SET、RST 指令，顺序可任意，但在最后执行的一条才有效。

③要使数据寄存器 D、变址寄存器 V、Z 的内容清零，也可用 RST 指令（用常数为 K0 的传送指令也可得到同样的结果）。

2.9　计数器、定时器（OUT/RST）

计数器、定时器（OUT/RST）指令如表 2-9 所示。其应用示例如图 2-15 所示。

表 2-9　计数器、定时器指令表

符号、名称	功　能	电路表示及操作元件	程序步
OUT（输出）	驱动定时器线圈 驱动计数器线圈	─┤├─(T,C)─┤KΔΔ	32 位计数器:5 其他:3
RST（复位）	复位输出触点 当前数据清零	─┤├─[RST T,C]─┤	2

1. 积算定时器（1ms 定时器，100ms 定时器）

输入 X1 接通期间，T246 接收 1ms 时钟脉冲并计数，到达 1234 时 Y0 就动作。

X0 一接通，输出触点 T246 就复位，定时器的当前值也成为 0。

2. 内部计数器

32 位计数器 C200 根据 M8200 的 ON/OFF 状态进行计数（增计数、减计数），它对 X4

触点的 OFF→ON 的次数进行计数。

输出触点的置位或复位取决于计数方向及达到 D1、D0 中存的设定值。

输入 X3 接通后，输出触点复位，计数器当前值清零。

3. 高速计数器

①对于 C235～C245 的单相单输入计数器，须用特殊辅助继电器（M8235～M8245）指定计数方向。

X10：接通时增计数；X10：断开时减计数

②X11 接通，计数器 C△△△的输出触点就复位，计数器的当前值也清零。对于带有复位输入的计数器（C241～C255 等），当复位输入接通时，不必进行其他编程也可实现同上动作。

③X12 接通时，高速计数器 C235～C240 分别对由计数输入 X0～X5 输入的通/断进行计数，对于带有启动输入的计数器（C244，C245，C249，C250，C255），启动输入不接通就不进行计数。

④计数器的当前值随计数输入的次数而增加，当该值等于设定值（K 或 D 的内容），计数器输出触点接通。

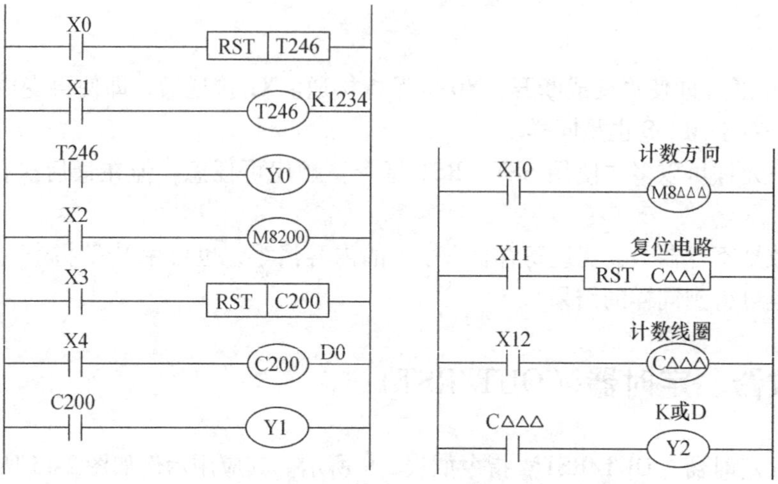

图 2-15　计数器、定时器应用示例

2.10　脉冲输出（PLS/PLF）

脉冲输出指令如表 2-10 所示。其应用示例如图 2-16 所示。

表 2-10　脉冲输出指令表

符号、名称	功　能	电路表示及操作元件	程序步
PLS(上升沿脉冲)	上升沿微分输出	PLS Y,M	2
PLF(下降沿脉冲)	下降沿微分输出	PLF Y,M	2

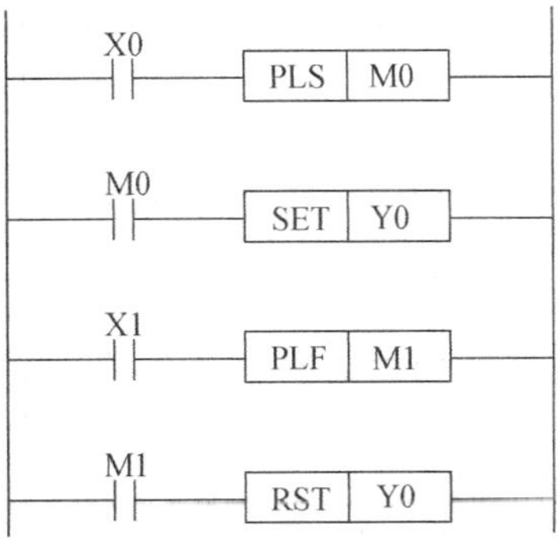

0	LD	X0 ←	
1	PLS	M0	2步指令
3	LD	M0	
4	SET	Y0	
5	LD	X1	
6	PLF	M1	2步指令
8	LD	M1	
9	RST	Y0	

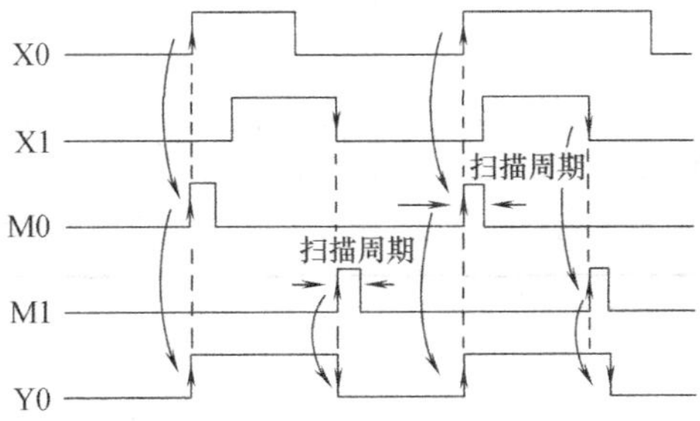

图2-16 PLS/PLF指令应用示例

说明：

①使用PLS指令，元件Y、M仅在驱动输入接通后的一个扫描周期内动作（置1）。

②使用PLF指令，元件Y、M仅在驱动输入断开后的一个扫描周期内动作。

③特殊继电器不能用作PLS或PLF的操作元件。

④在驱动输入接通时，PLC由运行→停机→运行，此时PLS M0动作，但PLS M600断电时由电池后备的辅助继电器）不动作。这是因为M600是保持继电器，即使在断电停机时其动作也能保持。

2.11 脉冲式触点指令（LDP/LDF/ANP/ANF/ORP/ORF）

脉冲式触点指令如表2-11所示。

表2-11 脉冲式触点指令表

符号、名称	功 能	电路表示及操作元件	程序步
LDP(取上升沿脉冲)	上升沿脉冲逻辑运算开始	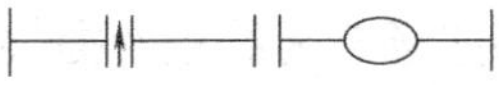 X,Y,M,S,T,C	2

（续）

符号、名称	功　能	电路表示及操作元件	程序步
LDF（取下降沿脉冲）	下降沿脉冲逻辑运算开始	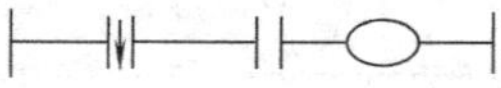	2
ANP（与上升沿脉冲）	上升沿脉冲串联连接	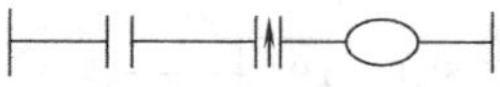	2
ANF（与下降沿脉冲）	下降沿脉冲串联连接		2
ORP（或上升沿脉冲）	上升沿脉冲并联连接	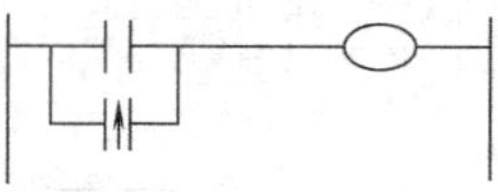	2
ORF（或下降沿脉冲）	下降沿脉冲并联连接	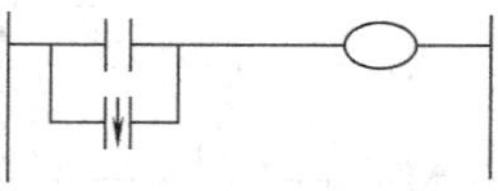	2

说明：

①这是一组与 LD、AND、OR 指令相对应的脉冲式触点指令。指令中 P 对应上升沿脉冲，F 对应下降沿脉冲。指令中的触点仅在操作元件有上升沿/下降沿时导通一个扫描周期。如图 2-17 所示，X000 ~ X002 由 OFF→ON 时或由 ON→OFF 变化时，M0 或 M1 接通一个扫描周期。

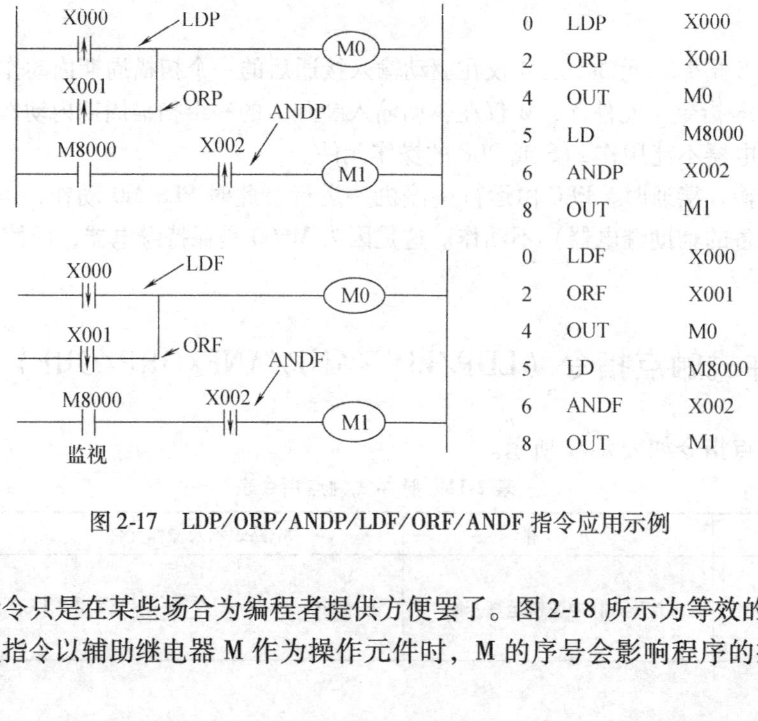

图 2-17　LDP/ORP/ANDP/LDF/ORF/ANDF 指令应用示例

②这组指令只是在某些场合为编程者提供方便罢了。图 2-18 所示为等效的编程方法。

③当这组指令以辅助继电器 M 作为操作元件时，M 的序号会影响程序的执行情况。如

图2-19a所示，M0～M2799作为操作元件时程序的执行是普通情况下的形式，X0＝ON后，M0接通，①～③接通一个扫描周期，而④是LD指令，故①～④各行程序都执行。M50～M53都为ON。

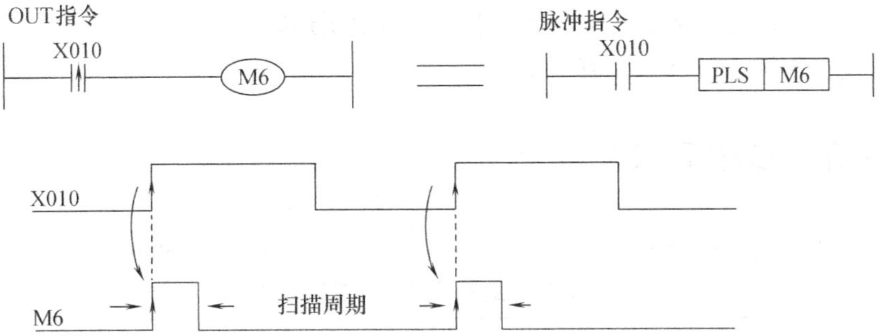

a) 结果都是在X010由OFF→ON变化时，M6接通一个扫描周期

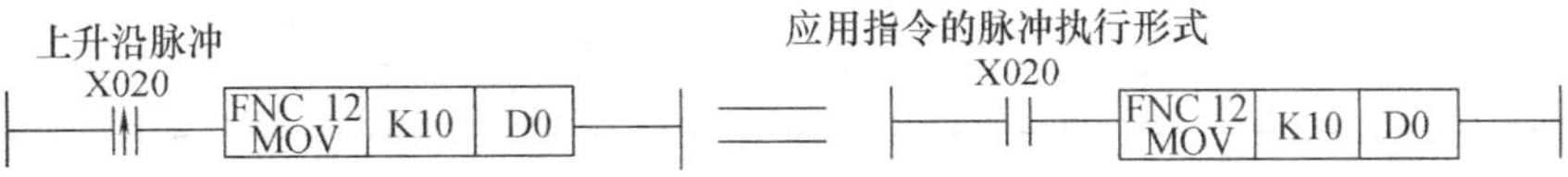

b) 结果都是在X020由OFF→ON变化时，只执行一次MOV指令

图2-18　等效的编程方法

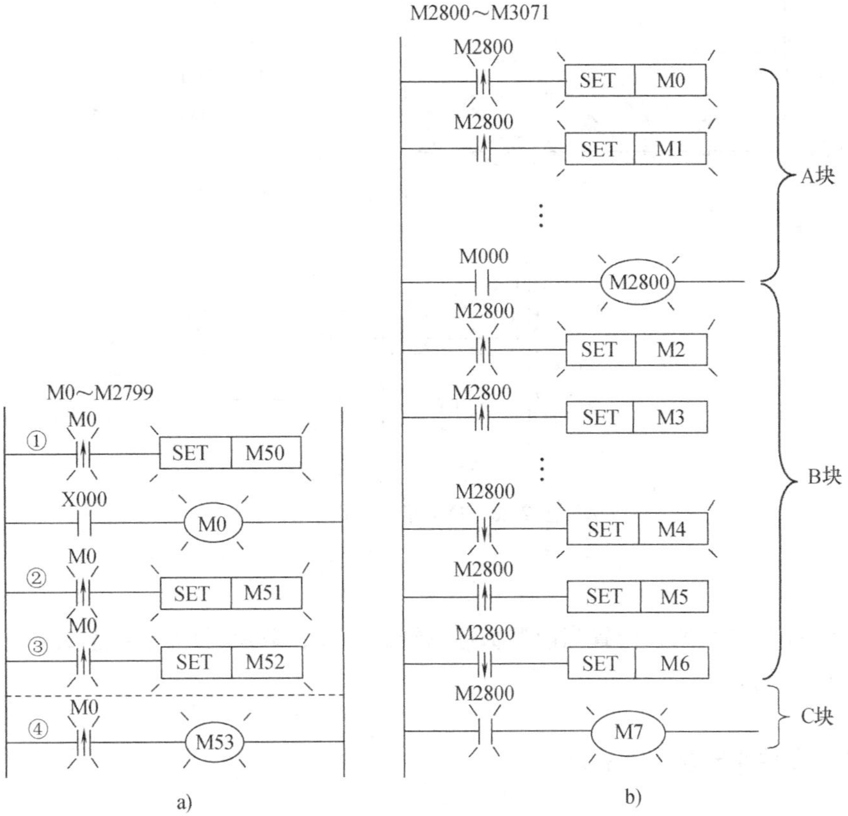

图2-19　辅助继电器M作为脉冲式触点指令的操作元件

而以 M2800 ~ M3071 作为这组指令的操作元件时程序的执行就特殊了。当 M2800 的状态发生变化时，在其后一个扫描周期内只有第一个碰到的 M2800 的脉冲触点起作用。图 2-19b 中，当 M2800 由 OFF 到 ON 时只有 SETM2 被执行；当 M2800 由 ON 到 OFF 时，只 SET M4 被执行。M7 的驱动用的是 LD 指令，不受上述说明影响。

这一特性在顺控步进指令中有重要用途。

2.12 逻辑运算结果取反（INV）

逻辑运算结果取反指令如表 2-12 所示。其应用示例如图 2-20 所示。

表 2-12 逻辑运算结果取反指令

符号、名称	功　能	电路表示及操作元件	程 序 步
INV（取反）	逻辑运算结果取反	操作元件：无	1

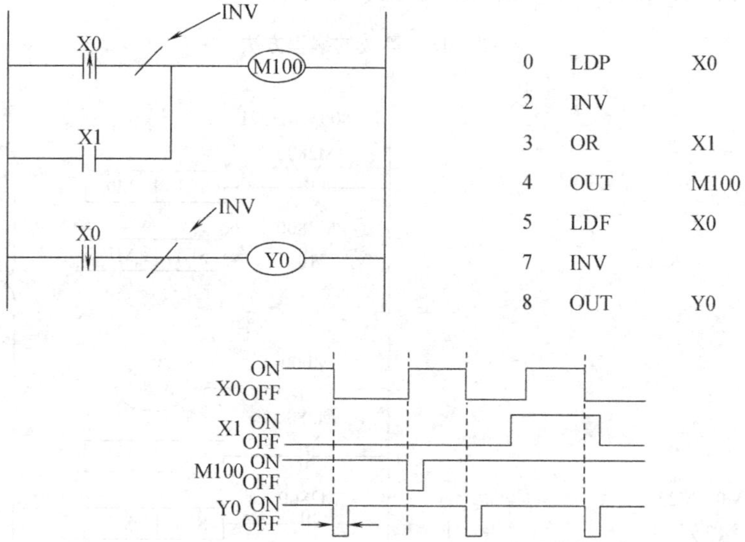

图 2-20 INV 指令应用示例

说明：

INV 指令是把指令所在位置当前逻辑运算结果取反，取反后的结果仍可继续运算。INV 指令无须操作元件。

2.13 空操作指令（NOP）

空操作指令如表 2-13 所示。图 2-21 所示为用 NOP 指令改变电路的例子。

表 2-13　空操作指令表

符号、名称	功　能	电路表示及操作元件	程　序　步
NOP(空操作)	无动作	无元件	1

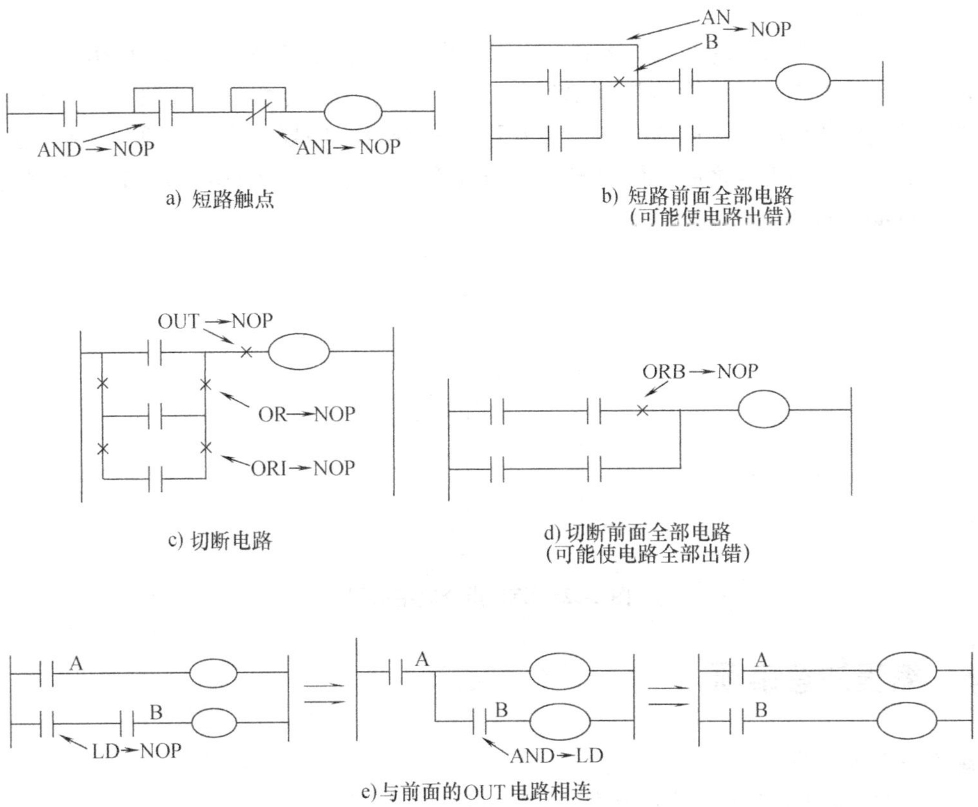

图 2-21　NOP 指令应用示例（用 NOP 指令改变电路）

说明：

①程序若加入 NOP 指令，改动或追加程序时，可以减少步序号的改变。另外，用 NOP 指令替换已写入的指令，也可改变电路。

②LD、LDI、ANB、ORB 等指令若换成 NOP 指令，电路构成将有较大幅度的变化，须注意。

③进行全清操作后，全部指令都变成 NOP。

2.14　程序结束指令（END）

程序结束指令如表 2-14 所示。图 2-22 所示为用 END 指令结束程序的例子。

表2-14　程序结束指令表

符号、名称	功　能	电路表示及操作元件	程　序　步
END(结束)	输入/输出处理 程序回第“0”步	END　无元件	1

PLC反复进行输入处理、程序运算、输出处理。若在程序最后写入END指令，则END以后的程序步就不再执行，直接进行输出处理。在程序调试过程中，按段插入END指令，可以顺序扩大对各程序段动作的检查。采用END指令将程序划分为若干段。在确认处于前面电路块的动作正确无误之后，依次删去END指令。注意，执行END指令时，也刷新警戒时钟（Watchdogtimer）。

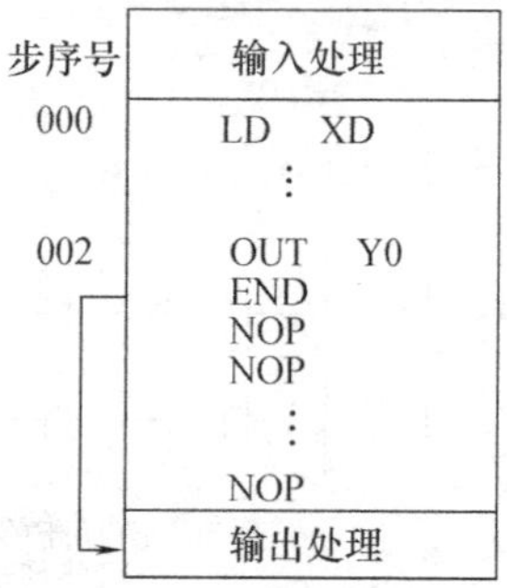

图2-22　END指令应用示例

2.15　编程注意事项

编程注意事项为：

1）程序应按自上而下，从左至右的方式编制。

2）适当的编程顺序可减少程序步数，如图2-23所示。

3）重新安排不能编程的电路，如图2-24所示。

4）双线圈输出不可用，如图2-25所示。

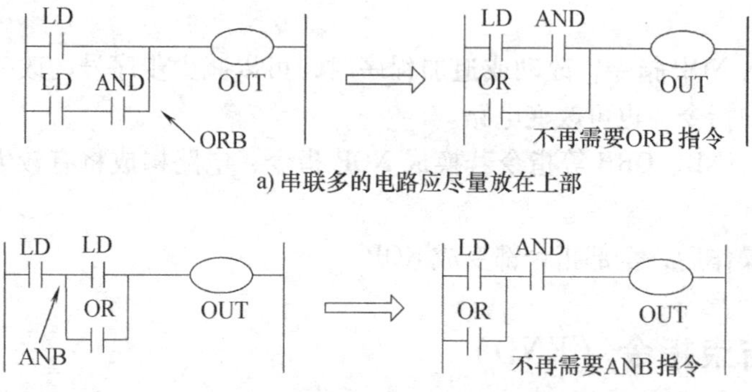

a) 串联多的电路应尽量放在上部

b) 并联多的电路应尽量靠近母线

图2-23　减少程序步数

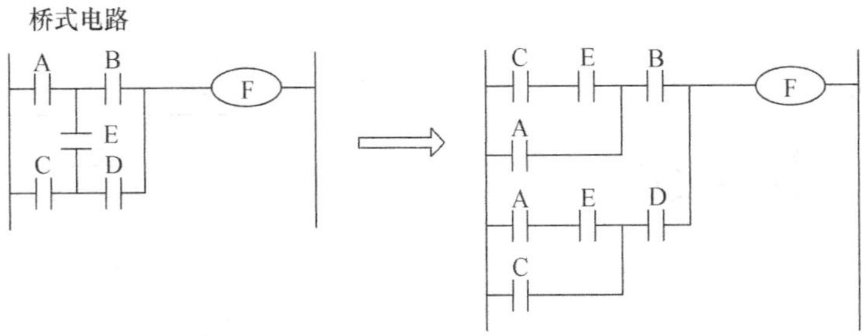

a) 将电路改成右图的形式才能编程

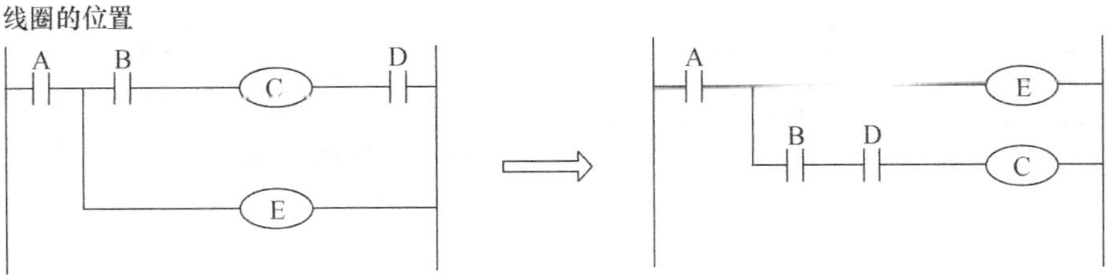

b) 不能将触点画在线圈的右边，只能在触点的右边接线圈

图2-24　重新安排不能编程的电路

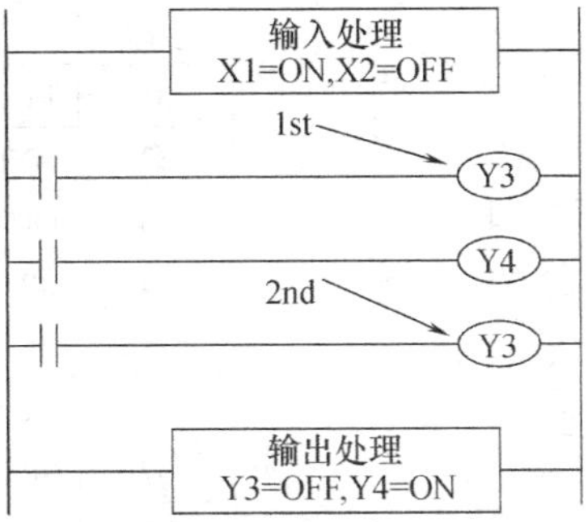

图2-25　双线圈使用示例

2.16　编程实例

2.16.1　简单程序

1. 延时断定时器（见图2-26）

2. 振荡电路（见图2-27）

3. 脉冲输出电路（见图2-28）

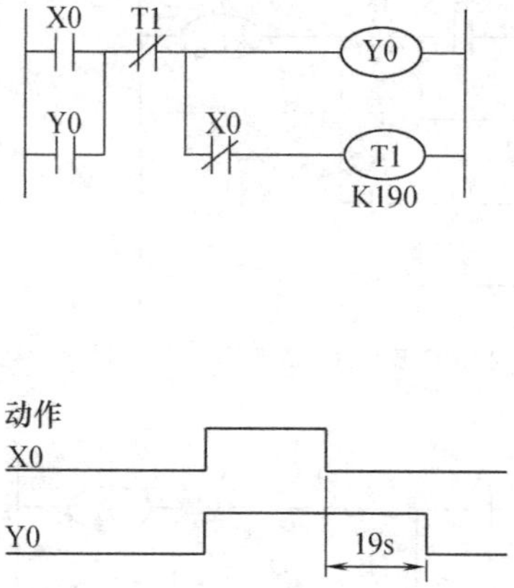

步序	指令
24	LD X0
25	OR Y0
26	ANI T1
27	OUT Y0
28	ANI X0
29	OUT T1
30	SP K190

Y0在X0断开后19s关断

在输入触点开断后，输出触点延时开断的定时器被认为是一个延时断定时器

图2-26 延时断定时器

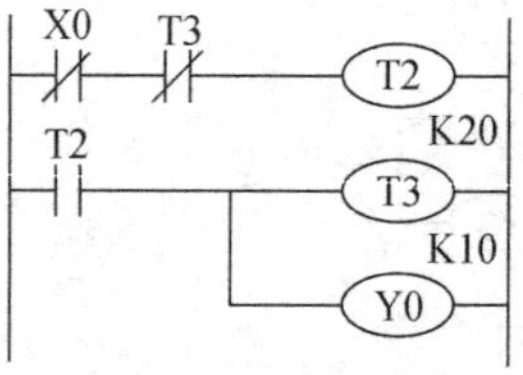

步序	指令
31	LDI X0
32	ANI T3
33	OUT T2
34	SP K20
35	LD T2
36	OUT T3
37	SP K10
38	OUT Y0

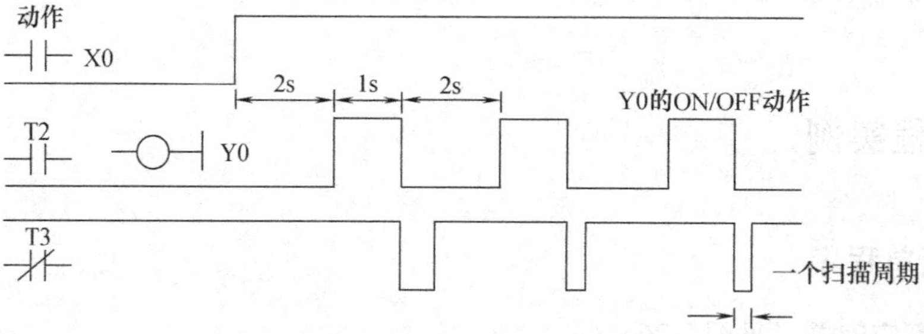

图2-27 振荡电路

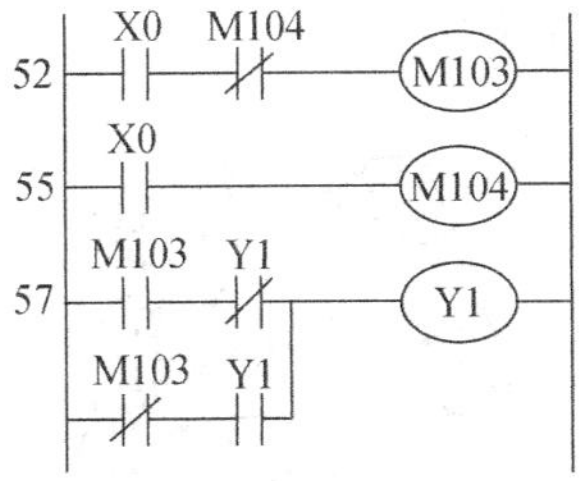

步序	指令
52	LD　X0
53	ANI　M104
54	OUT　M103
55	LD　X0
56	OUT　M104
57	LD　M103
58	ANI　Y1
59	LDI　M103
60	AND　Y1
61	ORB
62	OUT　Y1

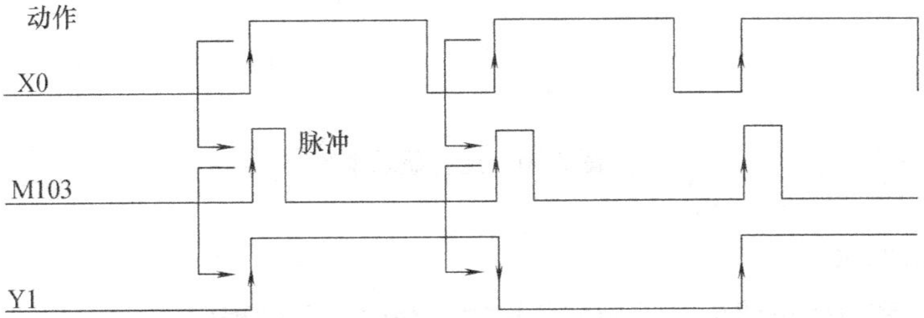

图 2-28　脉冲输出电路

说明：

①X0 第一次闭合，Y1 立即接通。X0 再次闭合时，Y1 断开。

②M103 只在一个扫描周期内接通（脉冲输出）。在程序中 M104 排在 M103 之后是很重要的。

③按图 2-29 所示的电路编程是错误的。

④实际上，使用 PLS 指令就可很容易地获得像 M103 这样的脉冲输出。

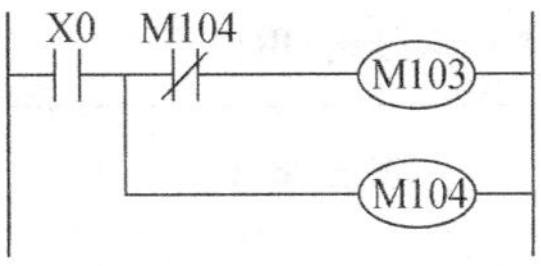

图 2-29　错误的编程电路

2.16.2　实例

1. 抢答显示系统（见图 2-30）

（1）控制要求

①竞赛者若要回答主持人所提问题时，须抢先按下桌上的按钮。

②指示灯亮后，须等到主持人按下复位键 PB4 后才熄灭。为了给参赛儿童一些优待，PB11 和 PB12 中任一个接下时，灯 L1 都亮。而为了对教授组做一定限制，L3 只有在 PB31 和 PB32 键都按下时才亮。

③如果竞赛者在主持人合上 SW 开关的 10s 内压下按钮，电磁线圈将使彩球摇动，以使竞赛者得到一次幸运的机会。

图 2-30 抢答显示系统

（2）本例的目的

设计用互锁和自锁电路为基础构成各输出电路的简单的程序。

（3）选定输入/输出设备

在程序控制设计中，首先要确定需要使用哪些输入、输出，然后分别给它们标上 PLC 的端子号（见表 2-15）。

表 2-15 选定输入/输出设备

输 入 装 置	输入端子号	输 出 装 置	输出端子号
按钮 PB11	X000	灯 L1	Y000
按钮 PB12	X001	灯 L2	Y003
按钮 PB2	X003	灯 L3	Y005
按钮 PB31	X004	SOL（电磁开关）	Y007
按钮 PB32	X005		
按钮 PB4	X002		
选择开关 SW	X007		

（4）PLC 外部接线图（见图 2-31）

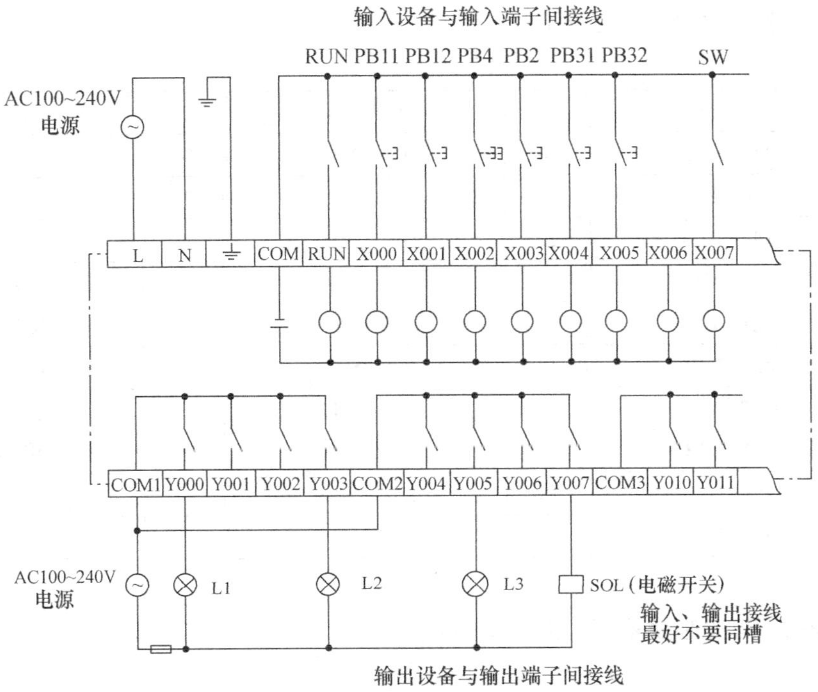

图 2-31 PLC 外部接线图

(5) 画出控制逻辑图(梯形图)(见图 2-32)

PLC 的控制逻辑电路设计与继电器箱完全相同。

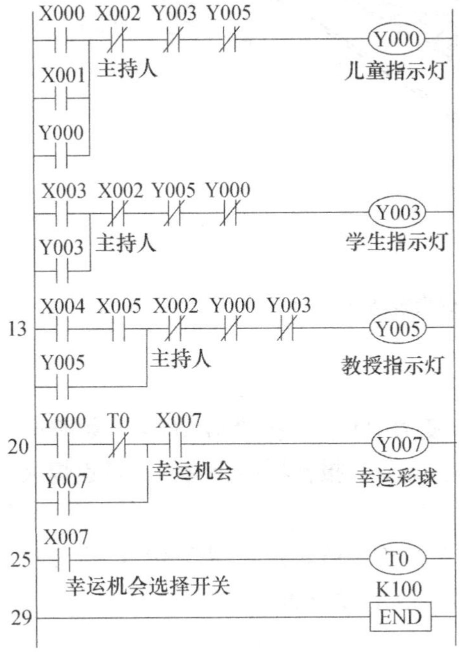

由于 Y000 使用它自身的保持触点,在 X000 或 X001 闭合后 Y000 保持在 ON 状态(自保状态)。但是,如果 Y003 或 Y005 先于它变为 ON 状态,则 Y000 不能变为 ON。这就是互锁或自锁电路的基本特点

Y003 和 Y005 以同样方式动作,自锁继电器在常闭触点 X002 断开后,将清零

X007 闭合后,10s 定时器 T0 启动

如 Y000、Y003 或 Y005 在定时器动作前闭合,则 Y007 能变为 ON

常开触点 X007 断开后,自锁继电器将清零

图 2-32 梯形图

（6）写出指令表（见表2-16）

表2-16 指 令 表

序号	指 令	序号	指 令	序号	指 令
0	LD X000	10	ANI Y005	20	LD Y000
1	OR X001	11	ANI Y000	21	ANI T0
2	OR Y000	12	OUT Y003	22	OR Y007
3	ANI X002	13	LD X004	23	AND X007
4	ANI Y003	14	AND X005	24	OUT Y007
5	ANI Y005	15	OR Y005	25	LD X007
6	OUT Y000	16	ANI X002	26	OUT T0 SP K100
7	LD X003	17	ANI Y000		
8	OR Y003	18	ANI Y003	29	END
9	ANI X002	19	OUT Y005		

2. 料箱盛料过少报警系统（见图2-33）

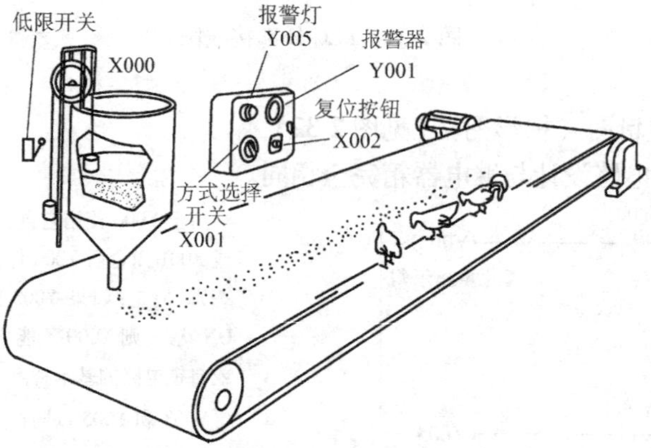

图2-33 料箱盛料过少报警系统

（1）控制要求

①自动方式（X001 = OFF）。当低限开关X000变为ON后，报警器Y001开始鸣叫，同时报警灯Y005连续闪烁10次（亮1.5s、灭2.5s）。此后，报警器停止鸣叫，灯也熄灭。此外，RESET（复位）按钮X002可以使两者中止。

②手动方式（X001 = ON）。当低限开关X000变为ON后，报警器Y001开始鸣叫，同时报警灯Y005开始闪烁。当按下RESET按钮X002时，二者中止。

（2）本例的目的

设计一个包括计数器和定时器的闪烁电路的控制程序。

（3）画出控制逻辑图（梯形图）（见图2-34）

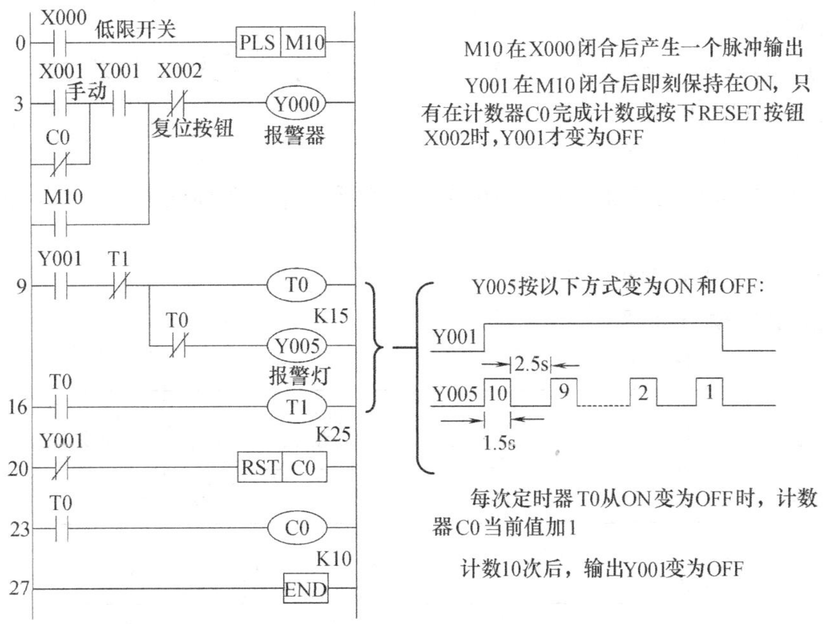

图2-34 梯形图

通过练习，便能直接根据逻辑电路编制程序。

(4) 写出指令表（见表2-17）

表2-17 指 令 表

序号	指 令	序号	指 令	序号	指 令
0	LD X000	9	LD Y001		SP K25
1	PLS M10	10	ANI T1	20	LDI Y001
3	LD X001	11	OUT T0 SP K15	21	RST C0
4	ORI C0			23	LD T0
5	AND Y001	14	ANI T0	24	OUT C0 SP K10
6	OR M10	15	OUT Y005		
7	ANI X002	16	LD T0	27	END
8	OUT Y001	17	OUT T1		

3. 按钮人行道（见图2-35）

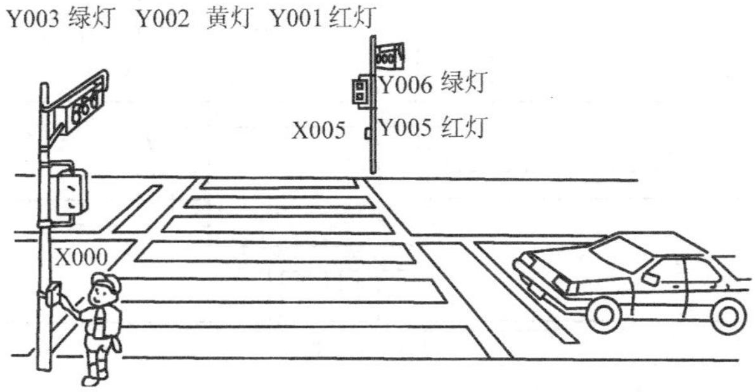

图2-35 按钮人行道

（1）控制要求

当人行道口的按钮被按下时，交通灯按图 2-36 所示顺序变化。如果交通灯已经进入运行变化，按钮将不起作用。

（2）本例的目的

在使用前例中同样的闪烁器和计数电路的情况下，采用时序图来设计一个更复杂的逻辑控制并编程。

（3）绘制时序图（见图 2-37）

（4）设计逻辑电路（图 2-38）

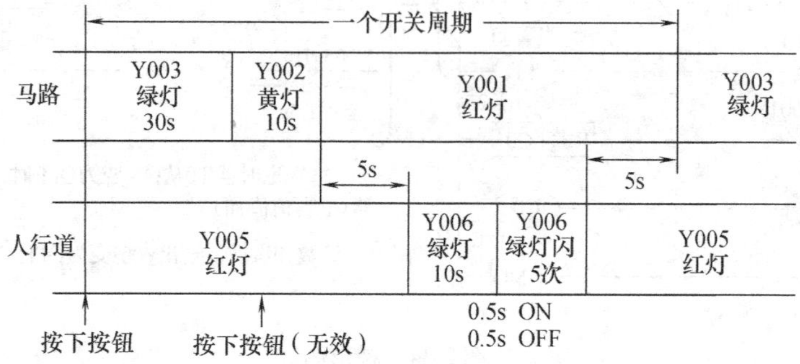

图 2-36　交通灯变化顺序

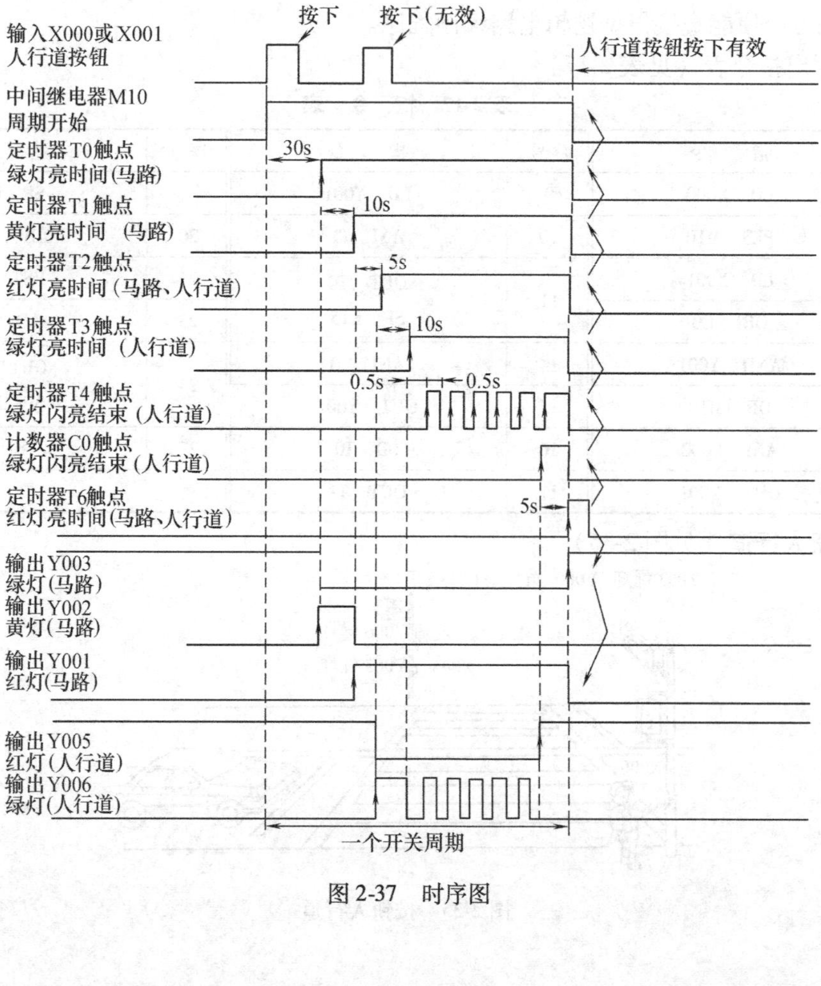

图 2-37　时序图

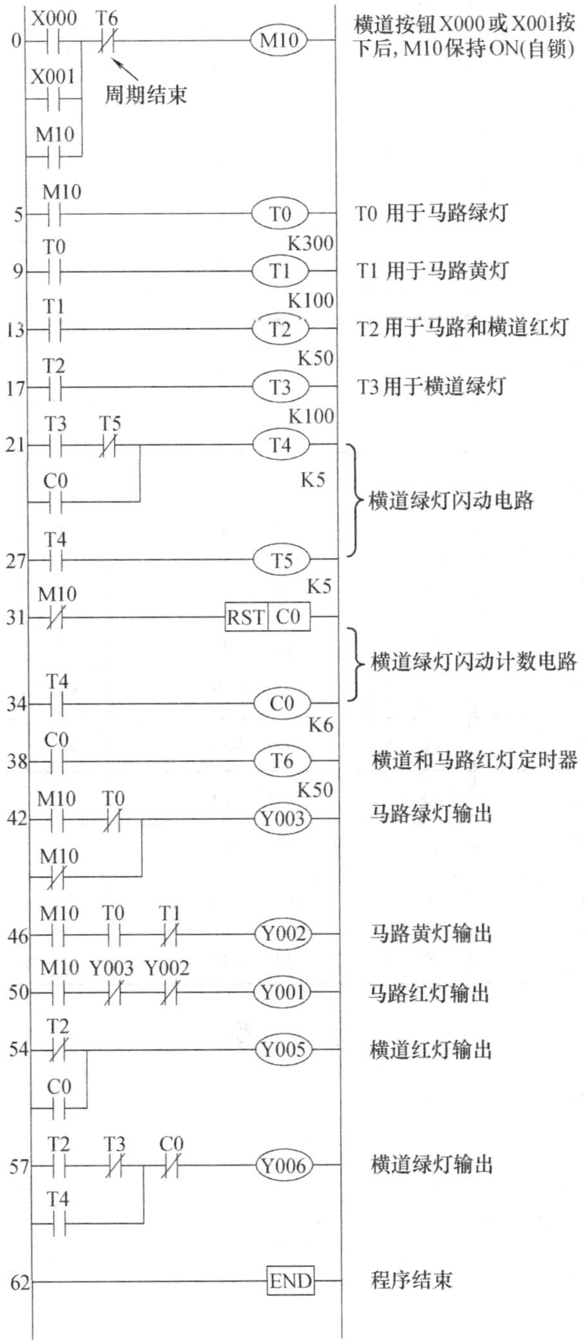

图2-38　逻辑电路

（5）写出指令表（见表2-18）

表 2-18 指 令 表

序号	指 令	序号	指 令	序号	指 令
0	LD X000	23	OR C0	47	AND T0
1	OR X001	24	OUT T4 SP K5	48	ANI T1
2	OR M10	27	LD T4	49	OUT Y002
3	ANI T6	28	OUT T5 SP K5	50	LD M10
4	OUT M10	31	LDI M10	51	ANI Y003
5	LD M10	32	RST C0	52	ANI Y002
6	OUT T0 SP K300	34	LD T4	53	OUT Y001
9	LD T0	35	OUT C0 SP K6	54	LDI T2
10	OUT T1 SP K100	38	LD C0	55	OR C0
13	LD T1	39	OUT T6 SP K50	56	OUT Y005
14	OUT T2 SP K50	42	LD M10	57	LD T2
17	LD T2	43	ANI T0	58	ANI T3
18	OUT T3 SP K100	44	ORI M10	59	OR T4
21	LD T3	45	OUT Y003	60	ANI C0
22	ANI T5	46	LD M10	61	OUT Y006
				62	END

习 题

2-1 将图 2-39 写成指令表。

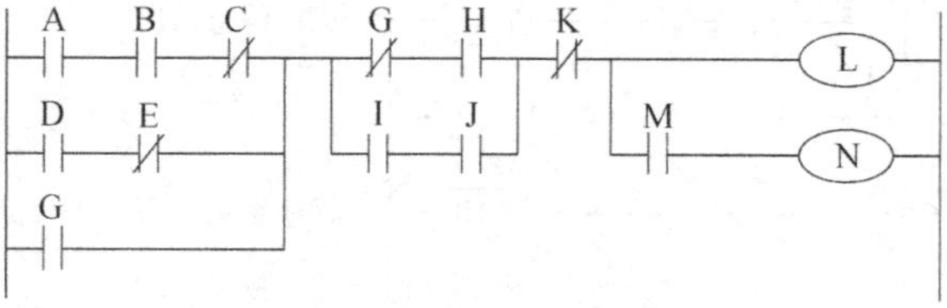

图 2-39 题 2-1 图

2-2 如图 2-40 所示，若传送带上 20s 内无产品通过则报警（Y00 为 ON）。

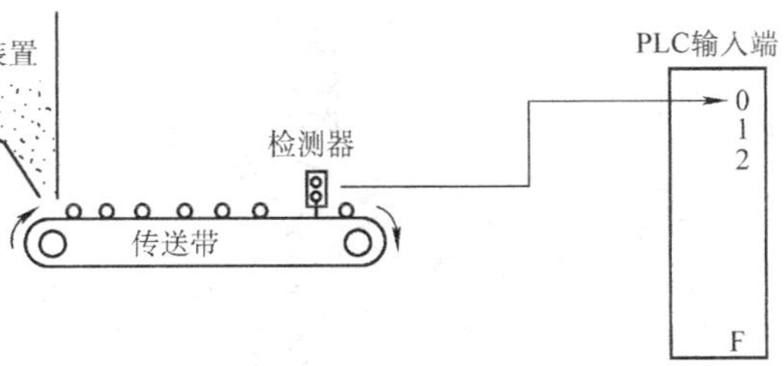

图2-40　题2-2图

2-3　设计三层电梯控制程序，要求写出梯形图及指令表。

规定I/O编号（PB□为□层呼叫按钮；LS□为□层限位开关；□F为□层指示灯）：

输入：PB3 X00；PB2 X01；PB1 X02；LS3 X03；LS2 X04；LS1 X05

输出：上升Y01；下降Y00；1F Y10；2F Y09；3F Y08

动作要求：

（1）电梯停在1层或2层时，按3F，则电梯上升至LS3停。

（2）电梯停在3层或2层时，按1F，则电梯下降至LS1停。

（3）电梯停在1层时，按2F，则电梯上升至LS2停。

（4）电梯停在3层时，按2F，则电梯下降至LS2停。

（5）电梯停在1层时，而2F、3F均有人呼叫时，则电梯上升至LS2时暂停2s，后继续上升至LS3停。

（6）电梯停在3层时，而1F、2F均有人呼叫时，则电梯下降至LS2时暂停2s，后继续下降至LS1停。

（7）当电梯在上升途中，任何反方向（下降）按钮均无效。

（8）当电梯在下降速中，任何反方向（上升）按钮均无效。

2-4　对如下十字路口交通灯问题编制控制程序，写出梯形图及指令表。

规定I/O编号：

输入：启动X00

输出：（1）绿Y00；（1）黄Y01；（1）红Y02；（2）绿Y04；（2）黄Y05；（2）Y06动作要求：两组交通灯时序图如图2-41所示，关断电源后再起动则从头开始。

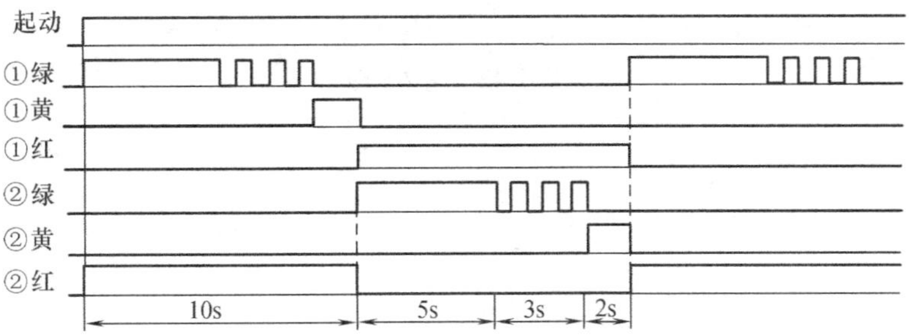

图2-41　交通灯时序图

2-5　如图2-42a所示，机械手将传送带A上的物品送到传送带B上，写出梯形图及指令表。输入编号：PB1 X00；PB2 X01；LS1 X02；LS2 X03；LS3 X04；LS4 X05；LS5 X06；PSI X07输出编号；传送带A Y00；左移Y01；右移Y02；上升Y03；下降Y04；抓Y05；放Y06。图2-42b所示为示意图及时序图。

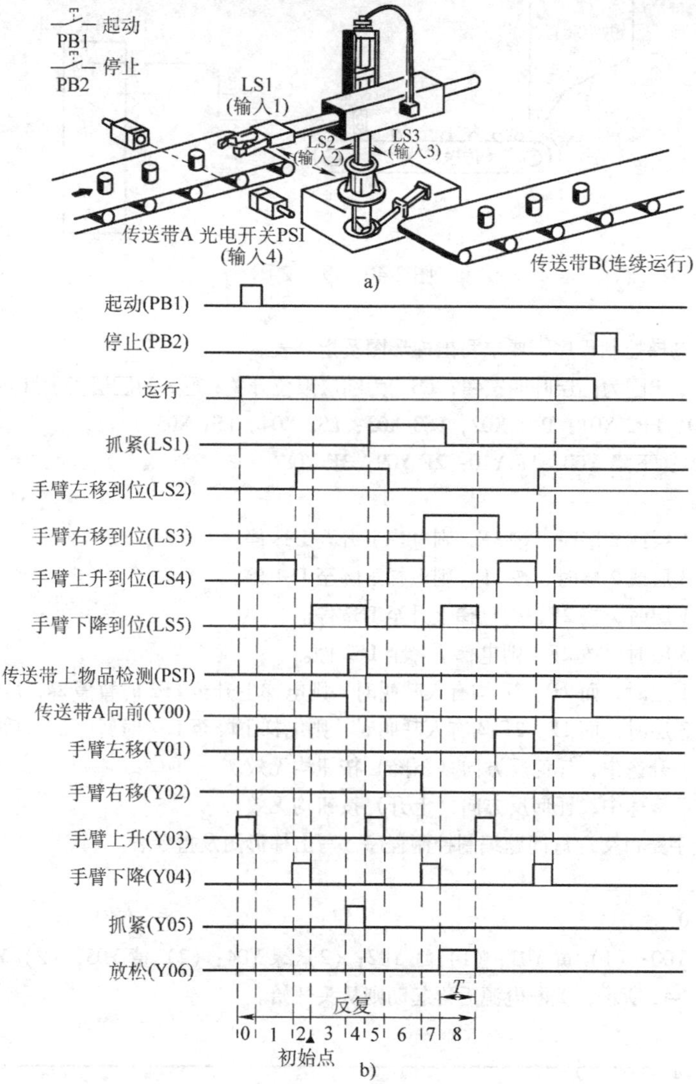
起动
PB1
停止
PB2
LS1
(输入1)
LS2
(输入2)
LS3
(输入3)
传送带A 光电开关PSI
(输入4)
传送带B(连续运行)
a)
起动(PB1)
停止(PB2)
运行
抓紧(LS1)
手臂左移到位(LS2)
手臂右移到位(LS3)
手臂上升到位(LS4)
手臂下降到位(LS5)
传送带上物品检测(PSI)
传送带A向前(Y00)
手臂左移(Y01)
手臂右移(Y02)
手臂上升(Y03)
手臂下降(Y04)
抓紧(Y05)
放松(Y06)
T
反复
0 1 2 3 4 5 6 7 8
初始点
b)

图 2-42　题 2-5 图

第 3 章　状态图与顺控指令

用梯形图或指令表方式编程固然广为电气技术人员接受，但对于一个复杂的控制系统，尤其是顺序控制程序，由于内部的联锁、互动关系极其复杂，其梯形图往往长达数百行，通常要由熟练的电气工程师才能编制出这样的程序。另外，如果在梯形图上不加上注释，则其可读性也会大大降低。

近年来。许多新生产的 PLC 在梯形图语言之外加上了符合 IEC 131—3 标准的 SFC（Sequential Function Chart）语言，用于编制复杂的顺控程序。另外，这种方法也为调试、试运行带来许多方便。

IEC 131—3 中定义的 SFC 语言是一种通用的流程图语言。不同厂家生产的可编程序控制器中用 SW 语言编制的程序极易相互变换。三菱的小型 PLC 在基本逻辑指令之外增加了两条简单的步进顺控指令（Step Ladder，STL），同时辅之以大量状态元件，就可以用类似于 SFC 语言的状态转移图方式编程。

本章将详细说明步进顺控指令的内容以及对实际顺序控制的处理方法。

3.1　状态转移图

3.1.1　状态的功能

要用继电器梯形图编制顺序控制程序需要有些经验，并且所编的复杂程序也难于读懂。若机械动作用所谓状态转移图（或按英文直译为顺序功能图）表示，则编程就很方便。

称为“状态”的软元件是构成状态转移图的重要元素。FX_{2N}系列可编程序控制器的软元件中有 900 点状态（S0 ~ S899）可用于构成状态转移图。其中，S0 ~ S19 用作后面将会叙述的特殊目的，如 S0 ~ S9 称为初始状态，是状态转移图中的起始状态。

在图 3-1 中，①状态 S30 有效时输出 Y10、Y11 动作，程序等待转移条件 X20 动作；②X20 瞬时接通，动作状态就从 S30 向 S31 转移；③S30 转到 S31，使 Y10 OFF，Y12 ON。SET 驱动的 Y11 保持接通。

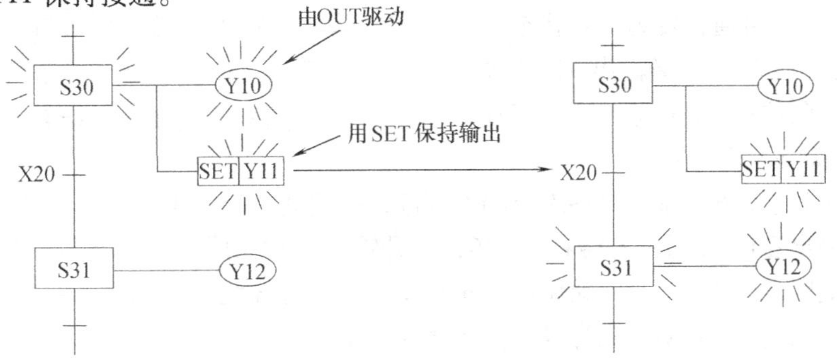

图 3-1　状态转移图

注意：①虽然通常用单独触点作为转移条件，但是实际上，X、Y、M、S、T、C 等各种元件触点的逻辑组合（复杂的串联、并联）连接时也可用作转移条件；②各种负载（Y、M、S、T、C）和功能指令可由“状态”的触点驱动，也可由各种元件触点的逻辑组合驱动。

3.1.2　简单流程的状态转移图

图 3-2 所示机械手的工作，是将工件从 A 点向 B 点移送。以此为例说明状态转移图。

例中，上升/下降、左行/右行等分别使用了双螺线管的电磁阀（在某方向的驱动线圈失电时能保持在原位置上，只有驱动反方向的线圈才能反方向运动），夹钳使用单螺线管电磁同（只在有电时能夹紧）。

1. 手动操作

这是初次运行时将机械复归左上原点位置的程序。状态 S5 是在 PLC 从停机转为运行的瞬间，用特殊辅助继电器 M8002 置位的。

2. 半自动单循环运行

①用手动操作将机械移至原点位置，然后按动起动按钮 X26，动作状态从 S5 向 S20 转移，下降电磁阀的输出 Y0 动作，接着下限开关 X1 接通。

②动作状态 S20 向 S21 转移，下降输出 Y0 切断，夹钳输出 Y1，保持接通状态。

③1s 后定时器 T0 动作，转至状态 S22 使上升输出 Y2 动作，不久到达上限，X2 接通，状态转移。

④状态 S23 为右行，输出 Y3 动作，到达右限位置 X3 接通，转为 S24 状态。

⑤转至状态 S24，下降输出 Y0 再次动作，到达下限位置 X1 立即接通，接着动作状态由 S24 向 S25 转移。

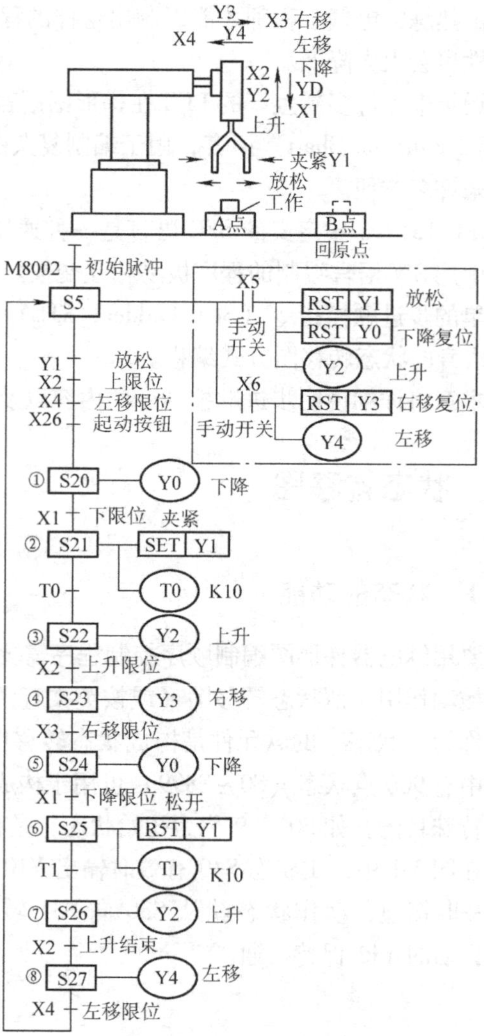

图 3-2　机械手工作系统

⑥在 S25 状态，先将保持夹钳输出 Y1 复位，并起动定时器 T1。

⑦夹钳输出复位 1s 后状态转移到 S26，上升输出，Y2 动作。

⑧到达上限位置 X2 接通，动作状态向 S2 转移，左行输出 Y4 动作。一旦到达左限位置 X4 接通，动作状态返回 S5，成为等待再起动的状态。

3.1.3　选择性分支与汇合

图3-3所示为使用传送机，将大、小球分类后分别传送的系统。

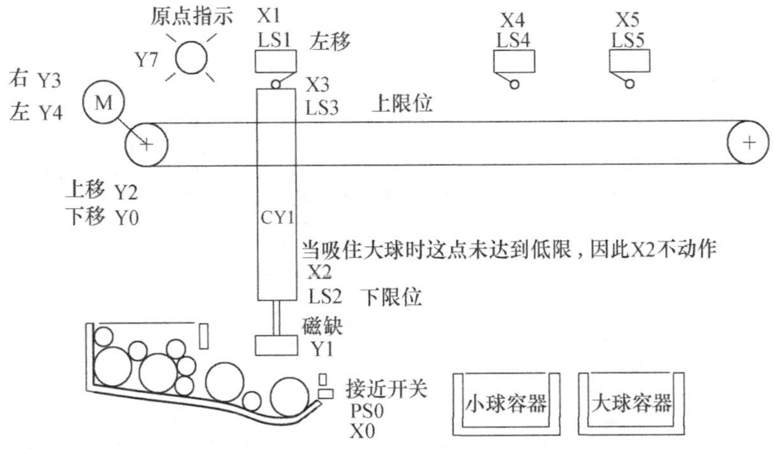

图3-3　将大、小球分类后分别传送的系统

左上为原点，动作顺序为下降、吸收、上升、右行、下降、释放、上升、左行。另外，机械臂下降，若电磁铁吸住大球，下限开关LS2断开，若吸住小球，LS2接通。

从多个分支流程中选择某一个单支流程，称为选择性分支。

图3-4所示的选择性分支例中，X0、X10、X20在同一时刻最多只能有一个为接通状态。这一点是必要前提。比如S20动作时，X0一接通，动作状态就向S21转移，S20就变为0状态，因此以后即使X10或X20接通，S31或S41也不会动作（不会为1状态）。汇合状态S50，可由S22、S32、S42中任意一个驱动。

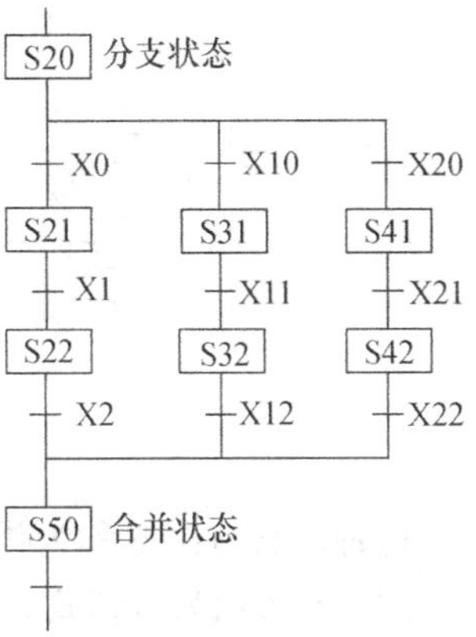

图3-4　选择性分支例

分类处理流程图如图3-5所示。

本例中，用手动使机械达到初始位置。下节将阐述如何自动使机械达到初始位置。

这里所举的例子是按一下启动钮X12，实现单个循环半自动运行的流程。自动连续重复运行方法和每一工序的步进运行方法稍后说明。

3.1.4　并行型分支/汇合

产品A、B、C各自并行加工，加工完后欲将其组合起来时，有必要设计有并行分支、最后再汇合的状态转移图。

图3-6所示为按钮式人行横道线的例子，用并行型分支/汇合的方式实现。

并行分支是指同时处理的程序流程。

图3-7所示例中在S20动作时，X0一接通，S21、S24、S27就同时动作，各分支流程开

始动作。待各流程的动作全部结束时，X7 接通，然后汇合状态 S30 动作，S23、S26、S29 全部复为“0”状态。

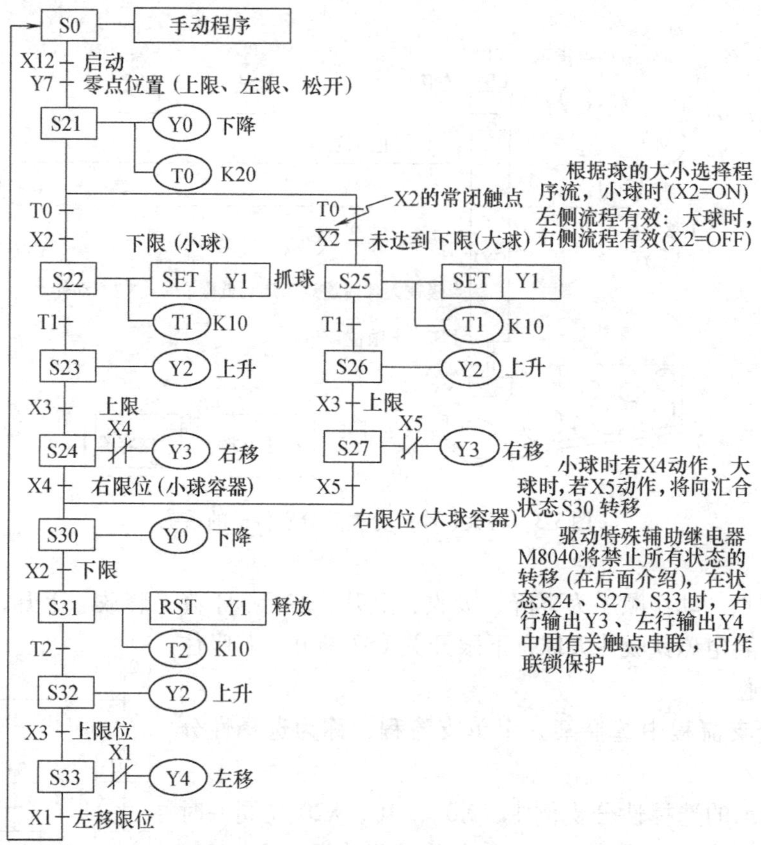

图 3-5 分类处理流程图

这种汇合有时被称为排队汇合。

图 3-8 所示为按钮式人行横道线的状态转移图，其中人行横道线的绿灯闪烁部分为重复动作的流程。

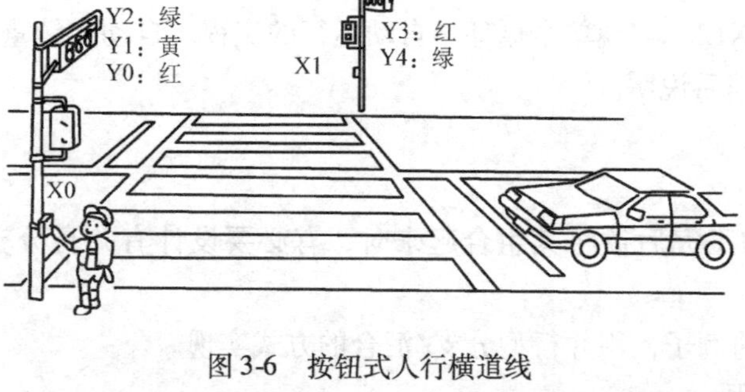

图 3-6 按钮式人行横道线

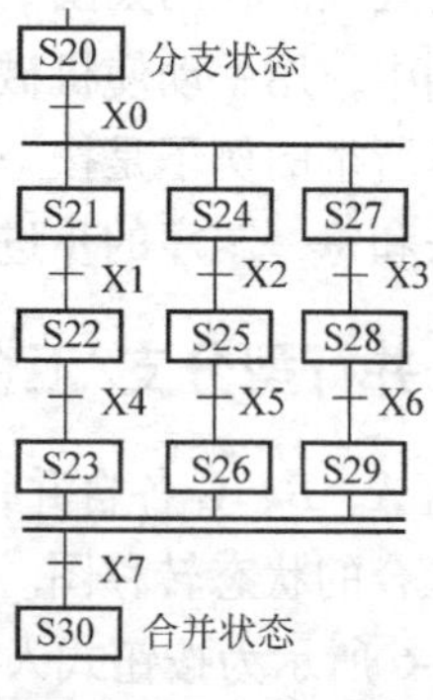

图 3-7 并行分支例

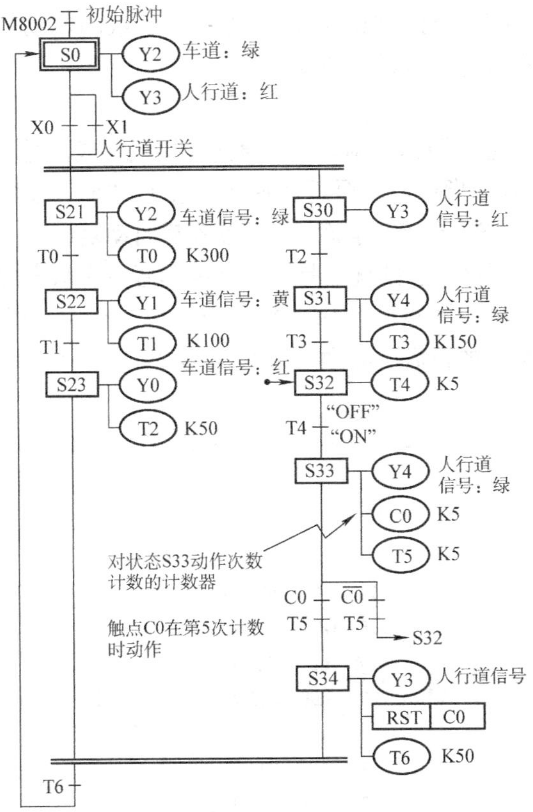

PLC 在由停机转入运行时，初始状态 S0 动作，通常为车道 = 绿，人行道 = 红（通过 M8002）

若按人行横道按钮 X0 或 X1，则状态 S21 为车道 = 绿。S30 为人行道 = 红，红绿灯状态不变化

30s 后车道 = 黄，再过 10s 车道 = 红

以后定时器 T2（5s）启动。5s 后 T2 触点接触，人行道 = 绿

15s 后人行道绿灯开始闪烁（S32 = 灭，S33 = 亮）

闪烁中 S32、S33 的动作反复进行，计数器 C0（设定位为 5 次）触点一接通，状态向 S34 转移，人行道 = 红，5s 后，返回切始状态

在状态转移过程中。即使按动人行横道按钮 X0，X1 也无效

图 3-8　按钮式人行横道线的状态转移图

3.2　编程方法

3.2.1　步进顺控的程序例

从状态转移图中有代表性地抽出一个状态，如图 3-9a 所示，每个状态具有驱动负载、指定转移条件以及指定转移目标三个功能。

步进顺序图（见图 3-9b）是用继电器顺控电路表达的状态转移图。

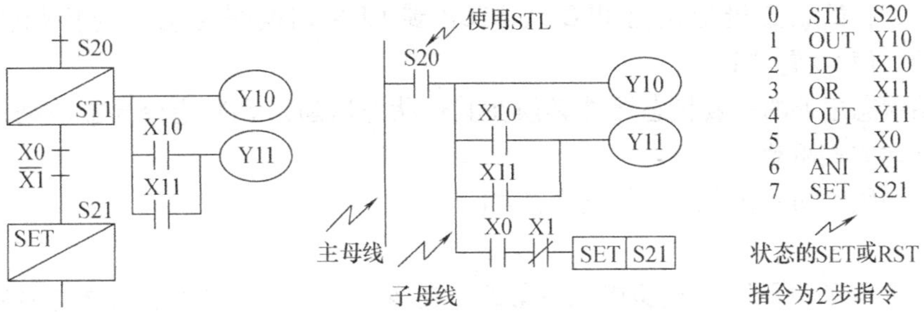

a) 状态转移图　　b) 步进顺控图　　c) 程序指令表

图 3-9　步进顺控例

程序用状态转移图或用步进顺控图表达都可以运行。编程顺序为先进行负载的驱动处理，接着进行转移处理。当然没有负载的状态不必进行负载驱动处理。

图 3-9c 所示为程序指令表。

STL 指令为与主母线连接的常开触点指令，接着就可以在副母线里直接连接线圈或通过触点驱动线圈。连接在副母线上的触点使用 LD、LDI 指令。若要返回原来的主母线时，使用 RET（返回）指令。但是，通过 STL 触点驱动状态 S，在该 S 前面的那个状态就自动复位。

状态转移图和步进顺控图表达的都是同一个程序，它的优点是可以让编程者每次只考虑一个状态，而不用考虑其他的状态，使编程更容易。另外，状态的顺序可自由选择，不一定非按 S 编号的顺序选用。但是在一系列的 STL 指令的最后，必须写入 SET 指令。

3.2.2　初始状态编程

初始状态编程例如图 3-10 所示。

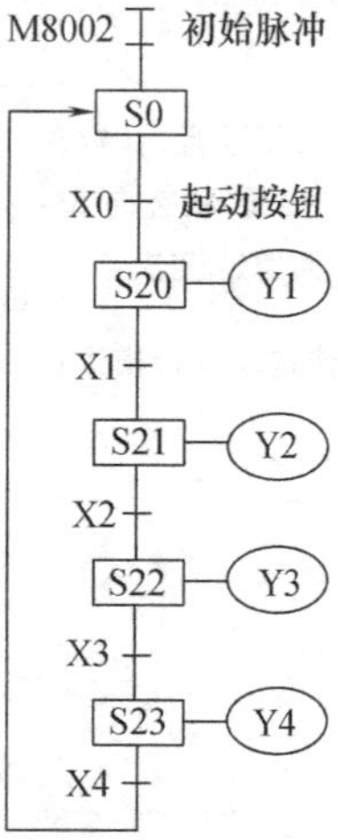

a)

```
使用 SET
 0  LD   M8002 ) 初始脉冲的初始驱动
 1  SET  S0    )

 3  STL  S0   )
 4  LD   X0   ) 状态 S0
 5  SET  S20  )
 7  STL  S20  )
 8  OUT  X1   ) 状态 S20
 9  LD   X1   )
10  SET  S21  )
12  STL  S21  )
13  OUT  Y2   ) 状态 S21
14  LD   X2   )
15  SET  S22  )

17  STL  S22  ) 状态 S22
18  OUT  Y3   )
19  LD   X3   )
20  SET  S23  )

22  STL  S23  )
23  OUT  Y4   ) 状态 S23
24  LD   X4   )
25  OUT  S0 ←使用 OUT

27  RET
28  END   在一系列 STL 指令后使用 RET 指令
```

b)

图 3-10　初始状态编程例

在状态转移图起始位置的状态即是初始状态，S0 ~ S9 可用作初始状态。

初始状态也可由其他状态元件（本图例中为 S23）驱动。最开始运行时，初始状态则必须用其他方法预先驱动，使之处于工作状态（即 S23 先置 1）。

图例中，初始状态最初是由 PLC 从 STOP 到 RUN 切换瞬时动作的特殊辅助继电器 M8002 驱动，使 S0 置“1”。

除初始状态之外的一般状态元件必须在其他状态后加入 STL 指令才能驱动，不能脱离状态而用其他方式驱动。

编程时必须将初始状态编在其他状态之前。

注意：

状态元件 S500 ~ S899 是由锂电池后备的，在运行中途发生停电、再通电时要继续运行的场合，请使用这些状态元件。

在这种场合应重新考虑初始化的方式。驱动初始状态（S0 ~ S20）的较好方法见 3.2.3

节。

如图 3-10 所示，程序中在一系列 STL 指令的最后必须有 RET 指令。

如果没有 RET 指令，周期性操作的 PLC 将第 0 步的 LD 指令看成为与 STL S23 的副母线连接，引起误动作（实际上造成程序出错，不能运行）。

3.2.3　选择性分支、汇合的编程

1. 选择性分支举例（见图 3-11）

与对一般状态的编程一样，先进行驱动处理，然后设置转移条件，编程时要由左至右逐个编程。

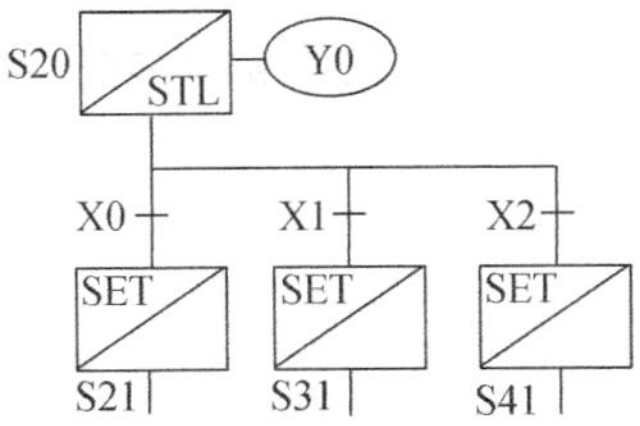


```
STL   S20
OUT   Y0←驱动处理
LD    X0
SET   S21←转移到第一分支状态
LD    X1
SET   S31←转移到第二分支状态
LD    X2
SET   S41←转移到第三分支状态
```

图 3-11　选择性分支例

2. 选择汇合举例（见图 3-12）

先进行汇合前状态的输出处理，然后朝汇合状态转移，此后由左至右进行汇合转移。这是为了自动生成 SFC 画面而追加的规则。

注意：分支、汇合的转移处理程序中，不能用 MPS、MRD、MPP、ANB、ORB 指令。

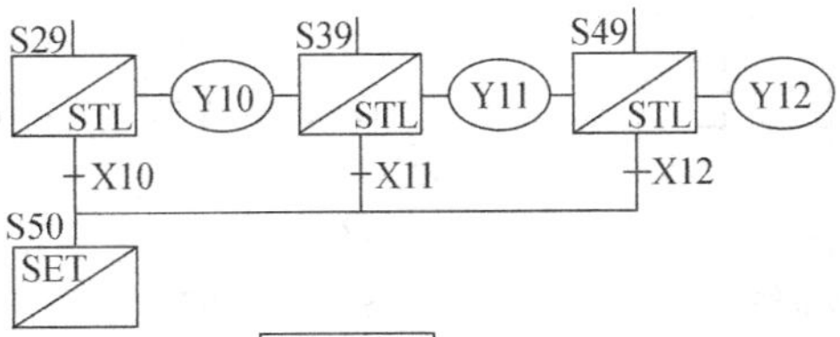


```
STL   S29   — 输出处理
OUT   Y10
   ⋮
STL   S39   — 输出处理
OUT   Y11
   ⋮
STL   S49   — 输出处理
OUT   Y12

STL   S29
LD    X10    从第一分支转移到汇合点
SET   S50
STL   S39
LD    X11    从第二分支转移到汇合点
SET   S50
STL   S49
LD    X12    从第三分支转移到汇合点
SET   S50
```

图 3-12　选择汇合例

3.2.4 并行分支/汇合的编程

1. 并行分支举例（见图 3-13）

与对一般状态编程一样，先进行驱动处理，然后进行转移处理。转移的处理要从左到右依次进行。

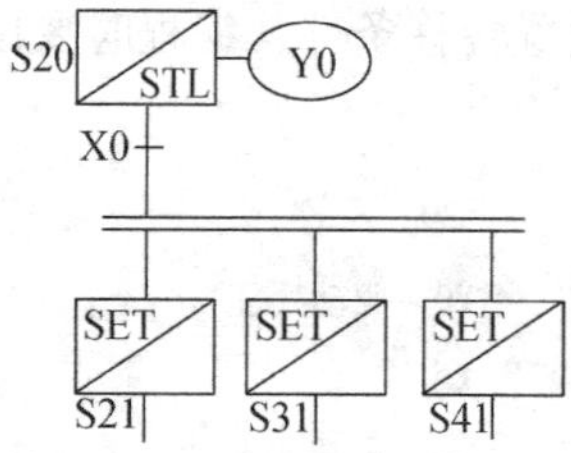


```
STL   S20
OUT   Y0←驱动处理
LD    X0
SET   S21←转移到第一并行分支状态
SET   S31←转移到第二并行分支状态
SET   S41←转移到第三并行分支状态
```

图 3-13 并行分支例

2. 并行汇合举例（见图 3-14）

汇合前先对各状态的输出处理分别编程，然后从左到右进行汇合处理。

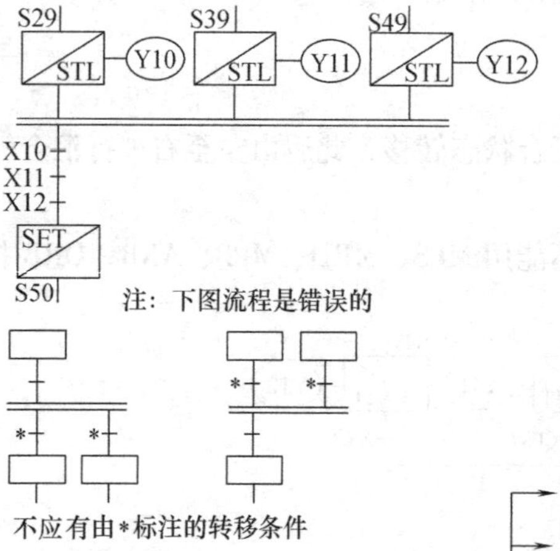


```
  ⋮
STL   S29
OUT   Y10     输出处理
  ⋮
STL   S39
OUT   Y11     输出处理
  ⋮
STL   S49
OUT   Y12     输出处理
  ⋮
STL   S29
STL   S39
STL   S49
LD    X10     合并转移处理
AND   X11
AND   X12
SET   S50
  ⋮
```

连续写 STL 指令表示并行汇合，STL 指令最多可连续使用 8 次

图 3-14 并行汇合例

3.2.5　分支、汇合的组合

图3-15所示为分支、汇合的组合例子。

如果程序连续直接从汇合点转移到下一次分支，而没有中间状态，则如图3-15所示加入一个中间状态。S100和S103的转移触点可以省略。

图3-16中分支条件※和汇合条件※是错误的，参见3.1节。

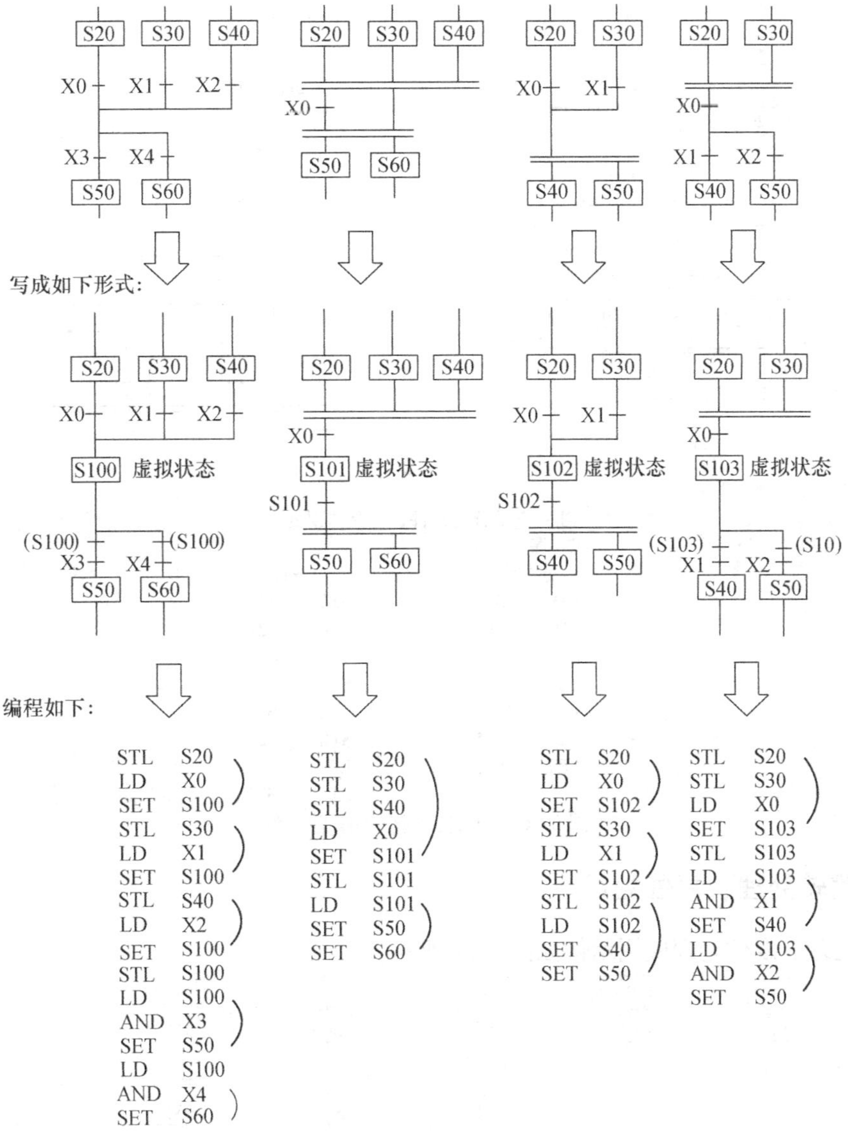

图3-15　分支、汇合的组合示例

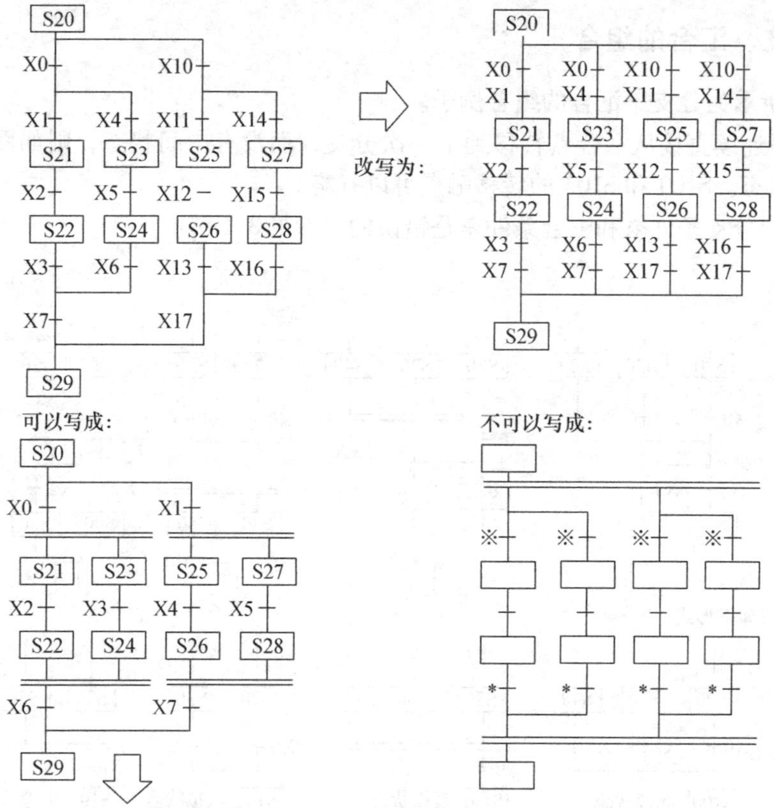

注：※是分支条件，＊是错误的。

写成程序：

分支程序		汇合程序	
STL	S20	STL	S22
LD	X0	STL	S24
SET	S21	LD	X6
SET	S23	SET	S29
LD	X1	STL	S26
SET	S25	STL	S28
SET	S27	LD	X7
		SET	S29

图 3-16　分支、汇合的组合示例

3.2.6　跳转处理、复位处理

跳转处理、复位处理应用示例如图 3-17 所示。

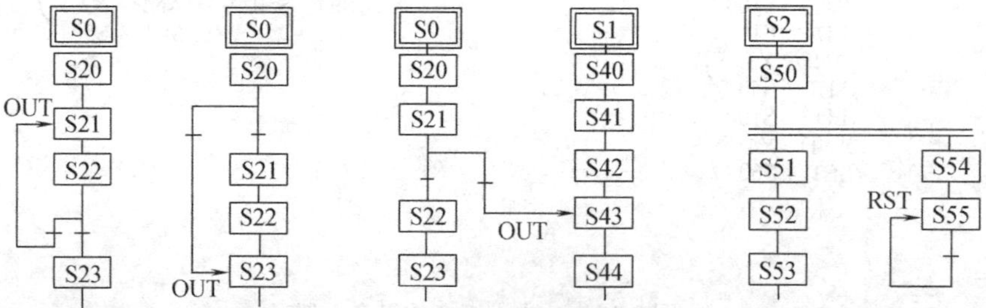

a) 部分重复　b) 跳转　c) 跳向其他程序　d) 复位处理

图 3-17　跳转处理、复位处理应用示例

除分支及合流（如前节所述）以外，状态还可向较远的状态转移（非连续的状态），如图3-18所示。

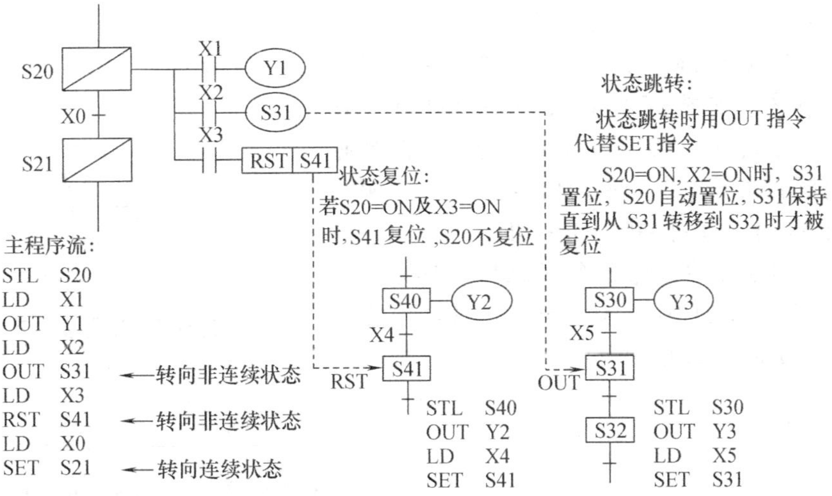

图3-18 状态跳转示例

1. 分支数的限制

对所有的初始状态（S0～S9），每一状态下的分支电路数总和不能大于16个，并且在每一分支点分支数不能大于8个，如图3-19所示。

注：直接从汇合线或汇合前状态向其他远处状态的跳转处理或复位处理是不允许的，此时，必须设定虚拟状态以执行上述状态转移（远距离跳转或复位）。

2. 分离程序流

具有多个初始状态的状态转移图的程序，要按各初始状态分开编程。

如图3-20所示，从属于初始状态S3的状态S20到S39的STL指令程序全部结束之后，再进行与下一初始状态S4有关的程序编制。在这两部分分离的程序流中，用OUT指令代替SET指令可实现相互间的跳转。

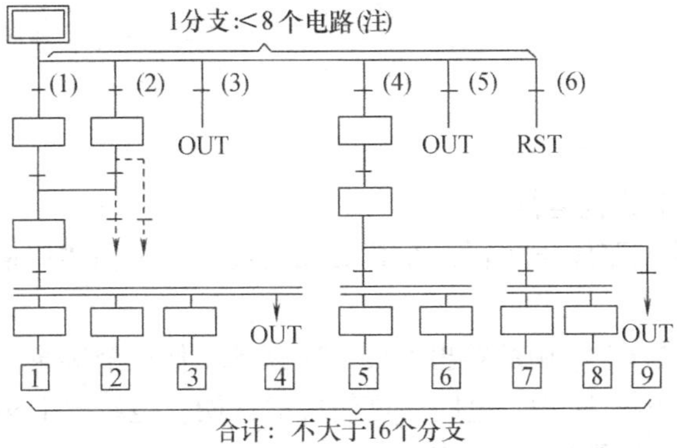

图3-19 分支数的限制

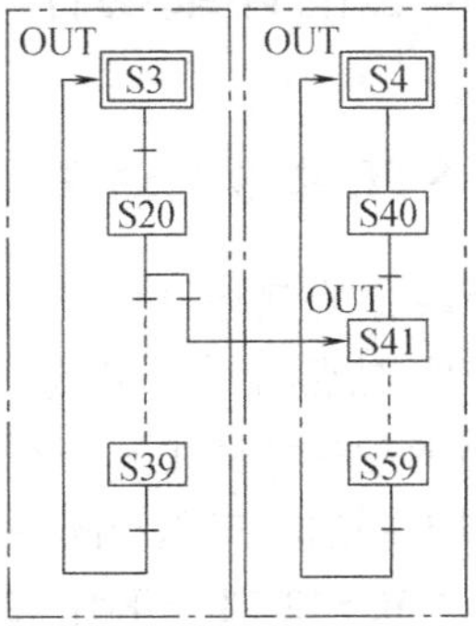

图3-20 分离程序流

3.2.7 同一信号作为多个状态之间转移条件的处理方法

在某些应用中，流程中各个状态之间的转移条件是同一信号。原本的意思是当这信号来时流程上走一步，信号再来时再走一步。但若编程时写成如图3-21所示的例子，则当M0信号来时整个流程会“走通”，即一次通过全部状态。对这种情况可采用以下两种方法处理：

方法1：在每个状态中设置一个阻挡元件，以防止“走通”现象。如图3-22所示，进入S30时，M1脉冲阻止进一步转移；M0下一个脉冲来时，阻挡脉冲消失，可顺利向下转移。每个状态中都设一个阻挡元件，保证M0来一个脉冲向下走一步。

方法2：利用脉冲触点指令（LDP、LDF、ANP等）与M2800～M3071辅助继电器配合可得到方法1同样的结果，如图3-23所示。

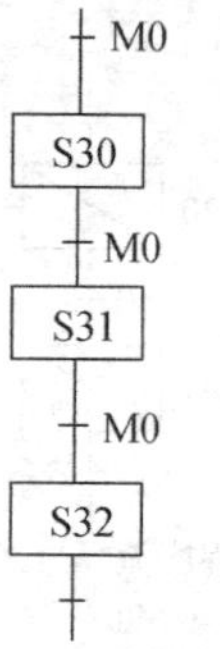

图3-21 流程会“走通”

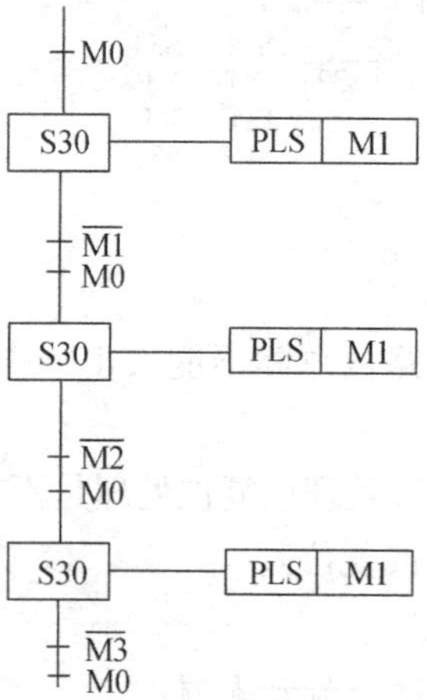

图3-22 防止“走通”方法1

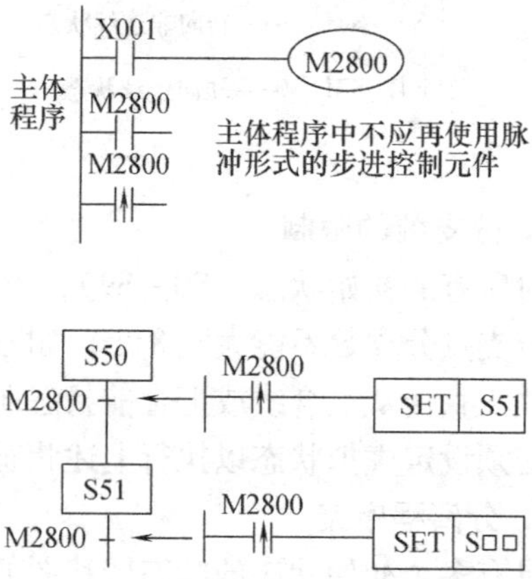

图3-23 防止“走通”方法2

3.3 状态的详细动作

3.3.1 STL指令的动作

当STL触点接通（ON），与此连接的电路就运行。

当STL触点断开（OFF），与此连接的电路停止运行，在其负载复位后一个扫描周期这部分线路的指令就被跳过，不再执行。

如果不同的状态驱动同一个输出，如图3-24a中的输出Y2、S21或S22任一个接通，Y2动作；S21和S22都断开则Y2不动作。若用这种STL电路，可使用双线圈，但在STL电路中，与其他电路中共用一个线圈（即所谓双线圈），必须多加注意。

状态元件是绝对不能重复使用的。

状态转移过程中，在一个扫描周期中两状态同时为ON的情况也可能出现。因此，如图3-24b所示不能同时为ON的一对输出之间（同一电动机的正转与反转）必须加上联锁，防止同时为ON。

相邻的状态不能重复使用同一个定时器，因为指令会互相影响，使定时器无法复位。对于分隔的两个状态（图 3-24c 中 S40 和 S42）可以使用同一定时器 T1）。

用同一信号顺次作为转移条件的场合，要用脉冲，如图 3-24d 所示，当 M0 为通时，S50 刚动作，M1 立即断开，避免状态马上直接转移到 S51。到下一个 M0 脉冲到来时才能转移到 S51。

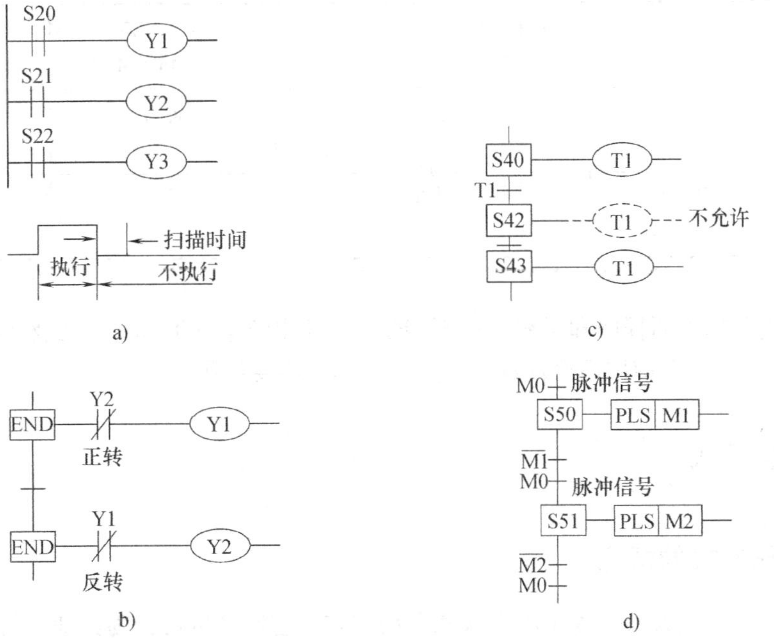

图 3-24　STL 指令的动作示例

3.3.2　对状态的各种指令的处理

STL 指令仅对状态元件 S 有效。对状态元件 S，还可以用 LD/LDI、AND/ANI、OR/ORI、OUT、SET/RST 等触点和线圈指令。

图 3-25 中，即使 S20 驱动 S30 或 S21 后，S20 也不复位；另外，如果 S20 断开（OFF），S30 即停止动作，这是因为 S21 和 S30 没有通过 STL 指令而直接由 S20 驱动。

程序中没用过 STL 指令时，状态 S 可作为通用辅助继电器。

对于 STL 指令后的状态 S，OUT 指令与 SET 指令具有同样的功能，即都能使转移源自动复位，另外还具有停电保持功能。但是，OUT 指令在状态转移图中，只用于向分离的状态转移，而不是向相邻的状态转移，如图 3-26 所示。

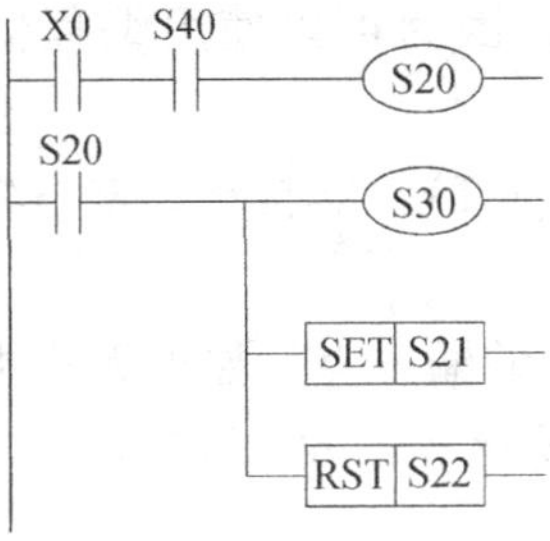

图 3-25　不通过 STL 指令驱动状态元件的示例

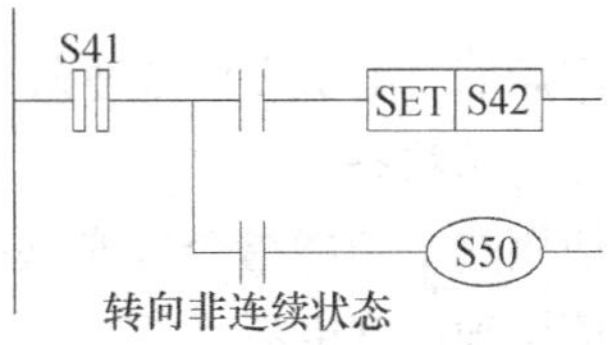

图 3-26　转向非连续状态的示例

另外，STL触点后，不能紧接着使用MPS指令。

从STL指令开始到下一个STL指令或到RET指令为止之间，可使用的顺控指令和不能使用的顺控指令列于表3-1。

表3-1 顺控指令

状态		LD/LDI OUT,NOP AND/ANI SET/RST OR/ORI PLS/PLF	ANB/ORB MPS/MRD/MPP	MC/MCR
初始状态 一般状态		可用	可用	不可用
分支/汇合状态	输出处理	可用	可用	不可用
	转移处理	可用	不可用	不可用

后面将述及的中断程序和子程序中不能使用STL指令。STL指令内虽然不禁止使用跳转指令（CJ00），但由于使用后会使动作复杂化，建议不要使用。

3.4 操作方式

3.4.1 操作方式的概念

设备的操作方式大致分为手动方式和自动方式，它们又可再分为其他运行方式，图3-27所示的操作面板就是据此考虑的。其运行及紧急停止的按钮与PLC程序无关。用这两个按钮使PLC外部负载的电源接通（ON）或断开（OFF）。

手动	手动	用各自的按钮使各个负载单独接通或断开的方式。
	回原点	该方式下按动回原点按钮时，机械自动向原点回归。
自动	单步运行	按动一次启动按钮，前进一个工步（或工序）。
	单周期运行	在原点位置按动起动按钮，自动运行一遍再在原点停止。若在中途按动停止按钮就停止运行；再按起动按钮，从断点处开始继续运行，回到原点自动停止。
	连续运行	在原点位置按动起动按钮，开始连续地反复运行。若中途按动停止按钮，动作将继续到原点为止才停止。

另外，对于单步运行，可不必对各负载都设置按钮，因为可以使用编程器进行强制ON/OFF。

若使用后面（4.8节）将要叙述的功能指令FNC 60（IST），能自动设定与各个运行方式相对应的初始状态。

为了使用这个功能指令，必须指定如下具有连续编号的输入点。如果无法指定连续编号，则要使用辅助继电器（M），重新安排输入编号，在设置FNC 60（IST）时（M）作为首输入元件号。

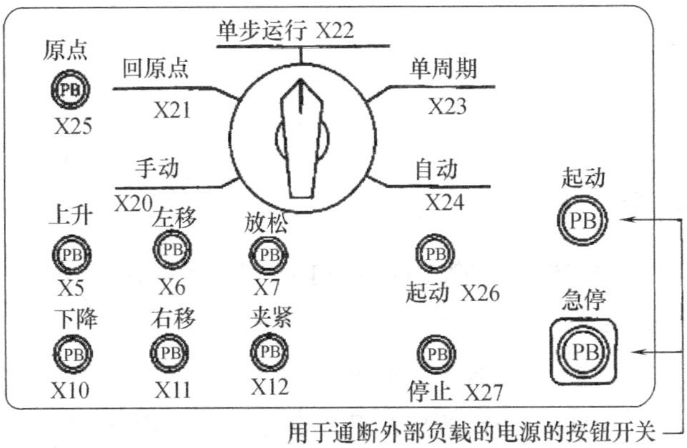

图3-27　操作面板

X20：手动　　X23：单周期运行　　X26：自动起动

X21：回归原点　　X24：连续运行　　X27：停止

X22：单步运行　　X25：回原点起动

为了使X20～X24不会同时接通，可使用选择开关。

重新安排输入编号例（见图3-28）：

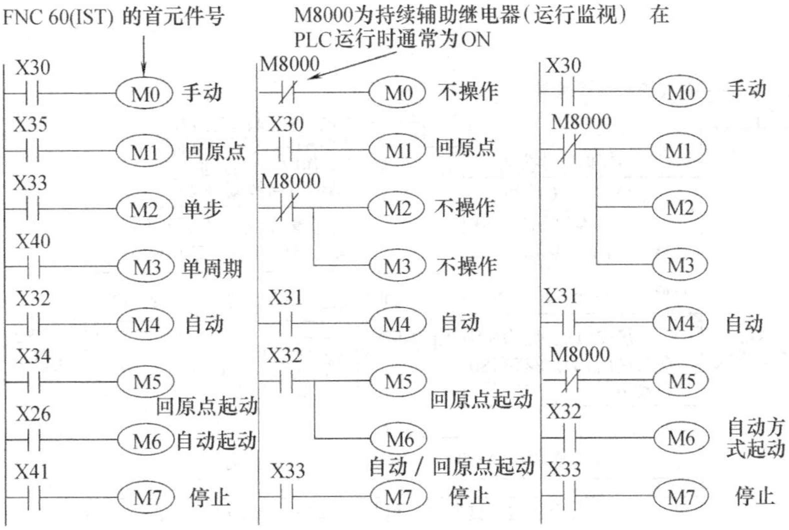

图3-28　重新安排输入编号例

用非连续输入	只用自动及回原点方式时	只用自动及手动方式时
X30：手动	X30：回原点	X30：手动
X35：回原点	X31：自动	X31：自动
X33：单步执行	X32：自动/回原点起动	X32：自动方式起动
X40：单周期执行	X33：停止	X33：停止
X32：自动运行		

X34：回原点起动

X26：自动起动

X41：停止

3.4.2 初始状态指令

如图 3-29 所示，驱动功能指令 FNC 60（IST），下面的初始状态及相应特殊辅助继电器就自动被指定为如下功能：

LD	M8000		S0：手动初始状态
FNC	60	1 步	S1：回原点初始状态
	X20		S2：自动运行初始状态
	S20	各 2 步	M8040：禁止转移
	S29		M8041：开始转移
			M8042：起动脉冲
			M8047：STL 监控有效

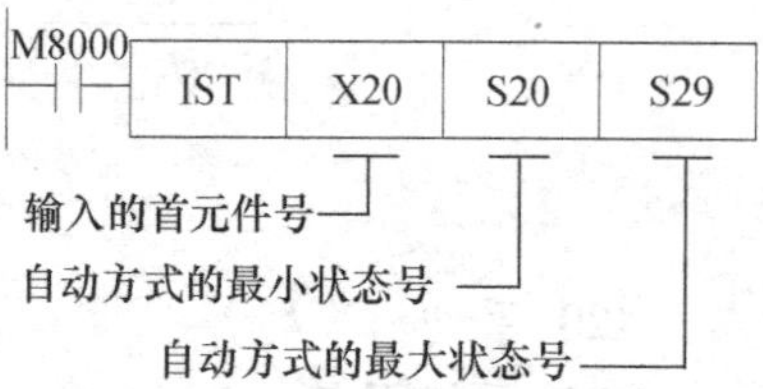

图 3-29　驱动功能指令示例

初始状态的动作：

由 IST 指令自动指定的初始状态 S0 ~ S2，根据运行方式的切换，按照图 3-30 所示的形式进行。

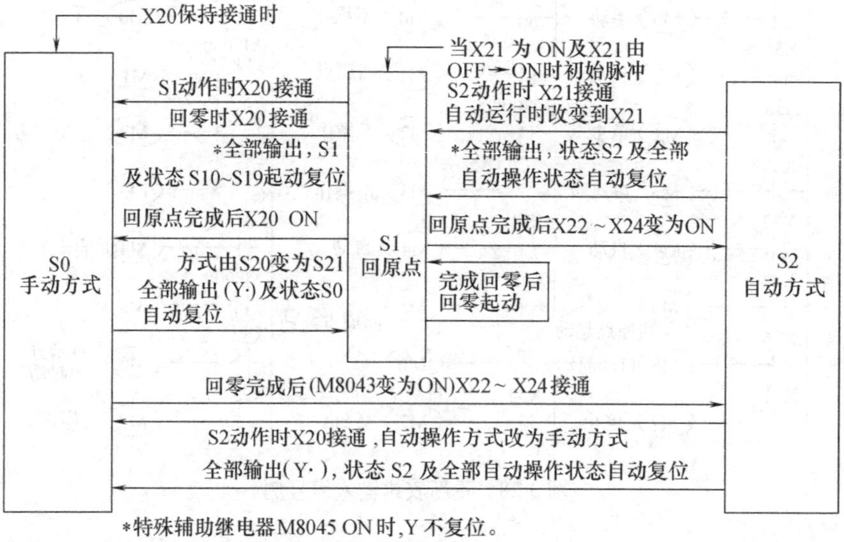

图 3-30　S0 ~ S2 运行方式的切换

根据 IST 指令自动动作的特殊辅助继电器 M8040 ~ M8042、M8047 的动作内容等效于图 3-31 所示的电路。

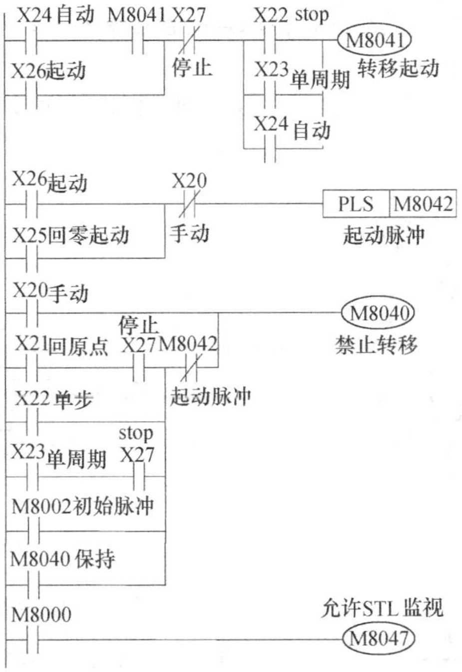

图 3-31　特殊辅助继电器的动作内容等效图

M8047 为 ON 时，状态 S0 ~ S899 中正在动作的状态号从最低号开始顺序存入特殊数据寄存器 D8040 ~ D8047，最多可存 8 个状态号。

禁止转移（M8040）这个辅助继电器接通后就禁止所有的状态转移：

手动状态下：M8040 总是接通。

回原点、单周期运行：按动停止按钮后一直到再按起动按钮期间 M8040 一直保持为 1。

单步执行：M8040 常通，但是在按动起动按钮时变为 OFF，使状态可以 M8040 转移一步。

其他：PLC 在 STOP→RUN 切换时 M8040 保持接通，按动起动按钮后 M8040 断开。

转移开始（M8041）是从初始状态 S2 向另一状态转移的转移条件辅助继电器：

手动回原点：不动作。

步进、单周期：仅在按动起动按钮时动作。

自动：按起动按钮后保持为 ON，按停止按钮后 OFF。

起动脉冲继电器（M8042）起动按钮按下的瞬时接通。

3.4.3　工件移送机构举例

图 3-32 所示为用机械手移送工件的机械系统。左上作为原点，工件按下降、夹紧、上升、右移、下降、放松、上升、左移的次序依次运行。下降/上升、左移/右移中使用双螺线管的电磁阀，夹紧使用的是单螺线管的电磁阀。图 3-33 所示为状态转移图。

特殊辅助继电器：

M8044（原点位置条件）：这个元件由原点的各传感器驱动，它的 ON 状态作为自动方式时的允许状态转移的条件。

M8043（回原点完成）：用状态 S10～S19 作回零操作，在最后状态中在自我复位前先将 M8043 置 1。

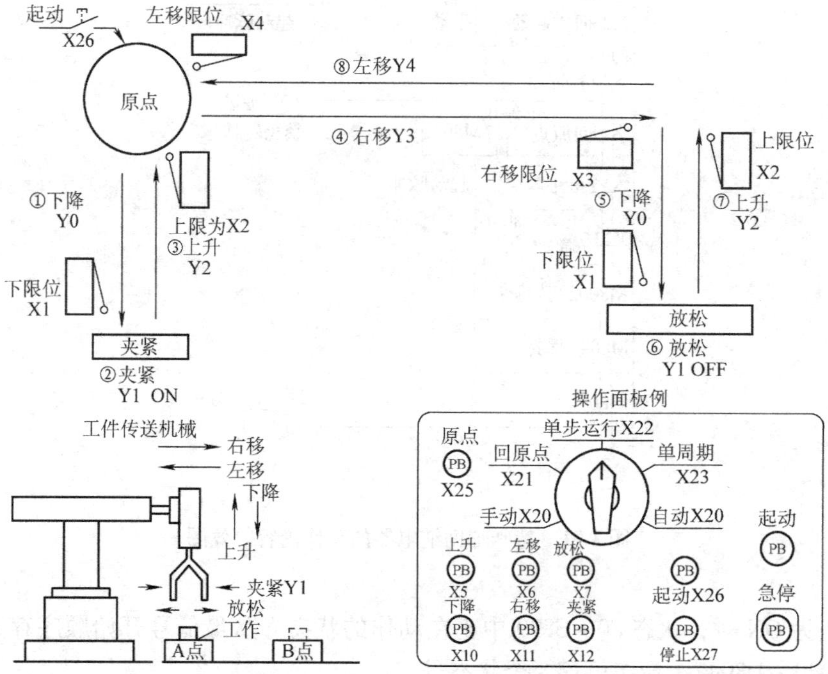

图 3-32 用机械手移送工件的机械系统

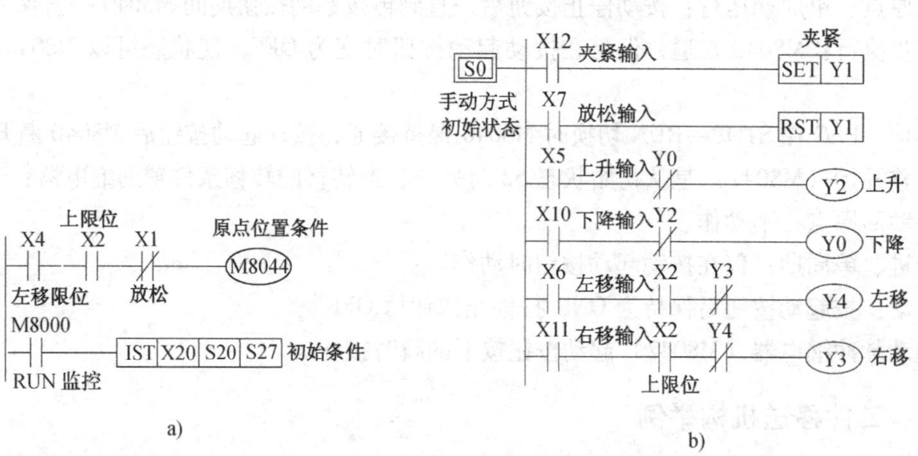

图 3-33 状态转移图

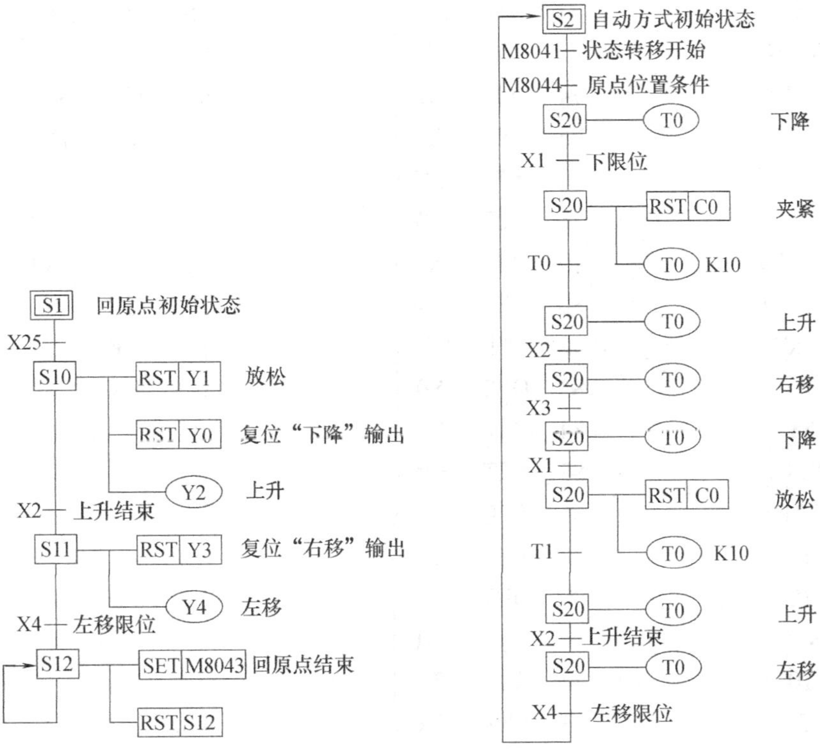

c) d)

图 3-33 状态转移图（续）

下面是图 3-33 所示状态转移图对应的程序：

```
0   LD    X4
1   AND   X2
2   ANI   Y1
3   OUT   M8044
5   LD    M8000
6   FNC   60
          X20
          S20
          S27
13  STL   S0
14  LD    X12
15  SET   Y1
16  LD    X7
17  RST   Y1
18  LD    X5
19  ANI   Y0
20  OUT   Y2
21  LD    X10
22  ANI   Y2
23  OUT   Y0
24  LD    X6
25  AND   X2
26  ANI   Y3
27  OUT   Y4
28  LD    X11
29  AND   X2
30  ANI   Y4
31  OUT   Y3
    (RET)
32  STL   S1
33  LD    X25
34  SET   S10
36  STL   S10
37  RST   Y1
38  RST   Y0
39  OUT   Y2
40  LD    X2
41  SET   S11
43  STL   S11
44  RST   Y3
45  OUT   Y4
46  LD    X4
47  SET   S12
```

```
49   STL   S12
50   SET   M8043
52   RST   S12
 (RET)
54   STL   S2
55   LD    M8041
56   AND   M8044
57   SET   S20
59   STL   S20
60   OUT   Y0
61   LD    X1
62   SET   S21
64   STL   S21
65   SET   Y1
66   OUT   T0
           K10
69   LD    T0
70   SET   S22
72   STL   S22
73   OUT   Y2
74   LD    X2
75   SET   S23
77   STL   S23
78   OUT   Y3
79   LD    X3
80   SET   S24
82   STL   S24
83   OUT   Y0
84   LD    X1
85   SET   S25
87   STL   S25
88   RST   Y1
89   OUT   T1
           K10
92   LD    T1
93   SET   S26
95   STL   S26
96   OUT   Y2
97   LD    X2
98   SET   S27
100  STL   S27
101  OUT   Y4
102  LD    X4
103  OUT   S2
105  RET
106  END
```

注：( ) 中的指令不是必需的。

习 题

3-1 按第 2 章习题 2-4 的要求用步进顺控指令编程。

3-2 按第 2 章习题 2-5 的要求用步进顺控指令编程。

第4章　功能指令

由于PLC是由取代继电器开始产生、发展的，且早期的PLC绝大部分用于顺序控制，于是许多人习惯于把PLC看作是继电器、定时器、计数器的集合，把PLC的作用局限地等同于继电控制系统、顺控器等。其实，PLC就是工业控制计算机。PLC系统具有一切计算机控制系统的功能，大型的PLC系统就是当代最先进的计算机控制系统。

小型的PLC由于运算速度及存储容量的限制，功能自然稍弱。但为了使PLC在其基本逻辑功能、顺序步进功能之外具有更进一步的特殊功能，以尽可能多地满足PLC用户的特殊要求，从20世纪80年代开始，PLC制造商就逐步地在小型PLC中加入一些功能指令（Functional Instruction）或称为应用指令（Applied Instruction）。这些功能指令实际上就是一个个功能不同的子程序。随着芯片技术的进步，小型PLC的运算速度、存储量不断增加，其功能指令的功能也越来越强。许多技术人员梦寐以求甚至以前不敢想像的功能，通过功能指令就成为极容易实现的现实，从而大大提高了PLC的实用价值。

一般来说，功能指令可以分为以下几类：程序流控制、传送与比较、四则与逻辑运算、循环移位与移位、数据处理、高速处理、方便指令、外部I/O设备、外部设备、实数处理、点位控制、实时时钟处理、外部设备和触点比较。

功能指令采用计算机通用的助记符+操作数（元件）方式，稍有计算机及PLC知识的人极易明白其功能。例如：

这段程序意为：当执行条件M100为ON时，把源常数K123送到目标元件D500。

4.1　功能指令通则

4.1.1　功能指令的表现形式

功能指令按功能号（FNC00～FNC250）编排。每条功能指令都有一助记符。例如图4-1

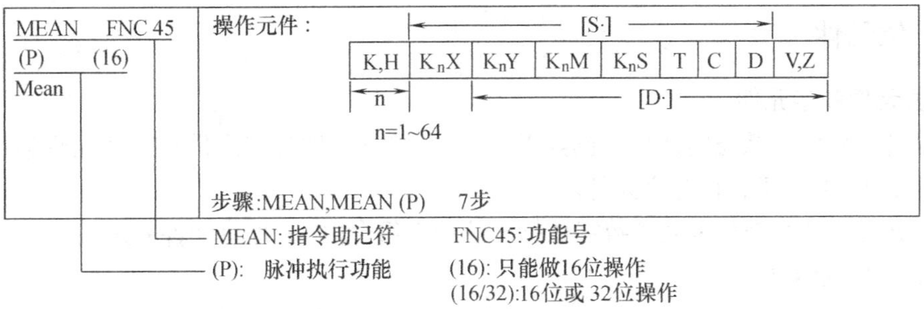

图4-1　功能指令的表现形式

所示，FNC45 助记符为“MEAN”，在编程时用“HELP”，可显示功能号与对应助记符的清单。在读出程序时，功能号与助记符同时显示。

某些功能指令只需指定功能号即可，但许多功能指令在指定功能号的同时还必须指定操作元件。操作元件由 1 到 4 个操作数组成。下面将操作数说明如下：

图 4-2 所示是取平均值的功能指令$\frac{D0+D1+D2}{3} \rightarrow D4Z$ 图中[S·]指取值首元件。n 指定取值个数。[D·] 指定计算结果存放地址。

[S]:(SOURSE)源操作数。若可使用变址功能时，表达为 [S·]。有时源不止一个，可用[S1·]、[S2·]表示。

[D]:(DESTINATION)目标操作数。若可使用变址功能时，表达为 [D·]。目标不止一个时用[D1·]、[D2·]表示。

m：其他操作数。常常用来表示数制（十进制、十六进制等）或作为源和目标的补充注释。需注释的项目多时也可采用 m1、m2 等形式。

功能指令的功能号和助记符占 1 个程序步；操作数占 2 或 4 个程序步，取决于指令是 16 位还是 32 位的。

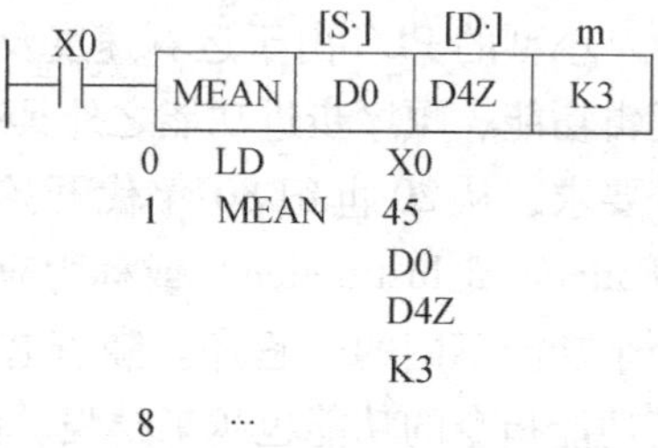

图 4-2 取平均值指令示例

例中的 X0 为指令执行条件。X0 = ON，执行该指令；X0 = OFF，不执行该指令。

注意，某些功能指令在整个程序中只能出现一次，即使用跳转指令使其分处于两段不可能同时执行的程序中也不允许。但可利用变址寄存器多次改变其操作数。

4.1.2 数据长度及指令的执行方式

功能指令可处理 16 位的数据和 32 位的数据，如图 4-3 所示。

功能指令中附有符号（D）表示处理 32 位数据，如（D）MOV、FNC（D）12、FNC12（D）。

处理 32 位数据时，用元件号相邻的两元件组成元件对。元件对的首元件号用奇数、偶数均可。但为避免错误，元件对的首元件建议统一用偶数编号。

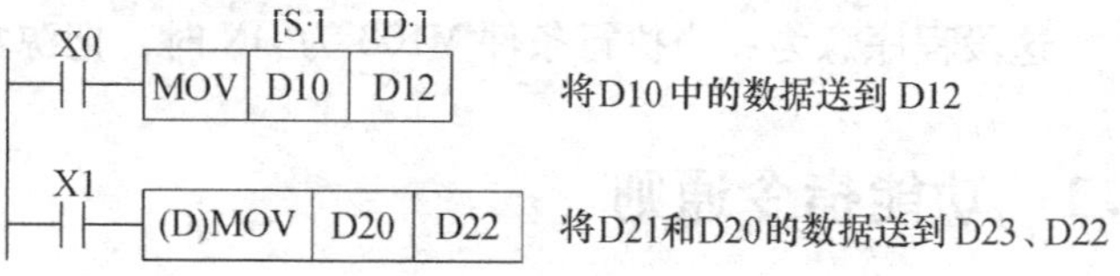

图 4-3 处理 16 位的数据和 32 位的数据示例

32 位计数器（C200 ~ C255）不能用作 16 位指令的操作数。

4.1.3 位元件

1. 位元件和字元件

只处理 ON/OFF 状态的元件，例如 X、Y、M 和 S，称为位元件；其他处理数字数据的元件，例如 T、C 和 D，称为字元件。

但位元件组合起来也可处理数字数据。位元件组合由 Kn 加首元件号来表示。

2. 位元件的组合

位元件每 4 位为一组组合成单元。KnM0 中的 n 是组数。16 位数操作时为 K1 ~ K4。32 位数操作时为 K1 ~ K8。例如，K2M0 即表示由 M0 ~ M7 组成两个 4 位组。

当一个16位的数据传送到K1M0、K2M0或K3M0时，只传送相应的低位数据，较高位的数据不传送，32位数据传送时也一样。

在做16位数操作时，参与操作的位元件由K1、K2、K3来指定，高位（不足部分）均作0。这就意味着只能处理正数（符号位为0）。在做32位数操作时也一样。

被组合的位元件的首元件号可以是任意的，但为避免混乱，建议采用以0结尾的元件，如M0、M10等。

4.1.4 整数与实数

1. 整数

在PLC中整数的表示及运算采用BIN码格式，可以用16位或32位元件来表示整数，其中最高位为符号位，0表示正数，1表示负数。负数以补码方式表示。

整数可表示的范围：16位时为 −32 768 ~ +32 767，32位时为 −2 147 483 648 ~ +2 147 483 647。除表示范围受限制外，作科学运算时产生的误差也较大，所以需要引入实数。

2. 实数的浮点格式

实数必须用32位来表示，通常用数据寄存器对来存放实数。实数的浮点格式如图4-4所示。

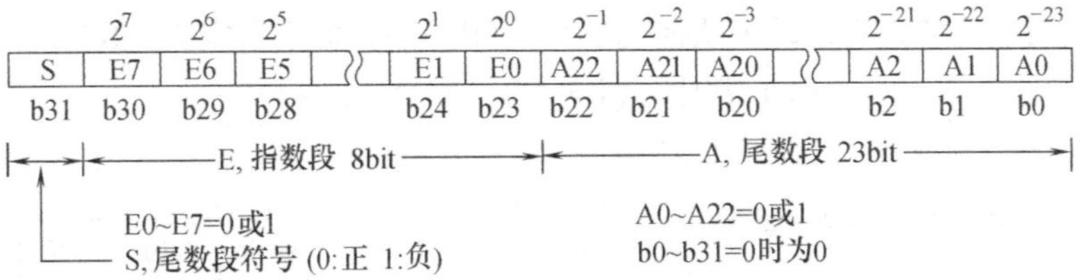

$$实数值 = S \cdot (1 \cdot A)(2^{E-127})$$

$$实数值 = \pm(2^0 + A22 \times 2^{-1} + A21 \times 2^{-2} + \cdots + A0 \times 2^{-23}) \times 2^{(E7 \times 2^7 + E6 \times 2^6 + \cdots + E0 \times 2^0)}/2^{127}$$

（例） A22 = 1，A21 = 0，A20 = 1，A19 ~ A0 = 0

E7 = 1，E6 ~ E1 = 0，E0 = 1

$$实数值 = \pm(2^0 + 1 \times 2^{-1} + 0 \times 2^{-2} + 1 \times 2^{-3} + \cdots + 0 \times 2^{-23}) \times 2^{(1 \times 2^7 + 0 \times 2^6 + \cdots + 1 \times 2^0)}/2^{127}$$

$$= \pm 1.625 \times 2^{129}/2^{127} = \pm 1.625 \times 2^2$$

图4-4 实数的浮点格式示例

标志：零（M8020），借位（M8021），进位（M8022）：

零标志：结果为0时置1。

借位标志：结果未达到最小值但不是0时置1。

进位标志：结果的绝对值超过可能处理的最大数值时置1。

浮点式实数的范围：$\pm 3.403 \times 10^{38} \sim \pm 1.175 \times 10^{-38}$。

3. 实数的科学记数格式

PLC内实数的处理是采用上述浮点格式的，但浮点格式不便于监视，所以引入实数的科学记数格式。这是一种介于BIN与浮点格式之间的表示方法。用这种方法来表示实数也需占用32位，即两个字元件。通常也用数据寄存器对（如D1、D0）来存放科学记数式实数。这时，序号小的数据寄存器（D0）存放尾数，序号大的数据寄存器存放以10为底的指数。

$$科学格式实数 = 尾数 \times 10^{指数}$$

尾数范围：±(1000 ~ 9999)或 0；

指数范围：-41 ~ +35。

注意，尾数应以 4 位有效数字（不带小数）表示，例如 2.34567×10^5 应表示为 2345×10^2。

4.1.5 变址寄存器（V、Z）

变址寄存器在传送、比较指令中用来修改操作对象的元件号。其操作方式与普通数据寄存器一样。

图 4-5 中表示从 KnY 到 V、Z 都可作为功能指令的目标元件。在［D·］中的点（·）表示可以加入变址寄存器。对 32 位指令，V 作高 16 位，Z 为低 16 位。32 位指令中用到变址寄存器时只需指定 Z，这时 Z 就代表了 V 和 Z。

如图 4-6 中，因为 K10 送到 V0，K20 送到 Z0，所以（V0）、（Z0）的内容分别为 10、20。

$$(D5V0) + (D15Z0) \rightarrow (D40Z0)$$

即

$$(D15) + (D35) \rightarrow (D60)$$

在 32 位指令中，V、Z 自动组队使用。V0 已由 MOV 指令指定为“0”。

$$(D1, D0) + (D3, D2) \rightarrow (D25, D24)$$

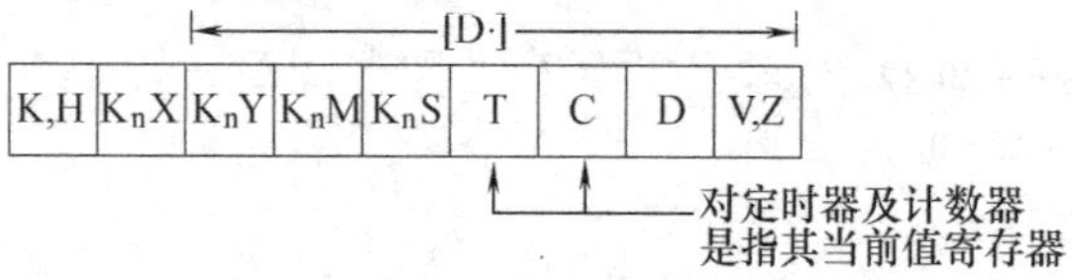

图 4-5 变址寄存器

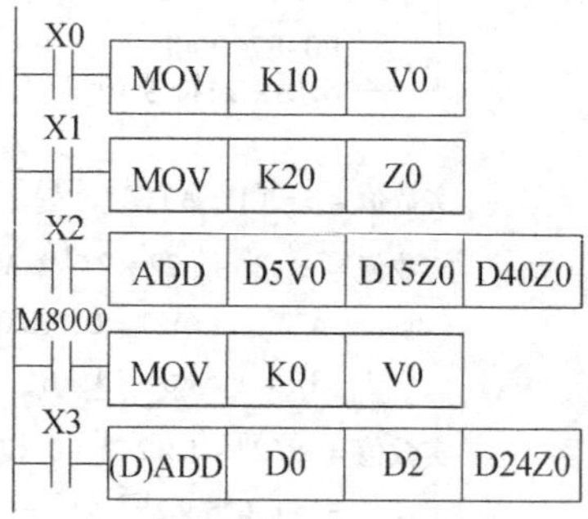

图 4-6 变址寄存器操作示例

某些应用会用到各种标志。例如：

M8020：零标志（Z）

M8021：借位标志（Br）

M8022：进位标志（Cy）

M8029：执行完毕标志（F）

如果功能指令的语法或操作元件号有错误，就会出错。出错时，出错标志 M8067（E）将被置地。

功能指令每次执行时都会影响标志的状态（SET 或 RESET），而功能指令不执行或出错时标志状态不受影响。许多功能指令都会影响标志的状态，编程时要多加小心。

4.1.6 功能指令简表及某些功能指令使用次数的限制

在本章中介绍的功能指令是 FX 系列 PLC 总共可使用的功能指令，具体到某个型号（例如 FX_{1S}），就只能用其中的一部分，哪些可用、哪些不能用从功能指令简表（见表 4-1）可以查出；另外，有些指令的使用次数也有限制，如表 4-2 所示。

表 4-1 功能指令简表

分类	FNC NO.	指令助记符	功能	对应 PLC			
				FX_{1S}	FX_{1N}	FX_{2N}	FX_{2NC}
程序流控制	00	CJ	条件跳转	○	○	○	○
	01	CALL	转子程序	○	○	○	○
	02	SRET	子程序返回	○	○	○	○
	03	IRET	中断返回	○	○	○	○
	04	EI	允许中断	○	○	○	○
	05	DI	禁止中断	○	○	○	○
	06	FEND	主程序结束	○	○	○	○
	07	WDT	警戒时钟	○	○	○	○
	08	FOR	循环区起点	○	○	○	○
	09	NEXT	循环区终点	○	○	○	○
传送与比较	10	CMP	比较	○	○	○	○
	11	ZCP	区间比较	○	○	○	○
	12	MOV	传送	○	○	○	○
	13	SMOV	移位传送	—	—	○	○
	14	CML	取反传送	—	—	○	○
	15	BMOV	块传送	○	○	○	○
	16	FMOV	多点传送	—	—	○	○
	17	XCH	交换	—	—	○	○
	18	BCD	BCD 变换	○	○	○	○
	19	BIN	BIN 变换	○	○	○	○
四则与逻辑运算	20	ADD	BIN 加法	○	○	○	○
	21	SUB	BIN 减法	○	○	○	○
	22	MUL	BIN 乘法	○	○	○	○
	23	DIV	BIN 除法	○	○	○	○
	24	INC	BIN 加 1	○	○	○	○
	25	DEC	BIN 减 1	○	○	○	○
	26	WAND	字与	○	○	○	○
	27	WOR	字或	○	○	○	○
	28	WXOR	字异或	○	○	○	○
	29	NEG	求补	—	—	○	○

（续）

分类	FNC NO.	指令助记符	功　能	对应PLC			
				FX_{1S}	FX_{1N}	FX_{2N}	FX_{2NC}
循环移位与移位	30	ROR	循环右移	—	—	○	○
	31	ROL	循环左移	—	—	○	○
	32	RCR	带进位循环右移	—	—	○	○
	33	RCL	带进位循环左移	—	—	○	○
	34	SFTR	右移位	○	○	○	○
	35	SFTL	左移位	—	—	○	○
	36	WSFR	字右移	—	—	○	○
	37	WSFL	字左移	○	○	○	○
	38	SFWR	FIFO 写入	○	○	○	○
	39	SFRD	FIFO 读出	○	○	○	○
数据处理	40	ZRST	区间复位	○	○	○	○
	41	DECO	解码	○	○	○	○
	42	ENCO	编码	○	○	○	○
	43	SUM	ON 总数	—	—	○	○
	44	BON	ON 位数判别	—	—	○	○
	45	MEAN	平均值	—	—	○	○
	46	ANS	报警器置位	—	—	○	○
	47	ANR	报警器复位	—	—	○	○
	48	SQR	开平方	—	—	○	○
	49	FLT	整数—实数变换	—	—	○	○
高速处理	50	REF	刷新	○	○	○	○
	51	REFE	刷新和滤波时间调整	—	—	○	○
	52	MTR	矩阵输入	○	○	○	○
	53	HSCS	高速计数器职位	○	○	○	○
	54	HSCR	高速计数器复位	○	○	○	○
	55	HSZ	高速计数器区间比较	—	—	○	○
	56	SPD	速度检测	○	○	○	○
	57	PLSY	脉冲输出	○	○	○	○
	58	PWM	脉宽调制	○	○	○	○
	59	PLSR	带加减速的脉冲输出	○	○	○	○

（续）

分类	FNC NO.	指令助记符	功 能	对应 PLC			
				FX_{1S}	FX_{1N}	FX_{2N}	FX_{2NC}
方便指令	60	IST	置初始状态	○	○	○	○
	61	SER	数据搜索	—	—	○	○
	62	ABSD	绝对值式凸轮顺控	○	○	○	○
	63	INCD	增量值式凸轮顺控	○	○	○	○
	64	TTMR	示教定时器	—	—	○	○
	65	STMR	特殊定时器	—	—	○	○
	66	ALT	交替输出	○	○	○	○
	67	RAMP	斜坡信号	○	○	○	○
	68	ROTC	旋转台控制	—	—	○	○
	69	SORT	数据排序	—	—	○	○
外部I/O设备	70	TKY	10 键输入	—	—	○	○
	71	HKY	16 键输入				
	72	DSW	数字开关	○	○	○	○
	73	SEGD	7 段解码	—	—	○	○
	74	SEGL	带锁存的 7 段显示	○	○	○	○
	75	ARWS	方向开关	—	—	○	○
	76	ASC	ASCII 码转换	—	—	○	○
	77	PR	打印	—	—	○	○
	78	FROM	读特殊功能模块	—	○	○	○
	79	TO	写特殊功能模块	—	○	○	○
外部设备	80	RS	串行数据传送	○	○	○	○
	81	PRUN	并联运行	○	○	○	○
	82	ASCI	HEX→ASCII 变换	○	○	○	○
	83	HEX	ASCII→HEX 变换	○	○	○	○
	84	CCD	校验码	○	○	○	○
	85	VRRD	读变量	○	○	○	○
	86	VRSC	变量整标	○	○	○	○
	88	PID	PID 运算	○	○	○	○
实数处理	110	ECMP	实数比较	—	—	○	○
	111	EZCP	实数区间比较	—	—	○	○
	118	EBCD	浮点数—科学记数变换	—	—	○	○
	119	EBIN	科学计数—浮点数变换	—	—	○	○
	120	EADD	实数加法	—	—	○	○
	121	ESUB	实数减法	—	—	○	○
	122	EMUL	实数乘法	—	—	○	○

（续）

分类	FNC NO.	指令助记符	功　能	对应 PLC			
				FX_{1S}	FX_{1N}	FX_{2N}	FX_{2NC}
实数处理	123	EDIV	实数除法	—	—	○	○
	127	ESQR	实数开方	—	—	○	○
	129	INT	实数—整数变换	—	—	○	○
	130	SIN	正弦函数	—	—	○	○
	131	COS	余弦函数	—	—	○	○
	132	TAN	正切函数	—	—	○	○
	147	SWAP	高低 byte 互换	—	—	○	○
点位控制	155	ABS	当前绝对位置读取	○	○	—	—
	156	ZRN	回原点	○	○	—	—
	157	PLSV	变速脉冲输出	○	○	—	—
	158	DRVI	增量驱动	○	○	—	—
	159	DRVA	绝对位置驱动	○	○	—	—
实时时钟处理	160	TCMP	时间比较	○	○	○	○
	161	TZCP	时间区间比较	○	○	○	○
	162	TADD	时间加法	○	○	○	○
	163	TSUB	时间减法	○	○	○	○
	166	TRD	读实时时钟	○	○	○	○
	167	TWR	写实时时钟	○	○	○	○
	169	HOUR	计时表	○	○	—	—
外围设备	170	GRY	GRY—BIN 转换	—	—	○	○
	171	GBIN	BIN—GRY 变换	—	—	○	○
	176	RD3A	模拟量读出	—	—	○	—
	177	WR3A	模拟量写入	—	○	—	—
触点比较	224	LD =	[S1·] = [S2·]	○	○	○	○
	225	LD >	[S1·] > [S2·]	○	○	○	○
	226	LD <	[S1·] < [S2·]	○	○	○	○
	228	LD < >	[S1·] ≠ [S2·]	○	○	○	○
	229	LD≤	[S1·] ≤ [S2·]	○	○	○	○
	230	LD≥	[S1·] ≥ [S2·]	○	○	○	○
	232	AND =	[S1·] = [S2·]	○	○	○	○
	233	AND >	[S1·] > [S2·]	○	○	○	○
	234	AND <	[S1·] < [S2·]	○	○	○	○
	236	AND < >	[S1·] ≠ [S2·]	○	○	○	○
	237	AND≤	[S1·] ≤ [S2·]	○	○	○	○
	238	AND≥	[S1·] ≥ [S2·]	○	○	○	○
	240	OR =	[S1·] = [S2·]	○	○	○	○
	241	OR >	[S1·] > [S2·]	○	○	○	○
	242	OR <	[S1·] < [S2·]	○	○	○	○
	244	OR < >	[S1·] ≠ [S2·]	○	○	○	○
	245	OR≤	[S1·] ≤ [S2·]	○	○	○	○
	246	OR≥	[S1·] ≥ [S2·]	○	○	○	○

注：○表示：相应指令功能可用，—：表示相应指令功能不可用。

表 4-2 限制使用次数的指令

指 令 名	使 用 次 数	
	FX$_{1S}$，FX$_{1N}$	FX$_{2N}$，FX$_{2NC}$
FNC 52（MTR）	1	1
FNC 58（PWM）	1	1
FNC 60（IST）	1	1
FNC 62（ABSD）	1	1
FNC 63（INCD）	1	1
FNC 68（ROTC）		1
FNC 69（SORT）		1
FNC 70（TKY）		1
FNC 71（HKY）		1
FNC 72（DSW）	无限制	2
FNC 74（SEGL）	无限制	2
FNC 75（ARWS）		1
FNC 77（PR）		2
FNC 57（PLSY） FNC 59（PLSR）	同时驱动时有限制（参考 4. 16. 1 节关于使用次数的说明）	参考 4. 16. 1 节关于使用次数的说明

4.2 程序流控制（FNC 00 ~ FNC 09）

4.2.1 条件跳转

1. 条件跳转指令

CJ FNC 00 (P) (16) 条件跳转	操作元件：指针 P0 ~ P63（允许变址修改） P63 即 END，无须再标号 程序步数：CJ 和 CJ（P）…………3 步 标号 P × ×…………1 步

CJ 和 CJP 指令用于跳过顺序程序中的某一部分，这样可以减少扫描时间，并使“双线圈操作”成为可能。

在图 4-7 所示的例子中，当 X0 为 ON 时，程序从第 1 步跳到第 36 步（标号 PS 的下一步）。如果 X0 为 OFF，跳转不执行，程序按原顺序向下执行。跳转时，被跳过的那部分的指令不执行。

即使触点状态变化，线圈的状态也不变，如表 4-3 所示。

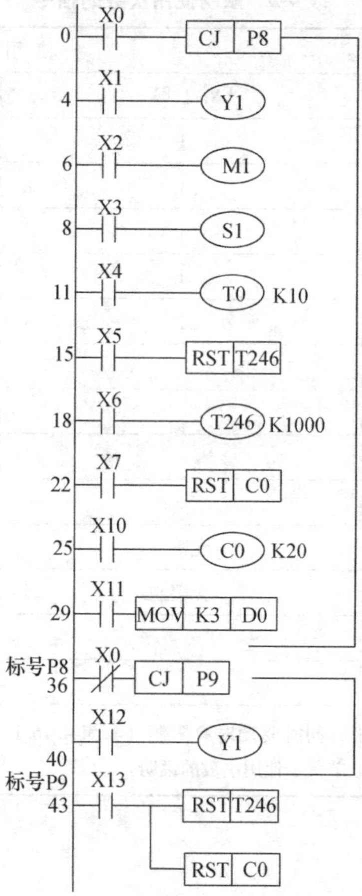

图 4-7　条件跳转示例

表 4-3　图 4-7 例跳转前后触点、线圈状态

元　　件	跳转前触点状态	跳转后触点状态	跳转后线圈状态
Y，M，S	X1，X2，X3　OFF	X1，X2，X3　ON	Y1，M1，S1　OFF
	X1，X2，X3　ON	X1，X2，X3　OFF	Y1，M1，S1　OFF
10ms 100ms 定时器	X4　OFF	X4　ON	定时器不动作
	X4　ON	X4　OFF	定时器停止 X0　OFF 后重新计时
1ms 定时器	X5　OFF X6　OFF	X6　ON	定时器不动作
	X5　OFF X6　ON	X6　OFF	定时器停止 X0　OFF 后重新计时
计数器	X7　OFF X10　OFF	X10　ON	计数器不动作
	X7　OFF X10　ON	X10　OFF	计数器停止 X0　OFF 后重新计数

（续）

元　　件	跳转前触点状态	跳转后触点状态	跳转后线圈状态
功能指令	X11　OFF	X11　ON	除 FNC 52 ~ FNC 58 之外的其他功能指令不执行
	X11　ON	X11　OFF	

注：1. Y1 成了双线圈，其操作由 X0 的 ON/OFF 状态决定，即 X0 OFF 时，Y1 由 X1 驱动；X0 ON 时，Y1 由 X12 驱动。双线圈中，一个在跳转程序之内、一个在跳转程序之外是不允许的。

2. 对积算型定时器及计数器的 RESET 指令在跳转程序中时，即使跳转生效，RESET 指令仍会被执行。

3. 定时器 T192 ~ T199、高速计数器 C235 ~ C255 一经驱动，即使处理指令被跳过，也会继续工作，输出接点也能动作。

在程序中两条跳转指令使用相同的指针号时（见图 4-8a）执行情况如下：

①如果 X20 为 ON，第一条跳转指令生效，从这一步跳到标号 P9。如果 X20 为 OFF，而 X21 为 ON，则第二条跳转指令生效，程序从这里开始跳到标号 P9 处。

②一个标号只能出现一次，如出现多于一次，则会出错。

标号可以出现在跳转指令之前，如图 4-8b 所示。但这时如 X22 ON 的时间超过 100ms，会引起警戒时钟出错。

图 4-9 所示为无条件跳转，因为 PLC 运行时 M8000 总为 ON。用 CJ（P）指令时，跳转仅在 X22 由 OFF 变为 ON 时生效。

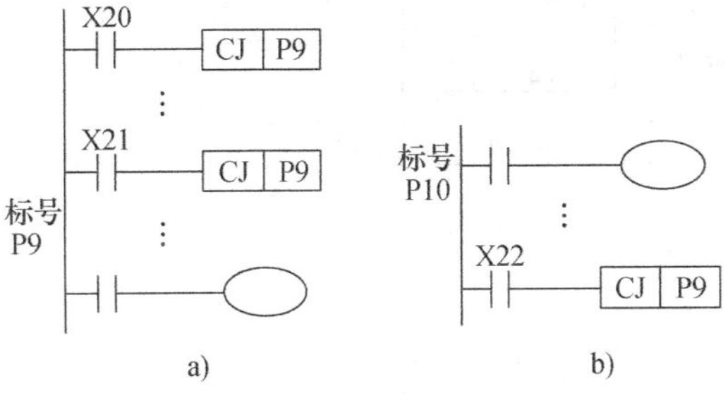

图 4-8　条件跳转

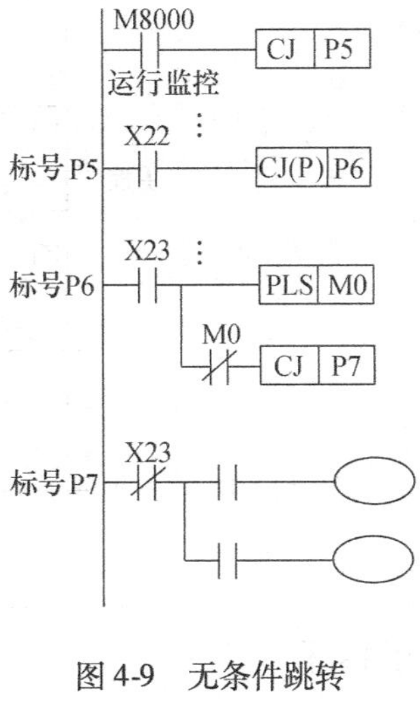

图 4-9　无条件跳转

在图 4-9 所示程序中，使“CJ P7”指令仅在 X23 由 OFF 变 ON 后执行一个扫描周期。用这种方法，“CJ P7”和标号 P7 之间设置输出的程序执行完后，在以后的扫描周期中就被跳过（设置初始化条件时很有用）。

标号的编程方法如图 4-10 所示。

2. 跳转与主控区

图 4-11 所示为跳转与主控区的例子。

①跳过整个主控区（MC ~ MCR）的跳转不受限制。

②从主控区外跳到主控区内时，跳转独立于主控操作，CJ P1 执行时，不论 M0 状态如

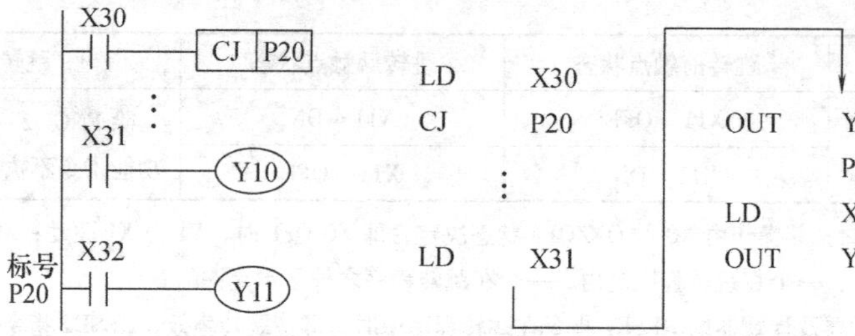

图4-10　标号的编程方法

何，均作ON处理。

③在主控区内跳转时，如M0为OFF，跳转不可能执行。

④从主控区内跳到主控区外时，M0为OFF时，跳转不可能执行；M0为ON时，跳转条件满足可以跳转，这时MCR被忽略，但不会出错。

⑤从一个主控区内跳到另一个主控区内时，当M1为ON时，可以跳转。执行跳转时不论M2的实际状态如何，均看作ON。MCR N0被忽略。

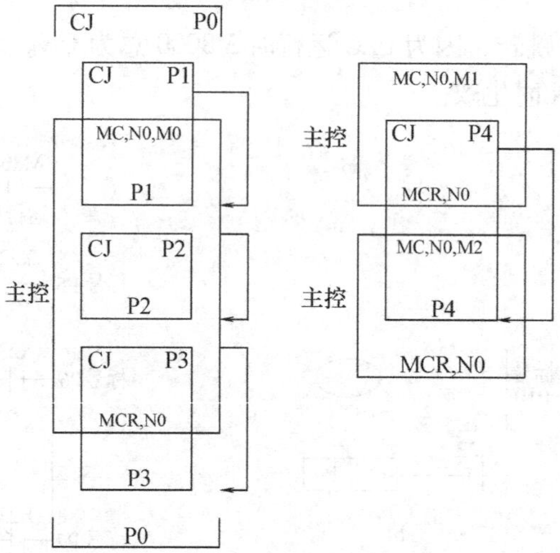

图4-11　跳转与主控区例

4.2.2　子程序

CALL　FNC 01 (P)　(16) 转子程序	操作元件：指针P0～P62（允许变址修改） 步　　数：CALL和CALL（P）…………3步 标号P××…………1步 嵌　　套：5级
SRET　FNC 02 子程序返回	操作元件：无 步　　数：1步

如图4-12a所示，当X0为ON时，CALL指令使程序跳到标号P10处，子程序被执行。在SRET指令执行后程序回到104步处。标号应写在FEND之后（FEND指令在4.2.4

节中解释)。标号范围为 P0 ~ P62，但同一标号不能出现多于 1 次；CJ 指令中用过的标号不能重复再用。但不同的 CALL 指令可调用同一标号的子程序。

在图 4-12b 中，CALL（P）P11 仅 X1 在 OFF 变 ON 时执行一次。在执行 P11 子程序时，如果 CALL P12 指令被执行，则程序跳到子程序 P12。在 SRET（2）指令执行后，程序返回到子程序 P11 中 CALL P12 指令的下一步。在 SRET（1）指令执行后再返回主程序。

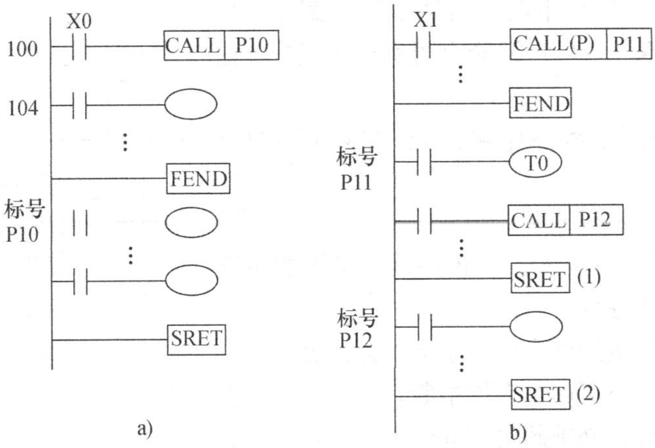

图 4-12 子程序指令示例

注：

①子程序中可再 CALL 子程序，形成子程序嵌会，总数可有 5 级嵌套。

②在子程序和中断子程序中使用的定时器范围规定为 T192 ~ T199 和 T246 ~ T249。

③可使用的标号 P 的数量：

FX_{1S}为 64，P0 ~ P63；

FX_{1N}、FX_{2N}、FX_{2NC}为 128，P0 ~ P127。

4.2.3 中断

1. 中断指令

IRET FNC 03 中断返回	操作元件：无 步 数：1 步
EI FNC 04 允许中断	操作元件：无 步 数：1 步
DI FNC 05 禁止中断	操作元件：无 步 数：1 步

PLC 通常在禁止中断状态。

如图 4-13 所示，指令 EI 与 DI 之间的程序段为允许中断区间。当程序处理到允许中断区间时，X0 或 X1 为 ON 态，则转而处理相应的中断子程序（1）或（2）。每个子程序处理到 IRET 指令时返回原断点。

在禁止中断区间（即 DI ~ EI 指令之间）有中断事件发生，则 PLC 记住该中断，留待 EI 指令后执行中断子程序（滞后执行）。

当相应的特殊辅助继电器置“1”时，中断子程序不能执行。例如，当 M805△置 1 时，相应的中断子程序 I△＊＊不执行。

在一个中断程序执行中时，其他中断被禁止。但是，在中断程序中编入 EI 和 DI 指令可实现 2 级中断嵌套。

在子程序或中断子程序中可用定时器为 T192 ~ T199 和 T246 ~ T249。

注：

①1 个中断指针（I＊＊＊）占一步，可设置中断点的数参见本小节下述内容。

②指定中断指针的顺序参阅本小节下述内容。

③其中 2 个中断点可产生多层中断。

④中断信号的脉定必须超过 20μs。

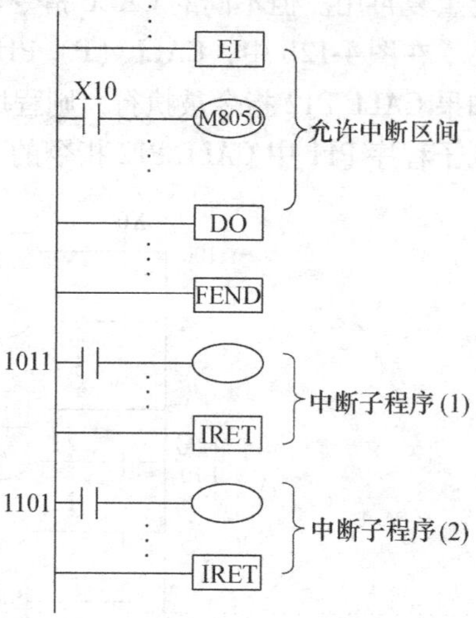

图 4-13 中断例

⑤多个中断信号顺序产生时，最先产生的中断信号有优先权。若 2 个或 2 个以上的中断信号同时产生时，中断指针号较低的有优先权。

⑥如果中断信号产生于禁止中断区间（DI 到 EI 范围），则中断信号被存储，并在 EI 指令之后被执行，除非相应的 M805△为 ON。

2. 中断的种类

中断分为输入中断、定时中断及高速计数器中断 3 种。

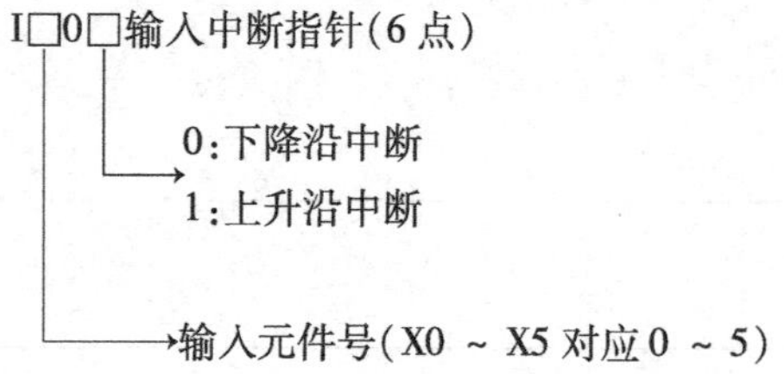

输入编号	指针编号		禁止中断特殊 M
	上升沿中断	下降沿中断	
X000	I001	I000	M8050
X001	I101	I100	M8051
X002	I201	I200	M8052
X003	I301	I300	M8053
X004	I401	I400	M8054
X005	I501	I500	M8055

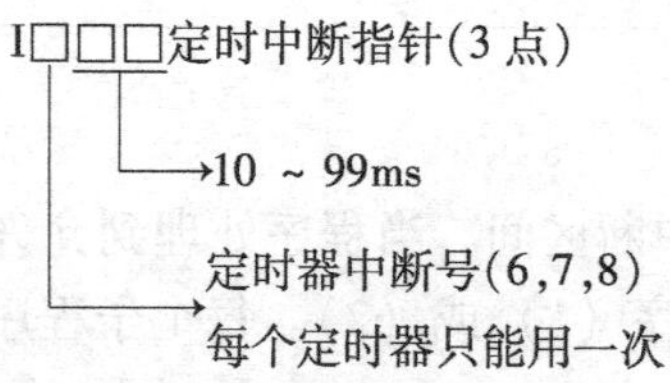

指针编号	中断周期	禁止中断特殊 M
I6□□	在指针名称的□□部分中，输入 I0 ~ I9 的整数。I610 = 每 10ms 执行一次定时器中断	M8056
I7□□		M8057
I8□□		M8058

I0□0 高速计数器中断(6 点)

└→计数器中断号(1 ~ 6)

指针编号	禁止中断特殊 M
I010	M8059
I020	
I030	
I040	
I050	
I060	

注：指针编号不可重复使用，同一输入点不可同时用上升/下降沿中断。禁止中断特殊辅助继电器置 1 时，禁止相应的中断子程序的执行。

4.2.4 主程序结束

FEND　FNC 06 主程序结束	操作元件：无 程序步数：1 步

FEND 指令表示主程序结束。执行到 FEND 指令时机器进行输出处理、输入处理、警戒时钟刷新，完成以后返回到第 0 步，如图 4-14 所示。

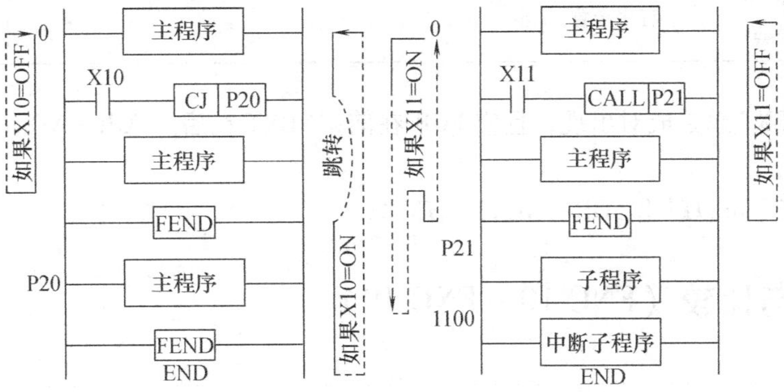

图 4-14　FEND 指令应用例

子程序应写在 FEND 之后，即 CALL、CALL（P）指令对应的标号应写在 FEND 指令之后。CALL、CALL（P）指令调用的子程序必须以 SRET 指令结束。

同理，中断子程序也要写在 FEND 之后。中断子程序必须以 IRET 指令结束。

若 FEND 指令在 CALL 或 CALL（P）指令执行之后、SRET 指令执行之前出现，则程序被认为是错误的。另一个类似的错误是使 FEND 指令处于 FOR—NEXT 循环之中。

子程序及中断子程序必须写在 FEND 指令与 END 指令之间。若有多个 FEND 指令，则子程序必须在最后一个 FEND 指令与 END 指令之间。

4.2.5 警戒时钟

WDT FNC 07 (P) 警戒时钟	操作元件：无 程序步数：1 步

WDT 指令刷新顺序程序的警戒时钟。如果扫描周期（从 0 步到 END 或 FEND 指令）超过 200ms，PLC 将停止运行。在这种情况下，应将 WDT 指令插到合适的程序步中刷新警戒时钟，以使顺序程序得以继续执行直到 END。

4.2.6 循环（FOR、NEXT）

在 FOR—NEXT 间的程序重复执行 n 次（由操作元件指定），然后再执行 NEXT 指令后的程序。循环次数范围为 1 ~ 32 767，如循环次数设置为 -32 767 ~ 0 时，循环次数作 1 处理。

FOR FNC 08（16） 循环区起点	操作元件：[S·]：K,H；K_nX；K_nY；K_nM；K_nS；T；C；D；V,Z 程序步数：3 步 嵌　　套：5 层
NEXT FNC 09 循环区终点	程序步数：1 步

FOR 与 NEXT 总是成对出现，且应 FOR 在前，NEXT 在后。FOR—NEXT 循环指令最多可以嵌套 5 层。

利用 CJ 指令可以跳出 FOR—NEXT 循环体。

4.3 传送与比较（FNC 10 ~ FNC 19）

4.3.1 比较

CMP FNC 10 (P) (16/32) 比较	操作元件：[S1·] [S2·]：K,H；K_nX；K_nY；K_nM；K_nS；T；C；D；V,Z [D·]：X；Y；M；S 程序步数：CMP 和 CMP（P）…………7 步 （D）CMP 和（D）CMP（P）…………13 步

图4-15所示的程序是将源[S1·]和[S2·]的数据比较，结果送到目标[D]中。

这里源数据作代数比较（如－10＜2），且所有源数据均作为二进制数值处理。

程序中M0、M1、M2根据比较的结果动作。K100＞C20的当前值时，M0接通；K100＝C20的当前值时，M1接通；K100＜C20的当前值时，M2接通。当执行条件X0＝OFF时，CMP指令不执行，M0、M1、M2的状态保持不变。

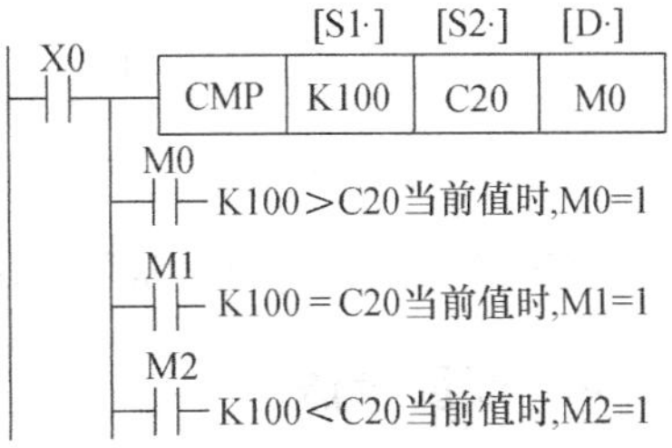

图4-15 CMP指令应用例

4.3.2 区间比较

ZCP FNC 11 （P）（16/32） 区间比较	操作元件：[S1·] [S2·] [S·]：K,H KnX KnY KnM KnS T C D V,Z [D·]：X Y M S 程序步数：ZCP和ZCP（P）…………9步 （D）ZCP和（D）ZCP（P）…………17步

ZCP指令是将一个数据与两个源数据值比较。

源[S1·]的数据不得大于[S2·]的值。例如，若[S1·]＝K100，[S2·]＝K90，则执行ZCP指令时看作[S2·]＝K100。

源数据的比较是代数比较（如－10＜2）。

图4-16所示的程序中，M3在K100＞C30的当前值时ON；M4在K100＜C30的当前值＜K120时ON；W在K120＜C30的当前值时ON。

当X0＝OFF时，不执行ZCP指令，M3、M4、MS的状态保持不变。

注：M3、M4、M5的状态取决于比较结果。

图4-16 ZCP指令应用例

4.3.3 传送

MOV FNC 12 （P）（16/32） 传送	操作元件：[S·]：K,H KnX KnY KnM KnS T C D V,Z [D·]：KnY KnM KnS T C D V,Z 程序步数：MOV和MOV（P）…………5步 （D）MOV和（D）MOV（P）…………9步

源数据被传送到指定目标。如 X0 = OFF 指令不执行，数据保持不变。

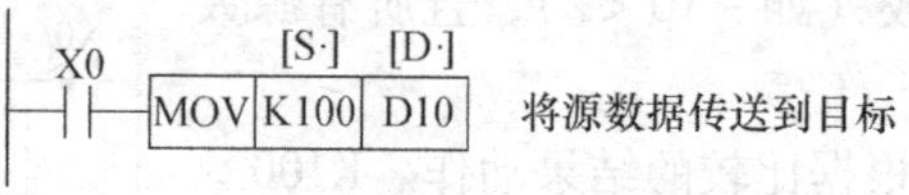

当传送指令执行时，常数 K100 自动转换成二进制数。

4.3.4 取反传送

CML FNC 14 (P) (16/32) 取反传送	操作元件：[S·]：K,H、K_nX、K_nY、K_nM、K_nS、T、C、D、V,Z [D·]：K_nY、K_nM、K_nS、T、C、D、V,Z 程序步数：CML 和 CML（P）…………5 步 （D）CML 和（D）CML（P）…………9 步

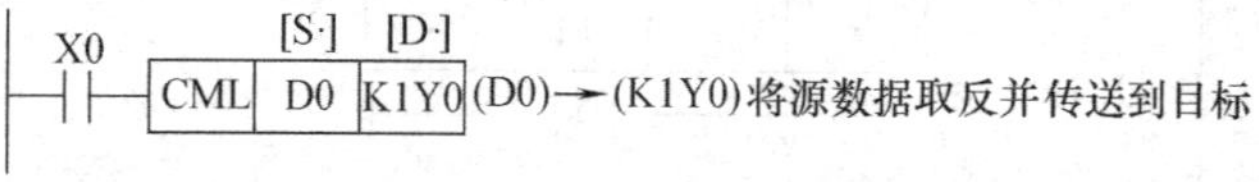

在源元件中的数据逐位取反（1～0，0～1）并传送到指定目标。若源中数据为常数 K，该数据会自动转为二进制数。

CML 指令用于使 PLC 获得反逻辑输出时非常方便，如图 4-17 所示。

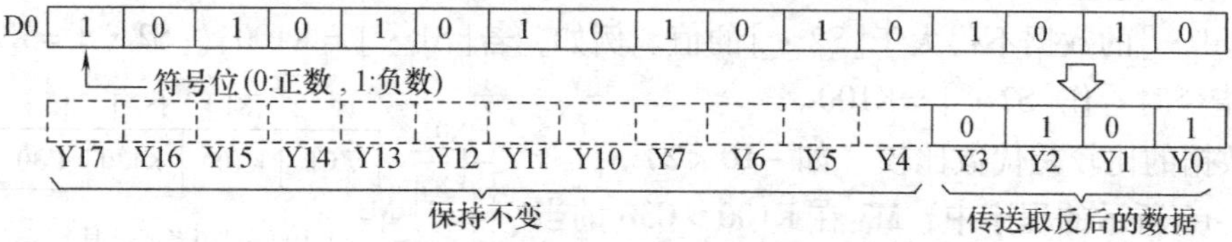

图 4-17 CML 指令应用例

4.3.5 移位传送

SMOV FNC 13 (P) (16) 移位传送	操作元件：[S·]：K,H、K_nX、K_nY、K_nM、K_nS、T、C、D、V,Z m_1,m_2,n：K,H [D·]：K_nY、K_nM、K_nS、T、C、D、V,Z 程序步数：SMOV 和 SMOV（P）…………11 步

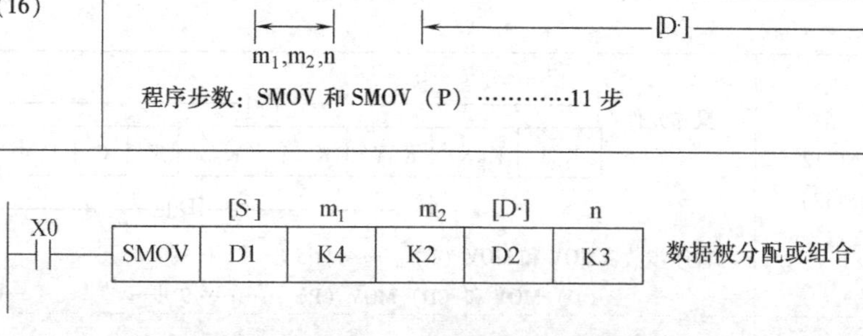

如图 4-18 所示，首先源数据（二进制）被转换成 BCD 码，然后将 BCD 码移位传送。

源数据 BCD 码右起第 4 位（M1 = 4）开始的 2 位（M2 = 2）移到目标的第 3 位（n = 3）和第 2 位。

然后目标中的 BCD 码自动转换为二进制码。目标中的第 1 和第 4 位不受移位传送指令的影响。

BCD 码值超过 9999 时出错。

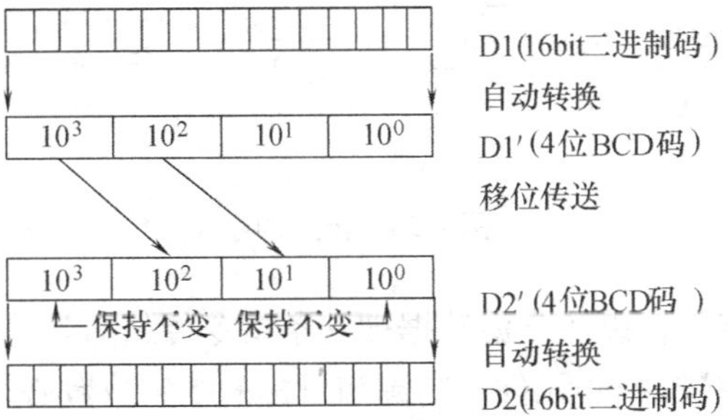

图 4-18　移位传送

例如图 4-19a 所示，从接在分开的接线端子上的 3 个数字开关来的输入组合成数据输入。

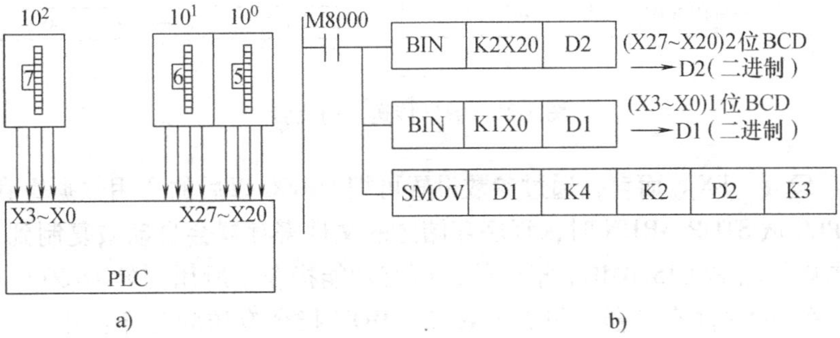

图 4-19　移位传送示例

图 4-19b 中，D1 的一位 BCD 码数移送到 D2 的第 3 位上，然后自动转换成二进制数。

从上述操作知，3 位数字开关上的数字输入组合起来以二进制数形式存于 D2。

4.3.6　块传送

BMOV　FNC 15 (P)　(16) 块传送	操作元件： [S·]：K_nX、K_nY、K_nM、K_nS、T、C、D、文件寄存器 [D·]：K_nY、K_nM、K_nS、T、C、D n：K,H（n≤512） （K,H | K_nX | K_nY | K_nM | K_nS | T | C | D | 文件寄存器 | V,Z） 程序步数：BMOV 和 BMOV（P）…………7 步

从源操作数指定的元件开始的 n 个数据组成的数据块传送到指定的目标。如果元件号超出允许元件号的范围，数据仅传送到允许范围内。

如果源元件与目标元件的类型相同，传送顺序如图4-20所示（既可从高元件号开始，也可从低元件号开始）。

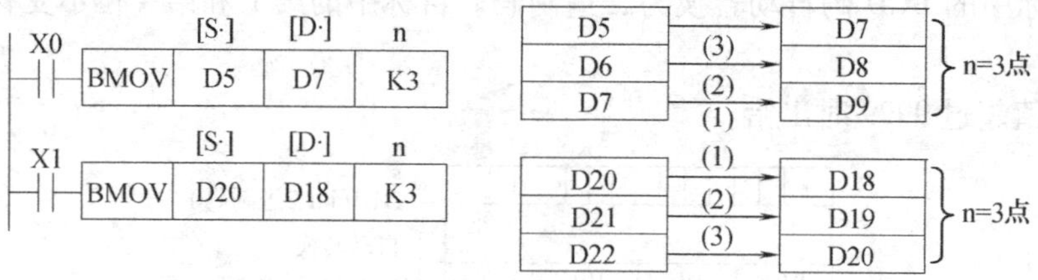

图4-20 传送顺序

传送顺序是自动决定的，以防止源数据被这条指令传送的其他数据冲掉。

如果用到需要指定位数的bit元件，则源和目标的指定位数必须相同。

当M8024＝ON时，数据传送方向反转，如图4-21所示。

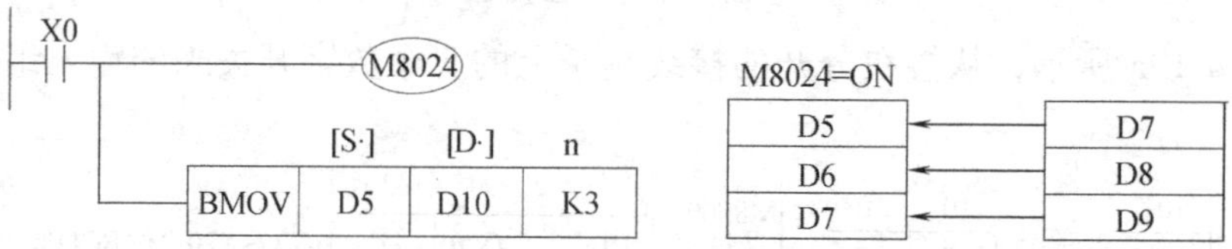

图4-21 数据传送方向反转

对FX_{1N}、FX_{2N}、FX_{2NC}而言，通过参数设置可把D1000以后的通用数据寄存器设为文件寄存器。当PLC从STOP→RUN时，程序存储区的文件寄存器会自动被复制到系统RAM区的文件寄存器中。除FNC15 BMOV指令外，所有功能指令中所用到的D1000以后的元件均指系统RAM区中的文件寄存器，只有FNC15 BMOV指令有访问程序区中文件寄存器的功能。

4.3.7 多点传送

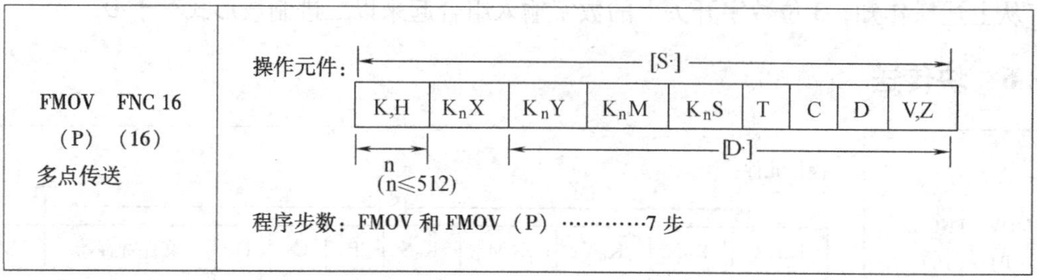

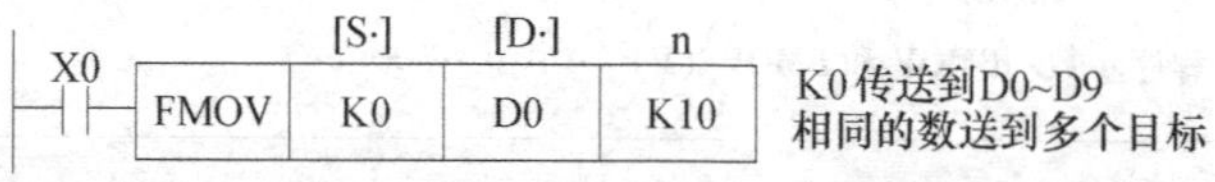

源元件中的数据传送到指定目标开始的n个元件中。这n个元件中的数据完全相同。

如果元件号超出允许元件号范围，数据仅送到允许范围的元件中。

4.3.8 交换

XCH FNC 17 (P) (16/32) ("1") 交换	操作元件：[D1·] [D2·] K,H | K_nX | K_nY | K_nM | K_nS | T | C | D | V,Z 程序步数：XCH 和 XCH（P）…………5 步 （D）XCH 和（D）XCH（P）…………9 步

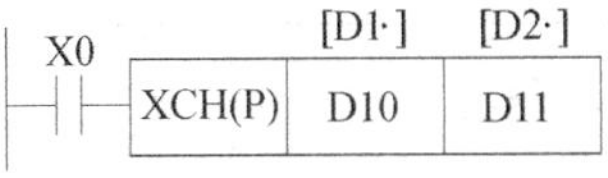

数据在指定的目标元件之间交换
注意：在连续执行方式下，数据在每个扫描周期交换1次

交换前：(D10)=100　(D11)=101　　交换后：(D10)=101　(D11)=100

如图 4-22 所示，当 M8160 = ON，而且[D1·]与[D2·]为同一元件时，该指令的执行使目标元件的高字节与低字节互换，这时本指令与 FNC147SWAP 的功能相同。若 M8160 = ON 时[D1·]与[D2·]元件不同，出错标志 M8067 = ON，且不执行该指令。

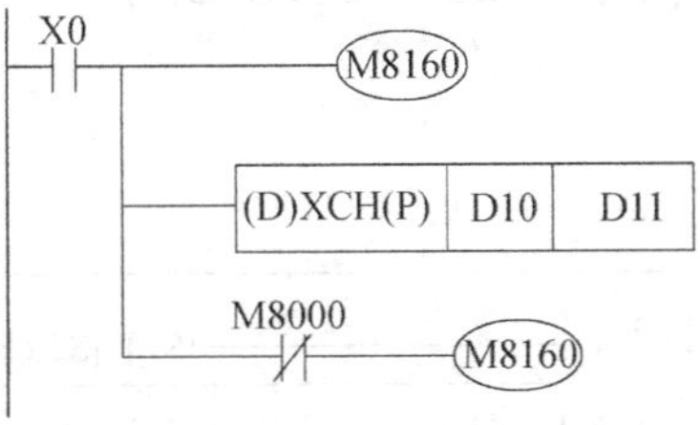

图 4-22　交换指令使用示例

4.3.9 BCD 变换

BCD FNC 18 (P) (16/32) 二进制换成 BCD 码	操作元件：[S·] K,H | K_nX | K_nY | K_nM | K_nS | T | C | D | V,Z [D·]（K_nY ~ V,Z） 程序步数：BCD 和 BCD（P）…………5 步 （D）BCD 和（D）BCD（P）…………9 步

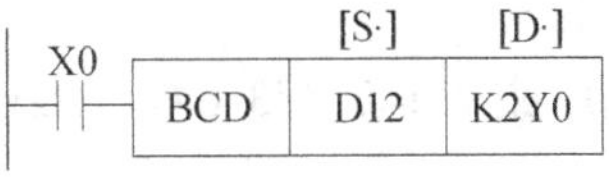

源元件中的二进制码转换成BCD码送到目标元件中

如果 BCD/BCD（P）指令执行的变换结果超出 0 ~ 9999 的范围就会出错。

如果（D）BCD/（D）BCD（P）指令执行的变换结果超出 0 ~ 99 999 999 的范围就会出错。例如，可用 BCD 码指令将 PLC 中的 H 进制数变换成 BCD 码输出以驱动 7 段显示。

4.3.10 BIN 变换

BIN 指令用于将从 BCD 数字开关串的设定值输入 PLC 中。如果源元件中的数据不是 BCD 码的，就会出错，M8067 ON。但在这种情况下 M8068（操作错误锁存）不为 ON。

常数 K 不能作为本指令的操作元件，因为在任何处理之前它会被转换成二进制数。

BIN　FNC 19 （P）（16/32） BIN 码变换	操作元件：[S·]：K,H　K_nX　K_nY　K_nM　K_nS　T　C　D　V,Z [D·]：K_nY　K_nM　K_nS　T　C　D　V,Z 程序步数：BIN 和 BIN（P）…………5 步 （D）BIN 和（D）BIN（P）…………9 步 数值范围：0～9 999 或 0～99 999 999

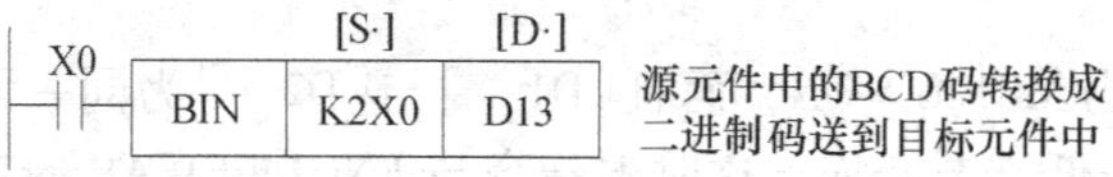

4.4 四则与逻辑运算（FNC 20～FNC 29）

4.4.1 BIN 加法

ADD　FNC 20 （P）（16/32） BIN 加法	操作元件：[S1·] [S2·]：K,H　K_nX　K_nY　K_nM　K_nS　T　C　D　V,Z [D·]：K_nY　K_nM　K_nS　T　C　D　V,Z 程序步数：ADD 和 ADD（P）…………7 步 （D）ADD 和（D）ADD（P）…………13 步 标　志：M8020（零标志），M8021（借位），M8022（进位）

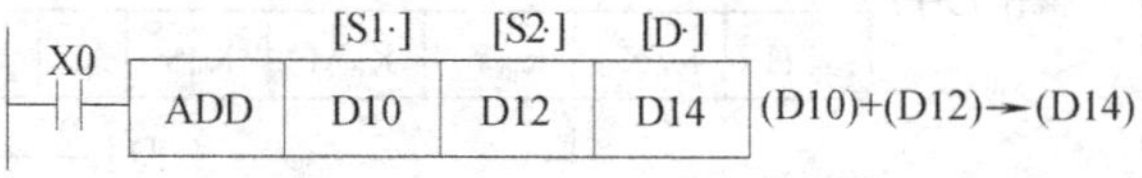

指定的源元件中的二进制数相加，结果送到指定的目标元件。每个数据的最高位作为符号位（0 为正，1 为负）运算总是代数运算，如：

$$5+(-8)=-3$$

如果运算结果为 0，则零标志 M8020 置 1。

如果运算结果超过 32 767（16bit 运算）或 2 147 483 647（32bit 运算），则进位标志 M8022 置“1”。

如果运算结果小于 -32 767（16bit 运算）或 -2 147 483 647（32bit 运算），则借位标志 M8021 置“1”。

在 32bit 运算中，用到子元件时，被指定的字元件是低 16bit 元件，而其下一个元件即为高 16bit 元件。为了避免重复使用某些元件，建议指定操作元件时用偶数元件号。

源和目标可以用相同的元件号，若源和目标元件号相同而且采用连续执行的 ADD/（D）ADD 指令时，加法的结果在每个扫描周期都会改变。

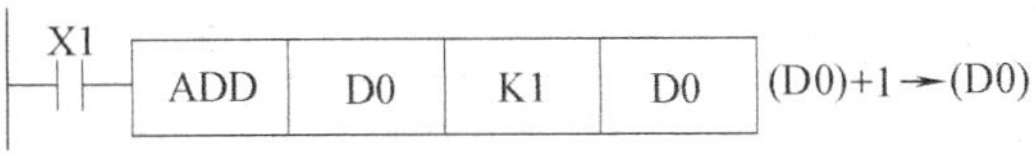

上面所示程序，每当 X1 从 OFF 变为 ON 时，D0 的数据加 1。这与 INC（P）指令的执行结果相似。其不同之处在于：用 ADD 指令时，零、借位、进位标志将按前述方法置位。

4.4.2　BIN 减法

SUB　FNC 21 （P）（16/32） BIN 减法	操作元件：[S1·] [S2·]：K,H　K_nX　K_nY　K_nM　K_nS　T　C　D　V,Z [D·]：K_nY　K_nM　K_nS　T　C　D　V,Z 程序步数：SUB 和 SUB（P）…………7 步 （D）SUB 和（D）SUB（P）…………13 步 标　志：M8020（零标志），M8021（借位），M8022（进位）

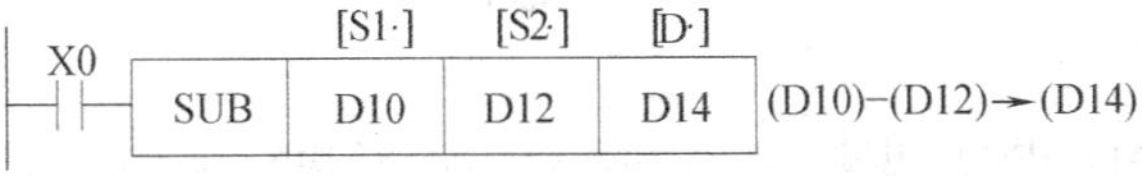

[S1·]指定的元件中的数减去[S2·]指定的元件中的数，结果送到[D·]指定的目标中。运算是二进制代数法。例如：

$$5-(-8)=13$$

每个标志的功能、32bit 运算的元件指定方法、连续执行和脉冲执行的区别等均与加法指令中的解释相同。

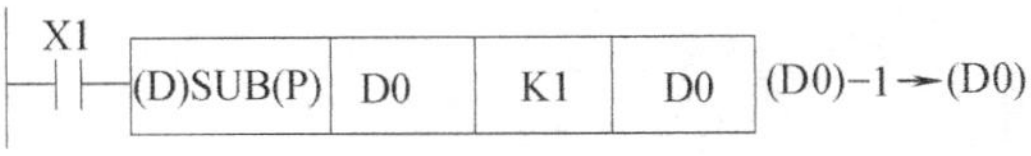

上面所示的运算与执行（D）DEC（P）指令的运算极其相似，区别仅在于用 SUB 指令时可得到标志的状态。

标志的置位情况及标志置位与正/负数的关系如图 4-23 所示。

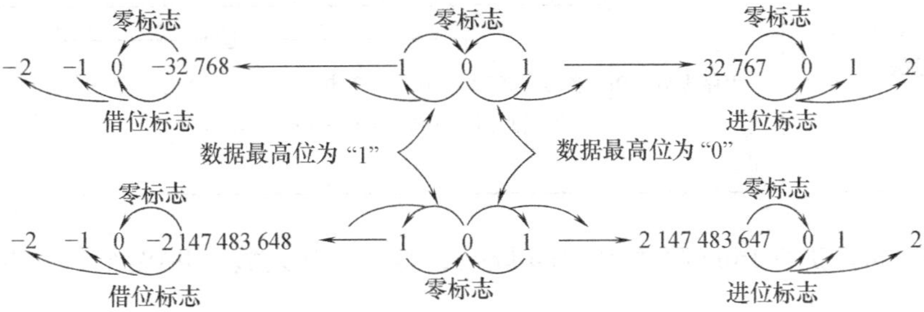

图 4-23　标志的置位情况及标志置位与正/负数的关系

4.4.3 BIN 乘法

MUL FNC 22 （P）（16/32） BIN 乘法	操作元件：[S1·] [S2·]：K,H、K_nX、K_nY、K_nM、K_nS、T、C、D、V,Z [D·]：K_nY、K_nM、K_nS、T、C、D、V,Z 程序步数：MUL 和 MUL（P）…………7 步 （D）MUL 和（D）MUL（P）…………13 步

MUL 指令是将两个源元件中的数据的乘积送到指定目标元件。如果为 16bit 运算，则乘积为 32 位；如果为 32bit 运算，则乘积为 64 位，如图 4-24 所示。

如果目标元件用位元件指定，则只能得到指定范围内的乘积。

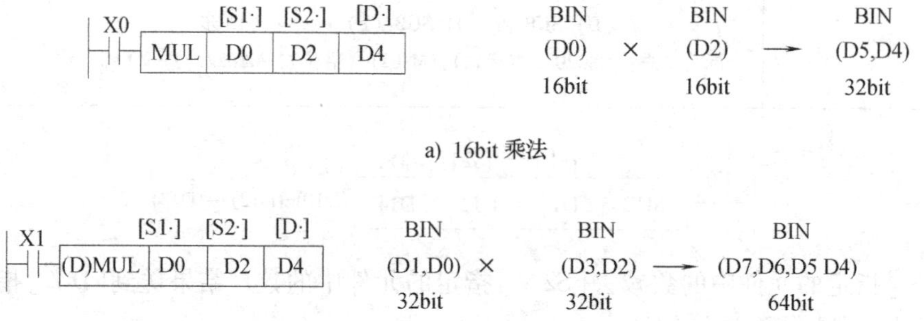

a) 16bit 乘法

b) 32bit 乘法

图 4-24 乘法示例

4.4.4 BIN 除法

DIV FNC 23 （P）（16/32） BIN 除法	操作元件：[S1·] [S2·]：K,H、K_nX、K_nY、K_nM、K_nS、T、C、D、V,Z [D·]：K_nY、K_nM、K_nS、T、C、D、V,Z 程序步数：DIV 和 DIV（P）…………7 步 （D）DIV 和（D）DIV（P）…………13 步

DIV 指令可以进行 16bit 除法和 32bit 除法，得到商和余数，并将结果送到指定目标元件，如图 4-25 所示。

对于 16 位乘、除法，V 不可用于[D·]。对于 32 位乘、除法，V 和 Z 不可用于[D·]。

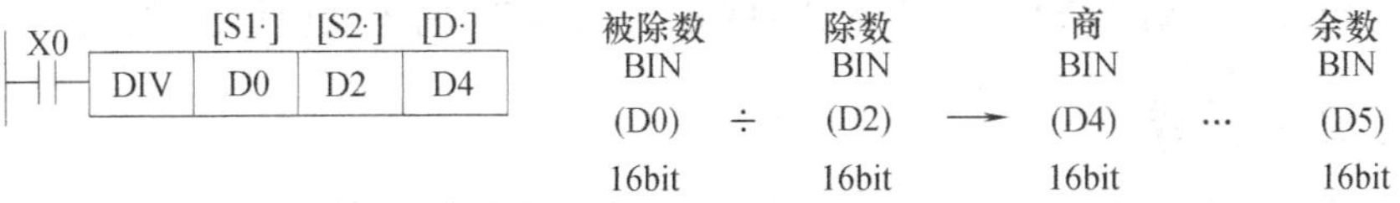

a) 16bit 除法

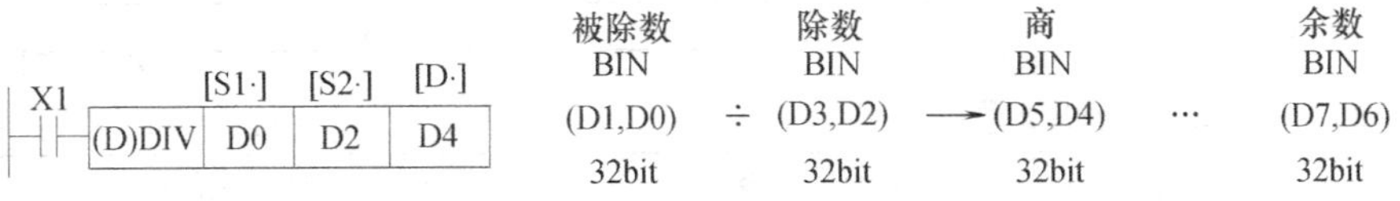

b) 32bit 除法

图 4-25　除法示例

4.4.5　加 1 和减 1

INC　FNC 24 （P）（16/32）（“!”） 加 1	操作元件：K,H　K_nX　K_nY　K_nM　K_nS　T　C　D　V,Z [D·]：K_nY ～ V,Z 程序步数：INC、INC（P）、DEC 和 DEC（P）…………3 步 （D）INC、（D）INC（P）、（D）DEC 和（D）DEC（P）……5 步
DEC　FNC 25 （P）（16/32）（“!”） 减 1	

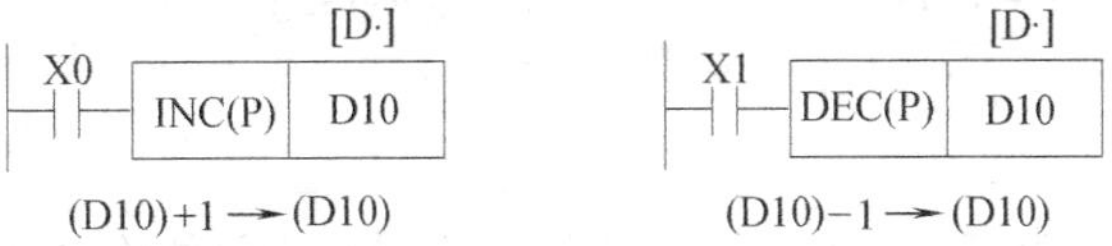

（1）左例为加 1 运算，每次 X0 由 OFF 变 ON 时，由[D·]指定的元件中的数增加 1。如果不用脉冲指令，则每个扫描周期加 1。

在 16bit 运算中，到 +32 767 再加 1 就变为 −32 768，但标志不动作。

32bit 运算时，+2 147 483 647 再加 1 就变为 −2 147 483 648 时，标志也不动作。

（2）右例为减 1 运算，每次 X1 由 OFF 变为 ON 时，由[D·]指定的元件中的数减 1。

16bit 运算时，−32 768 减 1 就变为 +32 767，但标志不动作。

32bit 运算时，−2 147 483 648 再减 1 就变为 +2 147 483 647，仅标志不动作。

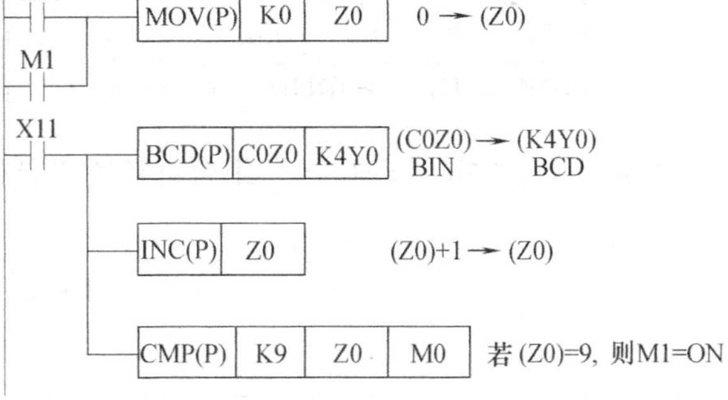

图 4-26　加 1 操作示例

例如图 4-26 所示，计数器 C0 ~ C9 的当前值转换成 BCD 码送到输出

K4Y0。Z0 由复位输入 X10 清 0。每次 X11 ON 时，C0 ~ C9 的当前值依次输出。

4.4.6 与、或和异或

WAND FNC 26 （P）（16/32） 字与 WOR FNC 27 （P）（16/32） 字或 WXOR FNC 28 （P）（16/32） 字异或	操作元件：[S1·] [S2·]：K,H、K_nX、K_nY、K_nM、K_nS、T、C、D、V,Z；[D·]：K_nY、K_nM、K_nS、T、C、D、V,Z 程序步数：

7 步(16bit 操作)	13 步(32bit 操作)
WAND （FNC 26） WAND(P) （FNC 26(P)）	(D)AND （FNC(D)26） (D)AND(P) （FNC(D)26(P)）
WOR （FNC 27） WOR(P) （FNC 27(P)）	(D)OR （FNC(D)27） (D)OR(P) （FNC(D)27(P)）
WXOR （FNC 28） WXOR(P) （FNC 28(P)）	(D)XOR （FNC(D)28） (D)XOR(P) （FNC(D)28(P)）

16bit 的指令附加“W”

1. 逻辑与

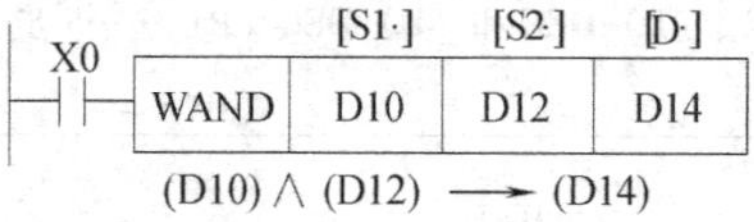

以 bit 为单位作“与”运算：

$1 \wedge 1 = 1$　　$0 \wedge 1 = 0$

$1 \wedge 0 = 0$　　$0 \wedge 0 = 0$

2. 逻辑或

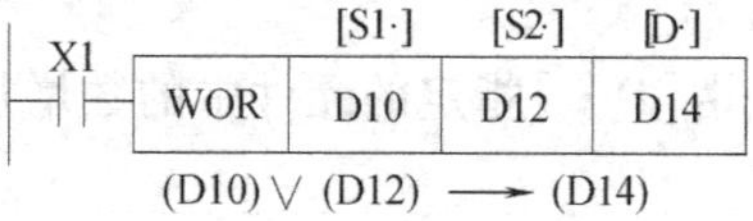

以 bit 为单位作“或”运算：

$1 \vee 1 = 1$　　$0 \vee 1 = 1$

$0 \vee 0 = 0$　　$1 \vee 0 = 1$

3. 逻辑异或

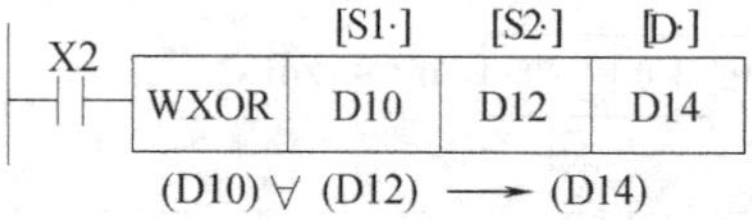

以 bit 为单位作“异或”运算：

$1 \forall 1 = 0$　　$0 \forall 0 = 0$

$1 \forall 0 = 1$　　$0 \forall 1 = 1$

XOR 指令与 CML（FNC 14）组合可实现“异或非”运算。

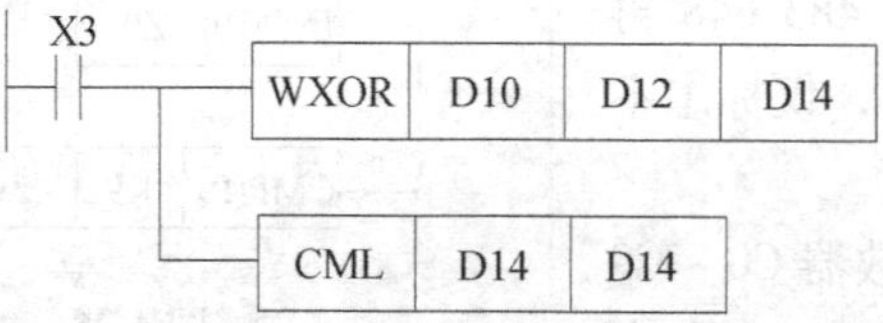

4.4.7　求补

NEG　FNC 29 （P）（16/32） 求补	操作元件：K,H ｜ K_nX ｜ K_nY ｜ K_nM ｜ K_nS ｜ T ｜ C ｜ D ｜ V,Z [D·]：K_nY ～ V,Z 程序步数：NEG 和 NEG（P）……3 步 （D）NEG 和（D）NEG（P）……5 步

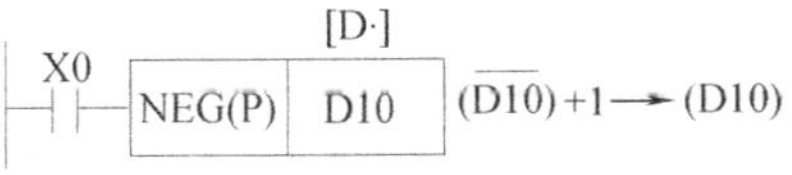

NEG 指令只有目标操作元件。它将[D·]指定的元件中的数的每一位取反，然后该数再加 1，结果存于同一元件。本指令实际是绝对值不变的变号操作。

4.5　循环移位与移位（FNC 30 ~ FNC 39）

4.5.1　循环移位（左/右）

ROR　FNC 30 （P）（16/32） （“!”） 右循环	操作元件：K,H ｜ K_nX ｜ K_nY ｜ K_nM ｜ K_nS ｜ T ｜ C ｜ D ｜ V,Z n：K,H；[D·]：K_nY ～ V,Z n（n<16（16bit 指令）；n<32（32bit 指令）） 程序步数：ROR，ROR（P），ROL，ROL（P）……5 步 （D）ROR，（D）ROR（P），（D）ROL，（D）ROL（P）……9 步 标　志：M8022（进位）
ROL　FNC 31 （P）（16/32） （“!”） 左循环	

本指令使 16bit 数据向左向右循环移位。

左循环如图 4-27 所示，每次 X0 由 OFF→ON 时，各 bit 数据向左旋转 n bit，最后移出 bit 的状态存入进位标志 M8022 中。

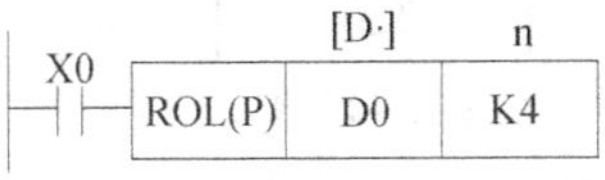

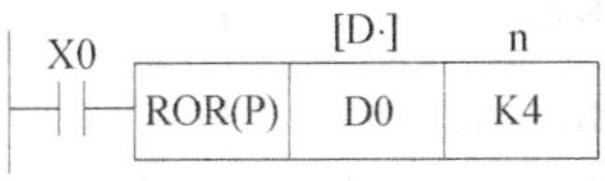

右循环如图 4-28 所示，每次 X0 由 OFF→ON 时，各 bit 数据向右旋转 n bit，最后移出 bit 的状态存入进位标志 M8022 中。

用连续执行指令时，循环移位操作每个周期执行一次。

上面解释 16 bit 指令的 ROR、ROL 的执行情况也适用于 32 bit 指令。

若在目标元件中指定“位”数，则只能用 K4（16 bit 指令）和 K8（32 bit 指令）。例如：K4Y10、K8M0。

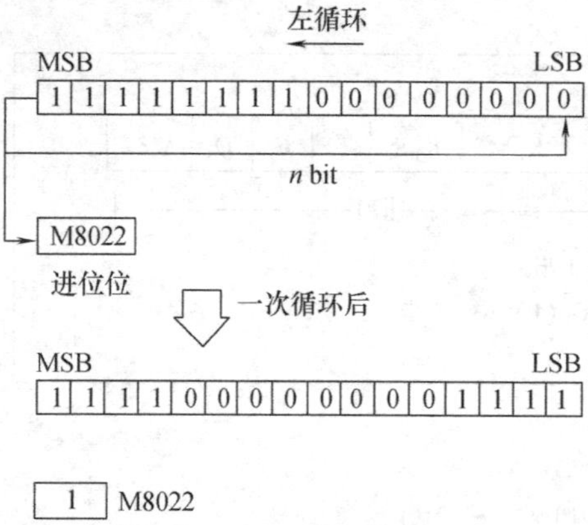

图 4-27 ROL（P）指令

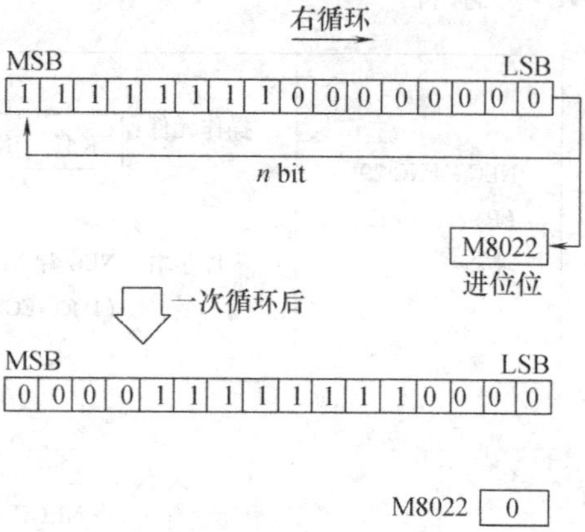

图 4-28 ROR（P）指令

4.5.2 带进位的循环

RCR FNC 32 （P）（16/32） （“!”） 带进位右循环移位	操作元件：K,H ｜ K_nX ｜ K_nY ｜ K_nM ｜ K_nS ｜ T ｜ C ｜ D ｜ V,Z n：K,H；[D·]：K_nY ～ V,Z n（n＜16（16bit 指令）；n＜32（32bit）指令）
RCL FNC 33 （P）（16/32） （“!”） 带进位左循环移位	程序步数：RCR，RCR（P），RCL，RCL（P）……5 步 （D）RCR，（D）RCR（P），（D）RCL，（D）RCL（P）……9 步 标　　志：M8022（进位）

执行 RCR、RCL 指令时，各位的数据与进位位 M8022 一起（16 位指令时一共 17 位）向右（或向左）循环移动 n 位。在循环中移出的位送入进位标志，后者又被送到目标操作元件的另一端。

4.5.3 移位（左/右）

SFTR FNC 34 （P）（16/32）（“!”） 右移位	操作元件：X ｜ Y ｜ M ｜ S ｜ K,H [S·]：X ～ S；[D·]：Y ～ S；n_1,n_2：K,H $n_2 \leqslant n_1 \leqslant 1\,024$
SFTL FNC 35 （P）（16/32）（“!”） 左移位	程序步数：SFTR，SFTR（P），SFTL，SFTL（P）……9 步

本指令使 bit 元件中的状态向右/向左移位，由 n_1 指定 bit 元件长度，n_2 指定移位 bit 数（$n_2 < n_1 < 1\,024$）。

用脉冲指令时，在执行条件的上升沿时执行。用连续指令时，当执行条件 ON，则每个扫描周期执行一次。

右移位如图 4-29 所示。左移位如图 4-30 所示。

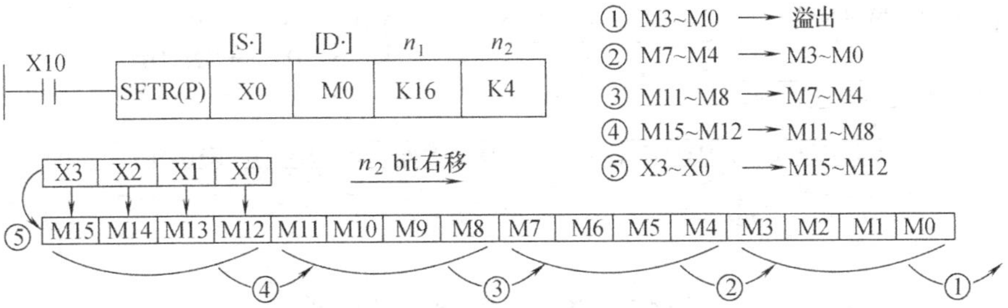

图 4-29 SFTR（P）指令使用例

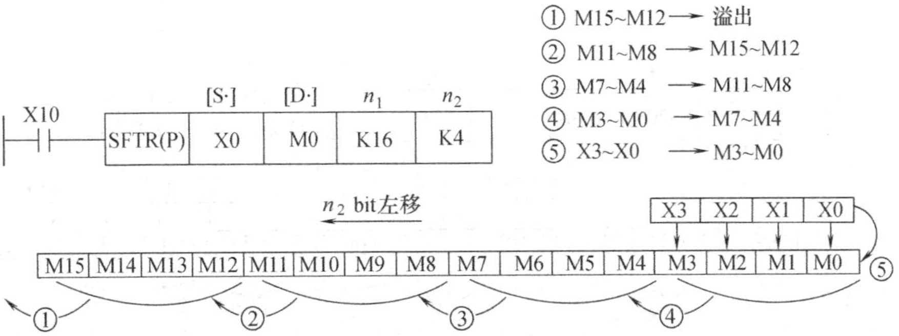

图 4-30 SFTL（P）指令使用例

4.5.4 字右移/字左移

WSFR FNC 36 (P) (16)("!") 字右移	操作元件：[S·]：K,H、K_nX、K_nY、K_nM、K_nS、T、C、D、V,Z [D·]：K_nY、K_nM、K_nS、T、C、D n_1，n_2：K,H（$n_2 \leqslant n_1 \leqslant 512$）
WSFL FNC 37 (P) (16)("!") 字左移	程序步数：WSFR，WSFR（P），WSFL，WSFL（P）……9 步

本指令使字元件中的状态向右/向左移位，由 n_1 指定字元件长度，n_2 指定移位字数（$n_2 < n_1 < 512$）。

用脉冲指令时，在执行条件的上升沿时执行。用连续指令时，当执行条件 ON，则每个扫描周期执行一次。

由[S·]、[D·]指定的元件若需要指定“位”数时，其位数应相同。

右移位如图 4-31 所示。左移位如图 4-32 所示。

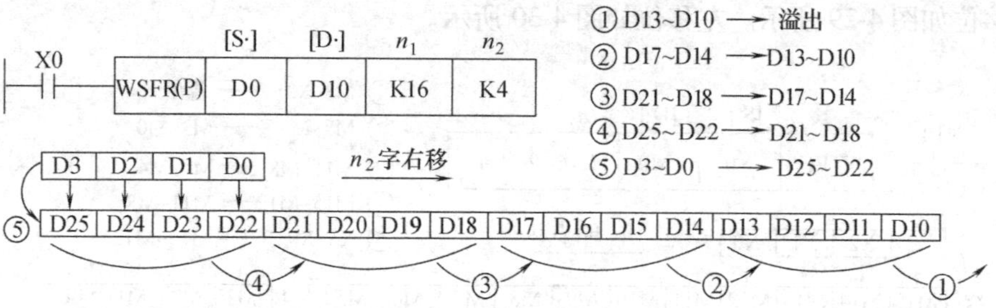

图 4-31 WSFR（P）指令应用例

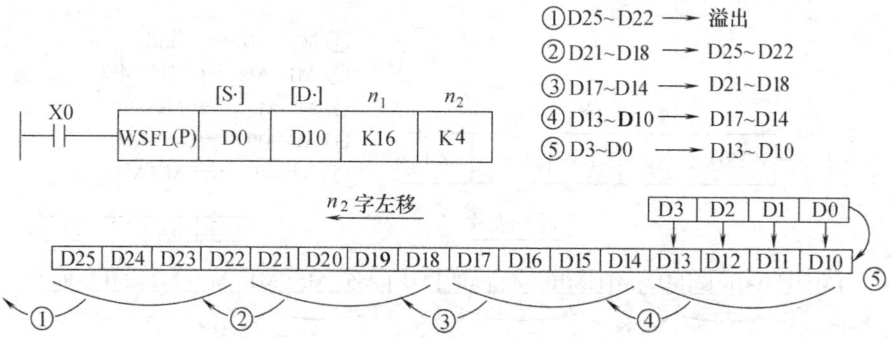

图 4-32 WSFL（P）指令应用例

4.5.5 先入先出（FIFO）写入

SFWR FNC 38 （P）（16）（“!”） FIFO 写入	操作元件：[S·]：K,H、K_nX、K_nY、K_nM、K_nS、T、C、D、V,Z [D·]：K_nY、K_nM、K_nS、T、C、D n（2≤n≤512） 程序步数：SFWR，SFWR（P）……7 步 标　志：M8022（进位）

如图 4-33 所示，当 X0 变为 ON 时，在源 D0 中的数据写入 D2，而 D1 变为 1（指针），D0 的数据改变后，X0 再变为 ON，则 D0 数据写入 D3，D1 中数据变为 2。依此类推，源 D0 中的数据依次写入寄存器。

数据从最右边的寄存器开始顺次存入，源数据写入的次数（指针）存 D1。当（D1）的内容达到“n→1”后，上述处理不再执行，进位标志 M8022 置 1。

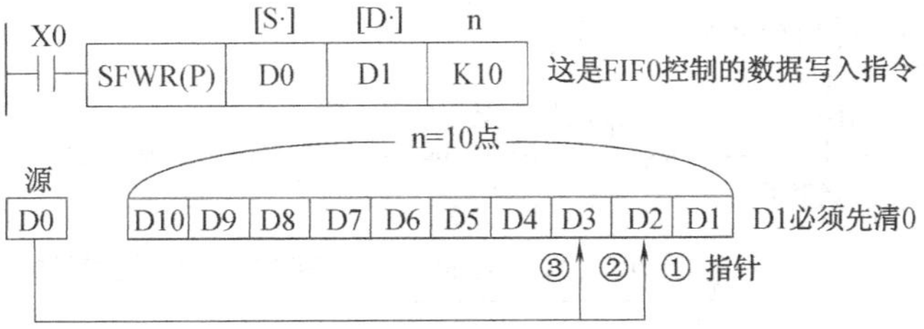

图4-33 SFWR（P）指令应用例

4.5.6 先入先出（FIFO）读出

SFRD FNC 39 (P) (16)(“!”) FIFO 读出	操作元件：K,H ｜ K_nX ｜ K_nY ｜ K_nM ｜ K_nS ｜ T ｜ C ｜ D ｜ V,Z [S·]：K_nX ~ V,Z；[D·]：K_nY ~ V,Z；n：K,H n（2≤n≤512） 程序步数：SFRD，SFRD（P）……7 步 标　　志：M8022（进位）

如图4-34所示，X1从OFF→ON时，D2中的数据送到D20，同时，指针（D1）减1，从D3到D10的数据向右移1字。若用连续指令SFRD，则每个扫描周期数据右移1字。

数据总是从D2读出。当指针D1为0，不再执行上述处理。零标志M8020置1。

执行本指令的过程中，D10的数据保持不变。

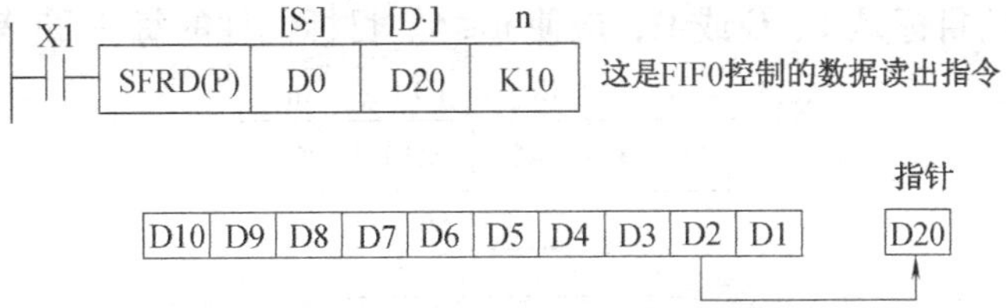

图4-34 SFRD（P）指令应用例

4.6 数据处理（FNC 40 ~ FNC 49）

4.6.1 区间复位

ZRST FNC 40 (P) (16) 区间复位	操作元件：K,H ｜ K_nX ｜ K_nY ｜ K_nM ｜ K_nS ｜ T ｜ C ｜ D ｜ V,Z [D1·][D2·]：T ~ D X ｜ Y ｜ M ｜ S [D1·][D2·]：Y ~ S [D1·]号≤[D2·]号 指定同一元件 程序步数：ZRST和ZRST（P）…………5 步

区间复位指令应用例如图 4-35 所示。

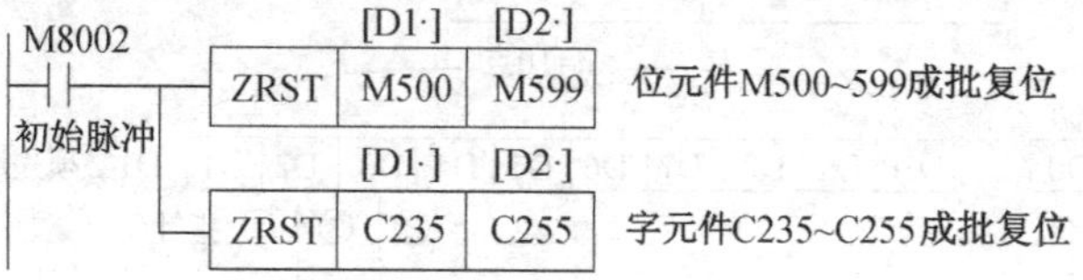

图 4-35 ZRST（P）指令应用例

[D1·]和[D2·]指定的应为同类元件。[D1·]指定的元件号应小于等于[D2·]指定的元件号。如[D1·]号 > [D2·]号，则只有[D1·]指定的元件被复位。

虽然 ZRST 作 16bit 指令处理，[D1·]、[D2·]也可同时指定 32bit 计数器。

注：[D1·]、[D2·]一个指定 16bit、另一个指定 32bit 计数器是不允许的。

4.6.2 解码

DECO FNC 41 （P）（16/32） 解码	操作元件：[S·]：K,H、T、C、D、V,Z、X、Y、M、S；[D·]：T、C、D、Y、M、S；n（n=1~8） 程序步数：DECO 和 DECO（P）…………7 步

解码指令应用例如图 4-36 所示。

若[D·]指定的目标是 T、C 或 D，应使 n≤4。目标元件的每一 bit 都受控。

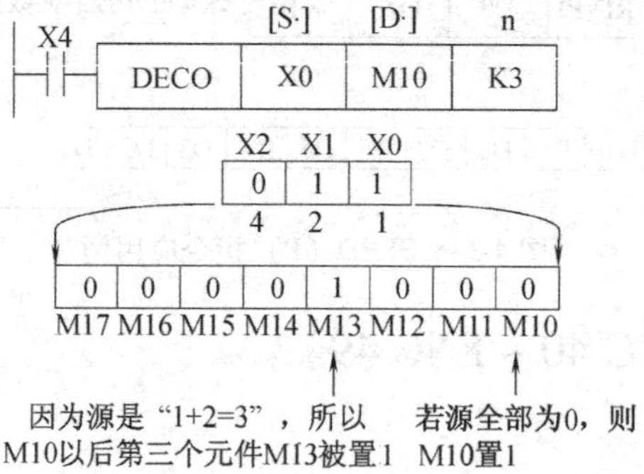

图 4-36 DECO 指令应用例

4.6.3 编码

ENCO FNC 42 （P）（16） 编码	操作元件：[S·]：K,H、T、C、D、V,Z、X、Y、M、S；[D·]：T、C、D、V,Z；n（n=1~8） 程序步数：ENCO 和 ENCO（P）…………7 步

编码指令应用例如图 4-37 所示。

若[S·]指定的源是 T、C、D、V 或 Z，应使 n≤4。若指定源中为“1”的 bit 不止一处，则只有最高 bit 的“1”有效。

若指定源中所有 bit 均为 0，则出错。

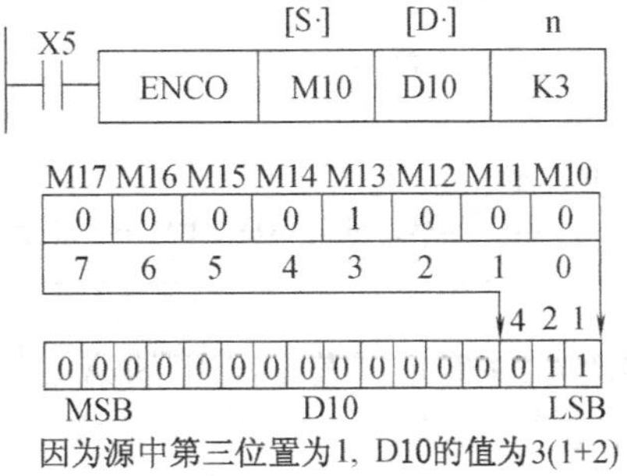

图 4-37 ENCO 指令应用例

4.6.4 ON 总数

SUM FNC 43 （P）（16/32） ON 总数	操作元件：[S·]：K,H、K_nX、K_nY、K_nM、K_nS、T、C、D、V,Z [D·]：K_nY、K_nM、K_nS、T、C、D、V,Z 程序步数：SUM 和 SUM（P）…………7 步 （D）SUM 和（D）SUM（P）…………9 步 标　　志：M8020（零标志）

ON 总数指令应用例如图 4-38 所示，D0 中“1”的总数存入 D2。若 D0 中没有为“1”的 bit，则零标志 M8020 置 1。

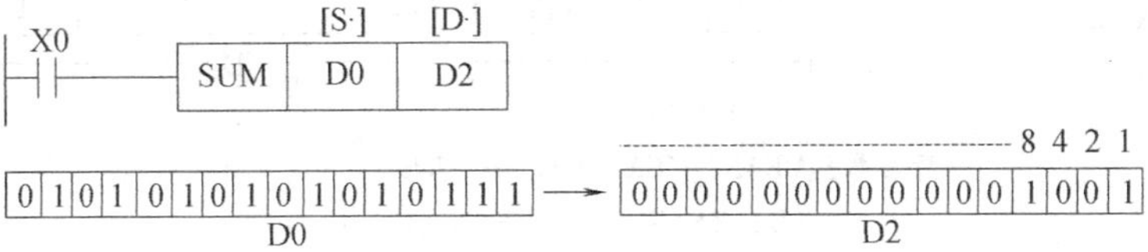

图 4-38 SUM（P）指令应用例

用到（D）SUM 和（D）SUM（P）指令时，D3 中所有各 bit 均为“0”，因为在 D0 和 D1 32bit 中“1”的总数存入了 D2。

4.6.5 ON 位判别

BON FNC 44 (P) (16/32) ON 位判别	操作元件：[S·]：K,H、K_nX、K_nY、K_nM、K_nS、T、C、D、V,Z；n：K,H (n=0~15或0~31) [D·]：X、Y、M、S 程序步数：BON，BON（P）……7 步 （D）BON，（D）BON（P）……13 步

ON 位判别指令应用例如图 4-39 所示，若 D10 中的第 15bit 为 ON，则 M0 变为 ON。即使 X0 变为 OFF，M0 亦保持不变。

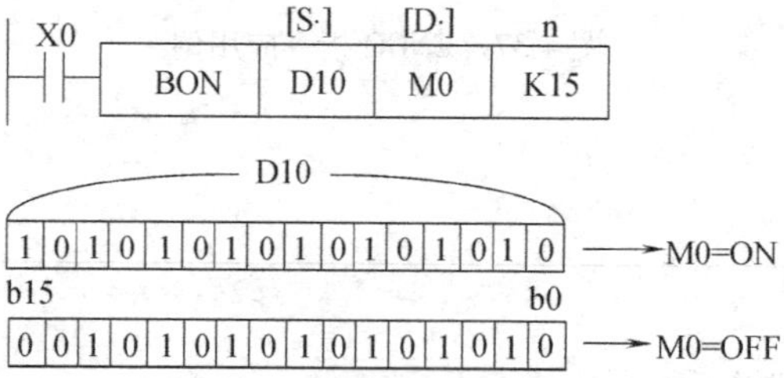

图 4-39 BON 指令应用例

n 的范围如下：

16bit 操作：n = 0 ~ 15

32bit 操作：n = 0 ~ 31

4.6.6 平均值

MEAN FNC 45 (P) (16/32) 平均值	操作元件：[S·]：K,H、K_nX、K_nY、K_nM、K_nS、T、C、D、V,Z；n：K,H (n=1~64)；[D·]：K_nY、K_nM、K_nS、T、C、D、V,Z 程序步数：MEAN，MEAN（P）……7 步 （D）MEAN，（D）MEAN（P）……13 步

n 个源数据的平均值送到指定目标。平均值是指 n 个源数据的代数和被 n 除所得的商，余数略去。若元件超出范围，*n* 的值会自动缩小以取允许范围内元件的平均值。

若指定的 n 值超出 1 ~ 64 的范围，则出错。

4.6.7 报警器置位

ANS　FNC 46 (16) 报警器置位	操作元件：[S·]：T0～T199，[D·]：S900～S999 m＝1～32 767（100ms 单位） 程序步数：ANS…………7 步

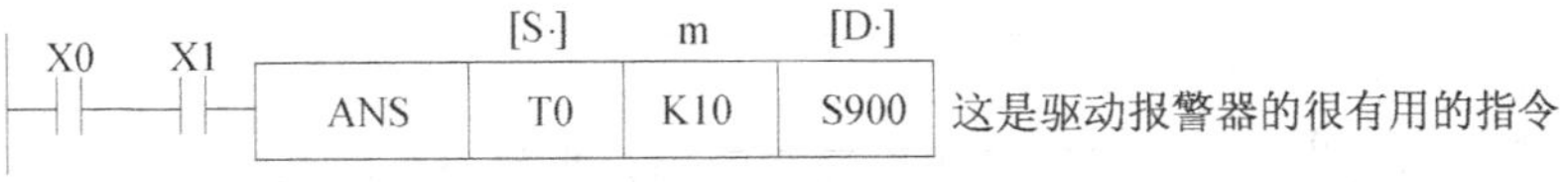

若 X0 和 X1 同时为 ON 超过 1s，S900 置 1。S900 置 1 后，若 X0 和/或 X1 变为 OFF，则定时器复位而 S900 保持为 1。

若 X0 或 X1 在 1s 内再 OFF，则定时器复位。

4.6.8 报警器复位

ANR　FNC 47 (P)　(16)("!") 报警器复位	操作元件：无 程序步数：ANR，ANR（P）…………1 步

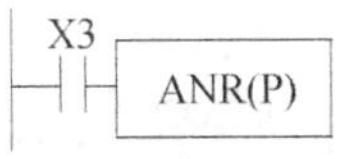

当 X3 变为 ON 时，S900～S999 之间被置 1 的报警器复位。

若超过 1 个报警器被置 1，则元件号最低的那个报警器被复位。

X3 再次变为 ON 时，下一个被置 1 的报警器复位。

注：若用连续指令 ANR，则按扫描周期依次逐个地将报警器复位。

4.6.9 开二次方

SQR　FNC 48
(P)　(16/32)
开二次方

操作元件：

K,H	K_nX	K_nY	K_nM	K_nS	T	C	D	V,Z
[S·]							[S·] [D·]	

程序步数：SQR…………5 步；（D）SQR…………9 步

标　　志：M8020（零标志），M8021（借位标志）

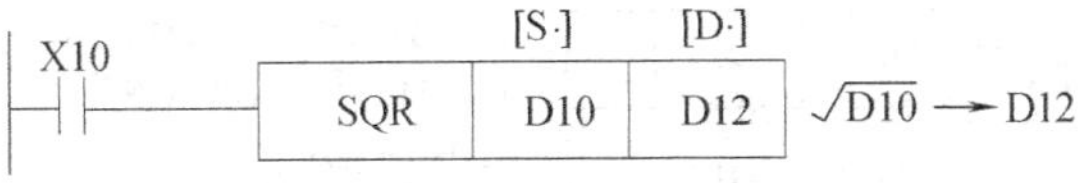

整数开平方运算。[S·]必须为正数，如为负数，则出错标志 M8067 ON，指令不执行。运算结果舍去小数，取整后送到目标。舍去小数时借位标志 M8021 ON。若结果为零，则零标志 M8020 ON。

4.6.10　整数—实数变换

FLT　FNC 49 (P)　(16/32) 整数—实数变换	操作元件： K,H | K_nX | K_nY | K_nM | K_nS | T | C | D | V,Z [S·]：D，V,Z；[D·]：D 程序步数：FLT…………5 步；(D) FLT…………9 步

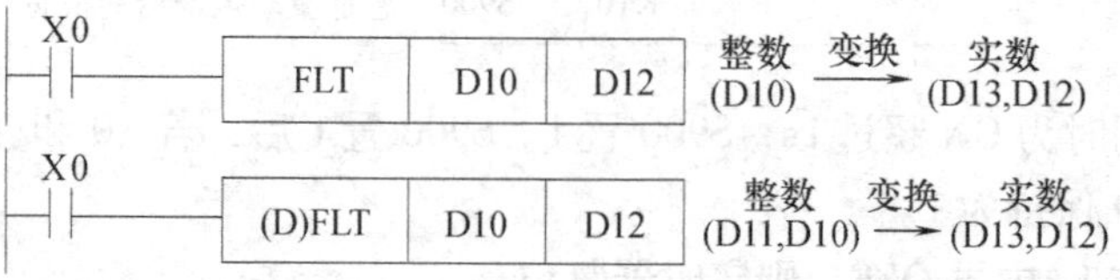

将 BIN 整数变换为实数，常数 K、H 在实数运算中会自动转换，故无须使用本指令。逆变换指令（即实数变换成整数的指令为 FNC 129INT）。

图 4-40、图 4-41 所示是一个 BIN 整数与实数之间变换及实数四则运算的例子。

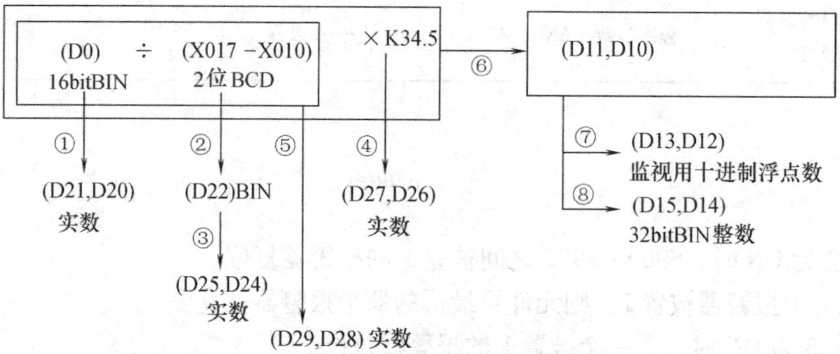

图 4-40　BIN 整数与实数之间变换的例子

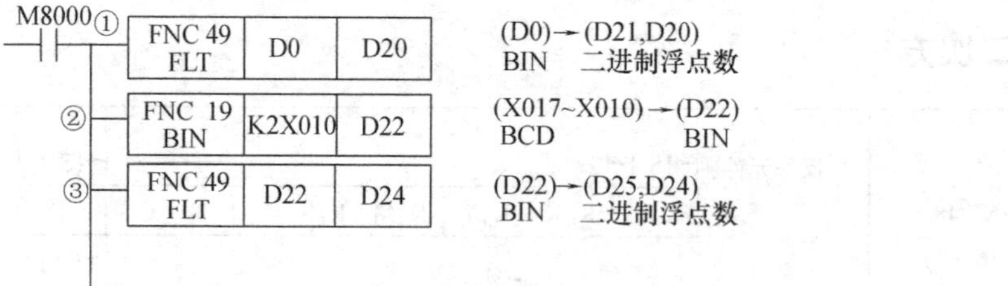

图 4-41　实数四则运算的例子

4.7　高速处理（FNC 50 ~ FNC 59）

4.7.1　刷新

REF　FNC 50 (P)　(16)(“!”) 刷新	操作元件：[D]…………最低位为0的X和Y元件，如X0、X10、X20等 n…………K或H的参数，8的倍数 程序步数：REF，REF（P）…………5步

如前所述，FX_{2N}系列PLC用I/O批处理的方法，即输入状态是在程序处理之前成批读入到输入映像寄存器的；而输出数据是在END指令执行后由输出映像寄存器通过输出锁存器输出到输出端子的。

本指令用于在某段程序处理时开始读入最新输入信息并或用于在某一操作结束之后立即将操作结果输出。

1. 输入刷新

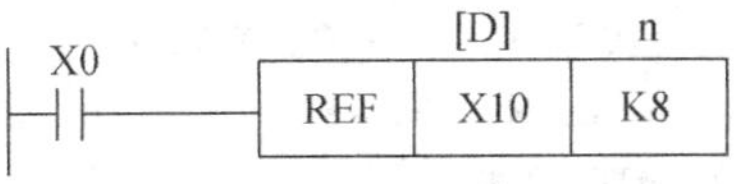

仅限于X10 ~ X17的8点输入刷新。

若在本指令执行之前X10 ~ X17已经变为ON约10ms（滤波器响应延迟时间），则执行本指令时X10 ~ X17的映像寄存器会变为ON。

2. 输出刷新

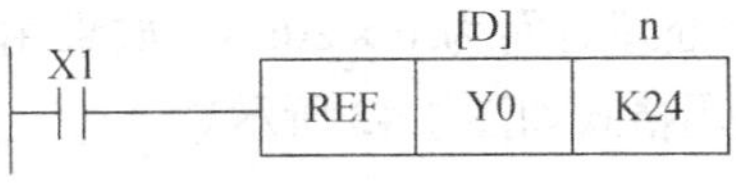

对Y0 ~ Y7，Y10 ~ Y17，Y20 ~ Y27的24点输出刷新。

执行本指令时，与输出Y0 ~ Y27对应输出锁存器的状态立即输出到输出端子。

在输出响应延迟时间后输出触点动作。

4.7.2　刷新和滤波时间调整

REFF　FNC 51 (P)　(16) 刷新和滤波时间调整	操作元件：n　K或H的参数，(n=0 ~ 60) 对X0 ~ X17 （无须指定）数字滤波时间调整（滤波时间：0 ~ 60ms） 程序步数：REFF，REFF（P）…………3步

在 FX 系列 PLC 中，X0 ~ X17 采用了数字滤波器，使用 REEF 指令可调整其滤波时间。执行 REEF K10 指令时，输入滤波时间为 10ms。对执行 REEF K20 指令以后的程序步，输入滤波时间为 20ms。

一般来说，为防止输入噪声的影响，PLC 的输入 RC 滤波时间常数约为 10ms。

但电子固态（无触点）开关没有抖动噪声，可以高速输入。对于这类高速输入，上述滤波器又成了高速的障碍。当 $n=0$ 时，实际滤波时间为 50μs。因为输入接口电路有 RC 滤波网络，所以最小滤波时间不小于 50μs。

使用 REEF 指令时，应注意以下几点：

1）当 X0 ~ X17 用于高速计数输入或使用速度检测指令以及中断输入时，输入滤波器的时间常数自动设置为 50μs。

2）X0 ~ X17 的输入滤波时间初始值（10ms）存于 D8020 中，推广 MOV 指令可以改写 D8020 中的数值，从而改变 X0 ~ X17 输入滤波时间。

4.7.3 矩阵输入

MTR　FNC 52 （16） 矩阵输入	操作元件：[S]：X0，X10，X20 等最低位为 0 的 X [D1]：Y0，Y10，Y20 等最低位为 0 的 Y [D2]：Y，M，S 等最低位取 0 n：K，H，$n=2\sim8$ 程序步数：MTR…9 步 标　志：M8029（完成）

利用 MTR 指令，可用连续排列的 8 点输入与 n 点输出组成 8 列 n 行的输入矩阵，用来输入 $n\times8$ 个开关量信号。指令处理时间为 $n\times20$ms。如果用高速输入 X0 ~ X17 作输入点，则读入时间减半。MTR 指令使用格式如图 4-42 所示。

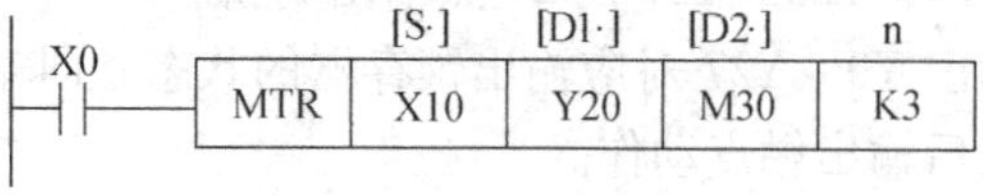

图 4-42　MTR 指令应用例

如图 4-42 所示，由[S]指定的输入点开始的 18 个输入（本例为 X0 ~ X17）和由[D1·]指定的输出开始的 n 个晶体管输出点（本例为 $n=3$，即 Y20、Y21、Y22）反复顺次接通；当 Y20 ON 时，读入第一行的输入状态，存于 M30 ~ M37；当 Y22 ON 时，读入第二行的输入状态，存于 M40 ~ M47，依此类推，如此反复执行。

标志 M8029 在第一个读入周期完成后即置 1。当执行条件（X0）变为 OFF 时，M8029 复位（为 0），M30 ~ M57 的状态保持不变。

4.7.4 高速计数器置位

HSCS FNC 53
(32)
高速计数器置位

操作元件：[S1·]

K,H	K_nX	K_nY	K_nM	K_nS	T	C	D	V,Z

[S2·]:C235~C255(高速计数器)

X	Y	M	S

[D·]

程序步数：（D） HSCS…………13 步

HSCS 指令可使置位和输出以中断方式立即执行，即高速计数器以中断方式对相应输入脉冲的下降沿的个数计数。当计数器当前值达到预置值时，计数器的输出触点立即动作。

图 4-43 中当 C255 的当前值由 99 变为 100 或由 101 变为 100 时，Y10 立即置 1。

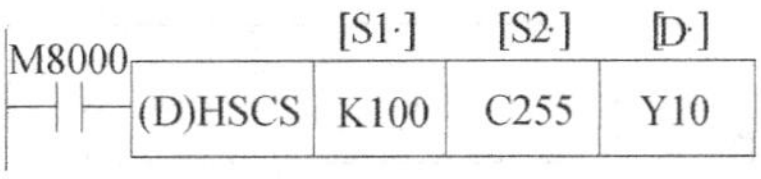

图 4-43 HSCS 指令应用例

4.7.5 高速计数器复位

HSCR FNC 54
(32)
高速计数器复位

操作元件：[S1·]

K,H	K_nX	K_nY	K_nM	K_nS	T	C	D	V,Z

[S2·]:C235~C255(高速计数器)

X	Y	M	S

[D·]

对于[D·]，可以像指定[S2·]一样指定相同的高速计数器

程序步数：（D） HSCR…………13 步

图 4-44 中，C255 的当前值由 199 变为 200 或由 201 变为 200 时，Y10 立即复位。

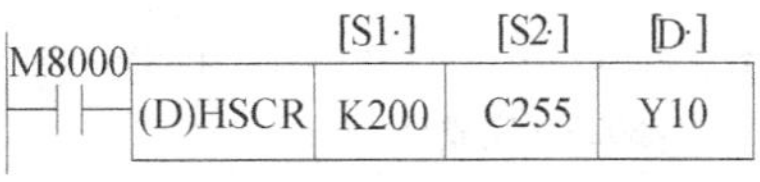

图 4-44 HSCR 指令应用例

4.7.6 高速计数器区间比较

HSZ FNC 55 （16/32） 高速计数器区间比较	操作元件：←[S1·] [S2·]→ K,H | K_nX | K_nY | K_nM | K_nS | T | C | D | V,Z [S·]:C235~C255(高速计数器) X | Y | M | S ←[D·]→ 程序步数：（D）HSZ…………17 步

高速计数器区间比较指令 HSC 有三种工作模式：标准模式、多段比较模式和频率控制模式，详细的使用方法请参阅 FX 系列编程手册。

4.7.7 速度检测

SPD FNC 56 （16） 速度检测	操作元件：←[S2·]→ K,H | K_nX | K_nY | K_nM | K_nS | T | C | D | V,Z ←[D·]→ (T, C, D, V,Z) ←[S1·]→ X0~X5 程序步数：SPD…………7 步 指令数：X0 ~ X5 每个输入点一条指令以下

速度检测指令 SPD 用来检测在指定时间内从编码器输入的脉冲个数，并计算出速度。

4.7.8 脉冲输出

PLSY FNC 57 （16/32） 脉冲输出	操作元件：←[S1·] [S2·]→ K,H | K_nX | K_nY | K_nM | K_nS | T | C | D | V,Z [D·]：Y 程序步数：PLSY…………7 步，（D）PLSY…………13 步 标　　志：M8029（完成）

PLSY 指令用于产生指定数量的脉冲。它的应用示例如图 4-45 所示。

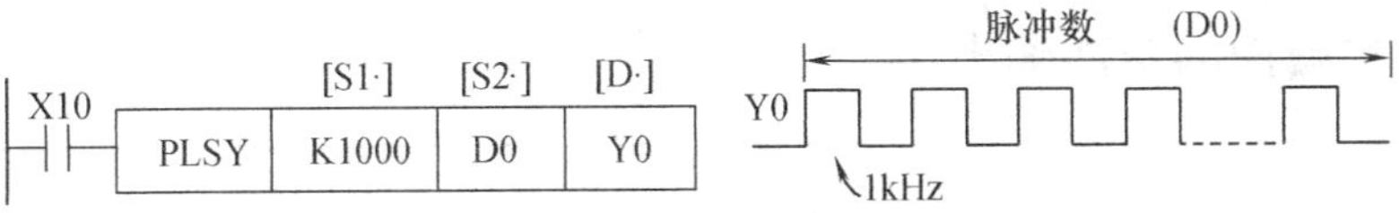

图 4-45　PLSY 指令应用例

[S1·]指定脉冲频率：

FX_{2N}，FX_{2NC}：2～20 000（Hz）

FX_{1S}，FX_{1N}：16 位指令…1～32 767（Hz）

32 位指令…1～100 000（Hz）

在指令执行中更改[S1·]指定的字软元件的内容，输出频率也随之发生改变。

[S2·]指定产生脉冲的数目。脉冲数范围：

16bit 指令…1～32 767 个脉冲

32bit 指令…1～2 147 483 647 个脉冲

若指定脉冲数为“0”，则产生无穷多个脉冲，即连续脉冲输出。

[D·]指定脉冲输出元件号。

脉冲占空比：50%

脉冲以中断方式输出。

4.7.9　脉宽调制

PWM　FNC 58
(16)
脉宽调制

操作元件：[S1·] [S2·]

K,H	K_nX	K_nY	K_nM	K_nS	T	C	D	V,Z

[D·]：Y　仅限 Y0,Y1

程序步数：PWM…………7 步

PWM 指令应用示例如图 4-46 所示。

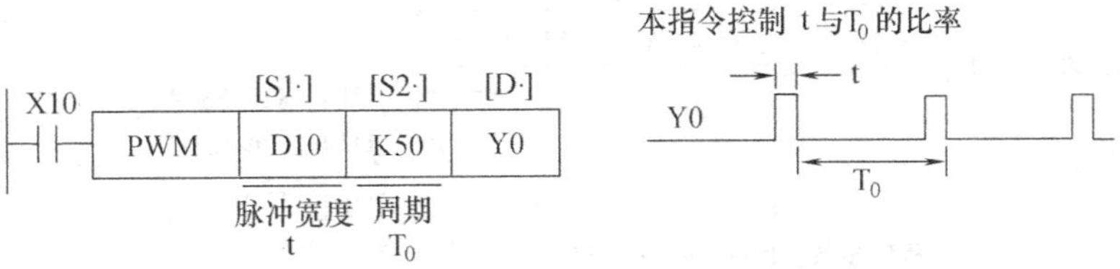

图 4-46　PWM 指令应用例

[S1·]叫指定脉冲宽度，范围 0～32 767ms。

[S2·]叫指定周期 T0，范围 1～32 767ms。

[D·]指定脉冲输出 Y 的元件号。输出的 ON/OFF 状态用中断方式控制。

Y 元件只能用 Y0 与 Y1，而且必须用晶体管输出方式。

4.7.10 带加减速的脉冲输出

PLSR FNC 59 (16/32) 带加减速的脉冲输出	操作元件：[S1·] [S2·] [S3·]：K,H、K_nX、K_nY、K_nM、K_nS、T、C、D、V,Z [D·]：X、Y、M、S　[D·] 仅限于 Y0,Y1 程序步数：PLSR…………7 步，(D) PLSR…………17 步 标　志：M8029（结束标志）

带加速减速功能的脉冲输出指令，按[S1·]指定的最高频率分 10 级加速，达到[S2·]所指定的输出脉冲数后分 10 级减速。

PLSR 指令应用示例如图 4-47 所示。

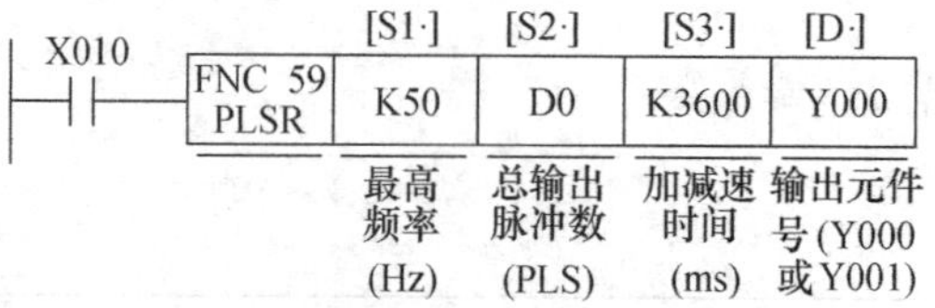

图 4-47 PLSR 指令应用例

4.8 方便指令（FNC 60 ~ FNC 69）

4.8.1 置初始状态

IST FNC 60 (16) 置初始状态	操作元件：[S·]：X、Y、M S：[D1·]：S20~S899 [D2·]：S20~S899 [D1·]:<[D2·] 程序步数：IST…………7 步

本指令用于自动设置初始状态和特殊辅助继电器。

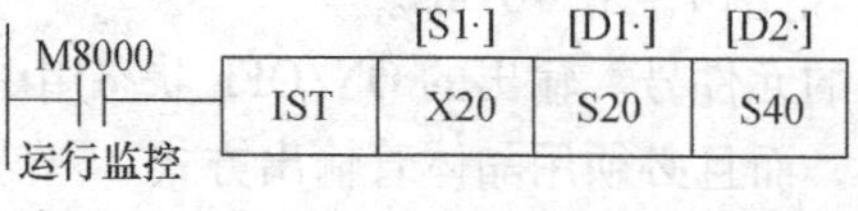

[S·]指定操作方式输入的首元件。上例中：

X20：手动　　X24：全自动运行

X21：回原点　　X25：回原点启动

X22：单步运行　　X26：自动操作启动

X23：单周期运行（半自动）　　X27：停止

[D1·]指定在自动操作中实际用到的最低状态号。

[D2·]指定在自动操作中实际用到的最高状态号。

本指令执行条件变为 ON 时，下列元件自动受控；其后若执行条件变为 OFF，这些元件的状态仍保持不变。

M8040：禁止转移　　S0：手动操作初始状态

M8041：传送开始　　S1：回原点初始状态

M8042：起始脉冲　　S2：自动操作初始状态

M8047：STL 监控使能

本指令只能使用 1 次。

若不用 IST 指令，状态 S10～S19（用于回原点）可作通用状态。只是在这种情况下，仍需将 S0～S9 作为初始化状态，只是 S0～S2 的用途是自由的。

编程时，IST 指令必须写在 STL 指令之前，即在 S0～S2 出现之前。

输入 X20～S24 必须用旋转选择开关，以保证这组输入中不可能有两个输入同时为 ON。

若在回原点完成标志 M8043 未置 1 之前改变操作方式选择，则所有输出将变为 OFF。

4.8.2　数据搜索

SER　FNC 61
(P)　(16/32)
数据搜索

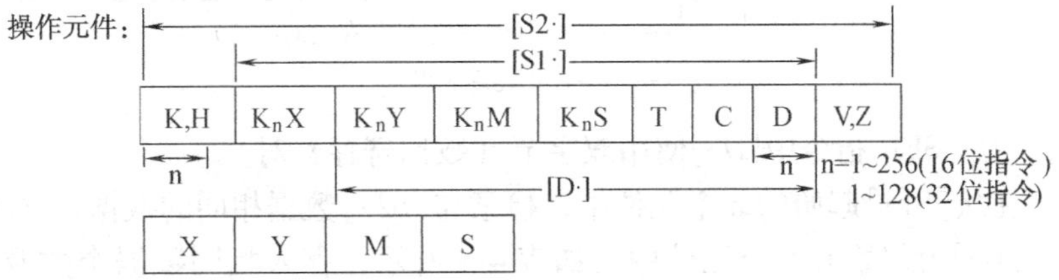

程序步数：SER…………7 步；（D）SER…………17 步

本指令在指定的范围内搜索相同值、最大值及最小值，并将结果存入指定单元中。

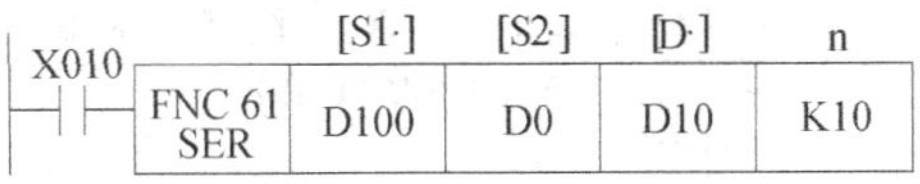

表 4-4 所示为检索表的构成和数据例，检索结果如表 4-5 所示。

进行代数上的大小比较（$-10<2$）。

最小值、最大值有多个时，显示后面的位置。

表 4-4 检索表的构成和数据例

被检索元件	被检索数据例	比较数据	数据的位置	最大值	相同	最小值
D100	(D100) = K100	D0 = K100	0		相同	
D101	(D101) = K111		1			
D102	(D102) = K100		2		相同	
D103	(D103) = K98		3			
D104	(D104) = K123		4			
D105	(D105) = K66		5			最小
D106	(D106) = K100		6		相同	
D107	(D107) = K95		7			
D108	(D108) = K210		8	最大		
D109	(D109) = K88		9			

[S1·]指定起始元件序号

N 指定被检索数据个数

[S1·]指定的元件顺序

[S2·]指定比较数据

表 4-5 检索结果表

元件号	内容	备 注
D10	3	相同数据个数
D11	0	相同数据位置(初始)
D12	6	相同数据位置(最终)
D13	5	最小值最终位置
D14	8	最大值最终位置

[D·]指定检索结果存放的起始元件号

占用连续 5 点

(D) SER 指令中[D·]使用双字节（数据寄存器对）。

在从[S1·]起始的 n 个元件中，检索与[S2·]数据相同的数据，并将其个数存入[D·]中。在以[D·]为起始的 5 个元件中，如表 4-4 所示，存入相同数据个数及最小值、最大值的位置。不存在相同数据时，上例中(D10)～(D12)=0。

4.8.3 绝对值式凸轮顺控

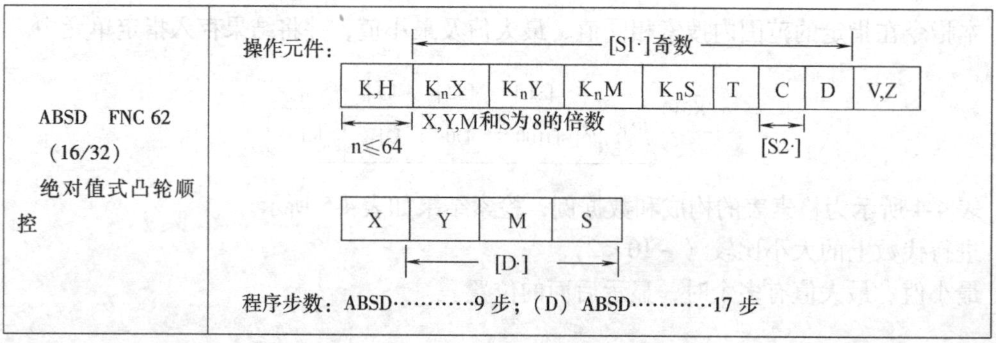

装在机械转轴上的编码器给 PLC 的计数器提供角度位置脉冲，本指令产生一组对应于计数值的变化的输出波形，用来控制最多 64 个输出变量（Y、M 和 S）的 ON/OFF。

4.8.4 增量式凸轮顺控

INCD FNC 63
（16）
增量式凸轮顺控

操作元件：

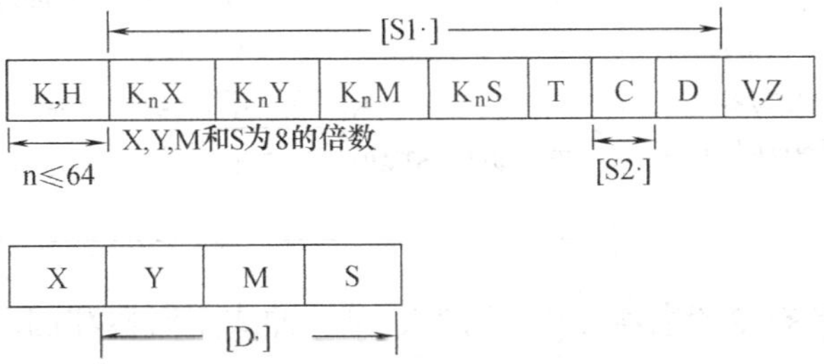

程序步数：INCD…………9 步

标　　志：M8029（完成）

增量式凸轮顺控指令 INCD 根据计数器对位置脉冲的计数值，实现对最多 64 个输出变量（Y、M 和 S）的循环顺序控制，使它们依次为 ON，并且同时只有一个输出变量为 ON。

4.8.5 示教定时器

TTMR FNC 64 （16） 示教定时器	操作元件：[D·]：D n：K，H　　n = 0 ~ 2 程序步数：TTMR…………5 步

使用 TTMR 指令可以用一只按钮调整定时器的设定值。它的应用示例如图 4-48 所示，按钮 X10 按下的时间由 D301 记下。该时间乘以“n”指定值并存入 D300。使用这条指令可利用按钮调整定时器的设定值。

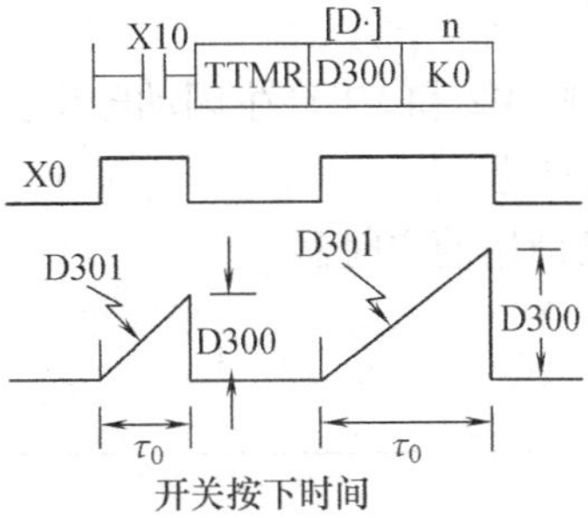

图 4-48 TTMR 指令应用例

按钮 X10 按下时间即为“0”（s），存入 D300 的值按“n”指定值而变化，如下所示：

n	D300
K0	τ_0
K1	$10\tau_0$
K2	$100\tau_0$

当 X0 关断时，D301 复位，D300 保持不变。

4.8.6　特殊定时器

STMR　FNC 65 (P)　(16) 特殊定时器 (Special Timer)	操作元件：[S·]：T　T0 ~ T199（100ms 定时器） [D·]：Y　M　S m：K，H　m = 1 ~ 32 767 程序步数：STMR………7 步

STMR 指令产生延时断定时器、单脉冲式定时器和闪动定时器。它的应用如图 4-49 所示。

“m” 指定值是[S·]指定的定时器的设定值。

M0 是延时断定时器，M1 是单脉冲式定时器，M2、M3 是为闪动而设的，如图 4-50 所示的例子。

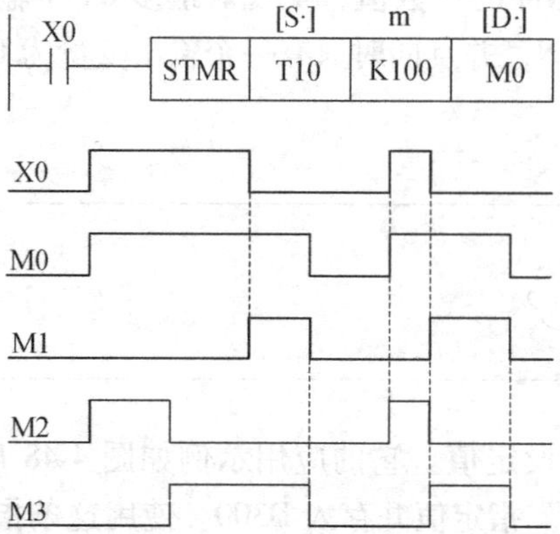

图 4-49　STMR 指令应用示例

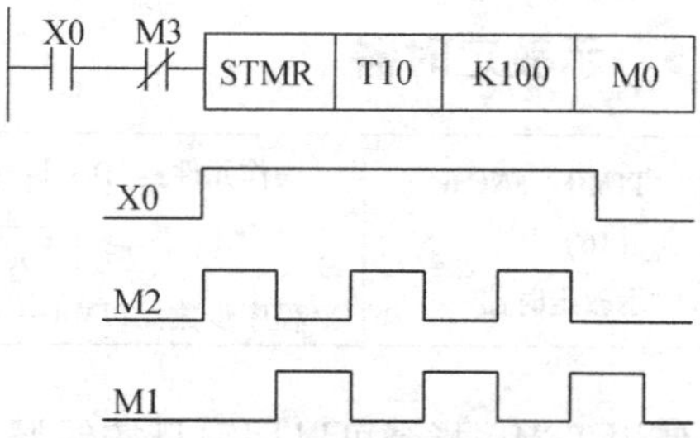

图 4-50　延时断定时器应用示例

M3 接法如图 4-50 所示时，则 M2 和 M1 产生闪动输出。当 X0 关断时，M0、M1、M3 在经过设定时间后关断，T10 同时复位。

在其他程序中不要用这里已使用的定时器。

4.8.7　交替输出

ALT　FNC 66 (P)　(16)(“!”) 交替输出 (Alternate)	操作元件：S　Y　M　S （[D·]：Y　M　S） 程序步数：ALT，ALT（P）………3 步

每次 X0 从 OFF 到 ON 时，M0 的状态改变一次，如图 4-51 所示。若用连续指令 ALT 时，M0 的状态每个扫描周期改变一次。

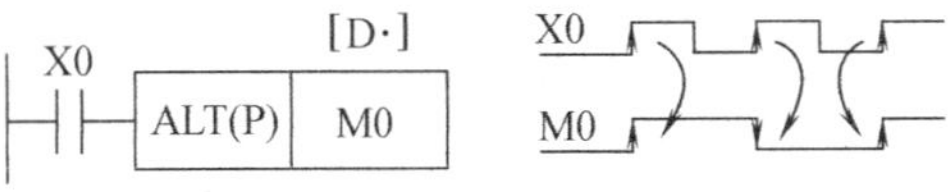

图 4-51 ALT 指令应用例

ALT 指令具有分频器的效果，使用 ALT 指令，用一只按钮 X0 就可以控制 Y0 对应的外部负载的起停。

4.8.8 斜坡信号

RAMP FNC 67 (16) 斜坡信号 (Ramp)	操作元件：[S1·]，[S2·]，[D·]：D n ：K，H n=1～32 767 程序步数：RAMP………9 步 标 志：M8029（完成）

RAMP 指令与模拟量输出结合可实现软启动/软停止。设置斜坡输出信号的初始值和最终值后，执行该指令时输出数据由初始值逐渐变为最终值，变化的全过程所需的时间用扫描周期的个数来设置。

4.8.9 旋转台控制

ROTC FNC 68 (16) 旋转台控制 (Rotary Table Control)	操作元件：[S·]：D m_1、m_2：K，H 程序步数：ROTC………9 步

旋转工作台工作情况如图 4-52 所示，分为 10 个位置。ROTC 指令用来控制工作台的旋转，使得被指定的工件以最短路径转到出口位置。

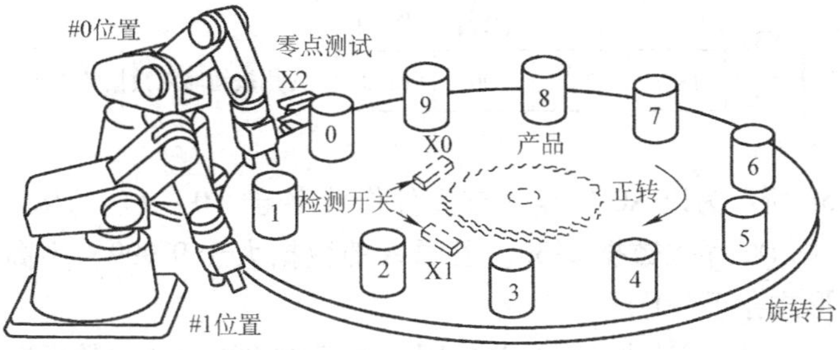

图 4-52 旋转工作台工作情况

4.8.10　数据排序

SORT　FNC 69 （16） 数据排序 （Sort）	操作元件： K,H | KnX | KnY | KnM | KnS | T | C | D | V,Z [S·] [D·]：D；n,m1,m2：K,H X | Y | M | S 指令使用次数：1 次 m1：1 ~ 32 m2：1 ~ 6 n：1 ~ m2 程序步数：SORT………17 步 标　　志：M8029（完成）

该指令把源数据表格 n 指定的列中的数据接由小到大的顺序重新排列行序后送到目标数据表格中存放。[S·]和[D·]分别指定源和目标数据表格的首个数据寄存器。表格有 m1 行，12 列，因而占用 m1 × m2 个数据寄存器。

用 X010 = ON 开始数据排序，执行完毕后标志 M8029 = ON。动作中请不要改变操作数与数据的内容。再运行时，请将 X010 置于 OFF 一次。

4.9　外部 I/O 设备（FNC 70 ~ FNC 79）

4.9.1　10 键输入

TKY　FNC 70 （16/32） 10 键 （Ten Key）	操作元件： K,H | KnX | KnY | KnM | KnS | T | C | D | V,Z [D1·]：KnY ~ V,Z X | Y | M | S [S·]：X ~ S；[D2·]：Y ~ S 程序步数：TKY………9 步；（D）TKY………17 步

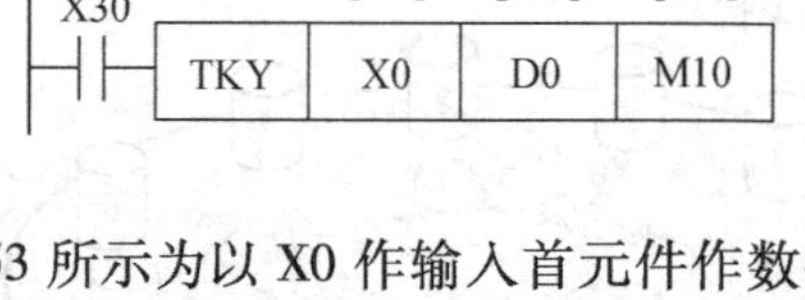

为用按钮写入数据的指令

例 4-1　图 4-53 所示为以 X0 作输入首元件作数字键（0 ~ 9）的例子。以①、②、③、④顺序按数字键，则 D0 存入数据 2130。若送入的数据大于 9 999，则高位数溢出并丢失。（数据以二进制码形式存于 D0）

用（D）TKY 指令时，D1 和 D0 组对使用，大于 99 999 999 的数据溢出。

当 X2 按下后，M12 置 1 并保持至另一键被按下，其他键亦一样。

M10 ~ M19 的动作对应于 X0 ~ X9。

任一键被按下，键信号 M20 置 1 直到该键放开。
当 2 个或更多的键被按下，则首先按下的键有效。
X30 变为 OFF 时，D0 中数据保持不变。但 M10 ~ M20 全部变为 OFF。
本指令只能用一次。

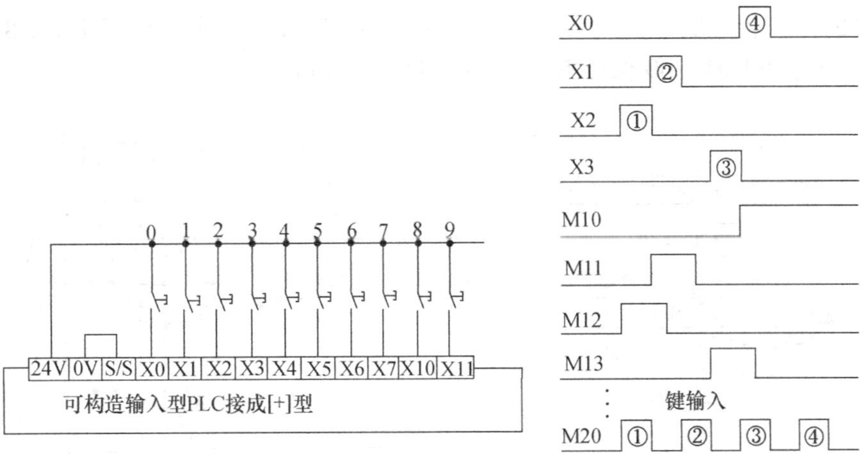

图 4-53　以 X0 作输入首元件作数字键（0 ~ 9）的例子

4.9.2　16 键输入

HKY　FNC 71 (16/32) 16 键输入 (Hexa Decimal Key)	操作元件：K,H KnX KnY KnM KnS T C D V,Z（[D2·]：T C D V,Z） X Y M S（[D3·]：Y M S；[S·]：X；[D1·]：Y） 程序步数：HKY·········9 步；（D）HKY·········17 步 标　　志：M8029（完成）

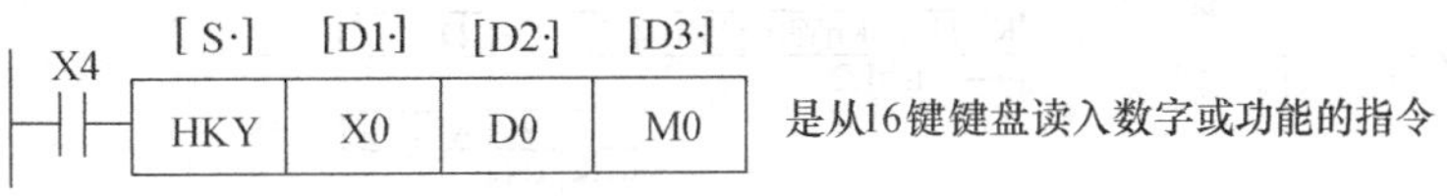

例 4-2　图 4-54 所示为从 16 键键盘读入数字的实例。
（1）数字键（见图 4-54a）
输入的 0 ~ 9 999 数字以 BIN 码存在 D0，大于 9 999 的数溢出。
用（D）HKY 指令时，可在 D1 和 D0 中存放 0 ~ 99 999 999 的数。
多个键同时按下时，最先按下的键有效。
按下键被扫描到后标志 M8029 置 1。

（2）功能键（见图 4-54b）

按下 A 键，M0 置 1 并保持。按下 D 键，则 M0 置 0，M3 置 1 并保持。依此类推。同时按下多个键，先按下的有效。

HKY 指令只能用一次。

（3）键扫描输出（见图 4-54c）

A ~ F 的任一个键被按下时 M6 置 1（不保持 1 ~ 9 键被按下时，M7 置 1（不保持）。

当 X4 变为 OFF 时，D0 保持不变，M0 ~ M7 全部 OFF。

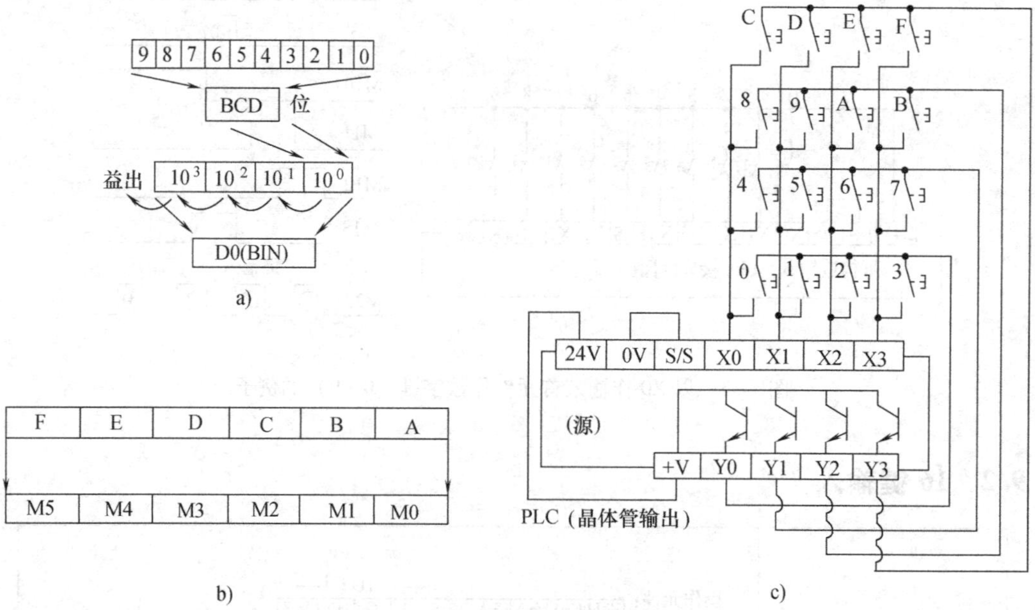

图 4-54　从 16 键键盘读入数字的实例

4.9.3　数字开关

DSW　FNC 72 （16） 数字开关 （Digital Switch）	操作元件：[D2·]: K,H KnX KnY KnM KnS T C D V,Z（n=1,2）；X Y M S（[S·][D1·]） 程序步数：DSW………9 步 标　　志：M8029（完成）

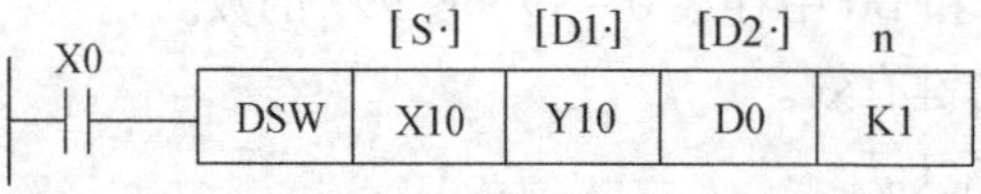

为用来读入1或2个4位数字开关的设置值的指令

DSW 指令用于读入一组或两组 4 位 BCD 码数字拨盘开关的设置值，占用 PLC 的 4 个或 8 个输入点和 4 个输出点。

4.9.4 7 段解码

SEGD FNC 73 (P)(16) 7 段解码 (Seven Segment Decoder)	操作元件：[S·]：K,H KnX KnY KnM KnS T C D V,Z；[D·]：KnY KnM KnS T C D V,Z 程序步数：SEGD，SEGD（P）………5 步

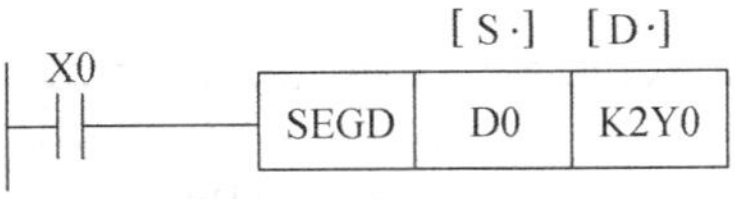

[S·]指定元件的低 4bit 所确定的十六进制数（0 ~ F）经解码驱动 7 段显示器。解码信号存于[D·]指定元件。[D·]的高 8bit 不变。解码表如表 4-6 所示。

表 4-6 解 码 表

[S·]		7 段码构成	[D·]								显示数据
十六进制	二进制		B7	B6	B5	B4	B3	B2	B1	B0	
0	0000	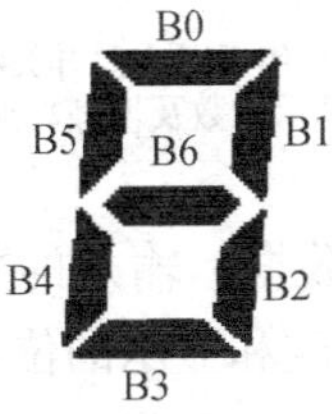	0	0	1	1	1	1	1	1	0
1	0001		0	0	0	0	0	1	1	0	1
2	0010		0	1	0	1	1	0	1	1	2
3	0011		0	1	0	0	1	1	1	1	3
4	0100		0	1	1	0	0	1	1	0	4
5	0101		0	1	1	0	1	1	0	1	5
6	0110		0	1	1	1	1	1	0	1	6
7	0111		0	0	1	0	0	1	1	1	7
8	1000		0	1	1	1	1	1	1	1	8
9	1001		0	1	1	0	1	1	1	1	9
A	1010		0	1	1	1	0	1	1	1	A
B	1011		0	1	1	1	1	1	0	0	b
C	1100		0	0	1	1	1	0	0	1	C
D	1101		0	1	0	1	1	1	1	0	d
E	1110		0	1	1	1	1	0	0	1	E
F	1111		0	1	1	1	0	0	0	1	F

B0代表bit元件的首位（本例中为Y0）和字元件的最低位。

4.9.5 带锁存的7段显示

SEGL FNC 74 (P)(16) 带锁存的7段显示	操作元件：[S·]：K,H KnX KnY KnM KnS T C D V,Z（n=0~7） [D·]：X Y M S 程序步数：SEGL………7步 标 志：M8029（完成）

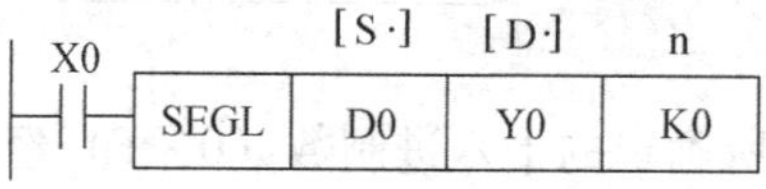

SEGL指令用12个扫描周期显示一组或两组4位数据，占用8个或12个晶体管输出点。

4.9.6 方向开关

ARWS FNC 75 (16) 方向开关 (Arrow Switch)	操作元件：[D1·]：K,H KnX KnY KnM KnS T C D V,Z（n=0~3） [S·]：X Y M S [D2·]：Y 程序步数：ARWS………9步

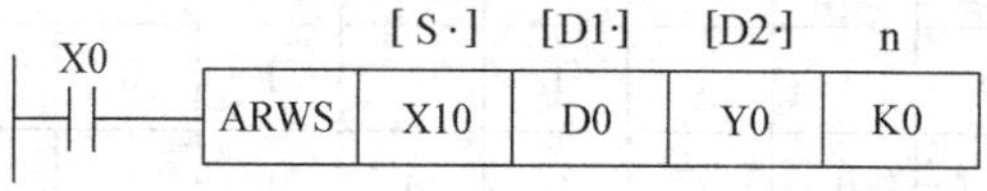

本指令用于以方向开关移动输入/显示位数及增减数据

ARWS指令用方向开关（4只按钮）来输入4位BCD数据，输入的数据用带锁存的7段显示器来显示。输入数据时用左移、右移开关来移动要修改和显示的位，用加、减开关来增减该位的数据。该指令占用4个或8个输出点。

4.9.7 ASCⅡ码变换

ASC FNC 76 (16) ASCⅡ码变换 (ASCⅡ Code)	操作元件：[S]：多至8个字符，从A6GPP(A6PHP)键入 [D]：T C D 程序步数：ASC………7步

下面的程序是将字母 A ~ H 换成 ASCⅡ码并送到 D300 ~ D303，如图 4-55 所示。

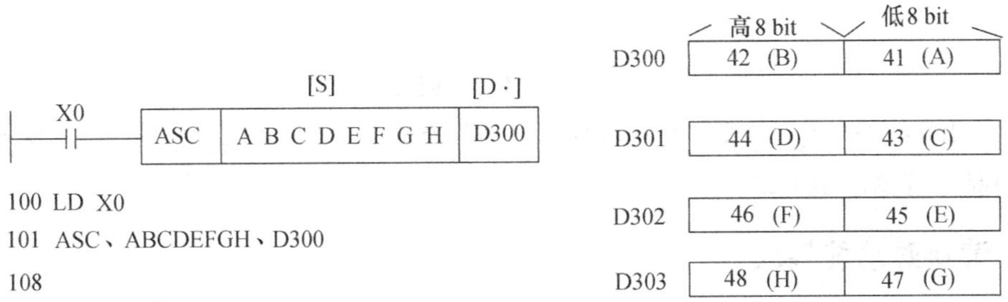

图 4-55　ASCⅡ码转换示例

ASC 指令适合于用外部显示单元显示出错信息。

表 4-7 所示是数字、字母与相应的 ASCⅡ码对应关系（以十六进制表示）。

表 4-7　数字、字母与相应的 ASCⅡ码对应关系

数字	ASCⅡ	字母	ASCⅡ	字母	ASCⅡ	字母	ASCⅡ
0	30	A	41	K	4B		
1	31	B	42	L	4C		
2	32	C	43	M	4D	U	55
3	33	D	44	N	4E	V	56
4	34	E	45	O	4F	W	57
5	35	F	46	P	50	X	58
6	36	G	47	Q	51	Y	59
7	37	H	48	R	52	Z	5A
8	38	I	49	S	53		
9	39	J	4A	T	54		

4.9.8　打印

PR　FNC 77 (16) 打印 (Print)	操作元件：[S·]　T　C　D [D·]　Y 程序步数：PR………5 步

PR 指令用于 ASCⅡ码的打印输出，常与 ASC 指令配合使用。PR 指令的使用说明如图 4-56 所示。若 D300 ~ D303 中分别存放了字符串“ABCDEFGH”的 ASCⅡ码，输出 A ~ H 的 ASCⅡ码数据输到输出端 Y0 ~ Y7，选通信号 Y10 和执行标志 Y11 也动作。

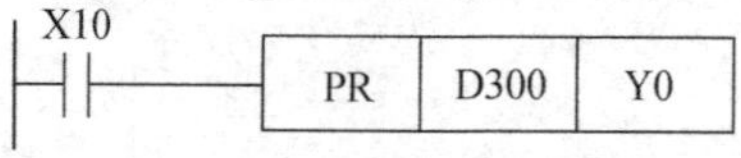

图 4-56　PR 指令应用例

在指令执行过程中，若 X0 变为 OFF，送数操作停止。当 X0 再次 ON 时，从头开始送数。使用晶体管输出型 PLC。

4.9.9　读特殊功能模块

FROM　FNC 78 (P)(16/32) 读特殊功能模块	操作元件：K,H KnX KnY KnM KnS T C D V,Z n,m,m（K,H）；[D·]（KnY KnM KnS T C D V,Z） 程序步数：FROM、FROM（P）………9 步 (D)FROM、(D)FROM(P)………17 步 m1：0～7；m2：0～32 767；n：1～32 767

FROM 指令的使用如图 4-57 所示，它是将编号为 m1 的特殊功能模块内从缓冲寄存器（BFM）号为 m2 开始的 n 个数据读入基本单元，并存于从[D·]开始的 n 个数据寄存器中。

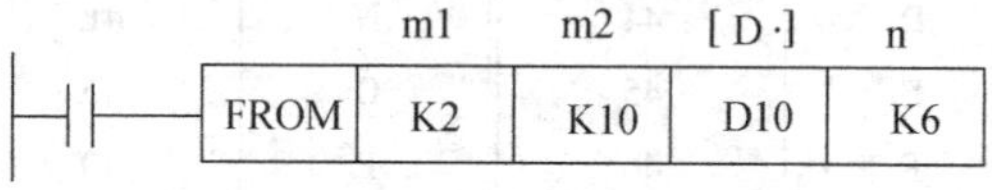

图 4-57　FROM 指令应用例

接在 FX 系列 PLC 基本单元右边扩展总线上的功能模块，从最靠基本单元的那个开始，其编号依次为 0～7。n 是待传送数据的字数，n＝1～16（16 位操作）或 n＝1～32（32 位操作）。

4.9.10　写特殊功能模块

TO　FNC 79 (P)(16/32) 写特殊功能模块	操作元件：K,H KnX KnY KnM KnS T C D V,Z n,m1,m2（K,H）；[S·]（KnX KnY KnM KnS T C D V,Z） 程序步数：TO、TO（P）………9 步 (D)TO、(D)TO(P)………17 步 m1：0～7；m2：0～32 767；n：1～32 767

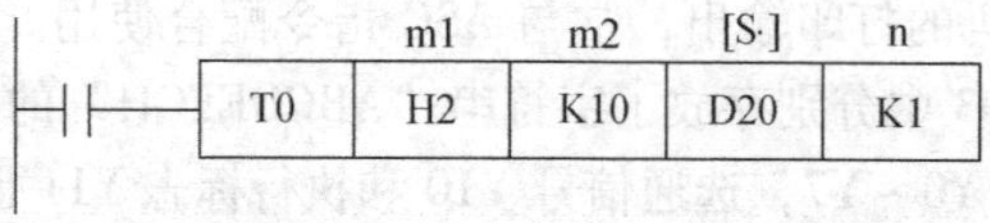

上面的 TO 指令，是将基本单元从[S·]元件开始的 n 个字的数据，写到特殊功能模块 m1 中编号为 m2 开始的缓冲寄存器中。

m1：特殊功能模块号（范围 0～7）。

m2：缓冲寄存器首元件号（范围 0～32 767）。

n：待传送数据的字数（范围 1～32 767）。

4.10　外部设备 I/O 功能指令

4.10.1　串行数据传送

RS　FNC 80 （16） 串行数据传送 RS 232C	操作元件： 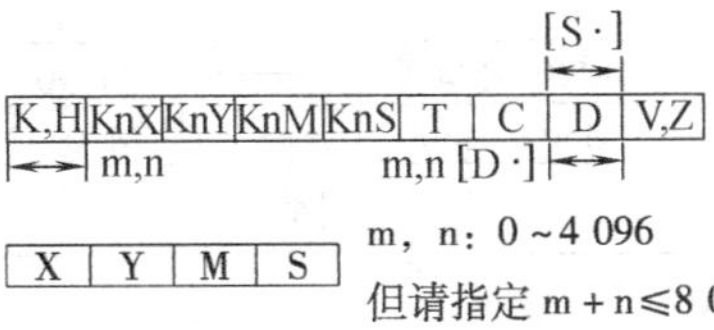 m，n：0～4 096 但请指定 m＋n≤8 000 程序步数：RS………9 步 标　　志：M8029（零标志），M8021（借位标志），M8022（接收结束），M8129（停工超时标志）

RS 指令的使用示例如图 4-58 所示。该指令为使用 RS—232C、RS—485 功能扩展板及特殊适配器进行发送接收串行数据的指令。[S·]和 m 用来指定发送数据缓冲区的首地址和数据寄存器的个数，[D·]和 n 用来指定接收数据缓冲区的首地址和数据寄存器的个数。

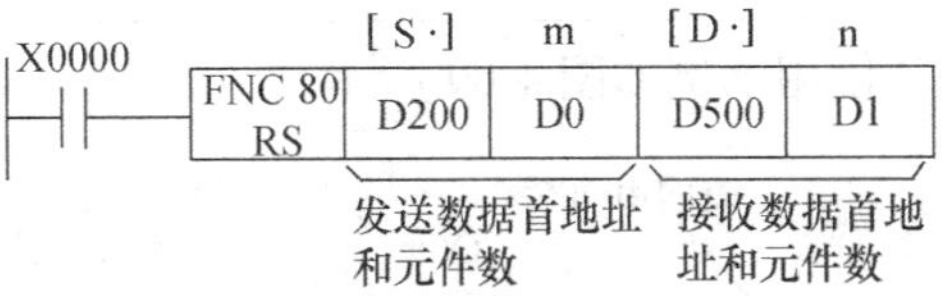

图 4-58　RS 指令应用例

数据的传送格式可以通过后面所述的特殊数据寄存器 D8120 设定。RS 指令驱动时，即使改变 D8120 的设定，实际上也不接受。

4.10.2　并联运行

PRUN　FNC 81 (P)(16/32) 并联运行 FX2-AP/AW	操作元件：[S·]：KnX，KnM（n＝1～8）　指定元件的最低位为 0 [D·]：KnM，KnY（n＝1～8） 程序步数：PRUN，PRUN(P)………5 步 (D)PRUN，(D)PRUN(P)………9 步

PRUN 指令利用 PLC 的并行链接适配器，把源数传送到指定的位元件区域，由专用标志 M 控制数据传送。当两台 FX PLC 已经链接，主站的标志 M8070 和从站的标志 M8071 都置为 ON 时，并行链接通信将自动进行，从站不需要为通信使用 PRUN 指令。

主站和从站都只有一台 PLC，主站和从站应分别用 M8000 的常开触点驱动 M8070 和 M8071 的线圈。一旦设置了站标志，它们只能在 PLC 进入 STOP 模式或上电时被清除。

在通信期间，主 PLC 和从 PLC 之间将自动交换图 4-59 中的数据。

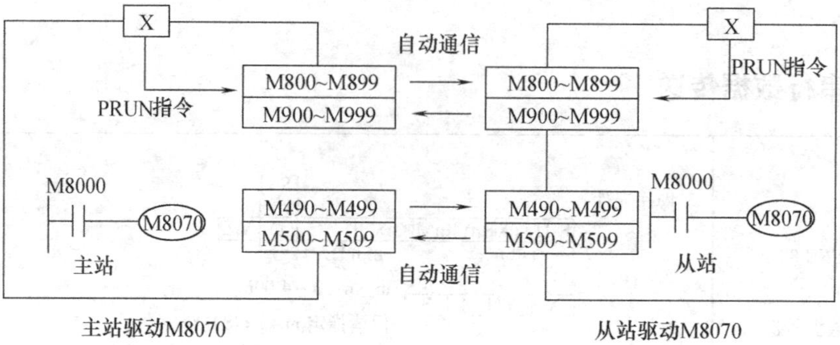

图 4-59　PRUN 指令应用例

4.10.3　HEX→ASCⅡ变换

ASCI FNC 82 (P) (16) HEX→ ASCⅡ变换 HEX→ASCⅡ	操作元件：[S·]：K,H KnX KnY KnM KnS T C D V,Z；[D·]：KnY KnM KnS T C D V,Z n:1~256 X Y M S 程序步数：ASCI………7 步

ASCⅡ码变换指令 ASCI 使用示例如图 4-60 所示。

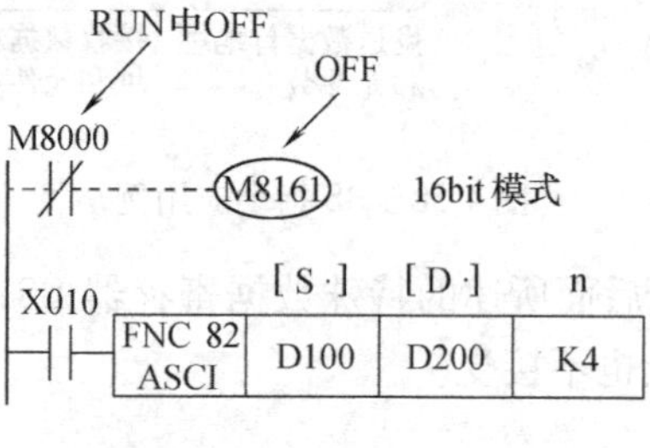

图 4-60　ASCI 指令应用例

十六进制数变换为 ASCⅡ码存入目标寄存器中，M8161 = OFF 时执行，16 bit 变换模式（M8161 为 RS、HEX、CCD 指令共用的特殊标志）。

[S·] 中的 HEX 数据的各位由低位到高位顺序转换成 ASCⅡ码，向 [D·] 的高 8bit、低 8 bit 分别传送。转换的字符数用 n 指定。

[D·] 目标文件首地址分为低 8 位、高 8 位，存储 ASCⅡ数据。

4.10.4 ASCⅡ→HEX 变换

HEX FNC 83 (P) (16) ASCⅡ→HEX 变换 (ASCⅡ→HEX)	操作元件：[S·] K,H KnX KnY KnM KnS T C D V,Z [D·] n:1~256 X Y M S 程序步数：HEX………7 步

如图4-61 所示，M8161 为 OFF 时为16 位，HEX 指令将最多256 个 ASCⅡ码转换为4 位十六进制数，每两个 ASCⅡ码占用一个数据寄存器，每四个 ASCⅡ码转换后的十六进制数占一个数据寄存器。M8161 为 ON 时为 8 位模式，只转换源操作数低字节中的 ASCⅡ码。

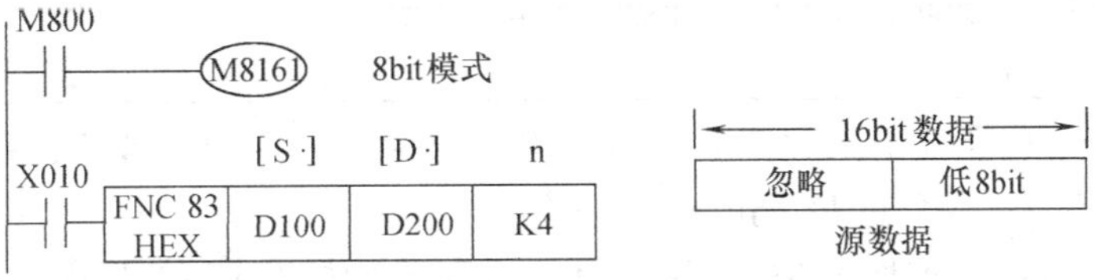

图 4-61 ASCⅡ→HEX 变换示例

4.10.5 校验码

CCD FNC 84 (P) (16) 校验码 (Check Code)	操作元件：[S·] K,H KnX KnY KnM KnS T C D V,Z n n [D·] X Y M S n:1~256 程序步数：CCD………7 步

CCD 指令与串行通信指令 RS 配合使用，它将［S·］指定的元件开始的 n byte 组成堆栈（D 的高 byte、低 byte 拆开），将各 byte 数值的总和送到［D·］指定的元件，而将堆栈中垂直奇偶校验值送到［D·］+1。通信时可将求和或异或的结果随同数据发送出去，对方收到后对接收到的数据也作同样的求和与异或运算，并判别接收到的求和与异或的结果是否等于求出的结果，如不等则说明数据传送出错。

4.10.6 读变量

VRRD FNC 85 (P) (16) 读变量 FX-8AV (Volume Read)	操作元件：[D·] K,H KnX KnY KnM KnS T C D V,Z [S·]：变量号(0~7) 程序步数：VRRD，VRRD (P) ………5 步

FX-8AV-BD 是内置式 8 位 8 路模拟量功能扩展板，板上有 8 格小型电位器，用 VRRD 指令读出的数据（0～255）与电位器的角度成正比。VRRD 指令应用示例如图 4-62 所示，当 X0 为 ON 时，读出 0 号模拟量的值（［S·］=0），送到 D0 后作为定时器 T0 的设定值。

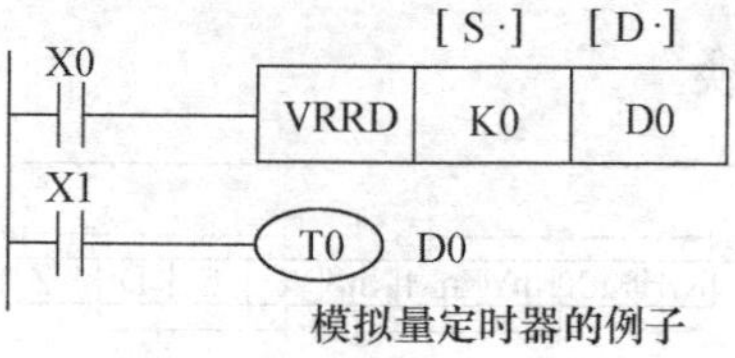

图 4-62　VRRD 指令应用例

4.10.7　变量整标

VRSC FNC 86 (P) (16) 变量整标 (Volume Scale) FX-8AV	操作元件：K,H KnX KnY KnM KnS T C D V,Z [D·]：KnY KnM KnS T C D V,Z [S·]：变量号(0~7) 程序步数：VRSC，VRSC（P）………5 步

VRSC 指令将电位器读出的数四舍五入，整量化为 0～10 的整数值，存放在［D·］Z 中，这时电位器相当于一个有 11 档的模拟开关。

VRSC 指令应用示例如图 4-63 所示，用模拟开关的输出值和解码指令 DECO 来控制 M0～M10，用户可根据模拟开关的刻度值（0～10）来分别控制 M0～M10 的 ON/OFF。

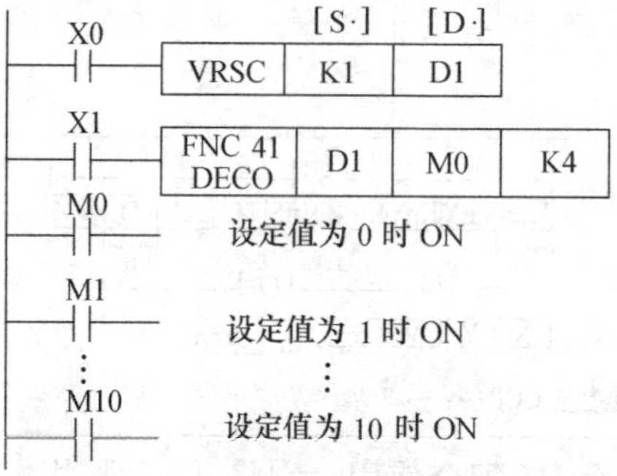

图 4-63　VRSC 指令应用示例

4.10.8　PID 运算

PID FNC 88 (16) PID 运算 PID	操作元件：K,H KnX KnY KnM KnS T C D V,Z [S1][S2][S3]：D [D]：D X Y M S [S3]：D0～D7975 程序步数：PID………9 步

PID 指令用于模拟量闭环控制。PID 运算所需的参数存放在指令指定的数据区内。［S1］存放置位值，［S2］存放当前值，［S3］是用户 PID 指令定义参数的首址，范围是 D0～D7975，［D］存放输出值，如图 4-64 所示。

当 X000 从 OFF 变为 ON 时，执行指令。置位值存入 D0，当前值从 D1 中读出，保留 D100～D124 作为用户定义参数的寄存器，数值存入 D150。

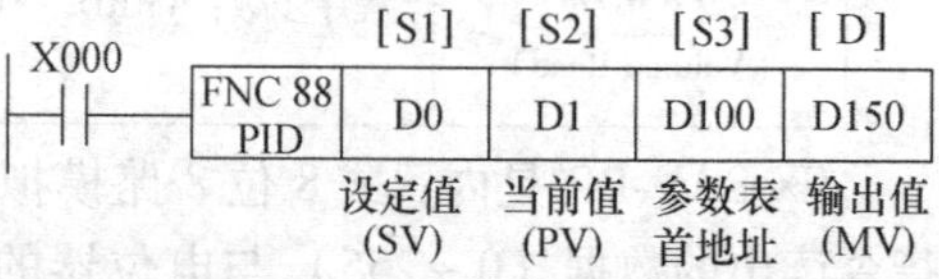

图 4-64　PID 指令应用例

一个程序中可以使用多条 PID 指令，但每条指令的数据寄存器都要独立，以避免混乱。

PID 指令有报警系统，可由用户自己定义的参数设置触点。

PID 指令的出错信息放在 D8067 中。

PID 指令可以用中断、子程序、步进梯形指令和条件跳转指令，但使用时要小心。

采样时间必须大于程序扫描周期。

4.11 实数处理（FNC 110 ~ FNC 147）

4.11.1 实数比较

ECMP FNC 110 (P)(32) 实数比较	操作元件：[S1·]：K,H、D；[S2·]：K,H、D K,H | KnX | KnY | KnM | KnS | T | C | D | V,Z [D·]：X | Y | M | S　[D·]占有3点 程序步数：(D) ECMP………13 步

图 4-65 所示程序是将源［S1·］和［S2·］的实数值作比较，将结果送到目标［D·］中。程序中 M0、M1、M2 根据比较结果动作。［S1·］>［S2·］时 M0 = ON，［S1·］=［S2·］时 M1 = ON，［S1·］<［S2·］时 M2 = ON。执行条件 X001 = OFF 时（D）ECMP 指令不执行，M0、M1、M2 的状态保持不变。

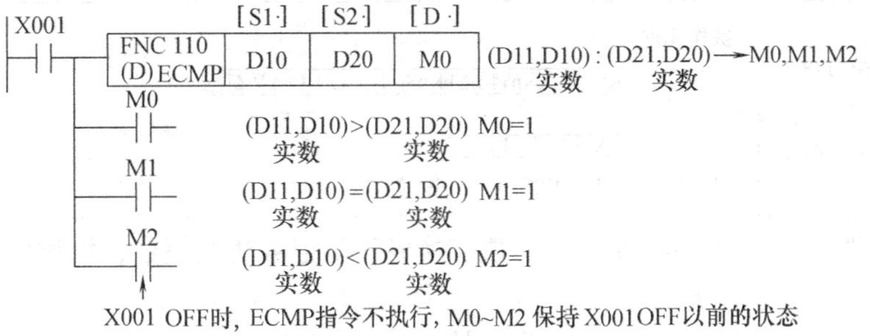

图 4-65 实数比较示例 1

常数 K、H 被指定为源数据时，自动转换成实数处理，如图 4-66 所示。

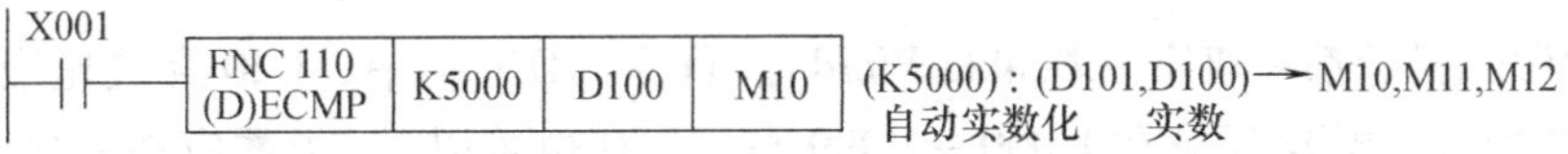

图 4-66 实数比较示例 2

4.11.2 实数区间比较

EZCP FNC 111 (P)(32) 实数区间比较	操作元件：[S1·][S2·][S·]：K,H、D K,H | KnX | KnY | KnM | KnS | T | C | D | V,Z [D·]：X | Y | M | S　[S1·]<[S2·] [D·]占连续的3点 程序步数：(D) EZCP………9 步

EZCP 指令是将一个数据与两个源数据值进行比较，将结果送到［D·］。三个源数据［S·］、［S1·］、［S2·］都必须为实数（二进制浮点方式）；常数 K、H 作为源数据时会自动转为二进制浮点格式。

图 4-67 所示程序中，（D1，D0）<（D21，D20）时，M3 = ON；（D21，D20）<（D1，D0）<（D31，D30）时，M4 = ON；（D1，D0）>（D31，D30）时，M5 = ON。

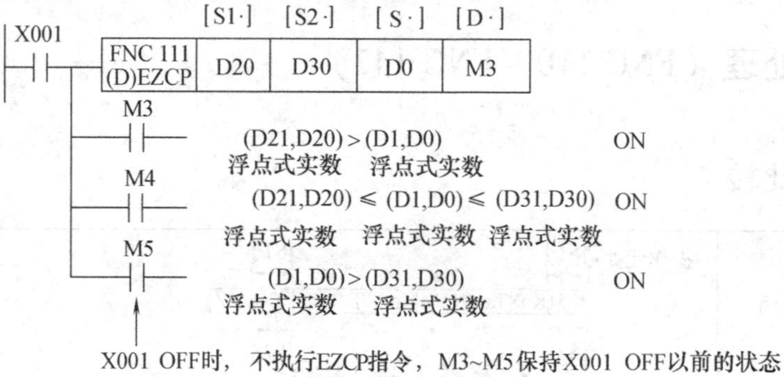

图 4-67 实数区间比较

应注意使［S1·］的值小于等于［S2·］的值。若［S1·］的值大于［S2·］的值，则看作［S2·］=［S1·］（把［S2·］的值看作与［S1·］的值相等）。

4.11.3 浮点数—科学记数变换

EBCD FNC 118 （P）（32） 浮点数—科学计数变换	操作元件： [S·]: D K,H KnX KnY KnM KnS T C D V,Z [D·]: D X Y M S 程序步数：（D）EBCD………9 步

本指令把源［S·］中浮点格式的实数变换成科学记数法的尾数，指数格式存入［D·］中。

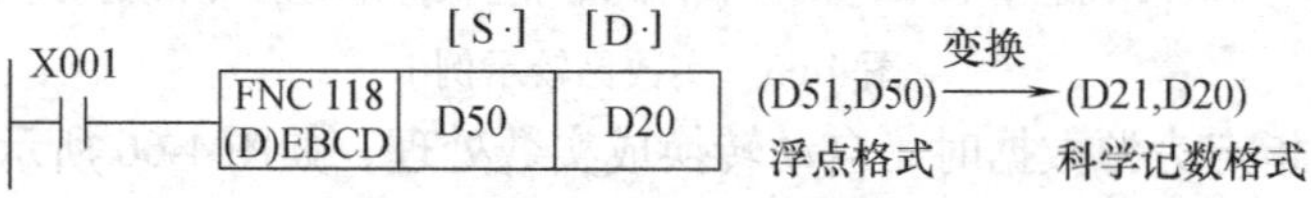

程序中源和目标都占双字（Double Word）。目标［D·］中，D20 存放尾数，D21 存放以 10 为底的指数。尾数 D 应在 1 000 ~ 9 999 范围（0 也可以）。指数应在 -41 ~ +35 范围内。例如，S = 3.4567 + 10 在 D 中表示为 D = 3456，D + 1 = -8。

4.11.4 科学记数—浮点数变换

EBIN FNC 119 （P）（32） 科学记数—浮点数变换	操作元件： [S·]: D K,H KnX KnY KnM KnS T C D V,Z [D·]: D X Y M S 程序步数：（D）EBIN………9 步

本指令把源［S·］中科学记数格式的实数变换为浮点格式存入［D·］中。

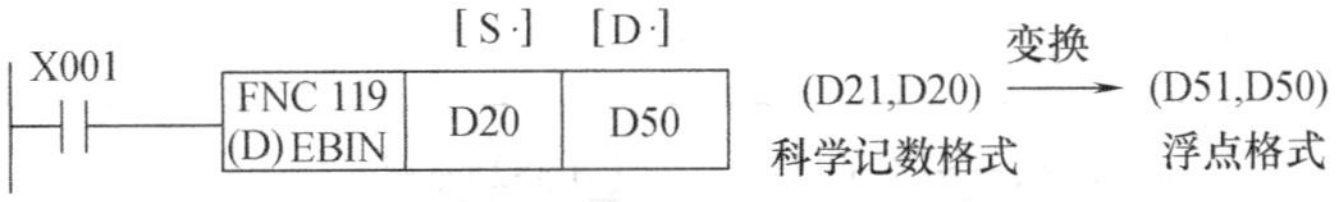

与 EBCD 指令相同，源和目标均占双字（32 bit）。

4.11.5 实数加法

EADD FNC 120 （P）（32） 实数加法	操作元件：[S1·][S2·] K,H KnX KnY KnM KnS T C D V,Z；[S1·][S2·]；[D·]；X Y M S 程序步数：（D）EADD……13 步

本指令把指定源元件中的两个实数相加，结果送到指定的目标元件中。

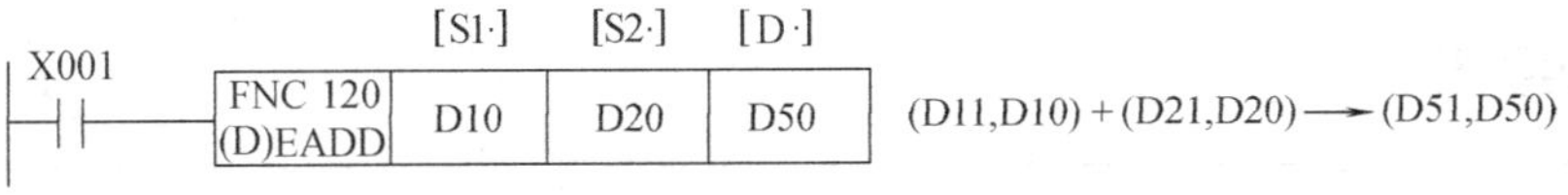

源、目标均各占一个双字 32bit；常数 K、H 用作源时会自动转成浮点实数格式。运算是代数运算，例如：

$$2.3456\times10^{2}+(-5.6\times10^{-1})=2.34\times10^{2}$$

源和目标可采用相同的元件号。源和目标元件号相同，而且指令用连续执行方式时，每个扫描周期均执行加法，结果会不断变化。

1）运算结果为零，零标志 M8020＝ON；

2）运算结果超过浮点数可表示的最大值，进位标志 M8022＝ON，且结果表示为浮点数的最大值；

3）运算结果小于浮点数可表示的最小值，借位标志 M8021＝ON，且结果表示为浮点数的最小值。

4.11.6 实数减法

ESUB FNC 121 （P）（32） 实数减法	操作元件：[S1·][S2·] K,H KnX KnY KnM KnS T C D V,Z；[S1·][S2·]；[D·]；X Y M S 程序步数：（D）ESUB………13 步 标　　志：M8020（零标志），M8021（借位标志），M8022（进位）

本指令将［S1·］指定元件中的实数减去［S2·］指定元件中的实数，结果存入［D·］指定的元件。

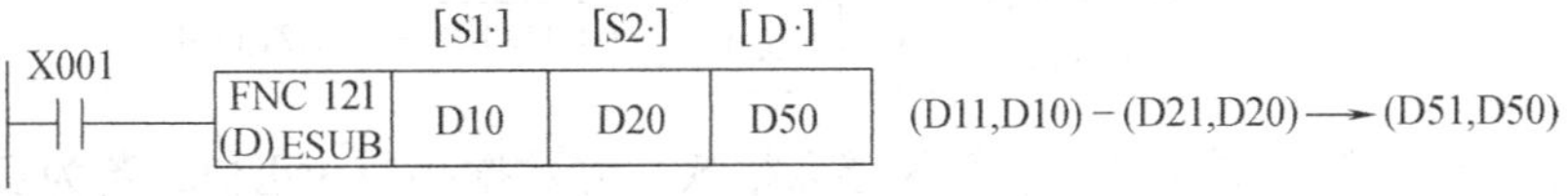

注意：各点及标志状态均与 EADD 指令相同。

4.11.7 实数乘法

EMUL FNC 122 (P) (32) 实数乘法	操作元件：[S1·][S2·]：K,H KnX KnY KnM KnS T C D V,Z（[S1·][S2·] 可用 K,H 及 D；[D·] 可用 D） X Y M S 程序步数：(D)EMUL………13 步

本指令将两源的乘积送到指定的目标。源和目标均为 32bit 浮点格式实数，常数 K、H 用作源时会自动转换成浮点格式。

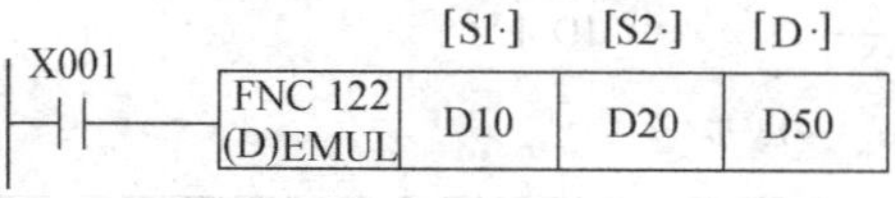

(D11,D10)×(D21,D20)⟶(D51,D50)

注意：各点与 EADD 指令相同。

4.11.8 实数除法

EDIV FNC 123 (P) (32) 实数除法	操作元件：[S1·][S2·]：K,H KnX KnY KnM KnS T C D V,Z（[S1·][S2·] 可用 K,H 及 D；[D·] 可用 D） X Y M S 程序步数：(D)EDIV………13 步

本指令将［S1·］指定元件中的实数除以［S2·］指定元件中的实数，商存入［D·］指定的元件。

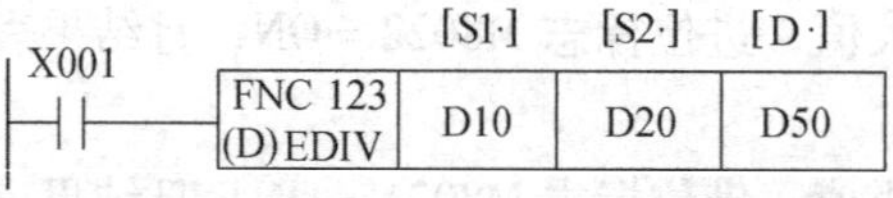

(D11,D10)÷(D21,D20)⟶(D51,D50)

常数 K、H 作为源数据时会自动转换成浮点格式；［S2·］为零时会出错，指令不执行。

4.11.9 实数开平方

ESQR FNC 127 (P) (32) 实数开平方	操作元件：[S·]：K,H KnX KnY KnM KnS T C D V,Z（[S·] 可用 K,H 及 D；[D·] 可用 D） X Y M S　[S·]的内容只有为正数才有效 程序步数：(D)ESQR………9 步 标　志：M8020（零标志）

本指令将源［S·］指定元件中的实数开平方，平方根送入［D·］指定的元件。

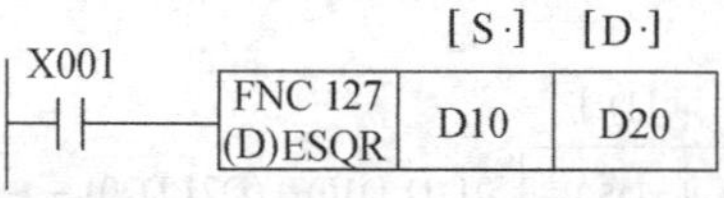

$\sqrt{(D11,D10)}$ ⟶ (D21,D20)

常数 K、H 作为源数据时会自动转为浮点格式。源数据必须为正数；若为负数，出错标志 M8067 = ON，指令不执行。

源和目标均为 32 bit 浮点格式。源中角度以弧度值表示，0≤（S）≤2π。0～360°角度值须变换成弧度值后方可取正弦函数值（COS、TAN 指令时情况相同）。

图 4-68 所示是 45、90 取正弦值的例子。

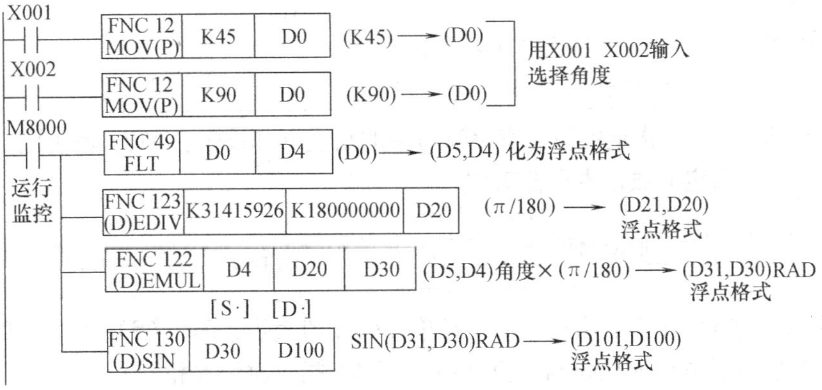

图 4-68 取正弦值的例子

4.11.10 实数—整数变换

INT FNC 129 （P）（16/32） 实数—整数变换	操作元件： 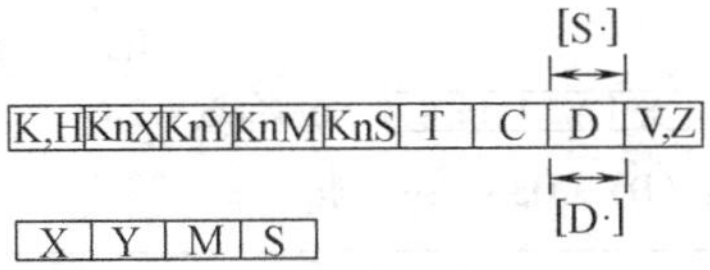 程序步数：INT………5 步；（D）INT………9 步 标　　志：M8020（零标志），M8021（借位标志），M8022（进位标志）

本指令将源［S·］指定元件中的浮点格式实数变换为最接近其值的整数，以 BIN 格式存入目标［D·］指定的元件。［S·］必须是32bit 浮点格式实数。

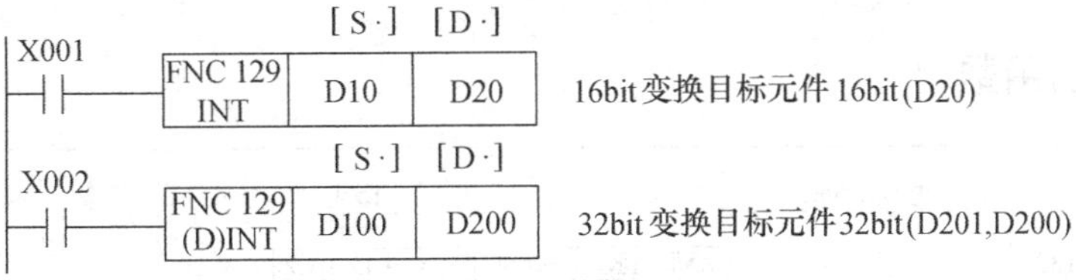

本指令为 FLT FNC 49 指令的逆变换。

1）结果为零时，零标志 M8020 = ON；

2）结果不足 1 而被舍去时，借位标志 M8021 = ON；

3）结果超过目标元件可表示的数的范围时，进位标志 M8022 = ON，且目标元件中的值无效。

可表示的数的范围：

1）16bit 运算时：－32 768 ～ ＋32 768；

2）32bit 运算时：－2 147 483 648 ～ ＋2 147 483 647。

4.11.11 正弦函数

SIN FNC 130 (P) (32) 正弦函数	操作元件： [S·]（D） K,H | KnX | KnY | KnM | KnS | T | C | D | V,Z [D·]（D） X | Y | M | S　0≤角度<2π 程序步数：(D) SIN………9 步

本指令计算［S·］指定的数据寄存器对中的角度（弧度值）所对应的正弦函数值，把结果存入［D·］指定的数据寄存器对中。

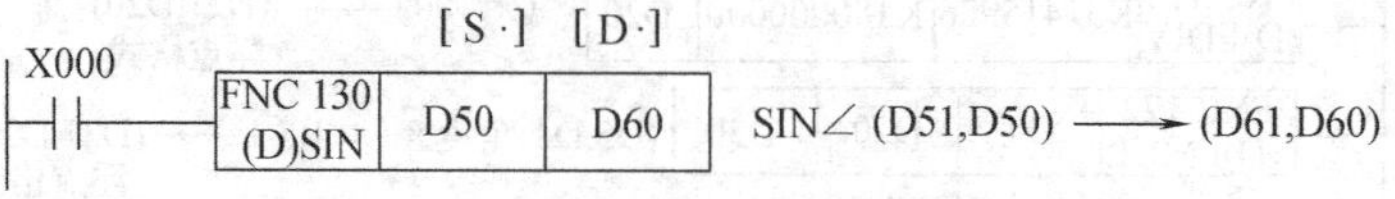

源和目标均为 32 bit 浮点格式。源中角度以弧度值表示，0≤（S）≤2π。0～360°角度值须变换成弧度值后方可取正弦函数值（COS、TAN 指令时情况相同）。

4.11.12 余弦函数

COS FNC 131 (P) (32) 余弦函数	操作元件： [S·]（D） K,H | KnX | KnY | KnM | KnS | T | C | D | V,Z [D·]（D） X | Y | M | S　0≤角度<2π 程序步数：(D) COS………9 步

本指令计算［S·］指定的数据寄存器对中角度（弧度值）所对应的余弦函数值，把结果存入［D·］指定的数据寄存器对中。

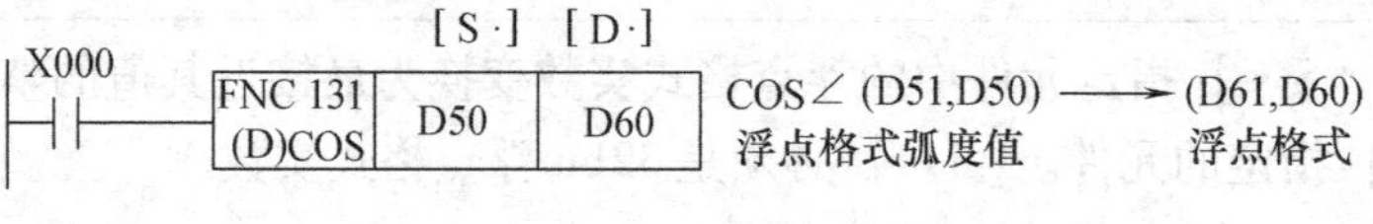

4.11.13 正切函数

TAN FNC 132 (P) (32) 正切函数	操作元件： [S·]（D） K,H | KnX | KnY | KnM | KnS | T | C | D | V,Z [D·]（D） X | Y | M | S　0≤角度<2π 程序步数：(D)TAN………9 步

本指令计算［S·］指定的数据寄存器对中角度（弧度值）所对应的正切函数值，把结果存入［D·］指定的数据寄存器中。

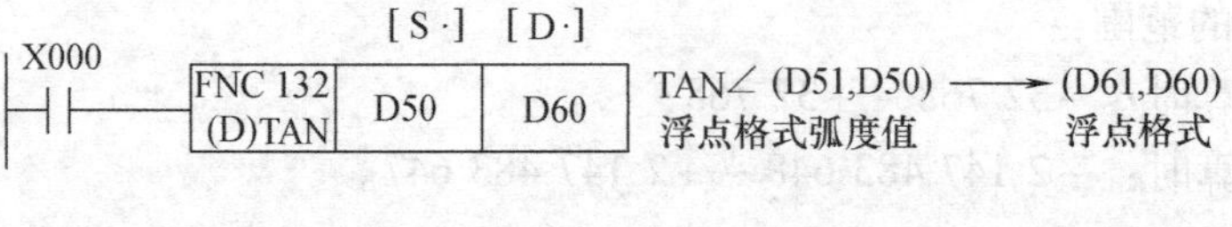

4.11.14 高低 byte 交换

SWAP FNC 147 (P) (16/32) "!" 高低 byte 变换 (Byte SWAP)	操作元件: [S·]: K,H KnX KnY KnM KnS T C D V,Z; X Y M S 程序步数: SWAP·········3 步; (D) SWAP·········5 步

本指令把源元件中每个字（word）的高、低字节（byte）交换，结果仍存入源元件中。

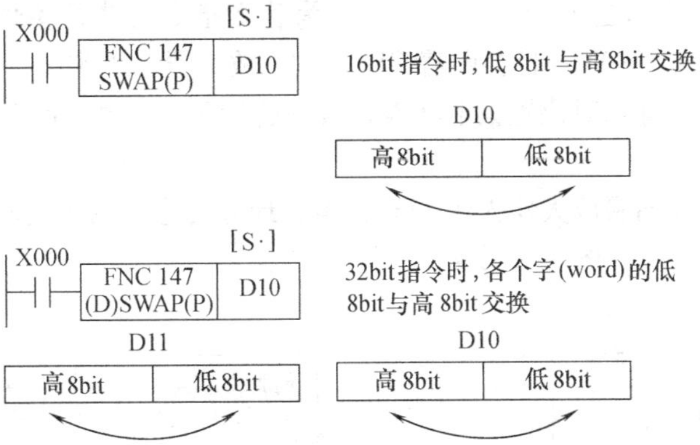

需要注意的是，该指令作为连续执行型执行时，各扫描周期都交换。

此指令的作用与 FNC 17（XCH）指令的扩展功能相同。

本指令其实是单独性质的指令，与实数处理并无关系。

4.12 点位控制（FNC 155 ~ FNC 159）

本节介绍的指令只适用于 FX_{1S} 及 FX_{1N}，目的是使这两种低成本的 PLC 可以不借助其他扩展设备就可以实现简单的点位控制。但使用这些指令时最好配合三菱公司的伺服放大器（例如 MR-H 或 MR-J2 型伺服放大器）。本节的程序例均为与该伺服放大器配合的例子。使用这些指令应注意的共同事项及相关软元件的情况均在本节的最后加以介绍。

4.12.1 当前绝对位置读取

ABS FNC 155 (32) 当前绝对位置读取 (Absolute Current Value Read)	操作元件: [D2·]: K,H KnX KnY KnM KnS T C D V,Z; [S·]: X Y M S; [D1·]: Y M S 程序步数: (D) ABS·········13 步

本指令读取当前绝对位置值，将其送到［D2·］指定的元件中。

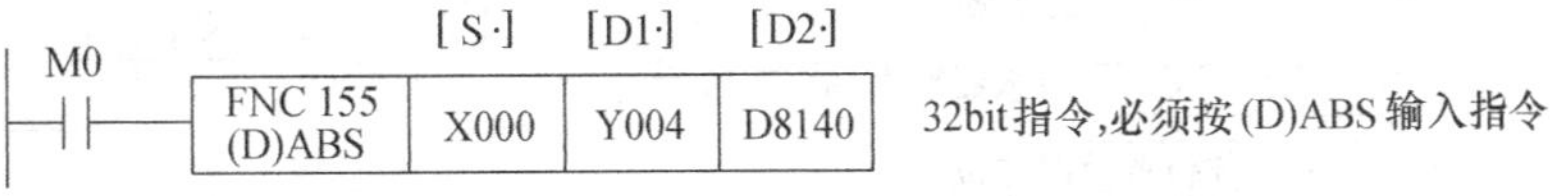

要用本指令，PLC 应与有绝对位置功能的设备（例如三菱公司的 MR-H 及 MR-J2 型伺服放大器）连接。

[S·] 指定来自伺服放大器信号输入点首地址，共占3点（上例中为X000、X001、X002）。[D1·] 指定送到伺服放大器控制信号输出点的首地址，共占3点（上例中为Y004、Y005、Y006）。

[D2·] 指定从伺服放大器读取的绝对位置值存放的目标元件，占双字（32bit），因为当前绝对位置必定存入（D8141，D8140），故通常 [D2·] 直接指定D8140。

当执行条件（M0）由OFF变ON时开始读入绝对位置，读取完成后，完成标志M8029置1。若读入中途执行条件（M0）OFF，则读取动作停止。通常让执行条件常为ON（用M8000），即便读取完成后也不应让它OFF。因为若本指令的执行条件在读取完成后OFF，伺服放大器的ON信号（SON）也会跟着OFF，伺服放大器不工作。

虽然伺服放大器具有绝对位置读取功能，最好还是在系统最初启动时执行一次回原点操作（ZRN，FNC 156）。

系统设计时应保证伺服放大器先于PLC得电，最起码应令两者同时得电。

上述程序的接线示例如图4-69所示。

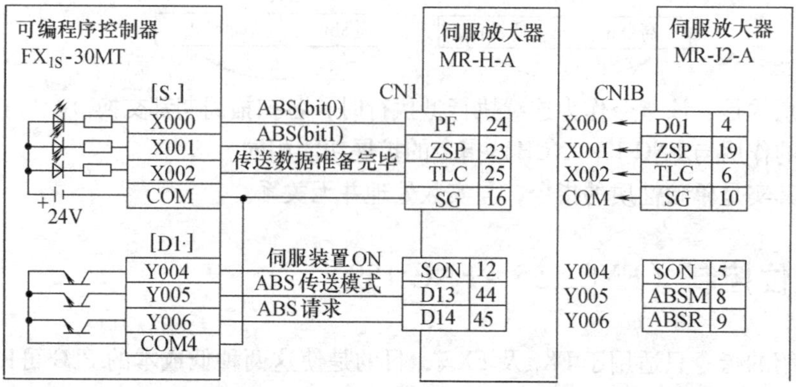

图4-69 接线示例

如图4-70所示，FNC 155（（D）ABS）指令驱动且伺服ON输出后，驱动ABS传送。在传送数据准备完成信号和ABS请求信号相互确认的同时，进行32+6bit数据的通信。数据通过ABS bit 0、bit 1回路执行数据传送。

伺服放大器的清零也可利用其本身的清零端，如图4-71所示。

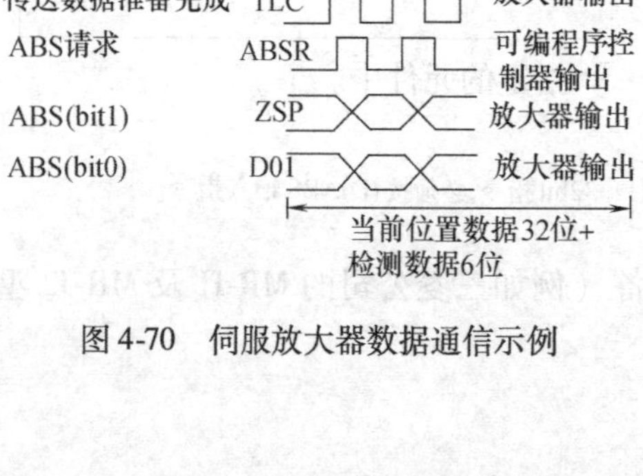

图4-70 伺服放大器数据通信示例

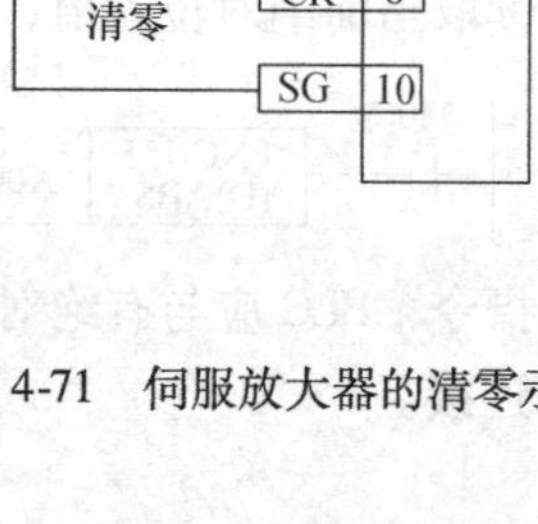

图4-71 伺服放大器的清零示例

4.12.2　回原点

ZRN FNC 156 （16/32） 回原点 （Zero Return）	操作元件：[S1·] [S2·]：K,H KnX KnY KnM KnS T C D V,Z [S3·]：X Y M S [D·]：仅限Y000或Y001 指令使用次数：根据4.16.1所述 程序步数：ZRN………9 步；（D）ZRN………17 步

当 PLC 执行 FNC 158（DRVI）和 FNC 159（DRVA）指令使机器运动时，当前位置值会增加或减少，但 PLC 都可以“记住”这些值，因而也就知道机器的当前位置。但当 PLC 断电时这些数据就丢失了。要对付这种情况，机器启动时必须执行回原点操作，以校准机械的原点。

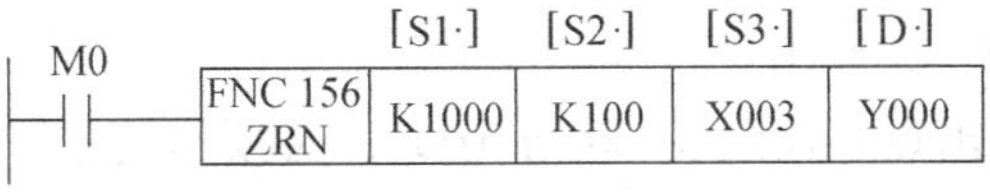

[S1·] 指定回原点速度，16 bit 指令时为 10～32 767Hz，32bit 指令时为 10～100kHz。

[S2·] 指定爬行速度，接近点（DOG）信号 ON 后的低速，10～32 767Hz。

[S3·] 接近点信号，（常开接点）最好用 X，以免受扫描周期影响加大原点误差。

[D·] 脉冲输出点，仅限于 Y000 与 Y001，必须用晶体管输出单元。

若在执行 FNC 156（ZRN）指令之前使 M8140 置 1，可使 PLC 在回原点操作完成后向伺服放大器输出清零信号。相应清零信号输出点如下：

1）脉冲输出为 Y000 时，清零输出为 Y002；

2）脉冲输出为 Y001 时，清零输出为 Y003。

清零信号必须以漏型晶体管输出，负载能力大于 200mA（也适用于 FNC 157、FNC 158）。

若配用三菱公司的 MR-H 和 MR-J2 型伺服放大器，则停电时机械可保持其当前位置，而且可用 FNC 155（（D）ABS）读取机械的绝对位置，所以只需在首次启动时执行回原点操作，以后即使断电后再启动也不必再回原点。

因为不具备 DOG 搜索功能，所以回原点前机械必须在 DOG 前方位置。

图 4-72 所示是回原点指令执行情况说明。

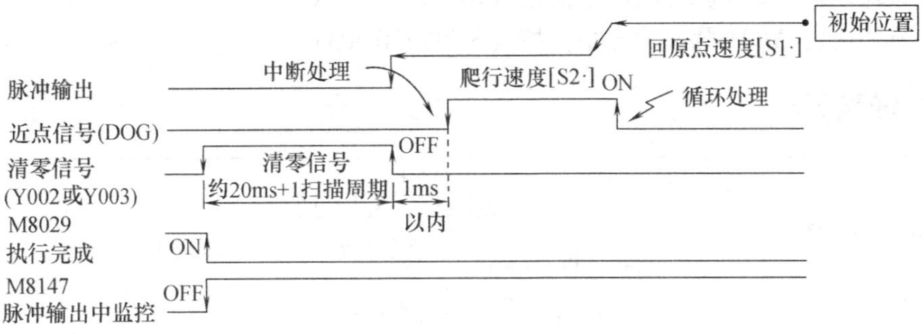

图 4-72　回原点指令执行情况

4.12.3 变速脉冲输出

PLSV FNC 157 (16/32) 变速脉冲输出 (Pulse V)	操作元件：[S·]: K,H KnX KnY KnM KnS T C D V,Z 指令使用次数：根据4.16.1所述 [D2·]: X Y M S [D1·]：仅限Y000或Y001 程序步数：PLSV………9 步，（D）PLSV………17 步

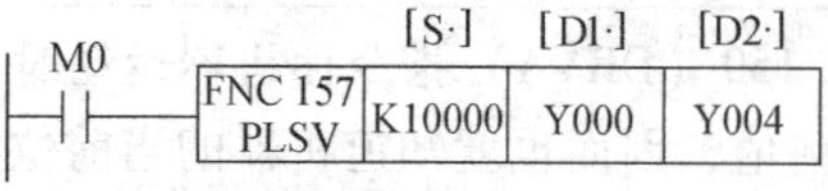

带旋转方向控制的变速脉冲输出指令

［S·］指定输出脉冲频率：

16bit 指令　　10～32 767Hz

32bit 指令　　10～100kHz

［D1·］指定脉冲输出点，仅限 Y000 与 Y001，必须用晶体管输出单元。

［D2·］指定旋转方向控制输出点：

［D2·］＝ON 正转

［D2·］＝OFF 反转

在脉冲输出过程中可自由改变输出脉冲频率，故称变速输出。

在启动/停止时没有加/减速过程，如需软启动/停止，可利用 RAMP FNC 67 指令改变［S·］的值。

在脉冲输出过程中指令驱动接点 OFF，则不经减速立即停止脉冲输出。

指令驱动接点 OFF 后，在脉冲输出中标志（Y000 对应 M8147，Y001 对应 M8148）仍为 ON 期间不可再次驱动本指令。

旋转方向的正/反由脉冲输出频率［S·］的正、负号来决定。

相关软元件：

1）［D8141（高位），D8140（低位）］：向 Y000 输出脉冲数，反转时减少（32bit）

2）［D8143（高位），D8142（低位）］：向 Y001 输出脉冲数，反转时减少（32bit）

3）［M8145］：Y000 脉冲输出停止（立即停止）

4）［M8146］：Y001 脉冲输出停止（立即停止）

5）［M8147］：Y000 脉冲输出中监控（BUSY/READY）

6）［M8148］：Y001 脉冲输出中监控（BUSY/READY）

4.12.4 增量驱动

DRVI FNC 158 (16/32) 增量驱动 (Drive to Increment)	操作元件：[S1·][S2·]: K,H KnX KnY KnM KnS T C D V,Z 指令使用次数：根据4.16.1所述 [S3·]: X Y M S [D1·]：仅限Y000或Y001 程序步数：DRVI………9 步，（D）DRVI………17 步 标　　志：M8029（完成标志）

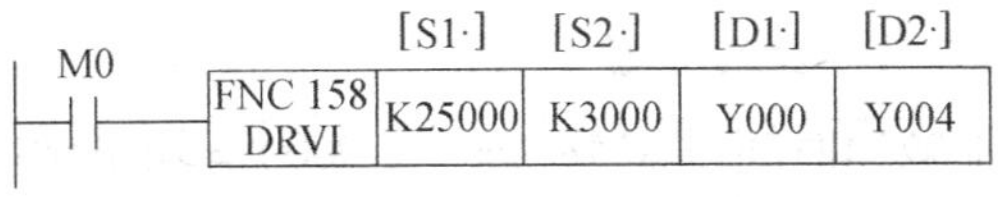

[S1·] 输出脉冲数：

16bit 指令　－32 768 ~ +32 767

32bit 指令　－999 999 ~ +999 999

[S2·] 输出脉冲频率（最低输出频率限制见本小节后述）

16bit 指令　10 ~ 32 767Hz

32bit 指令　10 ~ 10kHz

[D1·] 脉冲输出点，仅限 Y000 与 Y001，必须为晶体管输出。

[D2·] 旋转方向信号输出点，ON 为正转，OFF 为反转。

指令执行过程中输出脉冲数以增量方式存入当前值寄存器对。

输出点 Y000 对应（D8141，D8140）

输出点 Y001 对应（D8143，D8142）

正转时数值增加，反转时数值减少。

旋转方向的正/反由 [S1·] 的符号正/负决定。

指令执行中改变操作元件的内容也无法在当前运行中反映出来，只有在下一次执行时才生效。

指令执行过程中，执行条件 OFF，将减速停止，但完成标志 M8029 不动作。

指令执行条件 OFF 后，而脉冲输出中标志（Y000 对应 M8147，Y001 对应 M8148）仍为 ON 时，不接受指令的再次驱动。

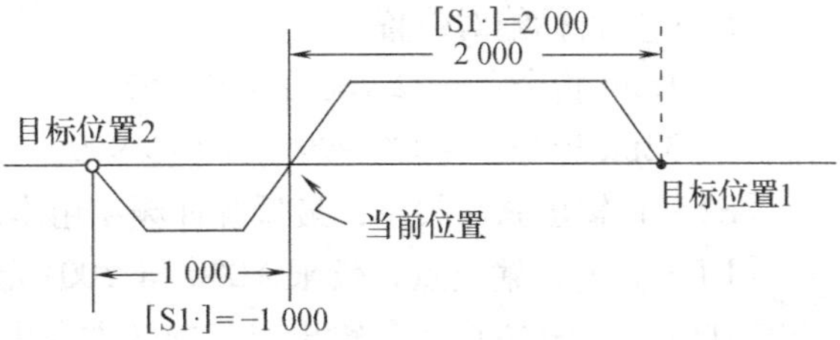

图 4-73　当前位置与目标位置之间的距离示例

增量式驱动中，[S1·] 指定的输出脉冲数是指由当前位置到目标位置之间应输出的脉冲数，即当前位置与目标位置之间的距离（以脉冲为单位），如图 4-73 所示，脉冲数的 +/－表示运动方向。

增量驱动设置值与速度曲线如图 4-74 所示。

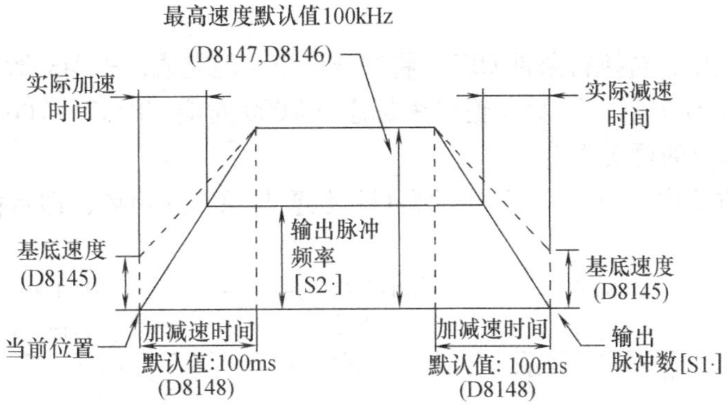

图 4-74　增量驱动设置值与速度曲线

实际能够执行的最低输出脉冲频率由以下公式决定：

$$\sqrt{\text{最高速度}[D8147,D8146]\text{Hz} \div (2\times\text{加减速时间}[D8148]\text{ms}\div 1\,000)} = \text{输出脉冲最低频率}$$

若输出脉冲频率［S2·］指定了低于上面计算结果的数值，实际输出频率等于上式计算结果值。

加速初期和减速最终部分的频率也不可低于上述计算结果。

4.12.5 绝对位置驱动

DRVA FNC 159 (16/32) 绝对位置驱动 (Drive to Absolute)	操作元件：[S1·] [S2·]：K,H KnX KnY KnM KnS T C D V,Z 指令使用次数:根据4.16.1所述 [S2·]：X Y M S [D1]:仅限Y000或Y001 程序步数：DRVA………9 步，(D) DRVA………17 步 标　　志：M8029（完成标志）

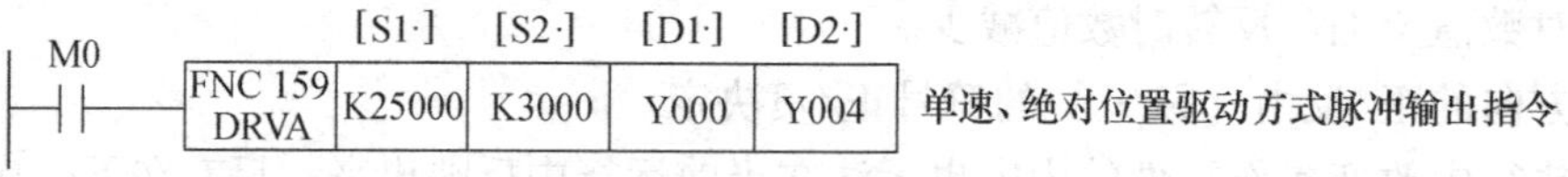

［S1·］目标绝对位置：

16bit 指令：－32 768～＋32 767

32bit 指令：－999 999～＋999 999

［S2·］输出脉冲频率，最低脉冲频率由本小节下述公式决定。

［D1·］脉冲输出点，仅限 Y000 与 Y001 晶体管输出。

［D2·］旋转方向信号输出点，旋转方向由［S1·］与当前位置的差的＋/－号决定。

［D2·］＝ON 正转（前进）

［D2·］＝OFF 反转（后退）

指令执行过程中，当前绝对位置存入当前值寄存器对。

输出点 Y000 对应（D8141，D8140）

输出点 Y001 对应（D8143，D8142）

指令执行过程中改变操作元件的内容也无法在当前运行中反映出来，只有在下一次执行时才生效。

指令执行过程中，若执行条件 OFF，将减速停止，但完成标志 M8029 不动作。

指令执行条件 OFF 后，而脉冲输出中标志（Y000 对应 M8147，Y001 对应 M8148）仍为 ON 时不接受指令的再次驱动。

绝对值驱动方式中，［S1·］指定的是目标位置与原点的距离，即目标的绝对位置，如图 4-75 所示。

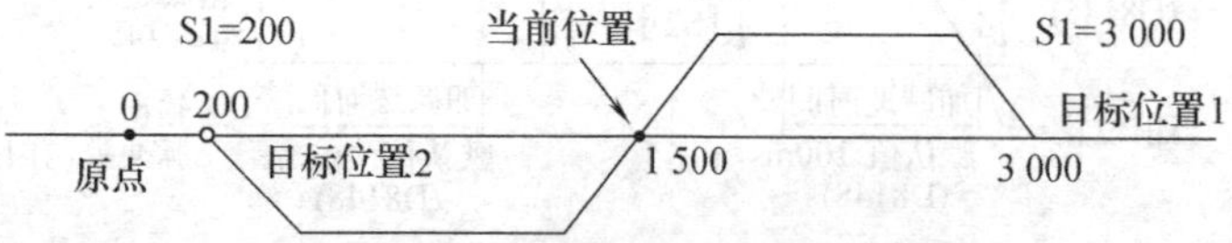

图 4-75 目标绝对位置示例

绝对驱动方式设置值与驱动曲线如图4-76所示。

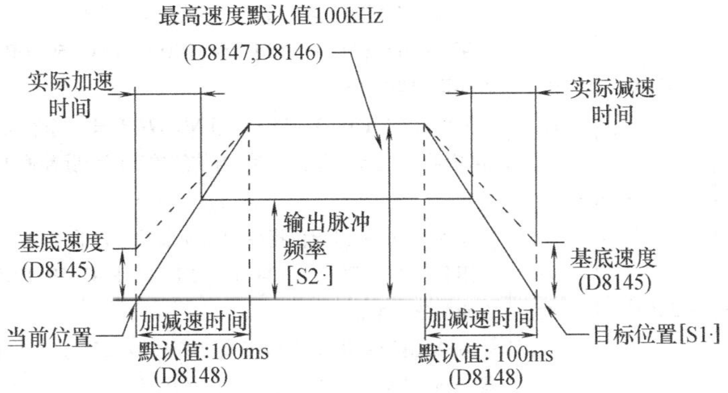

图4-76 绝对驱动方式设置值与驱动曲线

实际能够执行的输出脉冲最低频率由以下公式决定：

$\sqrt{最高速度[D8147,D8146]Hz \div (2\times 加减速时间[D8148]ms \div 1\,000)}$ = 输出脉冲最低频率

若输出脉冲频率数［S2·］指定了低于上面计算结果的数值，计算实际输出频率等于上式计算结果值。

加速初期和减速最终部分的频率也不可低于上述计算结果。

4.12.6 使用点位控制指令注意事项

点位控制指令FNC 156（ZRN)、FNC 157（PLSV)、FNC 158（DRVI)、FNC 159（DRVA）编程时均可多次使用，但应当注意：

（1）不可出现双线圈现象，即不可同时有两条指令驱动同一个目标线圈。因为目标线圈仅限Y000、Y001，故指令多次使用时极易产生双线圈现象。

（2）当指令执行条件OFF后，必须等该指令目标元件对应的脉冲输出中监控标志（Y000对应M8147，Y001对应M8148）OFF后再经一个扫描周期方可再次驱动同一指令。

（3）为了按上面要求编程，最好参照下述的标准程序。

（4）FNC 57 PLSY、FNC 59 PLSR的目标元件也是Y000与Y001，故最好用FNC 158 DRVI来代替FNC 57和FNC 59。如一定要使用FNC 57和FNC 59时，前三条注意事项也适用于这两指令。

（5）Y000、Y001作高速输出时其性能指标如下：

电压：DC 5～24V

电流：10～100mA

输出频率：小于100kHz

相关软元件表如表4-8、表4-9所示。

表 4-8　相关软元件表 I

元件地址		数据长度 16/32bit	初始值	内　容
D8140	低位	32bit	0	作为 Y000 输出定位指令的当前数据寄存器使用 用 FNC 157(PLSV)、FNC 158(DRVI)、FNC 159(DRVA)指令时，对应旋转方向增减当前值 另外，由于 FNC 57(PLSY)、FNC 59(PLSR)指令也使用相同当前值寄存器，因此当执行这些指令时，当前值的数值为脉冲输出数的累加值
D8141	高位			
D8142	低位	32bit	0	作为 Y001 输出定位指令的当前数据寄存器使用 用 FNC 157(PLSV)、FNC 158(DRVI)、FNC 159(DRVA)指令时，对应旋转方向增减当前值 另外，由于 FNC 57(PLSY)、FNC 59(PLSR)指令也使用相同当前值寄存器，因此当执行这些指令时，当前值的数值为脉冲输出数的累加值
D8143	高位			
D8145		16bit	0	执行 FNC 156(ZRN)、FNC 158(DRVI)、FNC 159(DRVA)指令时的基底速度 设定范围：最高速度(D8147，D8146)的 1/10 以下。当选用超出该范围的数值时，自动作为最高速度的 1/10 运行
D8146	低位	32bit	100 000	执行 FNC 156(ZRN)、FNC 158(DRVI)、FNC 159(DRVA)指令时的基底速度 设定范围：10 ~ 100 000Hz
D8147	高位			
D8148		16bit	100	执行 FNC 156(ZRN)、FNC 158(DRVI)、FNC 159(DRVA)指令时，从基底速度(D8145)到最高速度(D8147、D8146)的加减速时间(FNC 158、FNC159) 设定范围：50 ~ 5 000ms

表 4-9　相关软元件表 II

元件地址	属　性	内　容
M8145	读/写	Y000 脉冲输出停止标志(立即停止)
M8146	读/写	Y001 脉冲输出停止标志(立即停止)
M8147	只读	Y000 脉冲输出中监控(BUSY/READY)
M8148	只读	Y001 脉冲输出中监控(BUSY/READY)

与 MR-J2 型伺服放大器连接示例如图 4-77 所示。

下面介绍标准程序示例。

输入/输出分配如图 4-77 所示。

运行方式根据图 4-78 所示，以绝对位置方式进行定位。

在本例中，加速的第一段和减速的最终段的实际输出频率可以通过下列所述公式求得：

$$\sqrt{100\,000 \div (2 \times (200 \div 1\,000))} = 500\text{Hz}$$

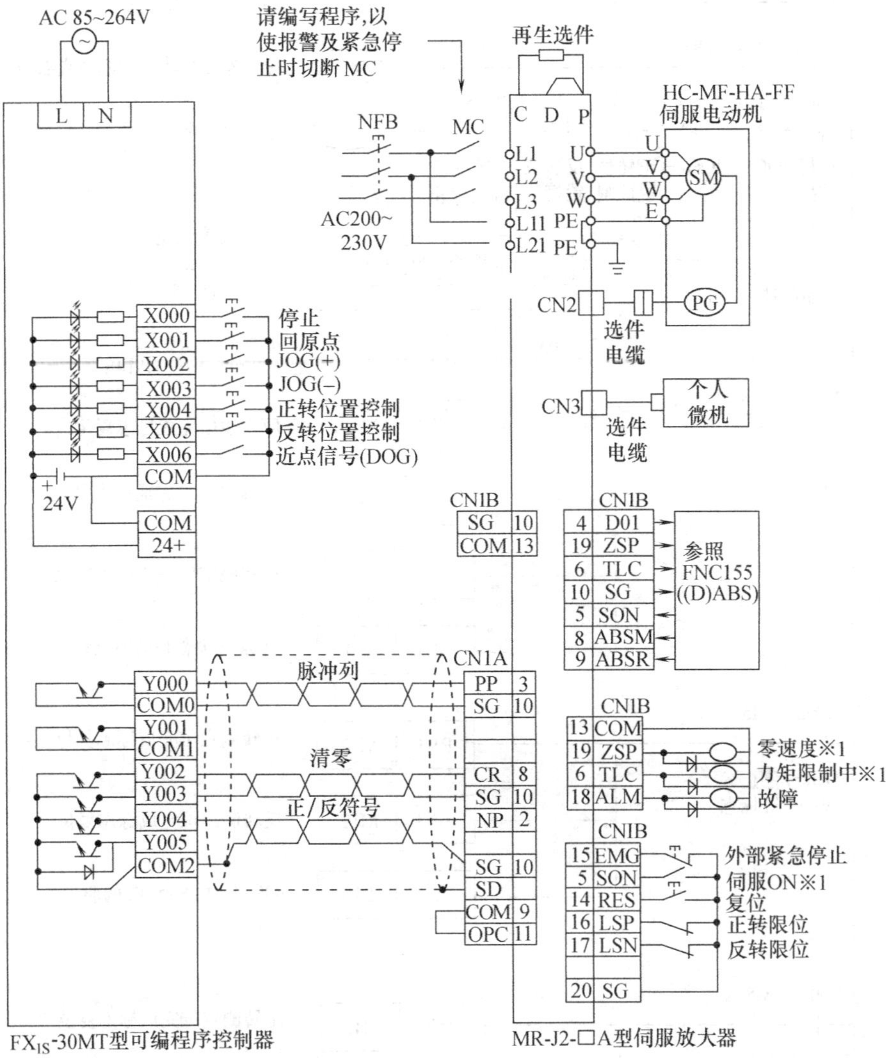

图 4-77 与 MR-J2 型伺服放大器连接

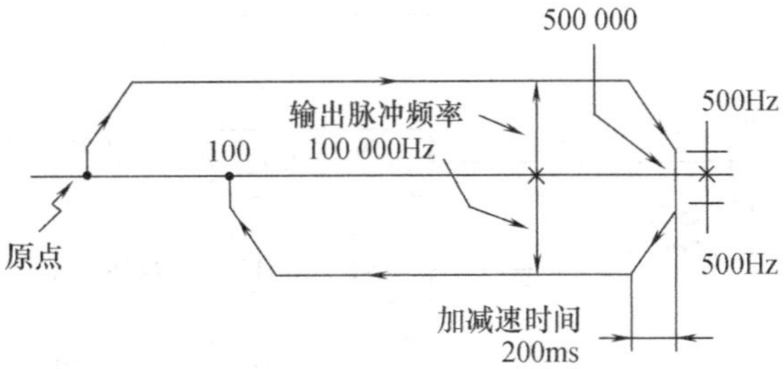

图 4-78 运行方式

图 4-79 所示为使用步进梯形图（STL）进行编程的例子。

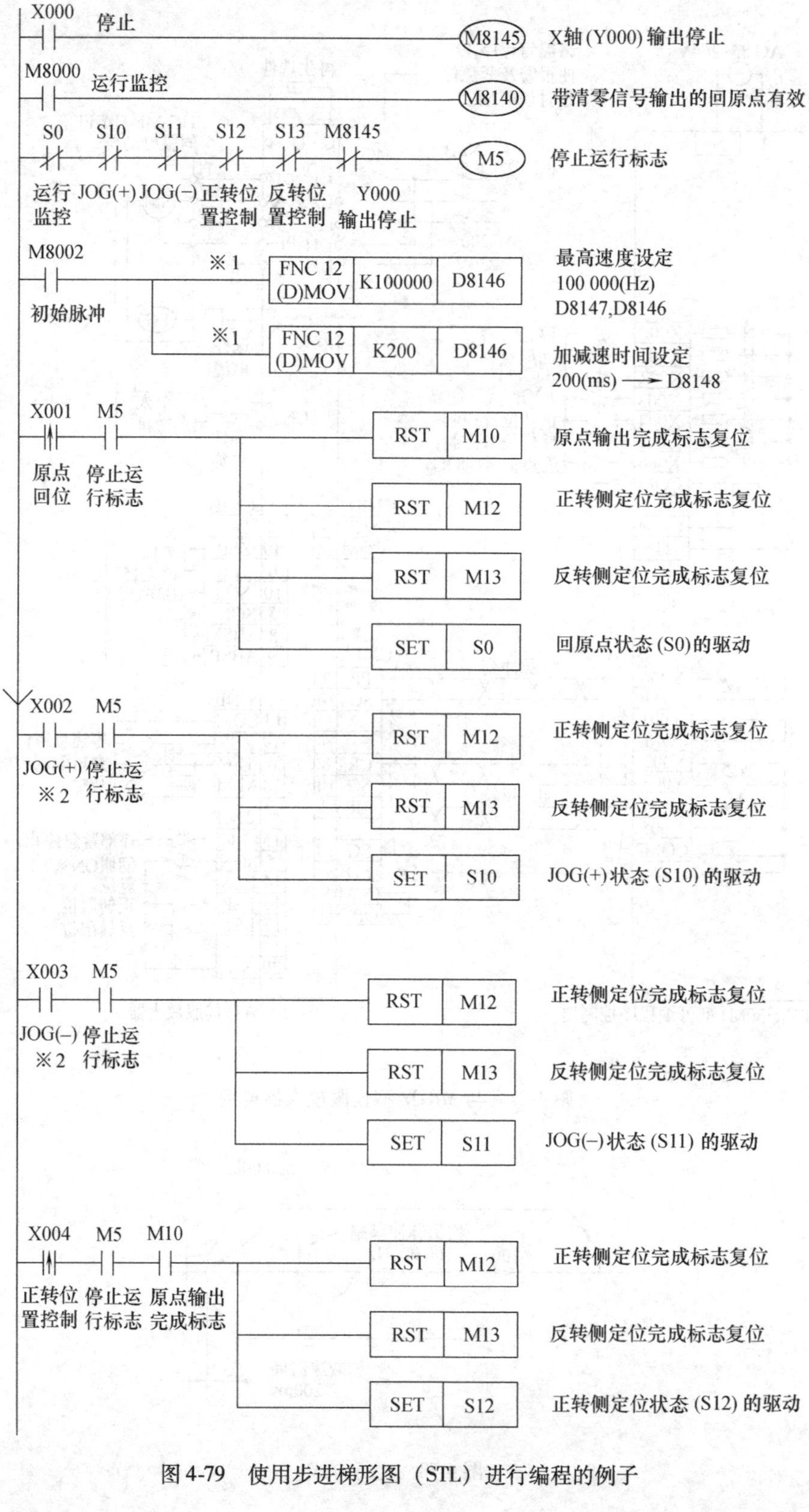

图 4-79 使用步进梯形图（STL）进行编程的例子

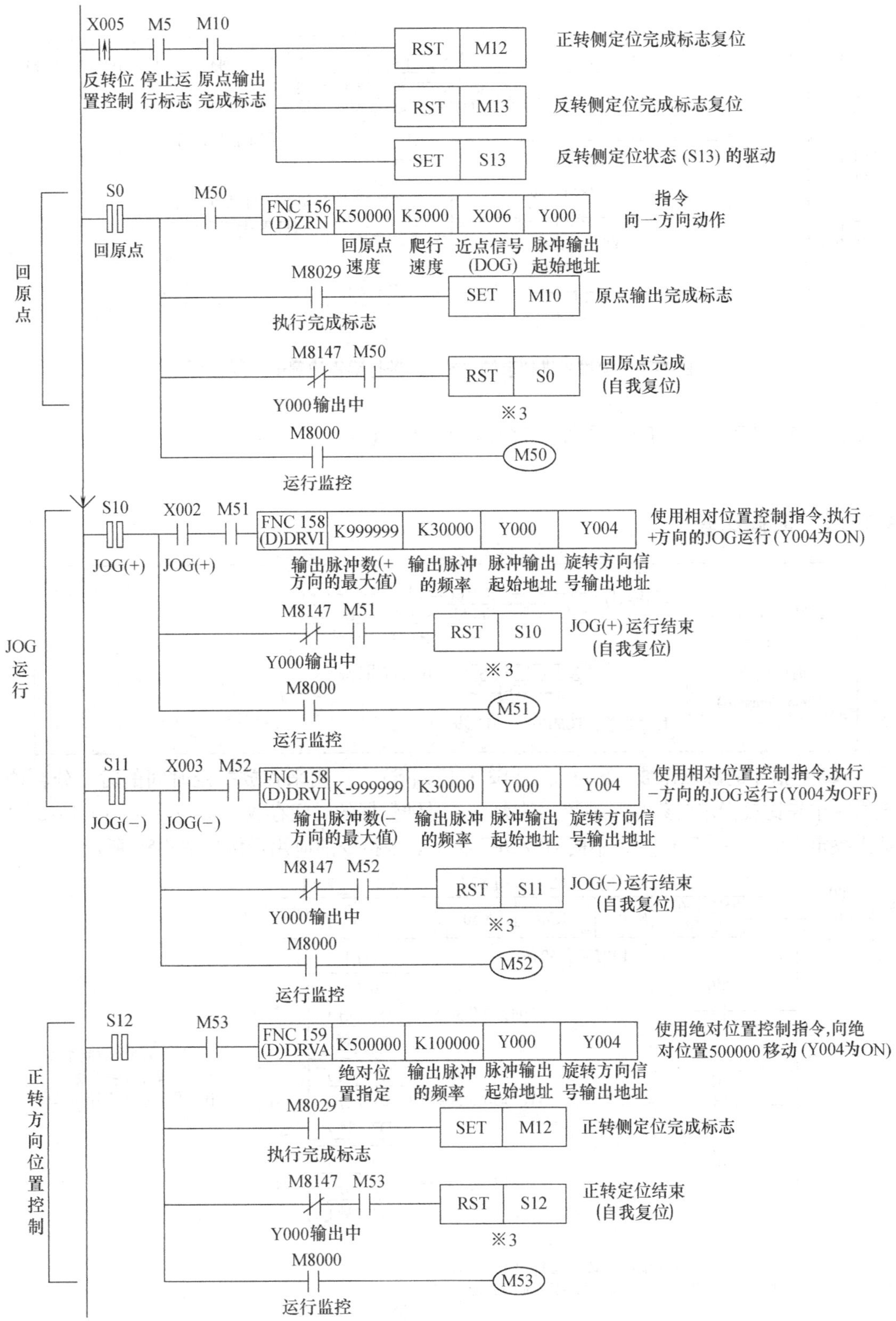

图4-79 使用步进梯形图（STL）进行编程的例子（续一）

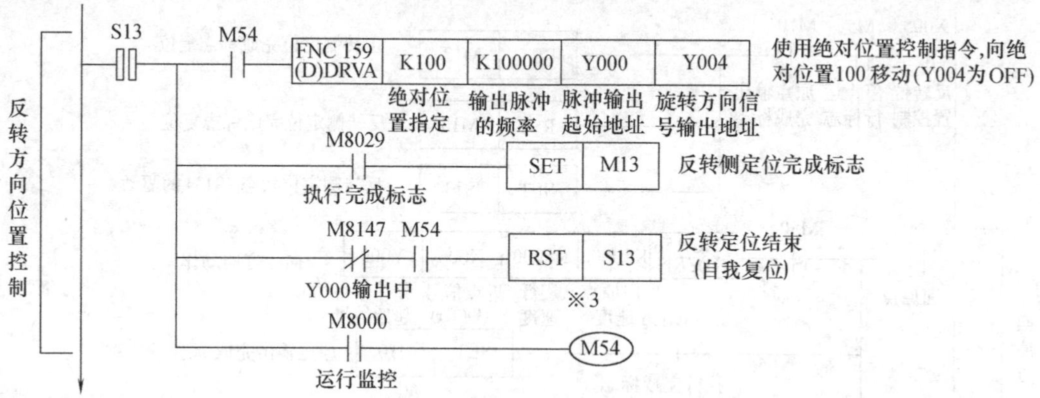

图 4-79 使用步进梯形图（STL）进行编程的例子（续二）

4.13 实时时钟处理（FNC 160 ~ FNC 169）

4.13.1 时间比较

TCMP FNC 160 （P）（16） 时间比较 （Time Compare）	操作元件：[S1·]-[S2·]-[S3·]：K,H KnX KnY KnM KnS T C D V,Z [S·]：T C D [D·]：X Y M S　[D·]占用3点 程序步数：TCMP………11 步

TCMP 指令的源操作数［S1·］、［S2·］、［S3·］用来存放指定时间的时、分、秒。该指令用来比较指定时刻与时钟数据的大小，时钟数据的时间存放在［S·］~［S·］+2 中，结果决定［D·］~［D·］+2 中的 ON/OFF 状态。该指令的应用示例如图 4-80 所示。

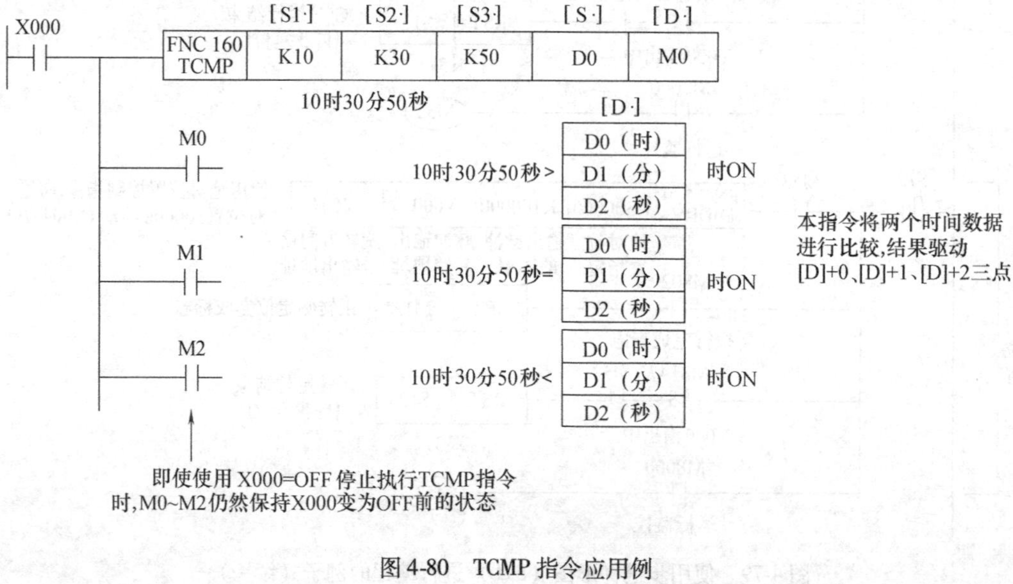

图 4-80 TCMP 指令应用例

[S1·]：指定比较时间的“时”；

[S2·]：指定比较时间的“分”；

[S3·]：指定比较时间的“秒”；

[S·]：指定时钟数据的“时”；

[S·] +1：指定时钟数据的“分”；

[S·] +2：指定时钟数据的“秒”

[D·]、[D·] +1、[D·] +2：根据比较结果决定其 ON/OFF 状态。

4.13.2　时间区间比较

TZCP FNC 161 (P) (16) 时间区间比较 (Time Zone Compare)	操作元件： [S·][S1·][S2·]：T、C、D K,H、KnX、KnY、KnM、KnS、T、C、D、V,Z [S·]：T、C、D X、Y、M、S [D·]：Y、M、S [D·]占用3点 请使[S1·]≤[S2·] 程序步数：TZCP………9 步

本指令将一个时间值与两个源时间数据作区间比较，比较结果驱动 [D·] 指定元件开始的 3 个 bit 元件。如图 4-81 所示，D20 ~ D22 分别用来存放时、分、秒。

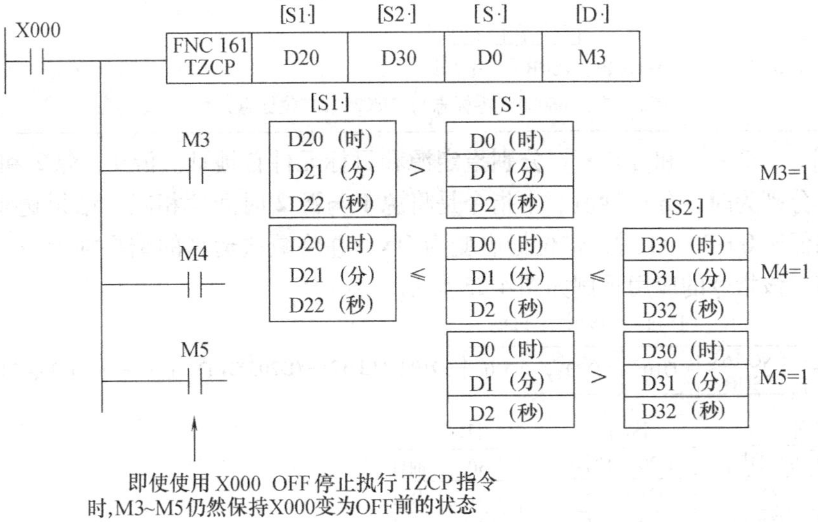

图 4-81　TZCP 指令应用例

4.13.3　时间加法

TADD FNC 162 (P) (16) 时间加法 (Time Addition)	操作元件： [S1·]-[S2·]：T、C、D K,H、KnX、KnY、KnM、KnS、T、C、D、V,Z [D·]：T、C、D X、Y、M、S 程序步数：TADD………7 步 标　　志：M8022（进位标志）；M8020（零标志）

[S1·]、[S2·] 和 [D·] 分别指定源和目标元件的首地址。源 1、源 2 和目标各占 3 个字元件，分别为时、分、秒值。本指令是将源 1 与源 2 时间值相加，结果送到目标元件。当运算结果超过 24 小时时，进位标志位变为 ON，并将加法运算的结果减去 24 小时作为运算结果保存。该指令的应用示例如图 4-82 所示。

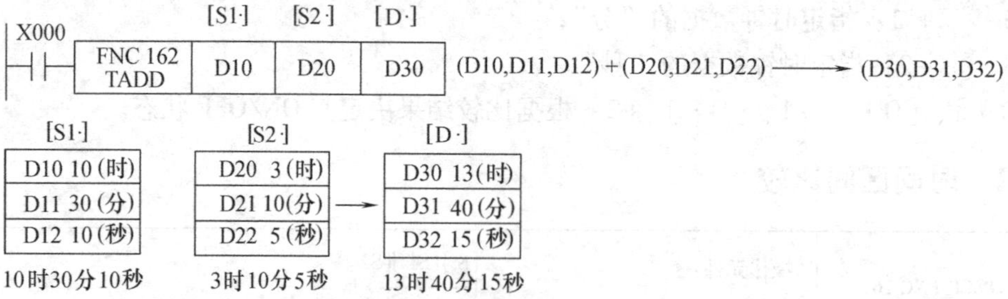

图 4-82 TADD 指令应用例

4.13.4 时间减法

TSUB FNC 163 (P) (16) 时间减法 (Time Subtraction)	操作元件：[S1·]–[S2·]: T, C, D; [D·]: T, C, D K,H / KnX / KnY / KnM / KnS / T / C / D / V,Z X / Y / M / S 程序步数：TSUB………7 步 标　志：M8020（零标志）；M8021（借位标志）

[S1·]、[S2·] 和 [D·] 分别指定源和目标元件首地址。源 1、源 2 和目标各占 3 个字元件，分别为时、分、秒值。本指令是将源 1 与源 2 时间值相减，结果送到目标元件。当运算结果低于 00:00:00 时，借位标志变为 ON，并将减法运算的结果加上 24 小时作为运算结果保存。该指令的应用示例如图 4-83 所示。

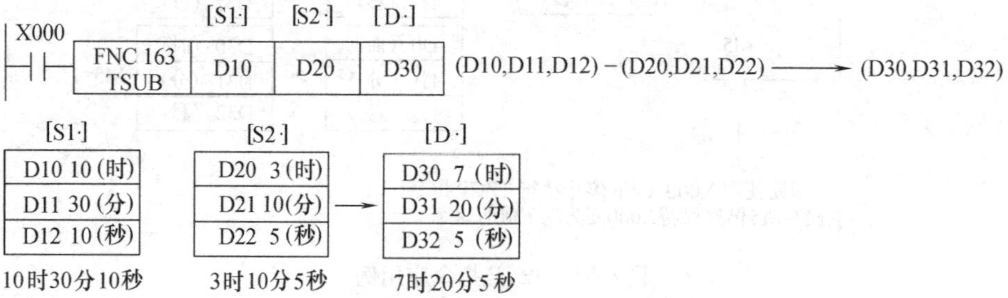

图 4-83 TSUB 指令应用例

4.13.5 读实时时钟

TRD FNC 166 (P) (16) 读实时时钟 (Time Read)	操作元件：[D·]: T, C, D K,H / KnX / KnY / KnM / KnS / T / C / D / V,Z X / Y / M / S [D·] 占用 7 个字元件 程序步数：TRD………3 步

TRD 指令用来读出内置的实时时钟数据，并存放在［D·］开始的 7 个元件中，实时时钟的时间数据存放在（D8013 ~ D8019）内，D8018 ~ D8013 中分别存放年、月、日、时、分和秒，D8019 中存放星期。该指令的应用示例如图 4-84 所示。

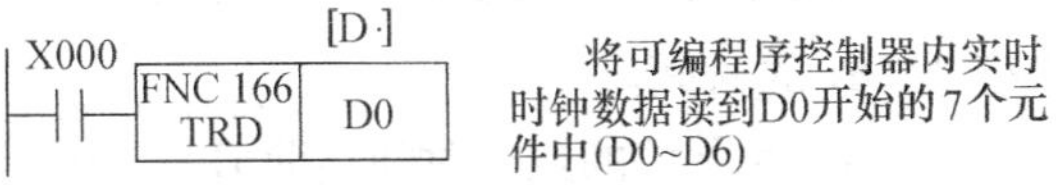

图 4-84　TRD 指令应用例

4.13.6　写实时时钟

TWR FNC 167 （P）（16） 写实时时钟 （Time Write）	操作元件：K,H / KnX / KnY / KnM / KnS / T / C / D / V,Z（[S·]：T、C、D）；X / Y / M / S [S·] 占用 7 个字元件 程序步数：TWR………3 步

TWR 指令用来将时间设定值写入内置的实时时钟，写入的数据预先放在［S·］开始的 7 个元件中。执行该指令时，内置的实时时钟时间立即变更，改为使用新的时间。该指令的应用示例如图 4-85 所示。

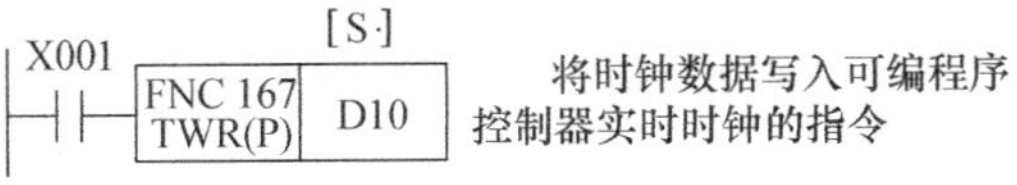

图 4-85　TWR 指令的应用示例

4.13.7　计时表

HOUR FNC 169 （16/32） 计时表 （Hour meter）	操作元件：[S·]：K,H / KnX / KnY / KnM / KnS / T / C / D / V,Z [D2·]：X / Y / M / S [D1·]：D　必须指定停电保持用软元件 程序步数：HOUR………7 步

本指令在［D1·］指定元件中累计执行条件为 ON 的小时数，当 ON 时数超过［S·］指定的小时数值时，令［D2·］指定的元件 ON，以产生报警。

1. 16bit 指令

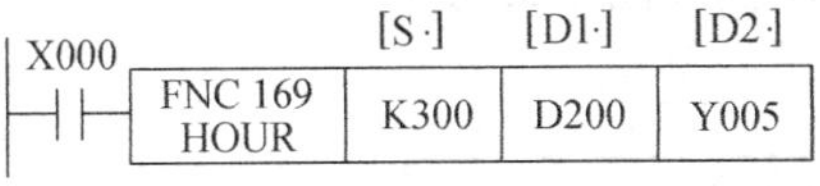

当 X000 处于 ON 的时间超过 300 小时，Y005 变为 ON 将不满 1 小时的当前值以秒为单位保存在 D201 中。

［S·］：使［D2·］变为 ON 的时间，以小时为单位。

［D1·］：以小时为单位的累计时间当前值。

［D1·］ +1：不满 1 个小时的当前值（以秒为单位）。

［D2·］：报警输出地址。

当前值［D1·］超过［S·］指定的时间时变为 ON（在本例中，当 300 小时 +1 秒时 ON）。

2. 32bit 指令

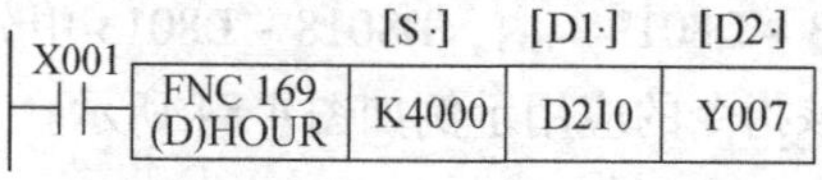

［S·］：使［D2·］变为 ON 的时间。

［D1·］，［D1·］+1：以小时为单位的累计时间当前值，［D1·］+1（高位），［D1·］（低位）。

［D1·］+2：不满 1 个小时的当前值（以秒为单位）。

［D2·］：报警输出地址。

当前值［D1·］+1，［D1·］超过［S·］指定的时间时变为 ON（在本例中，40000 小时 +1 秒时 ON）。

为了能在切断可编程控制器的电源后仍能保存当前值数据，［D1·］指定停电保持用数据寄存器。

即使报警输出［D2·］的输出变为 ON 后，仍然能够继续计时。

当前值到达 16bit 或 32bit 的最大值时停止计时。

若希望继续进行计时，请清除［D1·］~［D1·］+1（16 bit 时），［D1·］~［D1·］+3（32bit 时）的当前值。

4.14　码制转换指令

4.14.1　BIN—GRY 变换

GRY FNC 170 （P）（16/32） BIN—GRY 变换	操作元件：［S·］：K,H　KnX　KnY　KnM　KnS　T　C　D　V,Z ［D·］：KnY　KnM　KnS　T　C　D　V,Z X　Y　M　S 程序步数：GRY………5 步；（D）GRY………9 步

格雷码常用于广电码盘编码器，其特点是相邻的两个数（用二进制表示）的各位中，只有一位的值不同。该指令把源［S·］中的整数（BIN 码）变换成等值的格雷码形式存入目标［D·］。该指令的应用示例如图 4-86 所示。

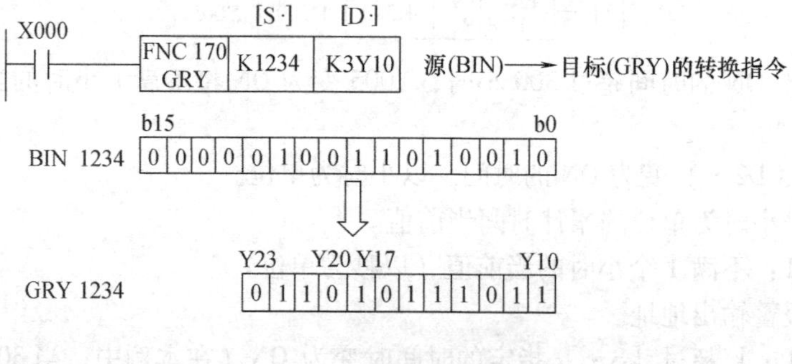

图 4-86　GRY 指令应用例

4.14.2 GRY—BIN 变换

GBIN FNC 171 （P）（16/32） GRY—BIN 变换	操作元件：[m1·]-[m2·]: K,H KnX KnY KnM KnS T C D V,Z [D·]: KnY KnM KnS T C D V,Z X Y M S 程序步数：GBIN·········5 步；（D）GBIN·········9 步

该指令把源［S·］中的格雷码（GRY CODE）值变换成等值的整数（BIN 码），存入目标［D·］。该指令的应用示例如图 4-87 所示。

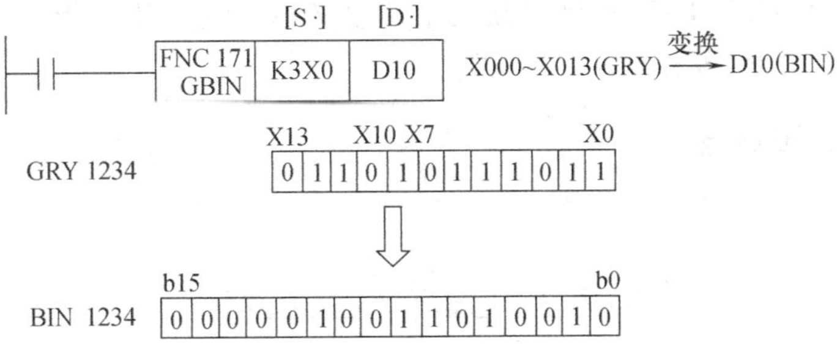

图 4-87 GBIN 指令应用例

4.14.3 模拟量读（FX_{ON}—3A 专用）

RD3A FNC 176 （P）（16） 模拟量读 （Read Fxon-3A）	操作元件：[m1·]-[m2·]: K,H KnX KnY KnM KnS T C D V,Z [D·]: KnY KnM KnS T C D V,Z X Y M S 程序步数：RD3A·········7 步

该指令读取 FXON—3A 中指定通道的模拟量输入值存入目标［D·］。

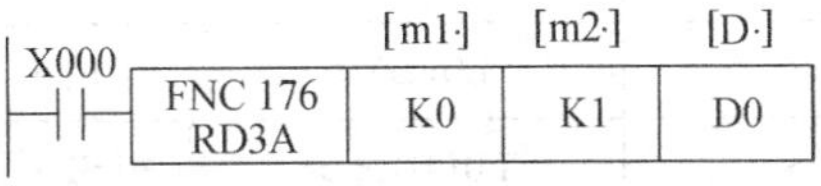

［m1·］为特殊模块号：K0 ~ K7。

［m2·］为模拟量输入通道号：K1，K2。

［D·］为读入数据存放地址。

4.14.4 模拟量写（FX_{ON}—3A 专用）

WR3A FNC 177 （P）（16） 模拟量写 （Write to Fxon-3A）	操作元件：[m1·]-[m2·]: K,H KnX KnY KnM KnS T C D V,Z [S·]: KnY KnM KnS T C D V,Z X Y M S 程序步数：WR3A·········7 步

该指令将源［S·］数据写入 FX_{ON}—3A 中指定的模拟量输出通道

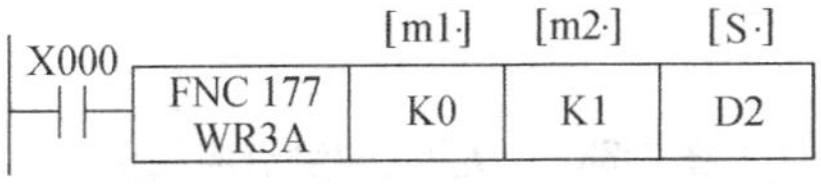

[m1 ·] 为特殊模块号：K0 ~ K7。

[m2 ·] 为模拟量输出通道号：K1。

[S ·] 为存放源数据的地址。

4.15 触点比较（FNC224 ~ FNC246）

有别于先前介绍的比较指令，下面的比较指令本身就像触点一样，而这些触点的通断取决于比较条件是否成立。若比较条件成立则触点就导通，反之则断开。这样，这些比较指令就可像普通触点一样放在 LAD 程序的横线上，故又称为线上比较指令（Inline Comparisons），按指令在线上的位置分为以下三大类。

4.15.1 LD □比较触点

LD□ FNC 224 ~ FNC 230 (16/32) LD□比较触点 □: =, > <, < >, ≤, ≥	操作元件：[S1·]-[S2·] K,H KnX KnY KnM KnS T C D V,Z X Y M S 程序步数：LD□………5 步；（D）LD□………9 步

该指令将比较触点接到起始总线上的指令。触点的通/断取决于比较条件是否成立，如表 4-10、图 4-88 所示。

表 4-10 LD □比较触点应用

功　能　号	16bit 指令	32bit 指令	导 通 条 件	不导通条件
224	LD =	LD(D) =	[S1 ·] = [S2 ·]	[S1 ·] ≠ [S2 ·]
225	LD >	LD(D) >	[S1 ·] > [S2 ·]	[S1 ·] ≤ [S2 ·]
226	LD <	LD(D) <	[S1 ·] < [S2 ·]	[S1 ·] ≥ [S2 ·]
228	LD < >	LD(D) < >	[S1 ·] ≠ [S2 ·]	[S1 ·] = [S2 ·]
229	LD≤	LD(D) ≤	[S1 ·] ≤ [S2 ·]	[S1 ·] > [S2 ·]
230	LD≥	LD(D) ≥	[S1 ·] ≥ [S2 ·]	[S1 ·] < [S2 ·]

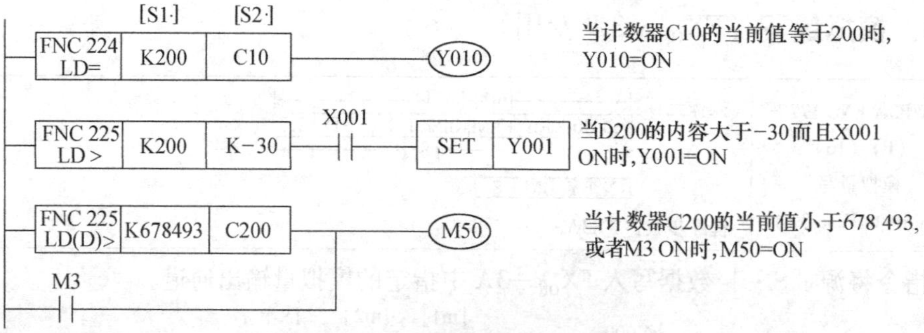

图 4-88 LD□比较触点应用例

当源数据的最高 bit（16bit 指令：b15；32bit：b31）为 1 时，将该数值作为负数进行比较。

32bit 计数器（C200 ~ C234）的比较，必须以 32bit 指令来进行。若用 16bit 指令，会导致程序出错。

4.15.2 AND □比较触点

AND□ FNC 232 ~ FNC 238 (16/32) AND□比较触点 □：=，>，<，<>，≤，≥	操作元件：[S1·]-[S2·] K,H KnX KnY KnM KnS T C D V,Z X Y M S 程序步数：AND□………5 步；（D）AND□………9 步

该指令将比较触点作串联连接的指令。比较触点是否导通取决于比较条件是否成立，如表 4-11、图 4-89 所示。

表 4-11 AND □比较触点应用

功能号	16bit 指令	32bit 指令	导通条件	不导通条件
232	AND =	AND(D) =	[S1·] = [S2·]	[S1·] ≠ [S2·]
233	AND >	AND(D) >	[S1·] > [S2·]	[S1·] ≤ [S2·]
234	AND <	AND(D) <	[S1·] < [S2·]	[S1·] ≥ [S2·]
236	AND < >	AND(D) < >	[S1·] ≠ [S2·]	[S1·] = [S2·]
237	AND≤	AND(D)≤	[S1·] ≤ [S2·]	[S1·] > [S2·]
238	AND≥	AND(D)≥	[S1·] ≥ [S2·]	[S1·] < [S2·]

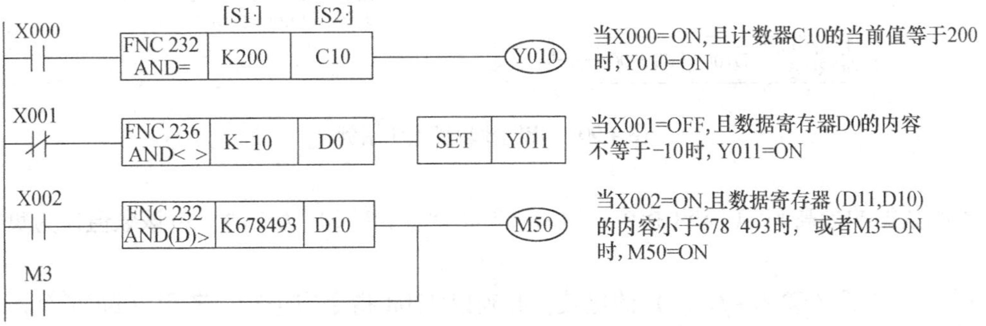

图 4-89 AND□比较触点应用例

当源数据的最高 bit（16bit 指令：b15；32bit 指令：b31）为 1 时，将该数值作为负数进行比较。

32bit 计数器（C200 ~ C234）的比较，必须以 32bit 指令来进行。若用 16bit 指令，会导致程序出错。

4.15.3　OR □比较触点

OR□ FNC 240 ~ FNC 246 （16/32） OR□比较触点 □：=，><，<>，≤，≥	操作元件：[S1·]-[S2·] K,H | KnX | KnY | KnM | KnS | T | C | D | V,Z X | Y | M | S 程序步数：OR□………5 步；（D） OR□………9 步

该指令将比较触点作并联连接的指令。比较触点是否导通取决于比较条件是否成立，例如表 4-12、图 4-90 所示。

表 4-12　OR □比较触点应用

功　能　号	16bit 指令	32bit 指令	导 通 条 件	不导通条件
240	OR =	OR(D) =	[S1・] = [S2・]	[S1・] ≠ [S2・]
241	OR >	OR(D) >	[S1・] > [S2・]	[S1・] ≤ [S2・]
242	OR <	OR(D) <	[S1・] < [S2・]	[S1・] ≥ [S2・]
244	OR < >	OR(D) < >	[S1・] ≠ [S2・]	[S1・] = [S2・]
245	OR≤	OR(D)≤	[S1・] ≤ [S2・]	[S1・] > [S2・]
246	OR≥	OR(D)≥	[S1・] ≥ [S2・]	[S1・] < [S2・]

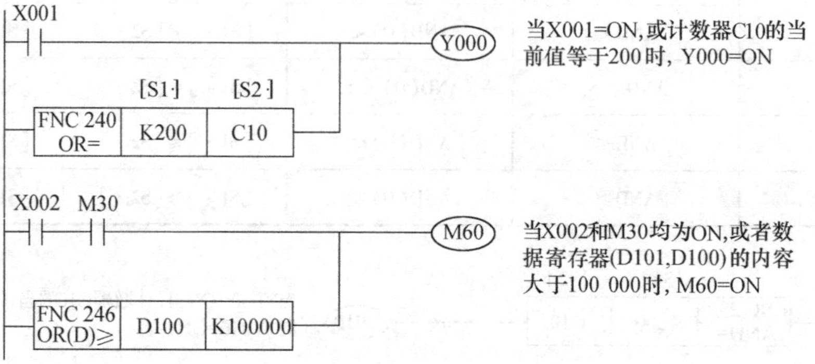

图 4-90　OR□比较触点应用例

当源数据的最高 bit（16bit 指令：b15；32bit 指令：b31）为 1 时，将该数值作为负数进行比较。

32bit 计数器（C200 ~ C234）的比较，必须以 32bit 指令来进行。若用 16bit 指令，会导致程序出错。

4.16　编程注意事项

4.16.1　某些指令使用次数的限制

以下指令（除注明 2 次外）只能使用 1 次：

FNC 52	MTR	FNC 60	IST	FNC 70	TKY
FNC 57	PLSY	FNC 62	ABSD	FNC 71	HKY
FNC 58	PWM	FNC 63	INCD	FNC 72	DSW（2次）
		FNC 68	ROTC	FNC 74	SEGL（2次）
		FNC 69	SORT	FNC 75	ARWS
				FNC 77	PR（2次）

另外，同时ON驱动指令限制为6个以下的指令有如下几个：

FNC 53	HSCS	FNC 54	HSCR	FNC 55	HSZ

1. 使用执行完成标志

FX_{2N}的软元件中提供了特殊寄存器用于处理上列指令。这些指令中的多数在PLC的数个扫描周期中要根据某些特殊寄存器的瞬时状态执行一系列的操作。

比如用FNC 72（DSW）指令，每隔0.1s 4点输出自动动作一次。若动作结束前切断指令的驱动输入，动作就在此中断。再次驱动指令时动作从头开始。

为避免中断动作，使用执行完成标志M8029，按图4-91所示程序驱动指令。

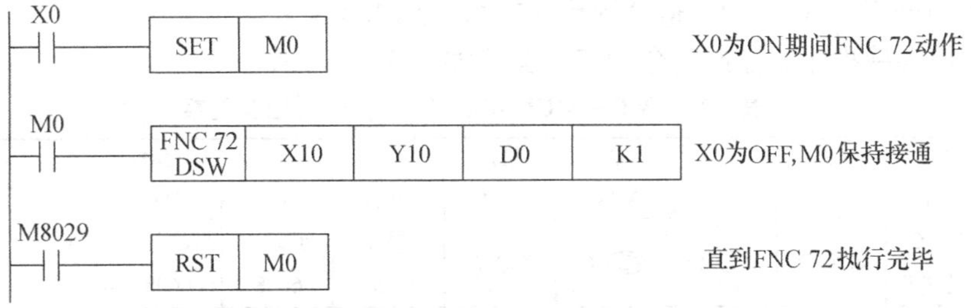

图4-91　程序

如果这样编程，FNC 72通过一系列操作读数字开关，但只读一次。这意味着Y10～Y13不会连续动作，因此，即使用继电器输出型也不必担心其使用寿命。

2. 变址修饰

对于那些有使用次数限制的指令，若用变址寄存器V、Z对目标元件号进行修饰，就可以扩展使用范围，如图4-92所示。

图4-92中，即使由FNC 57产生的一系列脉冲正在输出，转换X10的ON/OFF状态也要等到这串脉冲全部输出后才能实际转变。

如果想立即中断当前操作，其方法之一就是用图4-93所示程序关断指令FNC 57。

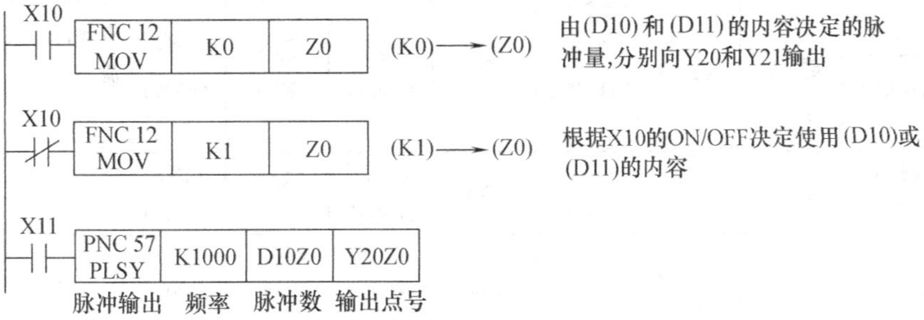

图4-92　变址修饰例

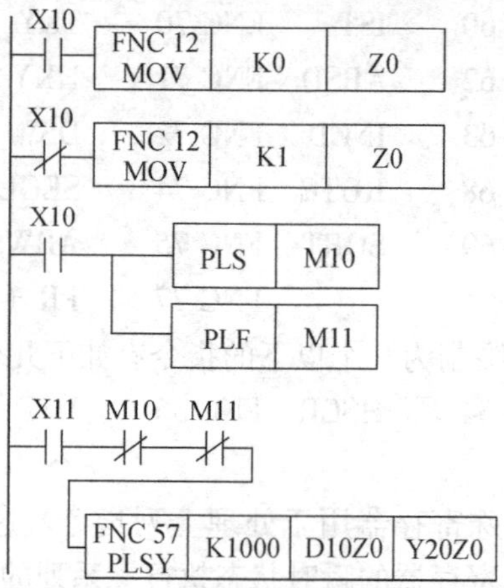

图 4-93　程序

4.16.2　程序流控制指令

有关 MC—MCR 指令及 CJ 指令的相互关系，见 4.2 节。

有关其他各种程序流控制指令的相互关联如表 4-13 所示。

表 4-13　MC—MCR 指令及 CJ 指令的相互关系

	MC-MCR	CJ-P	EI-DI	FOR-NEXT	STL-RET	P-SRET	I-IRET	FEND-END	备　注
MC-MCR	◎ ○ 8 级嵌套	◎ ○	◎ ○	◎ ○	◎ ○	◎× (6608)	◎× (6608)	◎× (6608)	
	∞ △	∞ △	∞ ○	∞× (6607)	∞× (6605)	∞× (6606)	∞× (6606)	∞× (6608)	
CJ-P	◎○	◎○	◎○	◎○	◎○	◎△	◎△	◎× (6701)	
	∞ △	∞ △	∞ ○	∞ △	∞ △	∞ △	∞ △	∞ ○	
EI-DI	◎ ○	◎ ○	◎ ○	◎ ○	◎ ○	◎ ○	∞ ○	◎※1	※1. 进入漏写 DI 指令状态,不是出错
	∞ ○	∞ ○	∞ ○	∞ ○	∞ ○	∞ ○	∞ ○	∞ ○	
FOR-NEXT	◎× (6607)	◎ ○	◎ ○	◎ ○ 5 级嵌套	◎× (6607)	◎× (6607)	◎× (6607)	◎× (6607)	※2. FOR FOR NEXT NEXT
	∞× (6607)	∞ △	∞ ○	∞※2	∞× (6607)	∞× (6701)	∞× (6607)	∞× (6607)	程序控制如实线所示
STL-RET	◎× (6605)	◎△	◎ ○	◎ ○ (在一个 STL 循环内)	◎ ○	◎× (6605)	◎× (6605)	◎× (6605)	※3. FEND 和 END 为有效,停止所希望的程序流
	∞× (6605)	∞ △	∞ ○	∞× (6607)	∞ ○	∞× (6606)	∞× (6606)	∞× (6605)	
P-SRET	◎× (6605)	◎ ○	◎ ○	◎ ○	◎× (6606)	◎× (6606)	◎× (6606)	◎× (6709)	
	∞× (6608)	∞ △	∞ ○	∞× (6607)	∞ ○ (6605)	∞× (6606)	∞× (6606)	∞× (6709)	

（续）

	MC-MCR	CJ-P	EI-DI	FOR-NEXT	STL-RET	P-SRET	I-IRET	FEND-END	备　注
I-IRET	◎×（6606）	◎○	◎○	◎○	◎×（6606）	◎×（6606）	◎×（6606）	◎×（6606）	除一部分例外，有包含关系的指令组合是可能出现的，但要注意：①不能在 FOR-NEXT、P-SRET、I-IRET 嵌套中使用 MC-MCR　②不能在 FOR-NEXT、P-SRET、I-IRET 嵌套中使用 STL-RET　③MC-MCR、FOR-NEXT、P-SRET、I-IRET 指令间不能用 I、IRET、SRET、FEND、END 等切断
	∞×（6606）	∞△	∞○	∞×（6607）	∞×（6606）	∞×（6606）	∞×（6606）	∞×（6606）	
FEND-END	◎○	◎○	◎○	◎○	◎△	◎○	◎○	◎※3	
	∞×（6608）	∞×（6701）	∞※1	∞×（6607）	∞×（6605）	∞×（6709）	∞×（6709）	∞※3	
O-FEND	◎○	◎○	◎○	◎○	◎○	∞×（6606）	∞×（6606）	◎※3	
	∞×（6608）	∞○	∞○	∞×（6607）	∞×（6605）	∞×（6709）	∞×（6606）	∞※3	
O-END（NO FEND）	◎○	◎○	◎○	◎○	◎○	◎×（6606）	◎×（6606）	◎※3	
	∞×（6608）	∞×（6701）	∞※1	∞×（6607）	∞×（6605）	∞×（6709）	∞×（6706）	∞※3	

注：◎为包含关系：∞为区间前后的重复的意思。

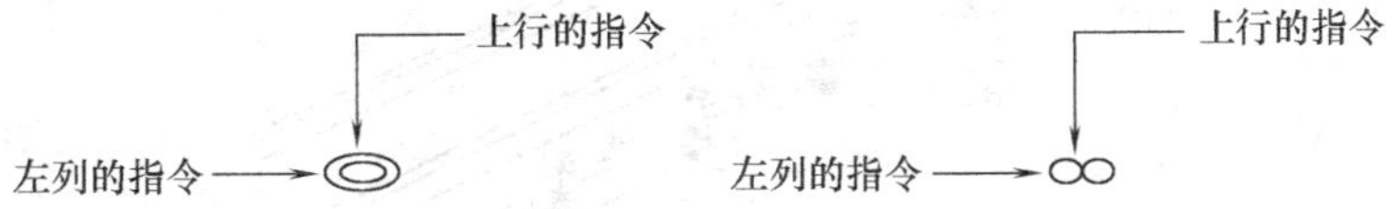

○：可以组合，无限制。

×：禁止使用的组合。（　）中的数字为出错编号。

△：虽非禁止使用，因动作将会复杂化而建议尽量不用的组合。

4.16.3　定时扫描方式

特殊继电器 M8039 接通时即为定时扫描方式。其扫描时间由 D8039 指定。

当执行与扫描时间同步的有关指令时，如 FNC 67（RAMP）、FNC 71（HKY）或 FNC 77（PR）时，应选用定时扫描方式。

使用 FNC 71 指令时，特别应注意将扫描时间设定为大于 20ms，因为输入滤波器的延迟时间是不可改变的。

在不需使用定时扫描方式时，请用定时器中断服务程序。

图 4-94 所示为采用定时器中断方式时的有关 HKY 指令的程序。

4.16.4　存储器保持

令特殊继电器 M8033 保持为 ON，可使 PLC 由 RUN 变为 STOP 时保持原 RUN 状态时的全部输出状态。

例如，PLC 用于控制加热器时，即使在 PLC 停机时，也可将加热器及其他设备的控制状态加以保持，直到改变程序后重新启动。

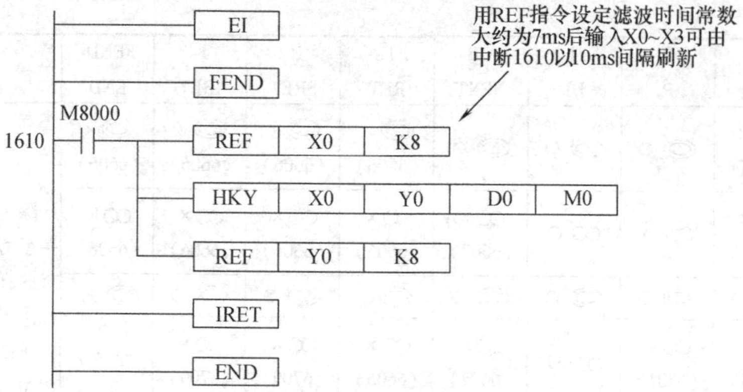

图 4-94 采用定时器中断方式时的有关 HKY 指令的程序

习 题

4-1 一自动控制小车运行方向的系统如图 4-95 所示，请根据动作要求写出梯形图及指令表，尽可能利用功能指令。

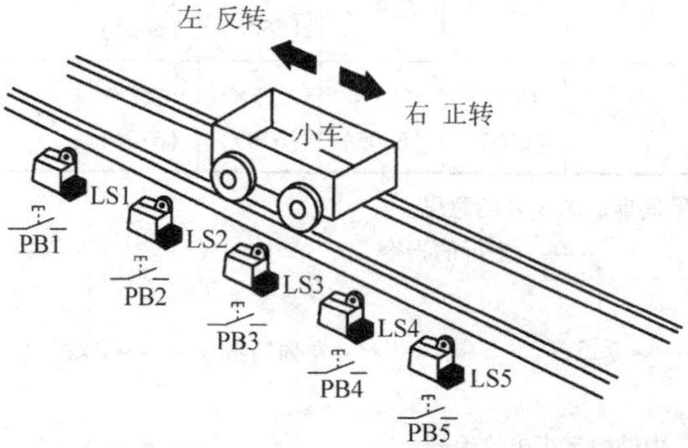

图 4-95 自动控制小车运行方向的系统

工作要求：

1）当小车所停位置 LS 的编号大于呼叫的 PB 的编号时，小车往左运行至呼叫的 PB 位置后停止。

2）当小车所停位置 LS 的编号小于呼叫的 PB 的编号时，小车往右运行至呼叫的 PB 位置后停止。

3）小车位置 LS 与呼叫 PB 编号相同时，小车不动作。

4-2 利用 PLC 做一电动机转速检测显示及控制装置，写出梯形图及指令表。

电动机上装有一转速检测装置（每转输出 10 个脉冲）。电动机转速由 PWM 输出控制。设计程序：

1）检测电动机转速，并在 7 段码显示器上显示。

2）当检测值与给定值不同时改变 PWM 输出，使实际转速与给定值相等。

3）加上 16 键输入电路，用于输入给定值。

4-3 用 PLC 对自动售货机进行控制，根据工作要求，写出梯形图及指令表。

工作要求：

1）此售货机可投入 1 元、5 元或 10 元硬币。

2）当投入的硬币总值超过 12 元时，汽水按钮指示灯亮；又当投入的硬币总值超过 15 元时，汽水及咖啡按钮指示灯都亮。

3）当汽水按钮灯亮时，按汽水按钮，则汽水排出 7s 后自动停止。这段时间内，汽水指示灯闪动。

4）当咖啡按钮灯亮时，按咖啡按钮，则咖啡排出7s后自动停止。这段时间内，咖啡指示灯闪动。

5）若投入硬币总值超过按钮所需的钱数（汽水12元，咖啡15元）时，找钱指示灯亮，表示找钱动作，并退出多余的钱。

I/O编号：

输入	输出
1元识别口：X0	咖啡出口：Y10
5元识别口：X1	汽水出口：Y11
10元识别口：X2	咖啡按钮指示灯：Y12
咖啡按钮：X3	汽水按钮指示灯：Y13
汽水按钮：X4	找钱指示灯：Y14
计数手动复位：X5	

4-4 图4-96所示为一定位及减速控制装置，请根据动作要求写出梯形图及指令表。

工作要求：

1）多齿凸轮与电动机同轴转动，由接近开关检测凸齿产生的脉冲信号。

2）当脉冲信号达5 000个时，切刀下降将材料切断。

3）电动机转至脉冲数为4 900时减速、为5 000时停止。

4-5 某加工中心刀具用PLC进行交换控制（见图4-97），请按要求写出梯形图及指令表。

加工中心对工件进行加工时自动将刀具移动至换刀位置后进行换刀动作。

1）共有30种刀具供选择，按1～30编号。正在换刀位置上的刀具编号称为当前值，希望换上的刀具的编号称为设定值。

2）当设定值减去当前值的差大于等于15（如18－2＝16＞15）时，圆盘正转；当设定值减去当前值的差小于15时（如16－2＝14＜15）时，圆盘反转。

3）当指定刀具转动至离换刀位置差两个号码时减速。

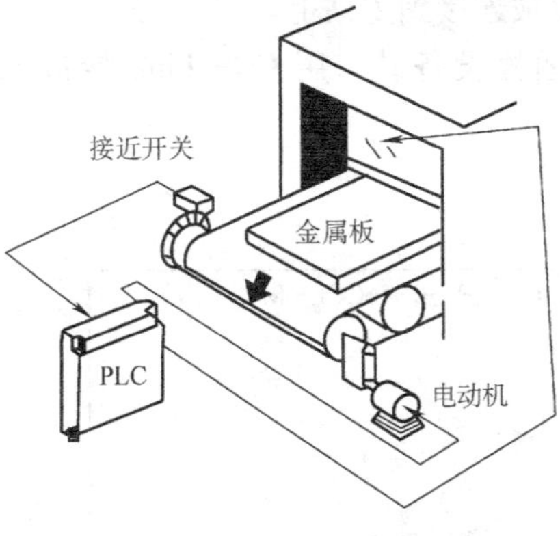

图4-96 定位及减速控制装置

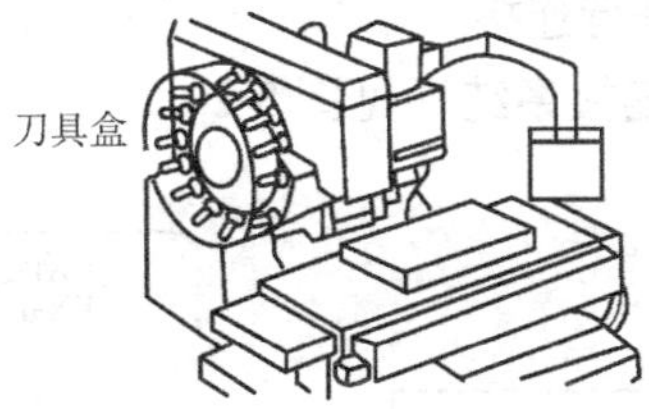

图4-97 刀具用PLC进行控制

第 5 章　FX 系列 PLC 的通信方案

5.1　FX_{2N}—16CCL—M 型 CC—Link 系统主站块

FX_{2N}—16CCL—M 型 CC—Link 系统主站块如图 5-1 所示。

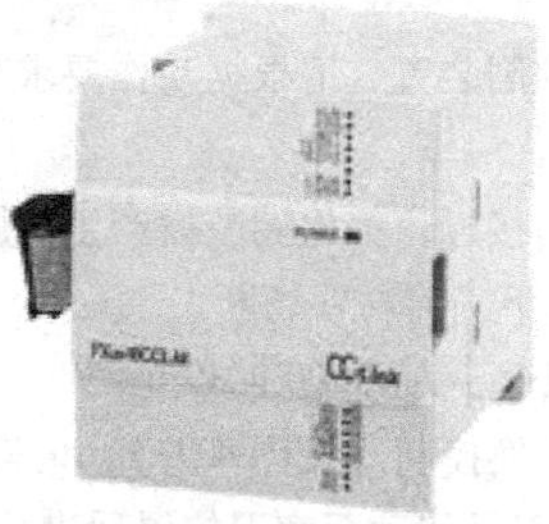

图 5-1　FX_{2N}—16CCL—M 型 CC—Link 系统主站块

1. 特点

①允许 FX 系列 PLC 在 CC—Link 中作为主站使用。

②多达 7 个远程 I/O 站以及 8 个远程设备站可以被连接到主站上。

③FX 系列 PLC 可以在 CC—Link 中作为一个远程设备站，用 CC—Link 接口 FX_{2N}—32CCL 进行连接。

2. 连接系统（见图 5-2）

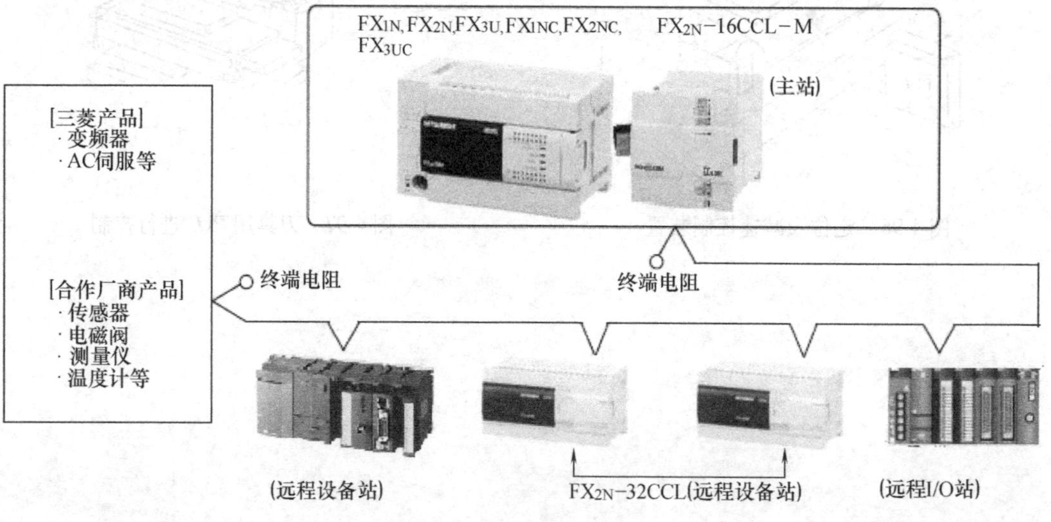

图 5-2　连接系统

3. 使用FX系列PLC的最大系统配置的实例

当连接FX_{2N}/FX_{2NC}系列PLC主单元配以16个I/O点和FX_{2N}—16CCL—M时，每个远程I/O站以及远程设备站占用一个PLC的I/O端口，如图5-3所示。

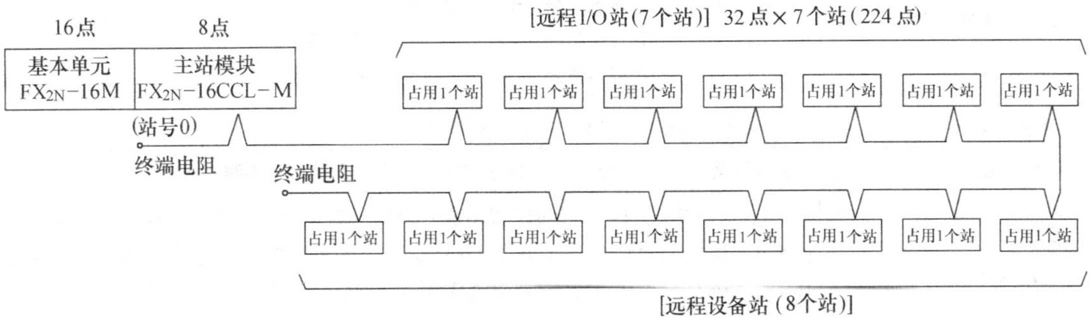

图5-3 使用FX系列PLC的最大系统配置的实例

4. FX_{2N}—16CCL—M型CC—Link系统主站块性能（见表5-1）

表5-1 FX_{2N}—16CCL—M型CC—Link系统主站块性能规格

项　　目	规　　格
对应功能	主站功能(无本地站、备用主站功能)
CC-Link版本	符合Ver. 1. 10
传输速度	156kbit/s/625kbit/s/2. 5Mbit/s/5Mbit/s/10Mbit/s可选
站号	0号站
电缆的最大总延长距离	最大传输距离：1200m(因传输速度而异)
最大连接台数	远程I/O站：最大7个站(连接在FX_{1N}、FX_{2N}、FX_{1NC}、FX_{3UC}可编程序控制器上时，每个站实际占用可编程序控制器的输入、输出32点) 远程设备站：最大8个站(满足下述条件) 其中：$\{(1\times a)+(2\times b)+(3\times c)+(4\times d)\}\leq 8$ a：占用1个站的远程设备站的台数　b：占用2个站的远程设备站的台数 c：占用3个站的远程设备站的台数　d：占用4个站的远程设备站的台数 (远程I/O站+远程设备站)≤15站；此外需满足下面的“每个系统的最大输入/输出点”数
每个系统的最大输入/输出点数	FX_{1N}、FX_{2N}、FX_{1NC}、FX_{2NC}、FX_{3UC}(Ver. 2. 20以下)可编程序控制器： 可以连接(PLC的实际I/O点数)+(特殊扩展的占用点数)+(FX_{2N}—16CCL—M占用点数:8点)+(32×远程I/O站的台数)≤256点 (FX_{2N}、FX_{2NC}、FX_{3UC}可编程序控制器)、128点(FX_{1NC}、FX_{1N}系列可编程序控制器) FX_{3U}、FX_{3UC}(Ver. 2. 20以上)可编程序控制器： ①+②的合计可以连接最大384点： ①(PLC的实际I/O点数)+(特殊扩展的占用点数)+(FX_{2N}—16CCL—M占用点数:8点)≤256点 ②32×远程I/O站台数≤224点

（续）

项　目	规　格
每个站的链接点数	远程 I/O 站：远程输入/输出（RX、RY）32 点 远程设备站：远程输入/输出（RX、RY）32 点 远程寄存器（RWw）4 点（主站→远程设备站） 远程寄存器（RWr）4 点（远程设备站→主站）
连接电缆	CC-Link 专用电缆、CC-Link 专用高性能电缆
RAS 功能	自动恢复功能、子站分离功能、通过链接特殊继电器、寄存器检测异常
适用的 PLC	FX_{1N}（2000 年 8 月以后生产的产品对应）、FX_{2N}（V2.20 以上）、FX_{3U}、FX_{1NC}（从最初生产的产品开始对应，需要 FX_{2NC}-CNV-IF）、FX_{2NC}（V2.20 以上，需要 FX_{2NC}-CNV-IF）、FX_{3UC}（需要 FX_{2NC}-CNV-IF 或者 FX_{3NC}-1PS-5V）可编程序控制器 不可以与 FX_{2N}-32ASI-M 同时使用
输入/输出占用点数	占用 FX PLC 的输入或者输出 8 点（计算在输入或者输出侧都可以）
与 PLC 的通信	采用 FROM/TO 指令访问缓存
驱动电源、控制电源	DC24V 150mA 有外部端子排供电，DC5V 自给；不使用可编程序控制器的 DC5V
附属品	终端电阻 ·标准电缆用：110Ω 1/2W（色码：棕棕棕）2 个 ·高性能电缆用：130Ω 1/2W（色码：棕棕棕）2 个 特殊模块号的标签
质量	0.4kg

5.2 FX_{2N}—32CCL CC—Link 接口模块

FX_{2N}—32CCL CC—Link 接口模块如图 5-4 所示。

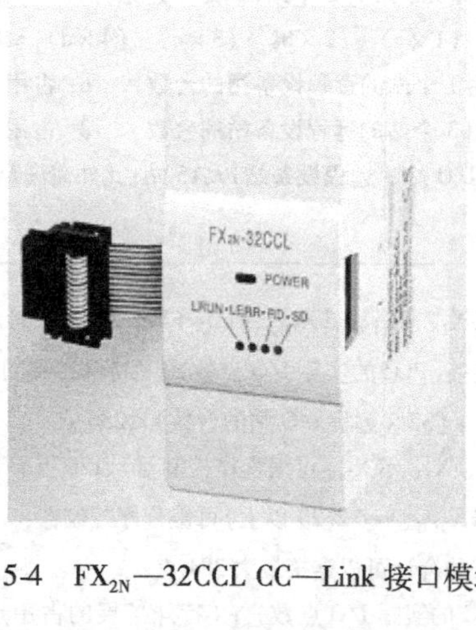

图 5-4　FX_{2N}—32CCL CC—Link 接口模块

1. 特点

①在 CC—Link 中，允许一台 FX 系列 PLC 作为一个远程设备站被连接。

②使用FX_{2N}—32CCL模块和CC—Link系统主站模块FX_{2N}—16CCL—M，可以用FX系列PLC实现一个CC—Link系统。

2. 性能（见表5-2）

表5-2　FX_{2N}—32CCL CC—Link接口模块性能规格

项　目	规　格
绝缘方式	网络总线与内部电源光电隔离
CC-Link版本	符合Ver. 1. 00
站类型	远程设备站
站号	站号：1～64号
站数	站数：1～4个站
传输速度	156kbit/s/625kbit/s/2. 5Mbit/s/5Mbit/s/10Mbit/s（通过旋钮开关设定）
电缆的最大总延长距离（最大传输距离）	1200m（因传输速度而异）
远程输入/输出点数	每个站的远程输入/输出点数为：输入32点、输出32点，但是最后一个站的高16点被CC-Link系统作为系统区域占用
远程寄存器点数	RW写入区域为4点、RW读出区域为4点
输入/输出占用点数	占用FX PLC的输入或者输出8点（计算在输入或者输出侧都可以）
适用的PLC	FX_{1N}、FX_{2N}、FX_{3U}、FX_{1NC}（需要FX_{2NC}-CNV-IF）、FX_{2NC}（需要FX_{2NC}-CNV-IF）、FX_{3UC}（需要FX_{2NC}-CNV-IF或者FX_{3UC}-1PS-5V）PLC
与PLC的通信	从FX PLC采用FROM/TO指令访问缓存
控制电源	DC5V 130mA（由可编程序控制器通过扩展电缆供电）
驱动电源	DC24（1±10%）V 50mA（由外部端子供电）
质量	0. 3kg

5. 3　FX_{2N}—64C—M型CC—Link/NT系统主站模块

FX_{2N}—64C—M型CC—Link/NT系统主站模块如图5-5所示。

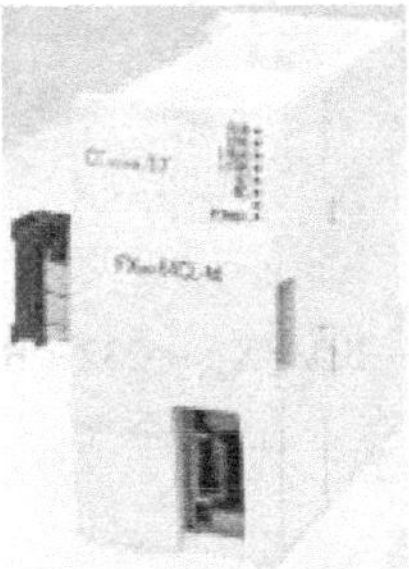

图5-5　FX_{2N}—64C—M型CC—Link/NT系统主站模块

1. 特点

①允许FX系列PLC在CC—Link/NT中作为主站使用。

②最多可连接 64 个远程 I/O 站模块。

③远程 I/O 模块被分配了普通的 X（输入）、Y（输出）软元件，通过与通用输入/输出相同的程序进行动作。

2. 性能（见表 5-3）

表 5-3　FX_{2N}—64C—M 型 CC—Link/NT 系统主站模块性能规格

项　目	规　格
适用的 PLC	FX_{1N}、FX_{2N}、FX_{3U}、FX_{1NC}（需要 FX_{2NC}-CNV-IF）、FX_{2NC}（需要 FX_{2NC}-CNV-IF）、FX_{3UC}（需要 FX_{2NC}-CNV-IF 或者 FX_{3UC}-1PS-5V）
输入/输出占用点数	FX_{1N}、FX_{1NC}：基本单元 + 扩展单元/模块 + 特殊单元（占用 8 点）用 × 使用台数 + CC-Link/LT 占用点数≤128 点 FX_{2N}、FX_{3U}、FX_{2NC}、FX_{3UC}：基本单元 + 扩展单元/模块 + 特殊单元（占用 8 点）用 × 使用台数 + CC-Link/LT 占用点数≤256 点 FX_{2N}-64CL-M：作为特殊单元处理，所以一台占用 8 点输入/输出
与 PLC 的通信	对远程 I/O 模块分配输入：X、输出；Y 的输入/输出编号 使用 FROM/TO 指令，通过缓存可以了解出错状态和远程 I/O 模块的各站状态
消耗电流	DC24V 25mA（启动时的电流：35mA），由 CLPSU-2A 供电，或者通过 CL1PAD1 由通用电源供电 DC5V：190mA（由 PLC 基本单元或扩展电源供电）
质量	0.15kg

5.4　FX_{1N}—232—BD/FX_{2N}—232—BD RS—232C 通信板

FX_{1N}—232—BD/FX_{2N}—232—BD RS—232C 通信板如图 5-6 所示。

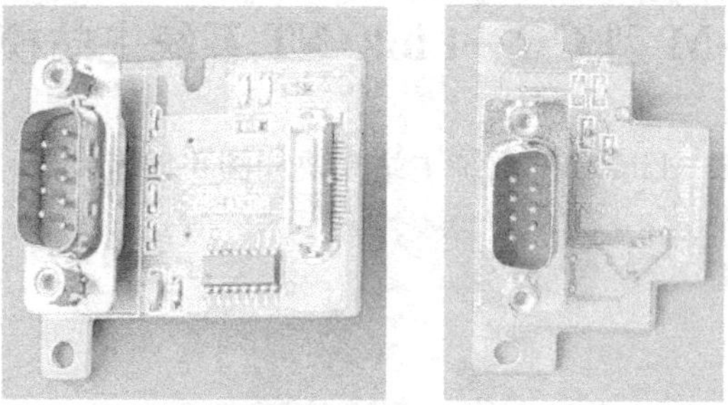

图 5-6　FX_{1N}—232—BD/FX_{2N}—232—BD RS—232C 通信板

1. 特点

①可以与各种 RS—232C 接口设备进行通信，诸如个人电脑、条码阅读器或者打印机（无协议通信）。

②可以使用专用协议（微机连接）与 RS—232C 接口设备进行通信。

③可以连接一个外部编程工具或者图形操作终端（GOP）。

2. 性能（见表5-4）

表5-4　FX_{1N}—232—BD/FX_{2N}—232—BD RS—232C通信板性能规格

项　　目	FX_{1N}-232-BD	FX_{2N}-232-BD	FX_{3U}-232-BD
传输规格	符合RS-232C规格		
最大传输距离(隔离)	15m(不隔离)		
外部设备的连接方法	D-SUB 9针{针式插口(#4-40UNC英制螺纹)}		
显示(LED)	RXD、TXD		RD、SD
通信方式	半双工双向	全双工双向{安装在FX_{2N}(V2.00以下)上时,为半双工双向}	全双工双向
传输速度	无协议、专用协议	300/600/1 200/2 400/4 800/9 600/19 200bit/s	
	编程通信	9 600/19 200bit/s	9 600/19 200/34 800/57 600/115 200bit/s
通信协议	无协议、专用协议格式1/格式4、编程通信		
电源,输入输出占用点数	DC5V 20mA(由可编程序控制器供电)、不占用输入/输出		

5.5　FX_{2NC}—232ADP RS—232C适配器

FX_{2NC}—232ADP RS—232C适配器如图5-7所示。

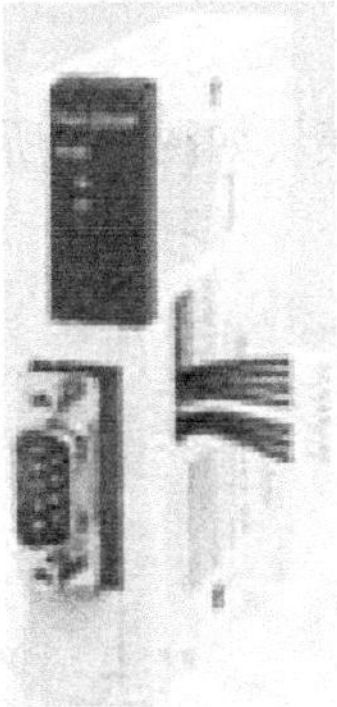

图5-7　FX_{2NC}—232ADP RS—232C适配器

1. 特点

①用于RS—232C通信的绝缘型适配器。

②可以与各种RS—232C接口设备进行通信，诸如个人电脑、条码阅读器或者打印机（无协议通信）。

③可以使用专用协议（微机连接）与RS—232C接口设备进行通信。

④可以连接一个外部编程工具或者图形操作终端（GOT）。

2. 性能（见表 5-5）

表 5-5 FX_{2NC}—232ADP RS—232C 适配器性能规格

项　目	FX_{2NC}-232ADP 规格		FX_{3U}-232ADP 规格
传输规格/最大传输距离/隔离	符合 RS-232C 规格、15m、光电隔离		
外部设备的连接方法：连接器	D-SUB 9 针{针式插口(#4-40UNC 英制螺纹)}		
显示(LED)	RD、SD、POWER		
通信方式	全双工双向 {FX_{2NC}-232ADP 装在 FX_{1S}、FX_{1N}、FX_{1NC}、FX_{2N}(V2.00 以下)上时，为半双工}		
传输速度	无协议、专用协议	300/600/1 200/2 400/4 800/9 600/19 200bit/s	
	编程通信	9 600/19 200bit/s	9 600/19 200/34 800/57 600/115 200bit/s
通信协议	无协议、专用协议格式 1/格式 4、编程通信		
输入/输出占用点数	不占用输入/输出		
适用的 PLC	FX_{1S}、FX_{1N}、FX_{2N}、FX_{1NC}、FX_{2NC} 系列 PLC (FX_{1NC}、FX_{2NC} 以外的，需要连接特殊适配器用的功能扩展板)		FX_{3U}、FX_{3UC} PLC 需要功能扩展板
与 PLC 通信	无协议时用 RS 指令		无协议时用 RS/RS2 指令
控制电源(由 PLC 供电)	DC5V 100mA		DC5V 30mA
质量	0.1kg		0.08kg

5.6 FX_{2N}—232IF RS—232C 通信接口模块

FX_{2N}—232IF RS—232C 通信接口模块如图 5-8 所示。

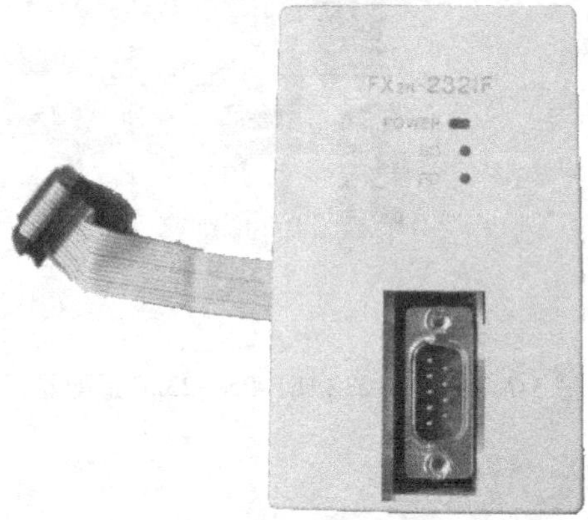

图 5-8 FX_{2N}—232IF RS—232C 通信接口模块

1. 特点

①可以用作专用功能模块。

②可以在通信中与扩展板一起使用。

③当传送或者接收信息时，该模块可以进行十六进制数与ASCⅡ码之间的自动换算。

④用于传送信息时，可以指定两个或者更多的起始符和结束符。

⑤如果数据长度大于接收缓冲区的长度，也可以进行数据的连续接收。

2. 性能（见表5-6）

表5-6　FX_{2N}—232IF RS—232C通信接口模块性能规格

项　目	规　格
传输规格	符合RS-232C规格
最大传输距离/隔离	15m、光电隔离
外部设备的连接方法	D-SUB 9针(公头#4-40UNC英制螺纹)
显示(LED)	RD、SD、POWER
通信方式	全双工双向
传输速度	300/600/1 200/2 400/4 800/9 600/19 200bit/s
通信协议	无协议、互联模式
输入/输出占用点数	占用输入或者输出8点(计算在输入或者输出侧都可以)
适用的PLC	FX_{1S}、FX_{1N}、FX_{2N}、FX_{1NC}、FX_{2NC}系列PLC(FX_{1NC}、FX_{2NC}以外的,需要连接特殊适配器用的功能扩展板)
与PLC的通信	使用FROM/TO指令访问缓存
驱动电源	DC 24(1±10%)V 80mA(外部供电)
控制电源	DC5V 40mA(由PLC供电)
质量	0.3kg

5.7　FX_{1N}—485—BD/FX_{2N}—485—BD RS—232C通信板

FX_{1N}—485—BD/FX_{2N}—485—BD RS—232C通信板如图5-9所示。

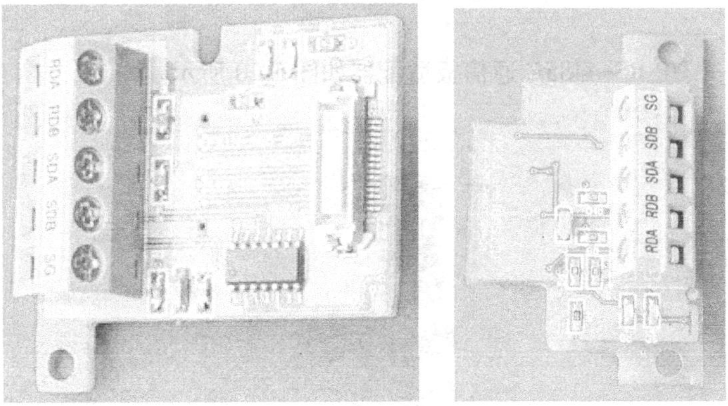

图5-9　FX_{1N}—485—BD/FX_{2N}—485—BD RS—232C通信板

1. 特点

①使用无通信协议即可完成数据传输功能。485—BD在个人电脑、条码阅读器或者打印

机（无协议通信）之间使用 RS 指令传输数据。

②使用专用协议的数据传输功能。当一台微机直接指定 PLC 设备时，485—BD 进行数据传输。

③并联。当两台 FX_{1S}系列 PLC 或者两台 FX_{1N}系列 PLC 实现一对一连接时，485—BD 可以自动传送 50 台辅助继电器和 10 台数据寄存器的数据。

④N:N 网络。当连接至 FX_{1S}/FX_{1N}/FX_{2N}/FX_{2NC}系列 PLC 时，485—BD 可以自动传送 564 台辅助继电器和 18 台数据寄存器的数据。

2. 性能（见表 5-7）

表 5-7 FX_{1N}—485—BD/FX_{2N}—485—BD RS—232C 通信板性能规格

项　　目	FX-485-BD	FX-485-BD	FX-485-BD
传输规格	符合 RS-485 规格、RS-422 规格		
最大传输距离(不隔离)	50m(不隔离)		
外部设备的连接方法	5 极端子排		
通信方式	半双工双向	全双工双向{安装在 FX_{2N}(V2.00 以下)上时,为半双工双向}	半双工双向
通信方法	无协议、专用协议格式 1/格式 4、并联链接、N:N 网络		
传输速度	无协议、专用协议	300/600/1 200/2 400/4 800/9 600/19 200bit/s	
	并联链接	19 200bit/s	115 200bit/s
	N:N 网络	38 400bit/s	
电源,输入/输出占用点数	DC5V 60mA(由可编程序控制器供电)不占用输入、输出		DC5V 40mA(由可编程序控制器供电)不占用输入、输出
终端电阻	330Ω×2 个、110Ω×1 个,附带		内置(330Ω/110Ω 切换)

5.8 FX_{2NC}—485—ADP RS—485C 通信板适配器

FX_{2NC}—485—ADP RS—485C 通信板适配器如图 5-10 所示。

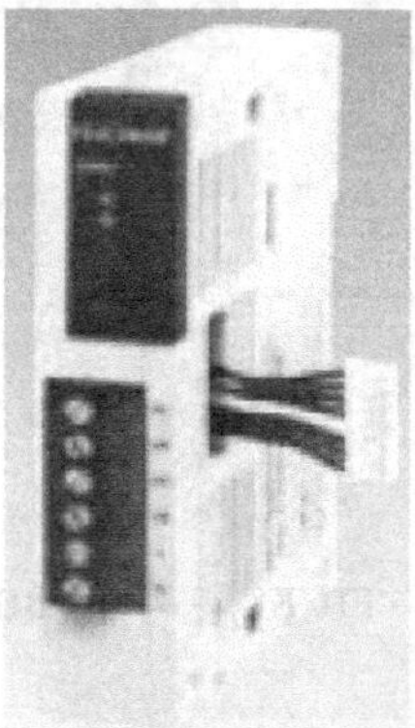

图 5-10 FX_{2NC}—485—ADP RS—485C 通信板适配器

1. 特点

①这是用于 RS—485 通信的一种绝缘型适配器。

②使用无通信协议即可完成数据传输功能。485—BD 在个人电脑、条码阅读器或者打印机之间使用 RS 指令传输数据。

③使用专用协议的数据传输功能。当一台微机直接指定 PLC 设备时，485—BD 进行数据传输。

④并联。当两台 FX_{1S}系列 PLC 或者两台 FX1N 系列 PLC 实现一对一连接时，485—BD 可以自动传送 50 台辅助继电器和 10 台数据寄存器的数据。

⑤N:N 网络。当连接 FX_{1S}/FX_{1N}/FX_{2N}/FX_{2NC}系列 PLC 时，485—BD 可以自动传送 564 台辅助继电器和 18 台数据寄存器的数据。

2. 性能（见表 5-8）

表 5-8　FX_{2NC}—485—ADP RS—485C 通信板适配器性能规格

项　　目	FX_{2NC}-485ADP 规格		FX_{3U}-485ADP 规格
传输规格/最大传输距离/隔离	符合 RS-485 规格、RS-422 规格、500m、光电隔离		
显示(LED)	SD、RD、POWER		
外部设备的连接方法：连接器	欧式端子排		
通信方式	半双工双向		
通信方法	无协议、专用协议格式 1/4、并联链接、N:N 网络		
传输速度	无协议、专用协议	300/600/1 200/2 400/4 800/9 600/19 200bit/s	
	并联链接	19 200bit/s	115 200bit/s
	N:N 网络	38 400bit/s	
终端电阻	330Ω×2 个、110Ω×1 个，附带		内置(330Ω/110Ω 切换)
输入/输出占用点数	不占用输入/输出		
适用的 PLC	FX_{1S}、FX_{1N}、FX_{2N}、FX_{1N}C、FX_{2NC} 系列 PLC（FX_{1NC}、FX_{2NC}以外的，需要连接特殊适配器用的功能扩展板）		FX_{3U}、FX_{3UC} PLC：需要功能扩展板
与 PLC 通信	无协议时用 RS 指令		无协议时用 RS/RS2 指令
控制电源（由 PLC 供电）	DC5V 150mA		DC5V 20mA
质量	0. 1kg		0. 08kg

5.9　FX—485PC—IF RS—232C/RS—485 转换接口

FX—485PC—IF RS—232C/RS—485 转换接口如图 5-11 所示。

图 5-11　FX—485PC—IF RS—232C/RS—485 转换接口

1. 特点

将 PLC 的 RS—485 信号转换为 RS—232C 信号。

2. 性能（见表 5-9）

表 5-9　FX—485PC—IF RS—232C/RS—485 转换接口性能规格

项　目		规　格
传输规格		符合 RS—485/RS—422 规格
通信方式		全双工通信方式
同步方式		调制同步方式
传输速度		300/600/1 200/2 400/4 800/9 600/19 200bit/s
回路构成(计算机: PLC)		1:1 或者 1: n/{n = 1 ~16(最大 16 个站)}
传输距离	RS-485、RS-422	总延长 500m 以内
	RS-232C	15m 以内
隔离形式		RS-232C 信号和 RS-485(RS-422)信号间为光电隔离及变压器隔离
终端电阻		330Ω ×2 个、110Ω ×1 个,附带
电源,消耗电流		DC (5 ±5%)V,最大 260mA

5.10　FX_{1N}—422—BD/FX_{2N}—422—BD RS—422 通信板

FX_{1N}—422—BD/FX_{2N}—422—BD RS—422 通信板如图 5-12 所示。

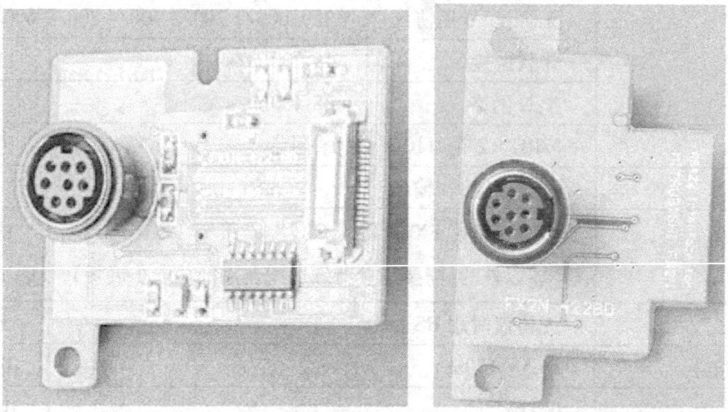

图 5-12　FX_{1N}—422—BD/FX_{2N}—422—BD RS—422 通信板

1. 特点

为一台 FX 系列 PLC 提供一个额外的 RS—422 通信端口，可用作一种编程工具（诸如 GOT 系列、编程工具 FX—10P/FX—20P 或者个人电脑）的连接端口。

2. 性能（见表 5-10）

表 5-10　FX_{1N}—422—BD/FX_{2N}—422—BD RS—422 通信板性能规格

项　目	FX_{1N}-422-BD	FX_{2N}-422-BD	FX_{3U}-422-BD
传输规格	符合 RS-4422 规格		
最大传输距离(不隔离)	50m(不隔离)		
外部设备的连接方法	MINI DIN 8 针(母头)		
通信方式	半双工双向		
通信协议	编程通信		
电源,输入/输出占用点数	DC5V 60mA(由 PLC 供电) 不占用输入、输出		DC5V 20mA(由 PLC 供电) 不占用输入、输出

5.11　N:N 网络

N:N 网络如图图 5-13 所示。

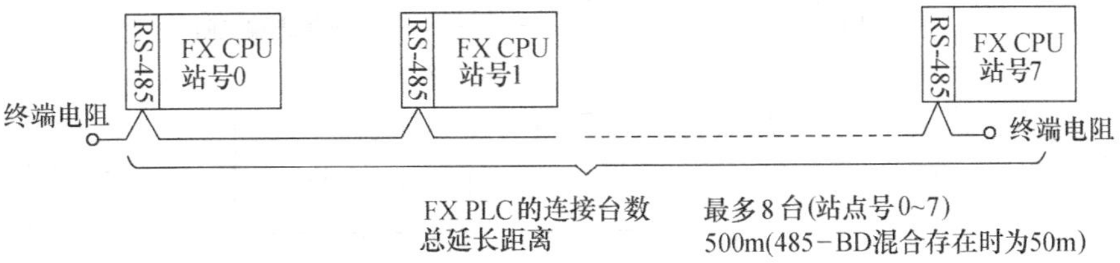

图 5-13　N:N 网络

1. 特点

①多达 8 台 FX 系列 PLC 可以同时联网。

②在被连接的站点中，位元件（0～64 点）和字元件（4～8 点）可以被自动连接。

③每一个站可以监控其他站的共享数据的数字状态。

2. 技术数据（见表 5-11）

表 5-11　N:N 网络主要技术数据

项　　目		规　　格
传输规格		符合 RS-485 规格
总延长距离		所有的通信模块都使用特殊适配器时：500m 使用功能扩展板，或者系统中混用时：50m
通信方式·传输速度		半双工双向，384 000bit/s
连接台数		最大 8 台
链接点数	模式 0	位软元件：0 点、字软元件：4 点 （FX_{1S}、FX_{1N}、FX_{2N}、FX_{3U}、FX_{1NC}、FX_{2NC}、FX_{3UC}） 系统中含有 FX_{1S} PLC 时，只有型式 0 有效
	模式 1	位软元件：32 点、字软元件：4 点 （FX_{1N}、FX_{2N}、FX_{3U}、FX_{1NC}、FX_{2NC}、FX_{3UC}）
	模式 2	位软元件：64 点、字软元件：8 点 （FX_{1N}、FX_{2N}、FX_{3U}、FX_{1NC}、FX_{2NC}、FX_{3UC}）
链接刷新时间/ms	模式 0	根据连接台数：2 台(18)、3 台(26)、4 台(33)、5 台(41)、6 台(49)、7 台(57)、8 台(65)
	模式 1	根据连接台数：2 台(22)、3 台(32)、4 台(42)、5 台(52)、6 台(62)、7 台(72)、8 台(82)
	模式 2	根据连接台数：2 台(34)、3 台(50)、4 台(66)、5 台(83)、6 台(99)、7 台(115)、8 台(131)
连接 PLC 用的设备	FX_{1S}、FX_{1N}	FX_{1N}—485—BD 或者 FX_{1N}—CNV—BD + FX_{2NC}—485ADP
	FX_{2N}	FX_{2N}—485—BD 或者 FX_{2N}—CNV—BD + FX_{2NC}—485ADP
	FX_{1NC}、FX_{2NC}	FX_{2NC}—485ADP
	FX_{3U}、FX_{3UC}	FX_{3U}—485—BD 或者功能扩展板 + FX_{3U}—485ADP
可连接的可编程序控制器		FX_{1S}、FX_{1N}、FX_{2N}（V2.00 以上）、FX_{3U}、FX_{1NC}、FX_{2NC}、FX_{3UC}

5.12 并联

并联如图 5-14 所示。

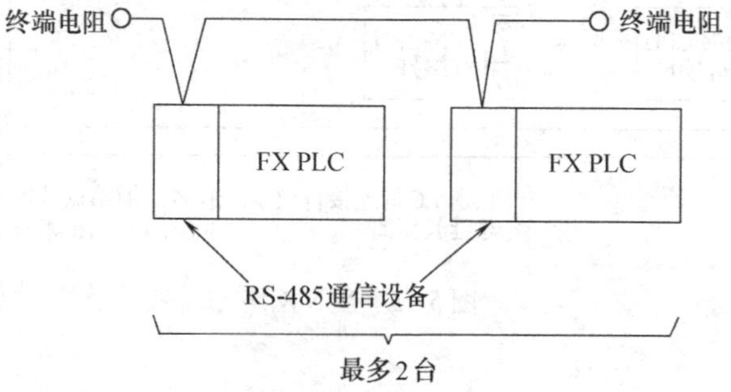

图 5-14 并联

1. 特点

①在被连接的站点中，位元件（50～100 点）和字元件（10 点）可以被自动链接。这样以便于给元件分配其自己的地址，还可以看到其他站点中断数字状态和数据寄存器的值。

②当两个 FX 系列 PLC 主单元被连接时，很容易实现数据链接。必须使用主站和从站的专用程序。

2. 技术数据（见表 5-12）

表 5-12 并联主要技术数据

项 目		规 格
传输规格		符合 RS—485 规格
最大传输距离		使用特殊适配器时：500m 使用功能扩展板，或者系统中混用时：50m
通信方式/传输速度		半双工双向，19 200bit/s、115 200bit/s（FX_{3U}、FX_{3UC}）
连接台数（构成）		1:1
链接点数	FX_{1S}	[主站→子站]：位软元件 50 点、字软元件 10 点 （高速模式时，字软元件 2 点） [子站→主站]：位软元件 50 点、字软元件 10 点 （高速模式时，字软元件 2 点）
	FX_{1N}、FX_{2N}、FX_{3U}、FX_{2NC}、FX_{3UC}	[主站→子站]：位软元件 100 点、字软元件 10 点 （高速模式时，字软元件 2 点） [子站→主站]：位软元件 100 点、字软元件 10 点 （高速模式时，字软元件 2 点）
链接时间		一般模式时：70ms *1 + 主站的运算周期（ms）+ 子站的运算周期（ms） *1：FX_{3U}、FX_{3UC} 为 15ms 高速模式时：20ms *2 + 主站的运算周期（ms）+ 子站的运算周期（ms） *2：FX_{3U}、FX_{3UC} 为 5ms

（续）

项　　目		规　　格
可连接的 PLC 的组合		·［FX_{1S}和 FX_{1S}］ ·［FX_{1N}、FX_{1NC}和 FX_{1N}、FX_{1NC}］ ·［FX_{2N}（V1.0 以上）、FX_{2NC}和 FX_{2N}（V1.04 以上）、FX_{2NC}］ ·［FX_{3U}、FX_{3UC}和 FX_{3U}、FX_{3UC}］
连接 PLC 用的设备	FX_{1S}、FX_{1N}	FX_{1N}—485—BD 或者 FX_{1N}—CNV—BD + FX_{2NC}—485ADP
	FX_{2N}	FX_{2N}—485—BD 或者 FX_{2N}—CNV—BD + FX_{2NC}—485ADP
	FX_{1NC}、FX_{2NC}	FX_{2NC}—485ADP
	FX_{3U}、FX_{3UC}	FX_{3U}—485—BD 或者功能扩展板 + FX_{3U}—485ADP

5.13　微机链接

微机链接如图 5-15 所示。

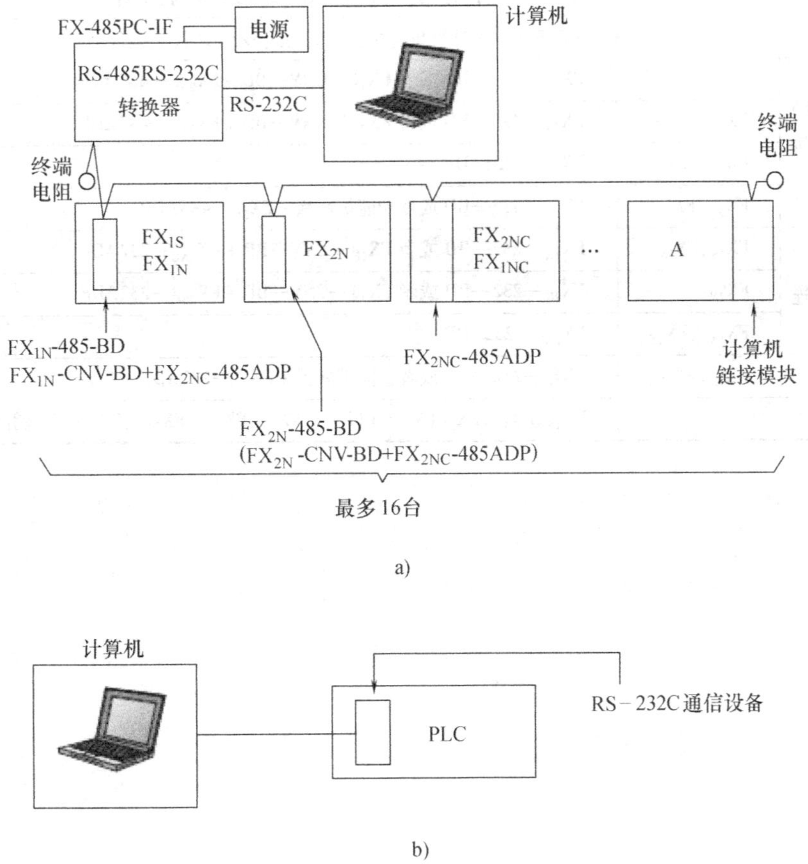

图 5-15　微机连接

1. 特点

①当使用 RS—485 通信设备时，最多可以连接 16 台 FX/A 系列 PLC 单元，并根据微机

所发出的指令在它们之间进行数据传送。

②当使用RS—232C通信设备时，微机和PLC在1∶1的基础上进行数据传输。

③可以使用专用协议（格式1和格式4）与A系列PLC进行连接。

2. 链接

3. 技术数据（见表5-13）

表5-13 微机链接主要技术数据

项目		规格
传输规格		符合RS—485(RS—422)，或者RS—232C规格
总延长距离	RS—485	使用特殊适配器时：500m 功能扩展板混用时：50m
	RS—232C	15m
通信方式		半双工双向
传输速度		300/600/1 200/2 400/4 800/9 600/19 200bit/s
连接台数		RS—485连接时：最大16台、RS—232C连接时：1台
协议形式		MELSEC—A计算机链接协议的格式1/格式4(有条件限制)
RS—485(RS—422)连接设备	FX_{1S}，FX_{1N}	FX_{1N}—485—BD或者FX_{1N}—CNV—BD＋FX_{2NC}—485ADP
	FX_{2N}	FX_{2N}—485—BD或者FX_{2N}—CNV—BD＋FX_{2NC}—485ADP
	FX_{1NC}，FX_{2NC}	FX_{2NC}—485ADP
	FX_{3U}，FX_{3UC}	FX_{3U}—485—BD或者功能扩展板＋FX_{3U}—485ADP
RS—232C连接设备	FX_{1S}，FX_{1N}	FX_{1N}—232—BD或者FX_{1N}—CNV—BD＋FX_{2NC}—232ADP
	FX_{2N}	FX_{2N}—232—BD或者FX_{2N}—CNV—BD＋FX_{2NC}—232ADP
	FX_{1NC}，FX_{2NC}	FX_{2NC}—232ADP
	FX_{3U}，FX_{3UC}	FX_{3U}—232—BD或者功能扩展板＋FX_{3U}—232ADP
可链接的PLC		FX_{1S}、FX_{1N}、FX_{2N}(V1.06以上)、FX_{3U}、FX_{1NC}、FX_{2NC}、FX_{3UC}、A计算机链接模块

第 6 章　组态软件控制技术

随着工业自动化水平的迅速提高、计算机在工业领域的广泛应用，人们对工业自动化的要求越来越高。种类繁多的控制设备和过程监控装置在工业领域的应用，使得传统的工业控制软件已无法满足用户的各种需求。在开发传统的工业控制软件时，当工业被控对象一旦有变动，就必须修改其控制系统的源程序，导致其开发周期长；已开发成功的工控软件也由于每个控制项目的不同而使其重复使用率很低，导致它的价格非常昂贵；在修改工控软件的源程序时，倘若原来的编程人员因工作变动而离去时，则必须同其他人员或新手进行源程序的修改，因而更是相当困难。组态软件的出现为解决上述实际工程问题提供了一种崭新的方法，因为它能够很好地解决传统工业控制软件存在的种种问题，使用户能根据自己的控制对象和控制目的任意组态，完成最终的自动化控制工程。

6.1　组态王软件介绍

6.1.1　组态王概述

北京亚控科技发展有限公司是国内最早成立的专业自动化软件厂商，也是目前国内规模最大的专业自动化软件厂商。从诞生到现在，亚控一直保持着较高的增长速度，市场业绩超过了国内外的所有组态软件厂商——亚控拥有最多的中国用户。

组态王的最新版本 6.53 是亚控科技根据当前的自动化技术的发展趋势，面向高端自动化市场及应用，以实现企业一体化为目标开发的一套产品。该产品以搭建战略性工业应用服务平台为目标，集成了对亚控科技自主研发的工业实时数据库（KingHistorian）的支持，可以为企业提供一个对整个生产流程进行数据汇总、分析及管理的有效平台，使企业能够及时有效地获取信息，及时地做出反应，以获得最优化的结果。

组态王 6.53 保持了组态王早期版本的功能强大、运行稳定且使用方便的特点，并根据国内众多用户的反馈及意见，对一些功能进行了完善和扩充。组态王 6.53 提供了丰富的简洁、易用的配置界面，提供大量的图形元素和图库精灵，同时也为用户创建图库精灵提供简单易用的接口。该款产品的历史曲线、温控曲线以及配方功能进行了大幅提升与改进，软件的功能性和可用性有了很大的提高。

组态王 6.53 集成了对 KingHistorian 的支持，极大地提高了组态王的数据存储能力，能够更好地满足大点数用户对存储容量和存储速度的要求。KingHistorian 是亚控新近推出的独立开发的工业数据库。具有单个服务器，支持高达 10 万点、支持 256 个并发客户，同时存储和检索数据、每秒检索单个变量超过 30 000 条记录的强大功能，能够更好地满足高端客户对存储速度和存储容量的要求，完全满足了客户实时查看和检索历史运行数据的要求。

6.1.2 组态王的主要功能特性

1）可视化操作界面，真彩显示图形、支持渐进色、丰富的图库、动画连接。

2）无与伦比的动力和灵活性，拥有全面的脚本与图形动画功能。

3）可以对画面中的一部分进行保存，以便以后进行分析或打印。

4）变量导入/导出功能，变量可以导出到 Excel 表格中，方便地对变量名称等属性进行修改，然后再导入新工程中，实现了变量的二次利用，节省了开发时间。

5）强大的分布式报警、事件处理，支持实时、历史数据的分布式保存。

6）强大的脚本语言处理，能够帮助你实现复杂的逻辑操作和与决策处理。

7）全新的 WebServer 架构，全面支持画面发布、实时数据发布、历史数据发布以及数据库数据的发布。

8）方便的配方处理功能。

9）丰富的设备支持库，支持常见的 PLC 设备、智能仪表、智能模块。

10）提供硬加密及软授权两种授权方式。

6.2 组态王程序设计步骤

组态王软件结构由工程管理器、工程浏览器及运行系统三部分构成。

1）工程管理器：工程管理器用于新工程的创建和已有工程的管理，对已有工程进行搜索、添加、备份、恢复以及实现数据词典的导入和导出等功能。

2）工程浏览器：工程浏览器是一个工程开发设计工具，用于创建监控画面、监控的设备及相关变量、动画连接、命令语言以及设定运行系统配置等的系统组态工具。

3）运行系统：工程运行界面，从采集设备中获得通信数据，并依据工程浏览器的动画设计显示动态画面，实现人与控制设备的交互操作。

通常情况下，建立一个组态王应用工程大致可分为以下几个步骤：

第一步：创建新工程

为工程创建一个目录用来存放与工程相关的文件。

第二步：定义硬件设备并添加工程变量

添加工程中需要的硬件设备和工程中使用的变量，包括内存变量和 I/O 变量。

第三步：制作图形画面并定义动画连接

按照实际工程的要求绘制监控画面并使静态画面随着过程控制对象产生动态效果。

第四步：编写命令语言

通过脚本程序的编写以完成较复杂的操作上位控制。

第五步：进行运行系统的配置

对运行系统、报警、历史数据记录、网络、用户等进行设置，是系统完成用于现场前的必备工作。

第六步：保存工程并运行

完成以上步骤后，一个可以拿到现场运行的工程就制作完成了。

需要说明的是，这六个步骤并不是完全独立的。事实上，它们常常是交错进行的。在用组态王画面开发系统编制工程时，要依照此过程考虑三个方面：

1）图形：用户希望怎样的图形画面，也就是怎样用抽象的图形画面来模拟实际的工业现场和相应的工控设备。

2）数据：怎样用数据来描述工控对象的各种属性，也就是创建一个具体的数据库，此数据库中的变量反映了工控对象的各种属性，如温度、压力等。

3）连接：数据和图形画面中的图素的连接关系是什么，也就是画面上的图素以怎样的动画来模拟现场设备的运行，以及怎样让操作者输入控制设备的指令。

下面将以一个电梯监控系统为例，带领你进入组态王的世界。

6.3　创建新工程

选择“文件→新建工程”命令或单击“新建”按钮弹出“新建工程向导之一”对话框，如图6-1所示。

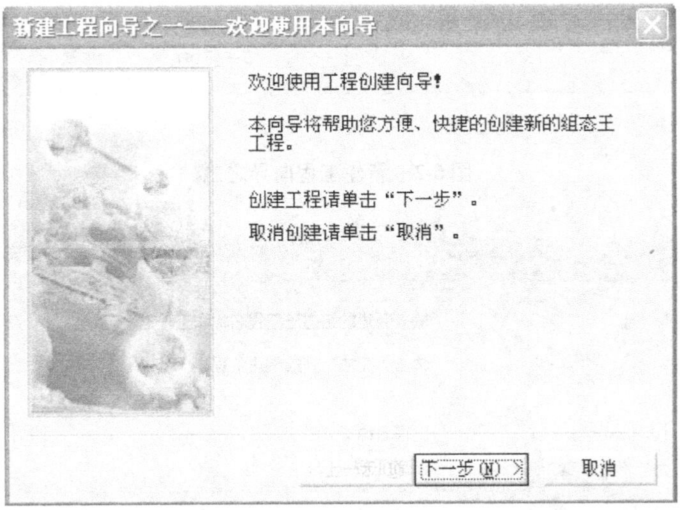

图6-1　新建工程向导之一

单击“下一步”按钮继续，弹出“新建工程向导之二”对话框，如图6-2所示。

在文本框内输入新建工程的存放路径，也可以单击“浏览”按钮，从下拉列表中选择一个工程路径。这里选择的是“E：\ cm 的毕业设计 \ 组态”。单击“下一步”按钮继续，弹出“新建工程向导之三”对话框，如图6-3所示。

在“工程名称”文本框内输入工程名称，这里输入的是“我的工程”。在“工程描述”文本框中输入对新建工程的描述，这里的描述为“电梯的组态监控”。需要注意的是，“工程名称”长度应小于32个字符，“工程描述”长度应小于40个字符。单击“完成”按钮完成工程的新建，系统会弹出对话框，询问用户是否将新建工程设为当前工程，单击“否”按钮，则新建工程不是工程管理器的当前工程，如果要将该工程设为新建工程，还要执行

“文件→设为当前工程”命令；单击“是”按钮，则将新建的工程设为组态王的当前工程。定义的工程信息会出现在工程管理器的信息表格中，如图6-4所示。双击该信息条或单击“开发”按钮或选择“工具→切换到开发系统”命令，则可进入组态王的开发系统。

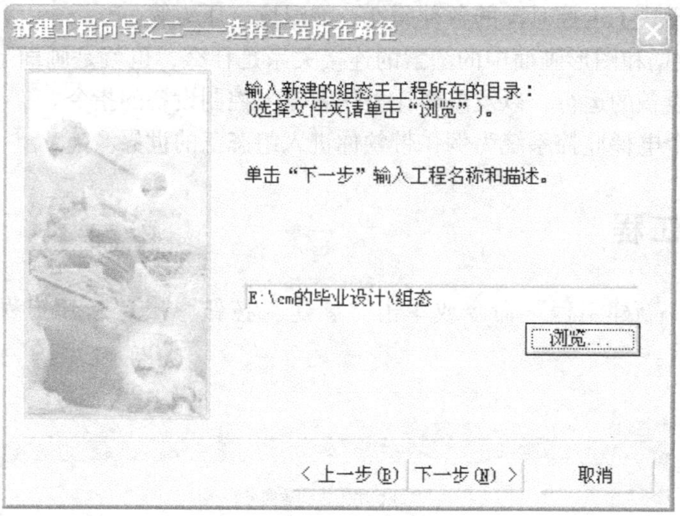

图6-2 新建工程向导之二

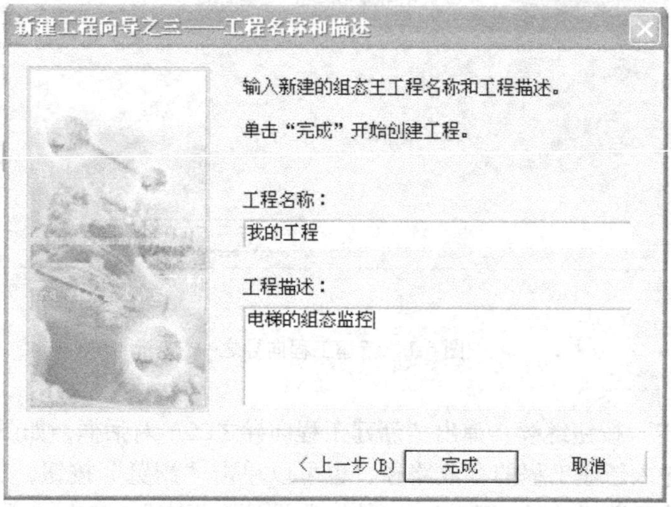

图6-3 新建工程向导之三

新建工程的路径是新建工程向导之二中指定的路径，在该路径下会以工程名称为目录建立一个文件夹。完成以上操作就可以新建一个组态王工程的工程信息了。此处新建的工程，在实际上并未真正创建工程，只是在用户给定的工程路径下设置了工程信息，当用户将此工程作为当前工程，并且切换到组态王开发环境时才真正创建工程。

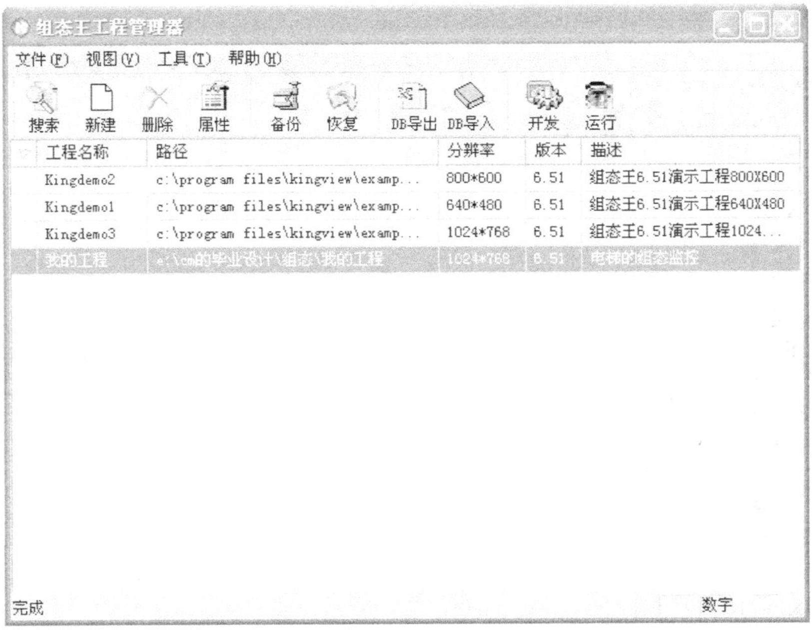

图6-4 工程管理器

6.4 定义设备与变量

组态王把那些需要与之交换数据的设备或程序都作为外部设备。外部设备包括：下位机(PLC、仪表、模块、板卡、变频器等)，它们一般通过串行口和上位机交换数据；其他Windows应用程序，它们之间一般通过DDE交换数据；网络上的其他计算机。

只有在定义了外部设备之后，组态王才能通过I/O变量和它们交换数据。为方便定义外部设备，组态王设计了“设备配置向导”引导用户一步步完成设备的连接。

6.4.1 外部设备的定义

组态王支持的硬件设备包括可编程序控制器（PLC)、智能模块、板卡、智能仪表、变频器等。工程人员可以把每一台下位机看作一种设备，他不必关心具体的通信协议，只需要在组态王的设备库中选择设备的类型，然后按照“设备配置向导”的提示一步步完成安装即可，使驱动程序的配置更加方便。

工程人员根据设备配置向导就可以完成设备的配置，操作步骤如下：

（1）在工程浏览器的目录显示区，用鼠标左键单击大纲项设备下的成员板卡，则在目录内容显示区出现“新建”图标，如图6-5所示。

（2）用鼠标左键双击“新建”图标后，弹出“设备配置向导”对话框；或者用右键单击，在弹出的快捷菜单中选择“新建板卡”命令，也弹出“设备配置向导”对话框，如图6-6所示。

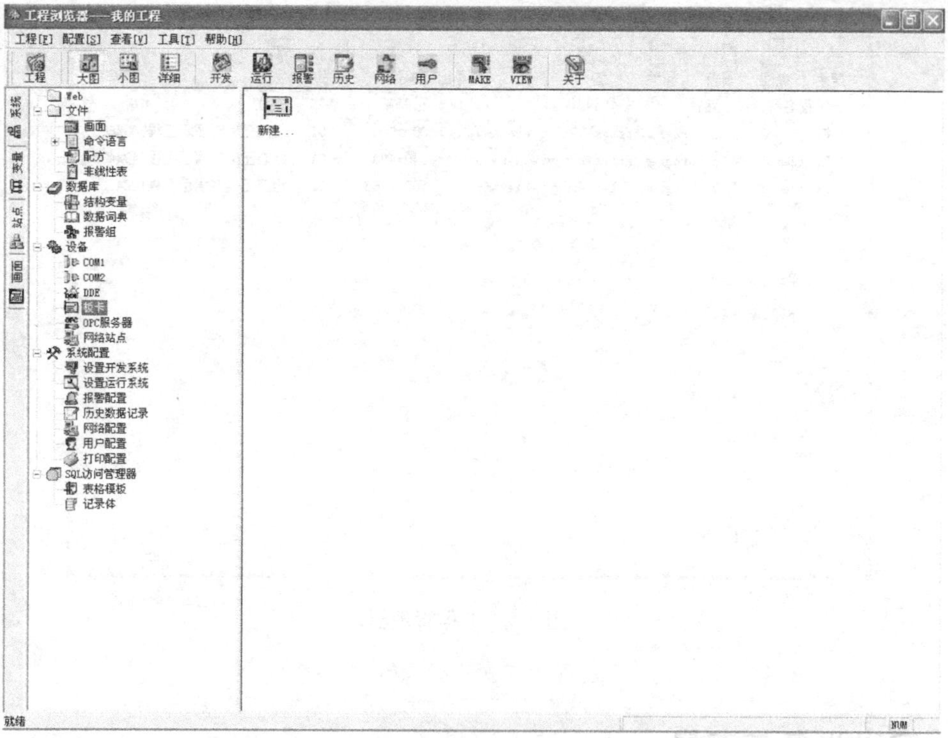

图 6-5　工程浏览器——板卡建立

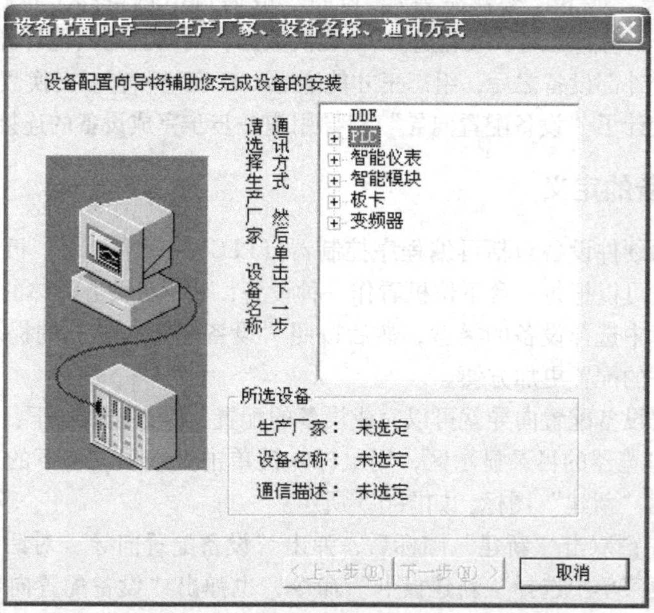

图 6-6　设备配置向导——生产厂家

（3）从树形设备列表区中选择 PLC 节点。然后选择要配置板卡设备的生产厂家、设备名称，如“PLC/三菱/FX2/编程口”。单击“下一步”按钮，则弹出“设备配置向导——逻辑名称”对话框，如图 6-7 所示。

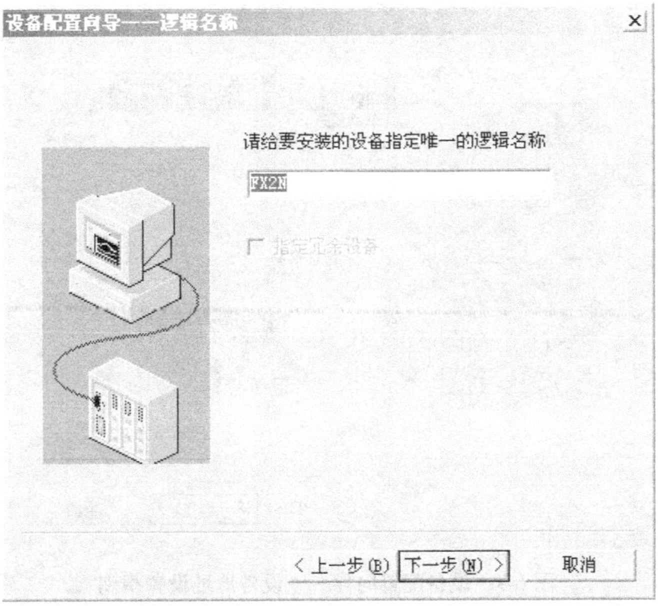

图 6-7　设备配置向导——逻辑名称

（4）工程人员给要配置的板卡设备指定一个逻辑名称。继续单击“下一步”按钮，弹出“设备配置向导——选择串口号”对话框，如图 6-8 所示。

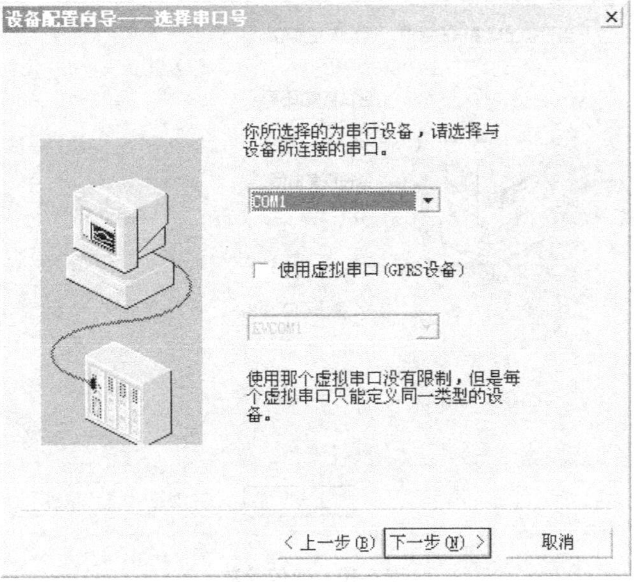

图 6-8　设备配置向导——选择串口号

（5）选择连接的串口为 COM1，单击“下一步”按钮弹出“设备配置向导——设备地址设置指南”对话框，如图 6-9 所示。

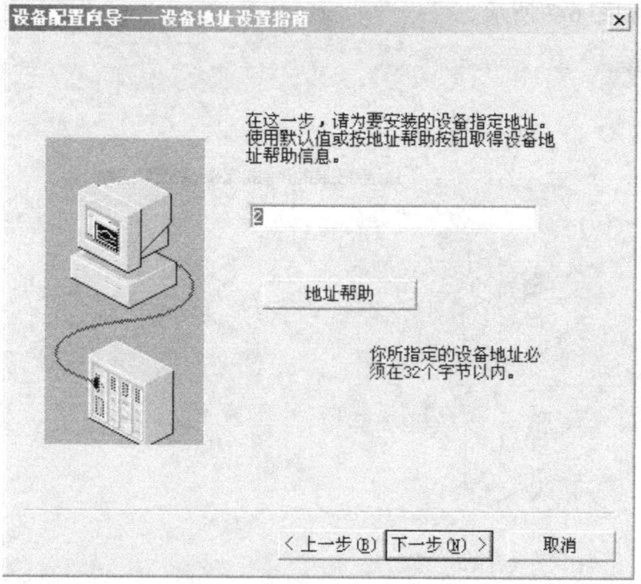

图 6-9　设备配置向导——设备地址设置指南

（6）此处填写设备地址为 2，单击“下一步”按钮，弹出“通信参数”对话框，如图 6-10 所示。

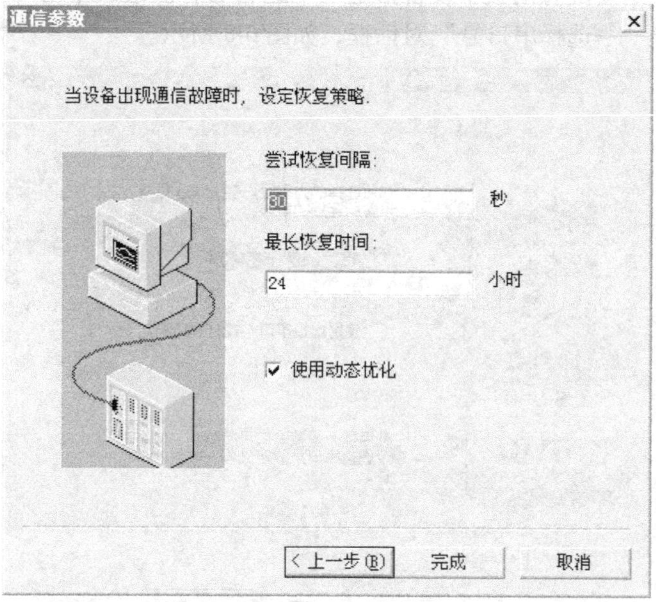

图 6-10　通信参数

（7）此处采用默认值，继续单击“下一步”按钮，则弹出“设备安装向导——信息总结”对话框，如图 6-11 所示。

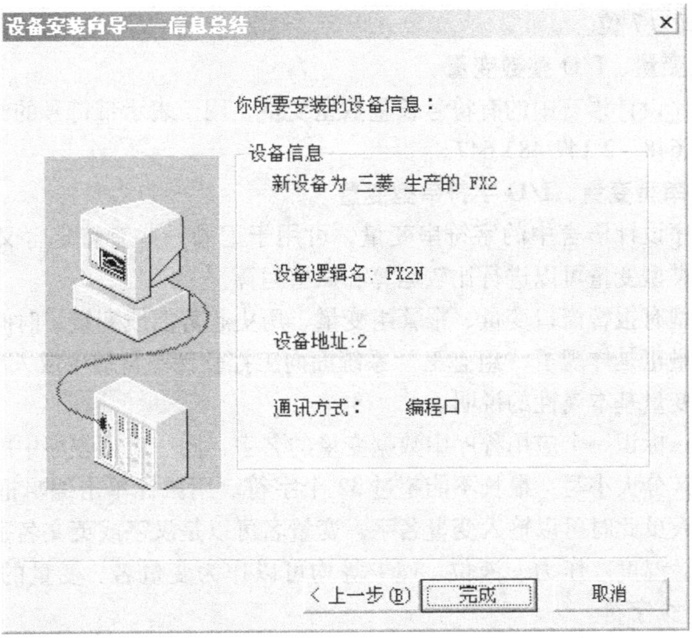

图 6-11　设备安装向导——信息总结

(8) 检查各项设置是否正确，确认无误后，单击“完成”按钮。

设备定义完成后，可以在 Com1 项下看到新建的设备“FX2N”。

6.4.2　数据变量类型说明和定义

在组态王中，变量的集合形象地称为“数据词典”，数据词典记录了所有用户可使用的数据变量的详细信息。而“数据词典”就位于组态王工程浏览器的“数据库”项的下拉列表中。

数据词典中存放的是应用工程中定义的变量以及系统变量。变量可以分为基本类型和特殊类型两大类，基本类型的变量又分为内存变量和 I/O 变量两种。“I/O 变量”指的是组态王与外部设备或其他应用程序交换的变量。这种数据交换是双向的、动态的，也就是说在组态王系统运行过程中，每当 I/O 变量的值改变时，该值就会自动写入外部设备或远程应用程序；每当外部设备或远程应用程序中的值改变时，组态王系统中的变量值也会自动改变。所以，那些从下位机采集来的数据、发送给下位机的指令，都需要设置成“I/O 变量”；那些不需要和外部设备或其他应用程序交换，只在组态王内使用的变量，如计算过程的中间变量，就可以设置成“内存变量”。

基本类型的变量也可以按照数据类型分为离散型、实型、整型和字符串型。

1. 内存离散变量、I/O 离散变量

类似一般程序设计语言中的布尔（BOOL）变量，只有 0、1 两种取值，用于表示一些开关量。

2. 内存实型变量、I/O实型变量

类似一般程序设计语言中的浮点型变量，用于表示浮点数据，取值范围为10E-38～10E+38，有效值为7位。

3. 内存整数变量、I/O整数变量

类似一般程序设计语言中的有符号长整数型变量，用于表示带符号的整型数据，取值范围为-2 147 483 648～2 147 483 647。

4. 内存字符串型变量、I/O字符串型变量

类似一般程序设计语言中的字符串变量，可用于记录一些有特定含义的字符串，如名称、密码等，该类型变量可以进行比较运算和赋值运算。

特殊变量类型有报警窗口变量、报警组变量、历史趋势曲线变量、时间变量四种。这几种特殊类型的变量正是体现了“组态王”系统面向工控软件、自动生成人机接口的特色。

下面是有关变量基本属性的说明。

变量名：惟一标识一个应用程序中数据变量的名字，同一应用程序中的数据变量不能重名，数据变量名区分大小写，最长不能超过32个字符。用鼠标单击编辑框的任何位置进入编辑状态，工程人员此时可以输入变量名字，变量名可以是汉字或英文名字，第一个字符不能是数字。例如，温度、压力、液位、var1等均可以作为变量名。变量的名称（包括结构变量）最多为31个字符。

变量类型：在对话框中只能定义八种基本类型中的一种，用鼠标单击变量类型下拉列表框，其中列出可供选择的数据类型，当定义有结构变量时，一个结构就是一种变量类型。

描述：此编辑框用于编辑和显示数据变量的注释信息。若想在报警窗口中显示某变量的描述信息，可在定义变量时，在描述编辑框中加入适当说明，并在报警窗口中加上描述项，则在运行系统的报警窗口中可见该变量的描述信息。（最长不超过39个字符）

变化灵敏度：数据类型为模拟量或长整型时此项有效。只有当该数据变量的值变化幅度超过“变化灵敏度”时，“组态王”才更新与之相连接的图素（默认为0）。

最小值：指示该变量值在数据库中的下限。

最大值：指示该变量值在数据库中的上限。注意：组态王中最大的精度为float型，四个字节。定义最大值时注意不要越限。

最小原始值：指示前面定义的最小值所对应的输入寄存器的值的下限。

最大原始值：指示前面定义的最大值所对应的输入寄存器的值的上限。

保存参数：在系统运行时，修改变量的域的值（可读可写型），系统自动保存这些参数值，系统退出后，其参数值不会发生变化。当系统再启动时，变量的域的参数值为上次系统运行时最后一次的设置值。无须用户再去重新定义。变量域的说明请查看在线帮助。

保存数值：系统运行时，当变量的值发生变化后，系统自动保存该值。当系统退出后再次运行时，变量的初始值为上次系统运行过程中变量值最后一次变化的值。

初始值：这项内容与所定义的变量类型有关，定义模拟量时出现编辑框，可在其中输入一个数值，定义离散量时出现开或关两种选择。定义字符串变量时出现编辑框，可在其中输入字符串，它们规定软件开始运行时变量的初始值。

对于我们的电梯监控系统，可以得到如表6-1所示的变量列表。

表 6-1　组态变量表

变量名	变量类型	连接设备	寄存器名
一层上呼按钮	I/O 离散	FX2N	X3
二层上呼按钮	I/O 离散	FX2N	X4
二层下呼按钮	I/O 离散	FX2N	X5
三层下呼按钮	I/O 离散	FX2N	X6
一层内选按钮	I/O 离散	FX2N	X0
二层内选按钮	I/O 离散	FX2N	X1
三层内选按钮	I/O 离散	FX2N	X2
开门按钮	I/O 离散	FX2N	X7
关门按钮	I/O 离散	FX2N	X10
报警按钮	I/O 离散	FX2N	X12
门的开度	内存整型	—	—
升降程度	内存整型	—	—
一层行程开关	I/O 离散	FX2N	X13
二层行程开关	I/O 离散	FX2N	X14
三层行程开关	I/O 离散	FX2N	X15
一层指示灯	I/O 离散	FX2N	Y2
二层指示灯	I/O 离散	FX2N	Y3
三层指示灯	I/O 离散	FX2N	Y4
报警指示	I/O 离散	FX2N	Y7
电梯上升	I\O 离散	FX2N	Y0
电梯下降	I/O 离散	X2N	Y1
电梯开门	I/O 离散	FX2N	Y5
电梯关门	I/O 离散	FX2N	Y6
开门到位	I/O 离散	FX2N	X16
关门到位	I/O 离散	FX2N	X17
一层内选回应	I/O 离散	FX2N	Y10
二层内选回应	I/O 离散	FX2N	Y11
三层内选回应	I/O 离散	FX2N	Y12
一层上呼回应	I/O 离散	FX2N	Y13
二层上呼回应	I/O 离散	FX2N	Y14
二层下呼回应	I/O 离散	FX2N	Y15
三层下呼回应	I/O 离散	FX2N	Y16
开门按钮回应	I/O 离散	FX2N	Y17
关门按钮回应	I/O 离散	FX2N	Y20
游标	内存实型	—	—
报表查询变量*	内存字符串	—	—
跨度*	内存整型	—	—
卷动百分比*	内存整型	—	—

注：带“*”的变量会在下面讲到。

6.5 制作图形画面

进入组态王开发系统后，就可以为每个工程建立数目不限的画面，在每个画面上生成互相关联的静态或动态图形对象。这些画面都是由“组态王”提供的类型丰富的图形对象组成的。系统为用户提供了矩形（圆角矩形）、直线、椭圆（圆）、扇形（圆弧）、点位图、多边形（多边线）、文本等基本图形对象，以及按钮、趋势曲线窗口、报警窗口、报表等复杂的图形对象。提供了对图形对象在窗口内任意移动、缩放、改变形状、复制、删除、对齐等编辑操作，全面支持键盘、鼠标绘图，并可提供对图形对象的颜色、线型、填充属性进行改变的操作工具。

“组态王”采用面向对象的编程技术，使用户可以方便地建立画面的图形界面。用户构图时可以像搭积木那样利用系统提供的图形对象完成画面的生成。同时支持画面之间的图形对象拷贝，可重复使用以前的开发结果。

6.5.1 建立新画面

为建立一个新的画面可执行以下操作：

在工程浏览器左侧的“工程目录显示区”中选择“画面”选项，在右侧视图中双击“新建”图标，弹出新建画面对话框，如图 6-12 所示。

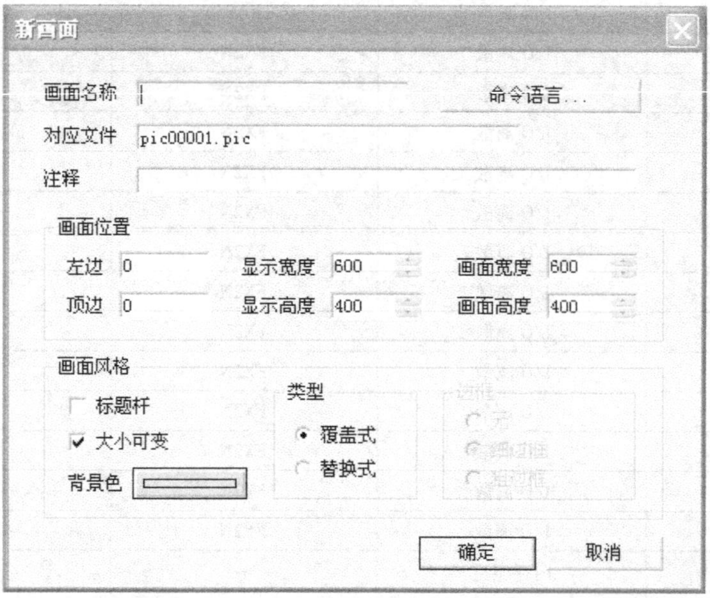

图 6-12 新画面的建立

在“画面名称”文本框中输入新建画面名称，如“电梯的组态监控”。其他属性默认，单击“确定”按钮后如图 6-13 所示。

图 6-13 开发系统

其中画面的大小可以通过拉动右下角的点来改变。

在工具箱中单击文本工具，在画面上输入文字：“电梯的组态监控”。

选择“工具→多边形”命令，然后在画面中绘制一个平行四边形，并复制几个待用。同样地，选择“工具→立体管道”命令，在画面中绘制一个适当长度的管道，并复制待用。

将“多边形”和“立体管道”组合起来，如图 6-14 所示。注意多边形之间的距离相等以及图素前后移动的灵活运用以达到令人满意的效果。这样电梯的简单框图就绘制完成了。

接下来是电梯轿厢画面的绘制，在这里为了方便可以只画电梯轿厢的三个面，即正面、侧面和上面，以及电梯门的绘制。具体绘制方法与电梯框架的绘制方法相同，只是矩形和平行四边形的简单组合。在这里为了模拟时的效果更好，可以在门的处理上多加一层白色的方框，大小与两扇门的大小一致，同时注意图素位置的确定（即确定哪个图素在最上面，哪个图素在最下面）。绘制完后效果如图 6-15 所示。

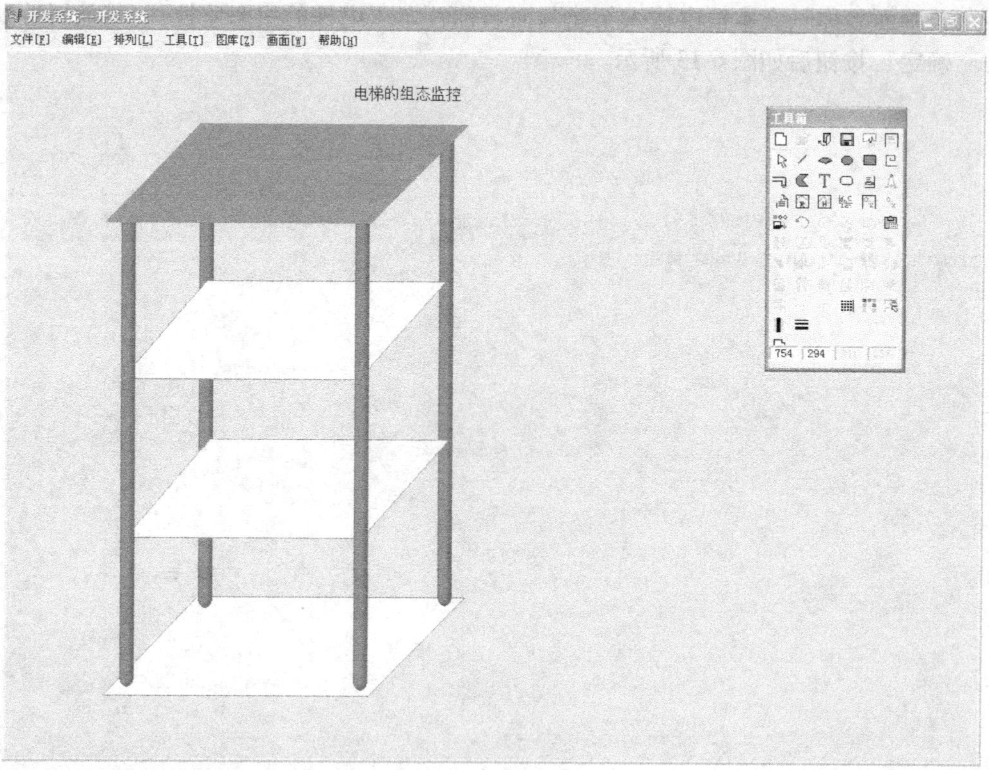

图 6-14　电梯井架

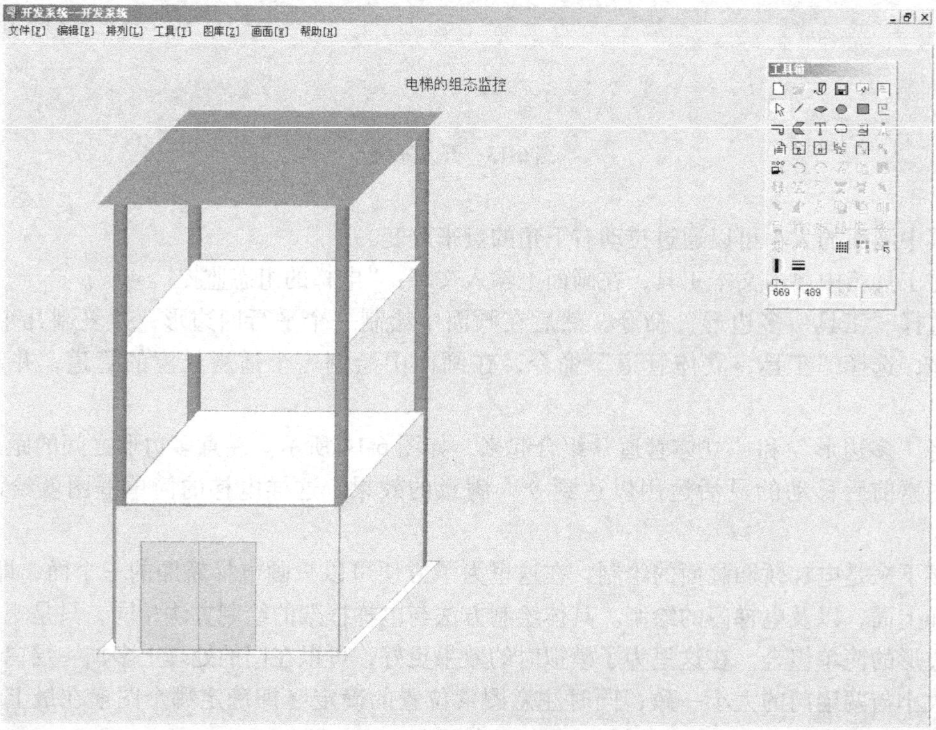

图 6-15　电梯井架和轿厢

6.5.2　使用图库管理器

电梯的框架和轿厢完成以后就只剩下按钮的绘制了，在组态软件中为了方便用户的使用专门设计了一个图库管理器，在图库管理器中有一些已制作成型的图素组合。使用图库管理器降低了工程人员设计界面的难度，用户更加集中精力于维护数据库和增强软件内部的逻辑控制，缩短开发周期；同时用图库开发的软件将具有统一的外观，方便工程人员学习和掌握。另外，利用图库的开放性，工程人员可以生成自己的图库元素。

选择“图库→打开图库”命令或按 F2 键可打开图库管理器，如图 6-16 所示。

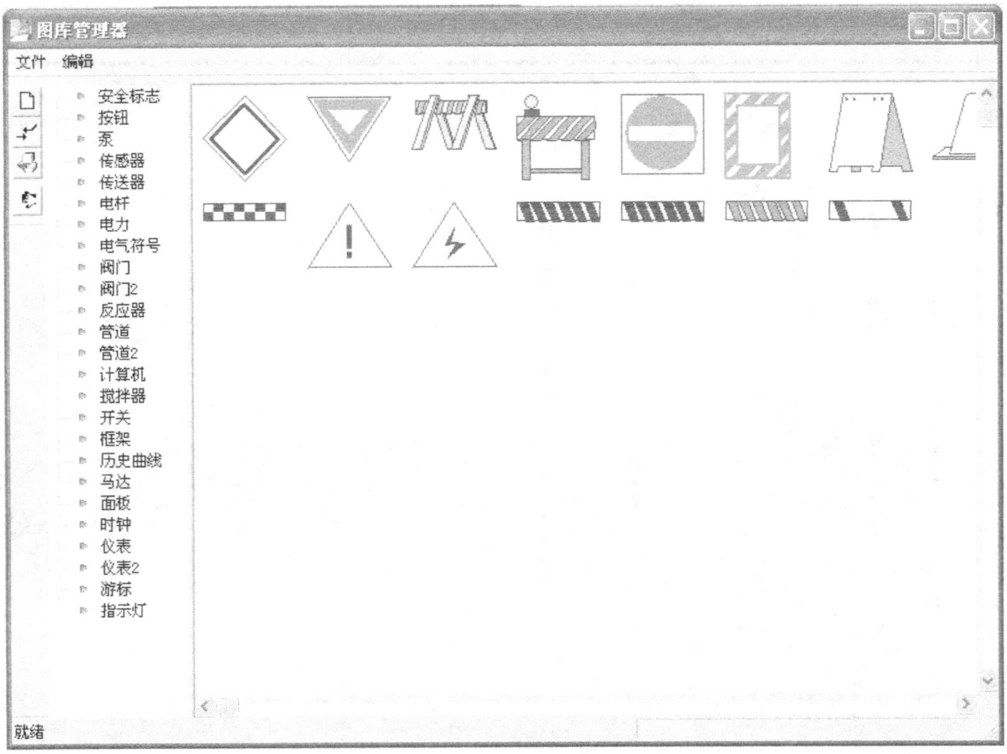

图 6-16　图库管理器

在图库管理器左侧图库名称列表中选择图库名称“按钮”，选中和后双击鼠标，图库管理器自动关闭，在工程画面上鼠标位置出现“| _”标志，在画面上单击鼠标，该图素就被放置在画面上并拖动边框到适当的位置，改变其至适当的大小。

考虑到完成后的按钮与我们的要求有一定的距离，我们把按钮稍加变化。具体方法是：先选中我们的按钮，然后选择“图库→转换成普通图素”命令，就能把按钮中的向下和向上的箭头拖出来，留着备用。

在工具箱中找到“按钮”按钮，并单击，在画面的适当位置拖动出一个适当大小的方框，出现一个按钮，它的默认文本为“文本”，可以通过右击该按钮选择“字符串替换”命令来改变按钮的文本属性。在这里把它改变成“< | >”（表示电梯的开门按钮），这样就

完成了开门按钮的制作。把它复制几个，分别改变文本为“ > | < ”（表示电梯的关门按钮）、“1”（表示电梯的1层内选按钮）、“2”（表示电梯的2层内选按钮）、“3”（表示电梯的3层内选按钮）、“!”（表示电梯的警告按钮）。同时再复制4个，改变文本为“”，与上面拖出的向上和向下的箭头组合起来表示电梯的上呼和下呼按钮，这里要把箭头图素向前移动，在这里虽然画面上看与图库中的元素没有差别，但是它们的属性发生了变化，通过改变它的属性可以达到我们的要求，这将在后文讲到。

同样地，对游标进行相同的操作，以达到我们的设计要求。

完成了按钮和游标的制作后，电梯监控系统画面如图6-17所示。

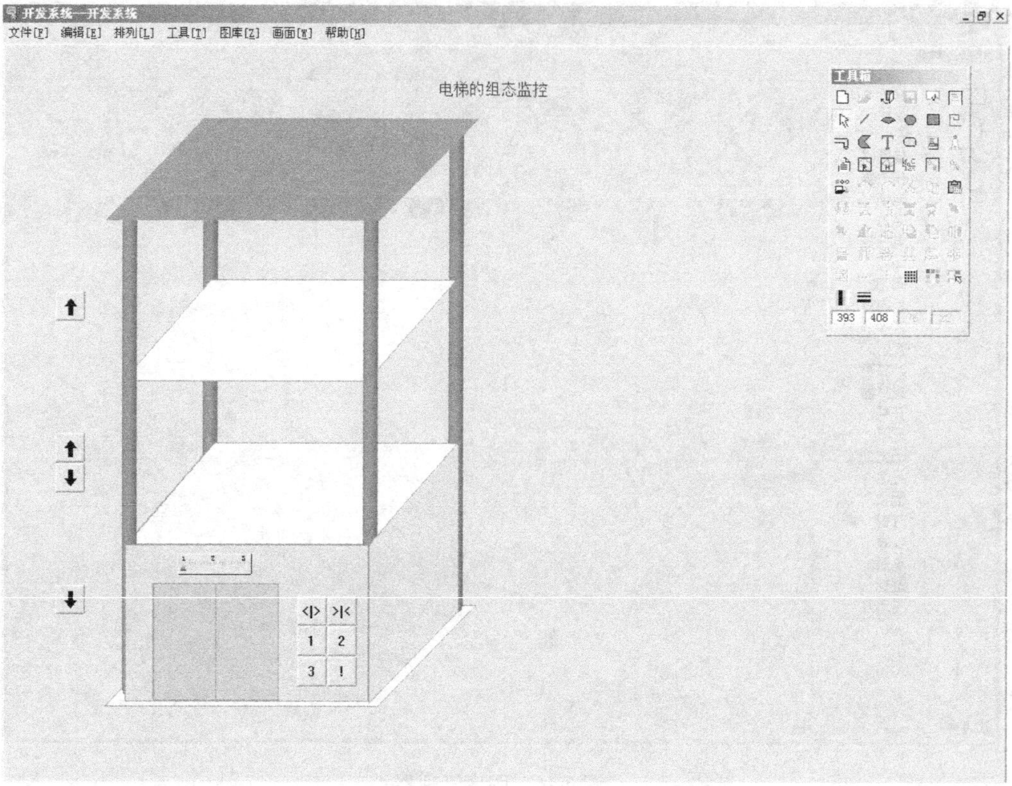

图6-17 电梯基本画面

这样电梯的基本画面部分就完成了。

6.6 建立动画连接

所谓“动画连接”，就是建立画面的图素与数据库变量的对应关系。

工程人员在组态王开发系统中制作的画面都是静态的，那么它们如何才能反映工业现场的状况呢？这就需要通过实时数据库，因为只有数据库中的变量才是与现场状况同步变化的。数据库变量的变化又如何导致画面的动画效果呢？通过“动画连接”。这样，工业现场的数据，如温度、液面高度等，当它们发生变化时，通过I/O接口，将引起实时数据库中变量的变化，如果设计者曾经定义了一个画面图素，如指针，与这个变量相关，我们将会看到指针在同步偏转。

动画连接的引入是设计人机接口的一次突破，它把工程人员从重复的图形编程中解放出来，为工程人员提供了标准的工业控制图形界面，并且由可编程的命令语言连接来增强图形界面的功能。图形对象与变量之间有丰富的连接类型，给工程人员设计图形界面提供了极大的方便。“组态王”系统还为部分动画连接的图形对象设置了访问权限，这对于保障系统的安全具有重要的意义。图形对象可以按动画连接的要求改变颜色、尺寸、位置、填充百分数等，一个图形对象又可以同时定义多个连接。把这些动画连接组合起来，应用程序将呈现出令人难以想像的图形动画效果。

给图形对象定义动画连接是在“动画连接”对话框中进行的。在组态王开发系统中双击图形对象（不能有多个图形对象同时被选中），弹出“动画连接”对话框，如图6-18所示。

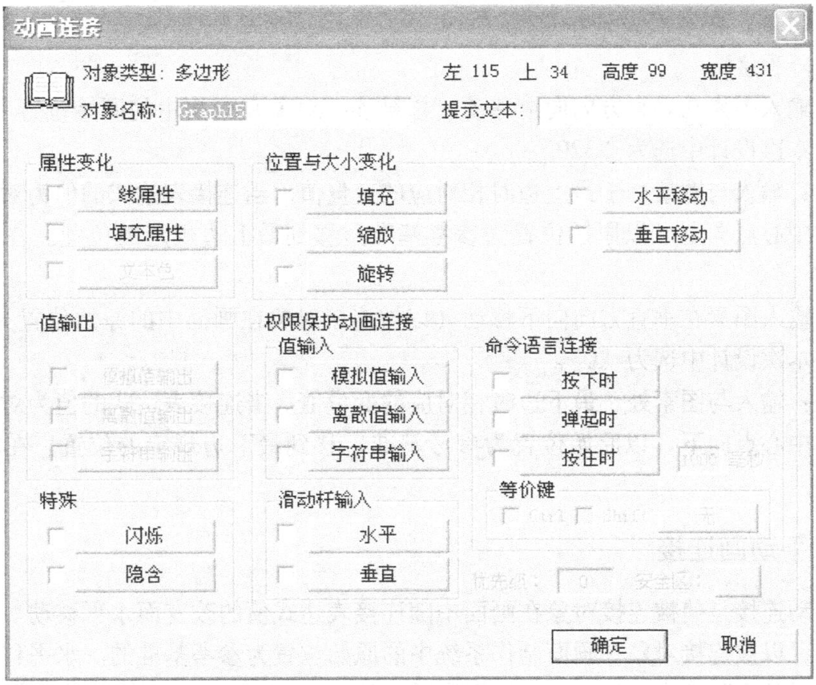

图6-18　动画连接

对话框的第一行标识出被连接对象的名称和左上角在画面中的坐标以及图形对象的宽度和高度。

对话框的第二行提供“对象名称”和“提示文本”编辑框。“对象名称”是为图素提供的惟一的名称，供以后的程序开发使用，暂时不能使用。“提示文本”的含义为：当图形对象定义了动画连接时，在运行的时候，鼠标放在图形对象上，将出现开发中定义的提示文本。

对话框的下面部分为动画连接种类，在本次设计中要用到如下几种动画连接：垂直动画连接、水平动画连接、缩放动画连接、填充属性连接。

6.6.1 垂直动画连接

垂直移动连接是使被连接对象在画面中的位置随连接表达式的值而垂直移动。移动距离以像素为单位，以被连接对象在画面制作系统中的原始位置为参考基准的。垂直移动连接常用来表示对象实际的垂直运动，如本次设计中的轿厢部分。单击“动画连接”对话框中的“垂直移动”按钮，弹出“垂直移动连接”对话框，如图6-19所示。

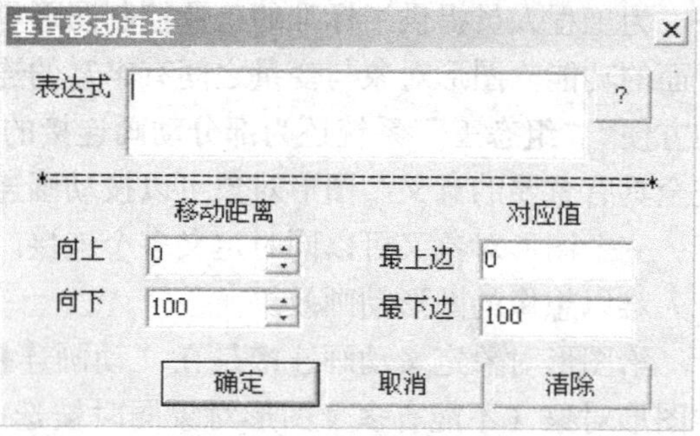

图6-19 垂直移动连接

对话框中各项设置的意义如下：

表达式：在此编辑框内输入合法的连接表达式，单击“?”按钮可以查看已定义的变量名和变量域。在本次设计中选为“\\本站点\升降程度”。

向上：输入图素在垂直方向向上移动（以被连接对象在画面中的原始位置为参考基准）的距离。在本次设计中选为“320”。

最上边：输入与图素处于最上边时相对应的变量值。当连接表达式的值为对应值时，被连接对象的中心点向上（以原始位置为参考基准）移到最上边规定的位置。在本次设计中选为“320”。

向下：输入图素在垂直方向向下移动（以被连接对象在画面中的原始位置为参考基准）的距离。在本次设计中选为“0”。

最下边：输入与图素处于最下边时相对应的变量值。当连接表达式的值为对应值时，被连接对象的中心点向下（以原始位置为参考基准）移到最下边规定的位置。在本次设计中选为“0”。

6.6.2 水平动画连接

水平移动连接是使被连接对象在画面中随连接表达式值的改变而水平移动。移动距离以像素为单位，以被连接对象在画面制作系统中的原始位置为参考基准的。水平移动连接常用来表示图形对象实际的水平运动，如轿厢中游标的指针。

水平移动连接的设置方法为：在“动画连接”对话框中单击“水平移动”按钮，弹出“水平移动连接”对话框，如图6-20所示。

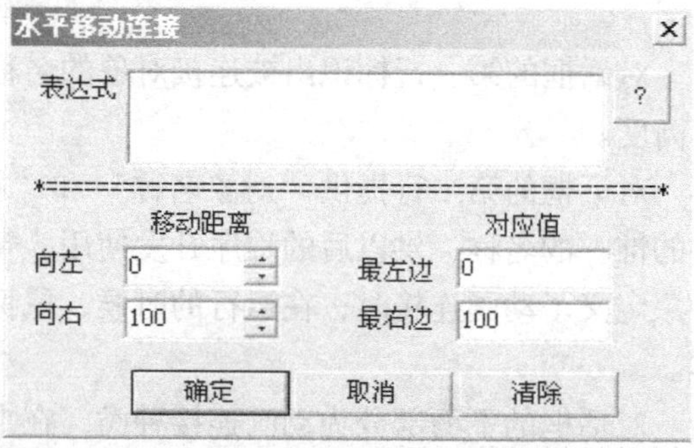

图6-20 水平移动连接

对话框中各项设置的意义如下：

表达式：在此编辑框内输入合法的连接表达式，单击“?”按钮可查看已定义的变量名和变量域。在本次设计中选为“\\本站点\游标”。

向左：输入图素在水平方向向左移动（以被连接对象在画面中的原始位置为参考基准）的距离。在本次设计中选为“1”。

最左边：输入与图素处于最左边时相对应的变量值。当连接表达式的值为对应值时，被连接对象的中心点向左（以原始位置为参考基准）移到最左边规定的位置。在本次设计中选为“1”。

向右：输入图素在水平方向向右移动（以被连接对象在画面中的原始位置为参考基准）的距离。在本次设计中选为“3”。

最右边：输入与图素处于最右边时相对应的变量值。当连接表达式的值为对应值时，被连接对象的中心点向右（以原始位置为参考基准）移到最右边规定的位置。在本次设计中选为“3”。

6.6.3　缩放动画连接

缩放连接是使被连接对象的大小随连接表达式的值而变化，如本次设计中的电梯门的设计（将其设置“缩放连接”动画连接属性），以反映变量“门的开度”的变化。

缩放连接的设置方法是：在“动画连接”对话框中单击“缩放”按钮，弹出的对话框如图 6-21 所示。

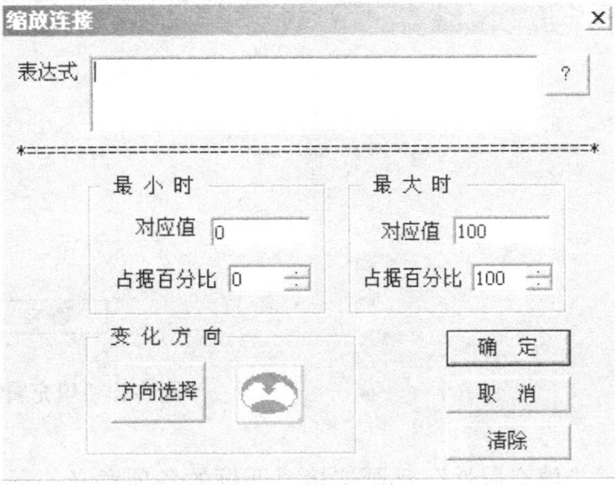

图 6-21　缩放连接

对话框中各项设置的意义如下：

表达式：在此编辑框内输入合法的连接表达式，单击“?”按钮可以查看已定义的变量名和变量域。在本次设计中选为“\\本站点\门的开度”。

最小时：输入对象最小时占据的被连接对象的百分比（占据百分比）及对应的表达式的值（对应值）。百分比为 0 时此对象不可见。在本次设计中选对应值为“100”，占据百分比为“0”。

最大时：输入对象最大时占据的被连接对象的百分比（占据百分比）及对应的表达式的值（对应值）。若此百分比为 100，则当表达式值为对应值时，对象大小为制作时该对象大小。在本次设计中选对应值为“0”，占据百分比为“100”。

变化方向：选择缩放变化的方向。变化方向共有五种，用“方向选择”按钮旁边的指示器来形象地表示。箭头是变化的方向，蓝点是参考点。单击“方向选择”按钮，可选择五种变化方向之一。

向下变化

向上变化

向中心变化

向左变化

向右变化

显然，在设计左边的门时应选用“”；在设计右边的门时应选用“”。

6.6.4 填充属性连接

填充属性连接使图形对象的填充颜色和填充类型随连接表达式的值而改变，通过定义一些分段点（包括阈值和对应填充属性），使图形对象的填充属性在一段数值内为指定值。在本次设计中PLC接收到按钮给出的信号之后又返回一个信号，在这个信号的作用下会使相应的按钮持续点亮。这样的效果就是填充属性连接。

“填充属性”动画连接的设置方法为：在“动画连接”对话框中单击“填充”按钮，弹出的对话框如图6-22所示。

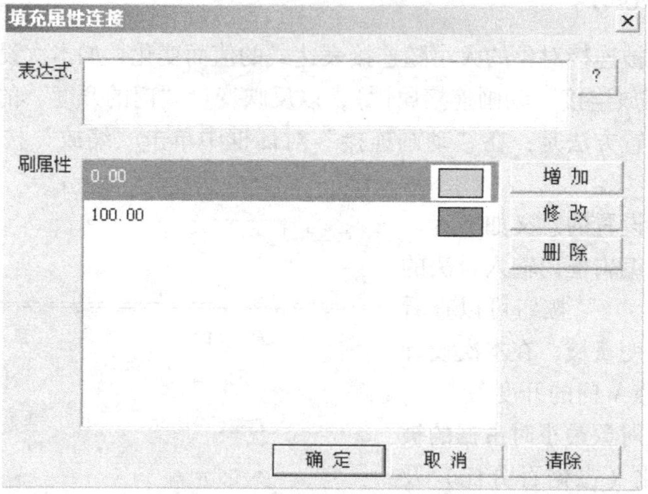

图6-22 填充属性连接

“填充属性”动画连接对话框的各项意义如下：

表达式：用于输入连接表达式，右边的“?”可以查看已定义的变量名和变量域。选成各个按钮回应如“\\本站点\一层上呼回应”和“\\本站点\一层内选回应”。

修改：修改选中的分段点。单击“修改”按钮弹出“修改”对话框，如图6-23所示。

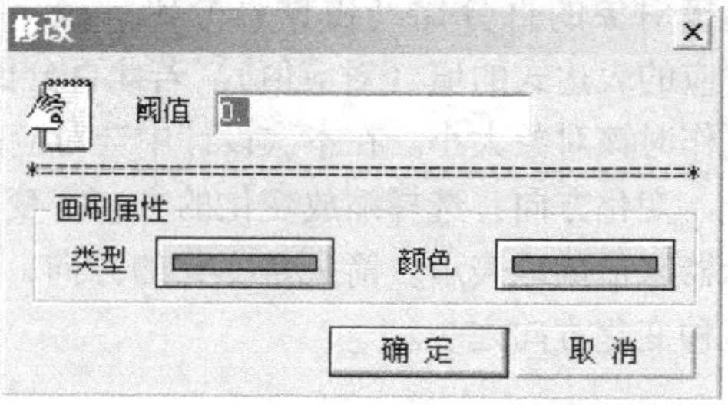

图6-23 修改

在本次设计中把阈值设置为“0”和“1”，分别对应按钮无效和按钮有效时的按钮颜色。

增加：增加新的分段点。增加对话框用法同修改对话框。

删除：删除选中的分段点。

6.7 命令语言编程

命令语言都是靠事件触发执行的，如定时、数据的变化、键盘键的按下、鼠标的点击等。在本次设计中用到了应用程序命令语言、动画连接命令语言、事件命令语言。组态王中命令语言在语法上类似C语言。

6.7.1　应用程序命令语言

在工程浏览器的目录显示区，选择“文件→命令语言→应用程序命令语言”命令，则在右边的内容显示区出现“请双击这儿进入 < 应用程序命令语言 > 对话框…”图标，如图6-24所示。

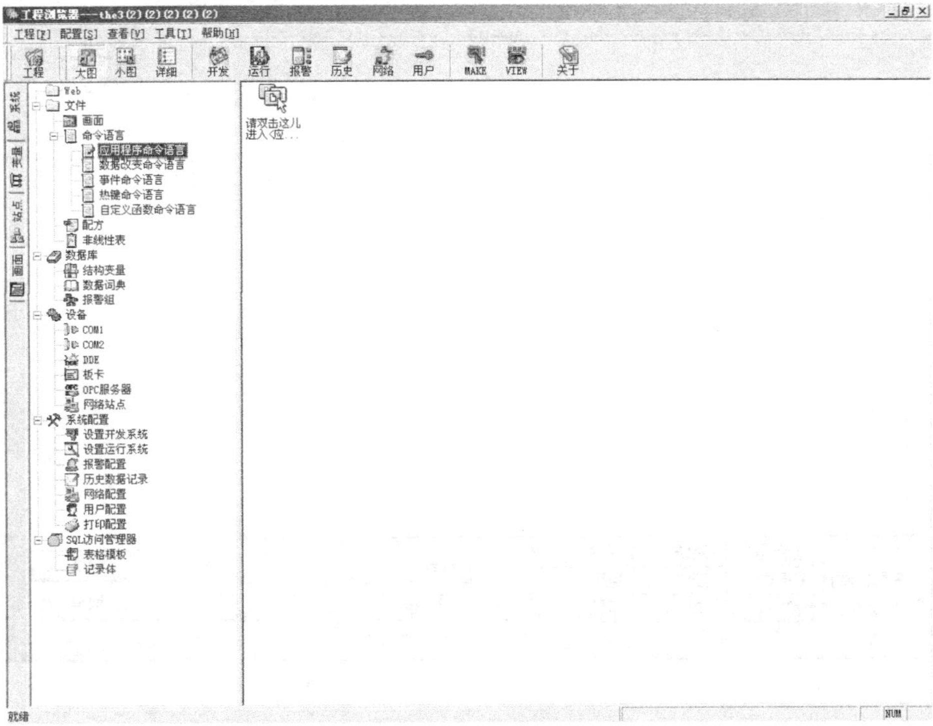

图6-24　工程浏览器-应用命令语言

双击图标，则弹出“应用程序命令语言”对话框，如图6-25所示。

应用程序命令语言是指在组态王运行系统应用程序启动时、运行期间和程序退出时执行的命令语言程序。如果是在运行系统运行期间，该程序按照指定时间间隔定时执行。

如图6-25所示，当选择“运行时”标签时，会有输入执行周期的编辑框“每……毫秒”。输入执行周期，则组态王运行系统运行时，将按照该时间周期性地执行这段命令语言程序，无论打开画面与否。

选择“启动时”标签，在该编辑器中输入命令语言程序，该段程序只在运行系统程序启动时执行一次。

选择“停止时”标签，在该编辑器中输入命令语言程序，该段程序只在运行系统程序退出时执行一次。

应用程序命令语言只能定义一个。

结合本次设计，我们只需要选择“运行时”标签，在命令输入区输入“\\ 本站点 \ 游标 = \\ 本站点 \ 升降程度/160 + 1;”。这里的游标是电梯内部的指示游标，即代表电梯的现在楼层。这样就能把电梯的升降程度这个比较抽象的概念具体化到楼层。

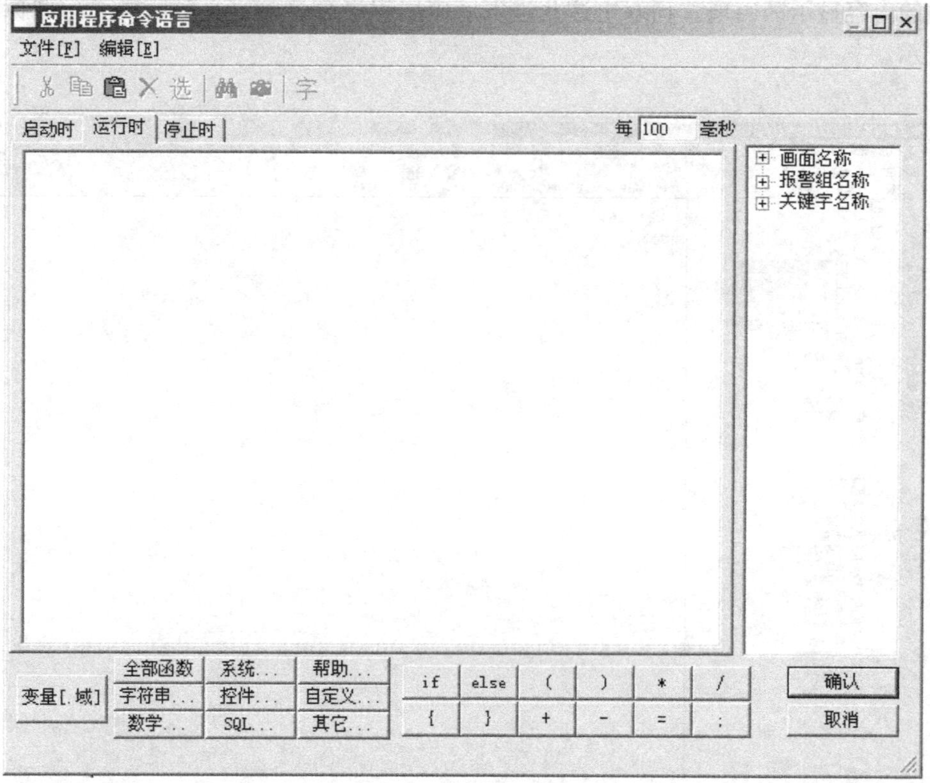

图 6-25 应用程序命令语言

6.7.2 事件命令语言

事件命令语言是指当规定的表达式的条件成立时执行的命令语言。如某个变量等于定值，某个表达式描述的条件成立。在工程浏览器中选择命令语言—事件命令语言，在浏览器右侧双击“新建……”，弹出事件命令语言编辑器，如图 6-26 所示。

事件命令语言有三种类型：

发生时：事件条件初始成立时执行一次。

存在时：事件存在时定时执行，在“每……毫秒”编辑框中输入执行周期，则当事件条件成立存在期间周期性执行命令语言。

消失时：事件条件由成立变为不成立时执行一次。

事件描述：指定命令语言执行的条件。

备注：对该命令语言作一些说明性的文字。

在本次设计中需要四组事件命令语言的定义，分别为：

{事件描述：\\ 本站点\ 电梯上升 = =1
存在时：\\ 本站点\ 升降程度 = \\ 本站点\ 升降程度 +5；
每 55ms}
{事件描述：\\ 本站点\ 电梯下降 = =1
存在时：\\ 本站点\ 升降程度 = \\ 本站点\ 升降程度 -5；
每 55ms}
{事件描述：\\ 本站点\ 开门 = =1&& \\ 本站点\ 门的开度 <100
存在时：\\ 本站点\ 门的开度 = \\ 本站点\ 门的开度 +25；
每 55ms}
{事件描述：\\ 本站点\ 关门 = =1&& \\ 本站点\ 门的开度 >0
存在时：\\ 本站点\ 门的开度 = \\ 本站点\ 门的开度 -25；
每 55ms}

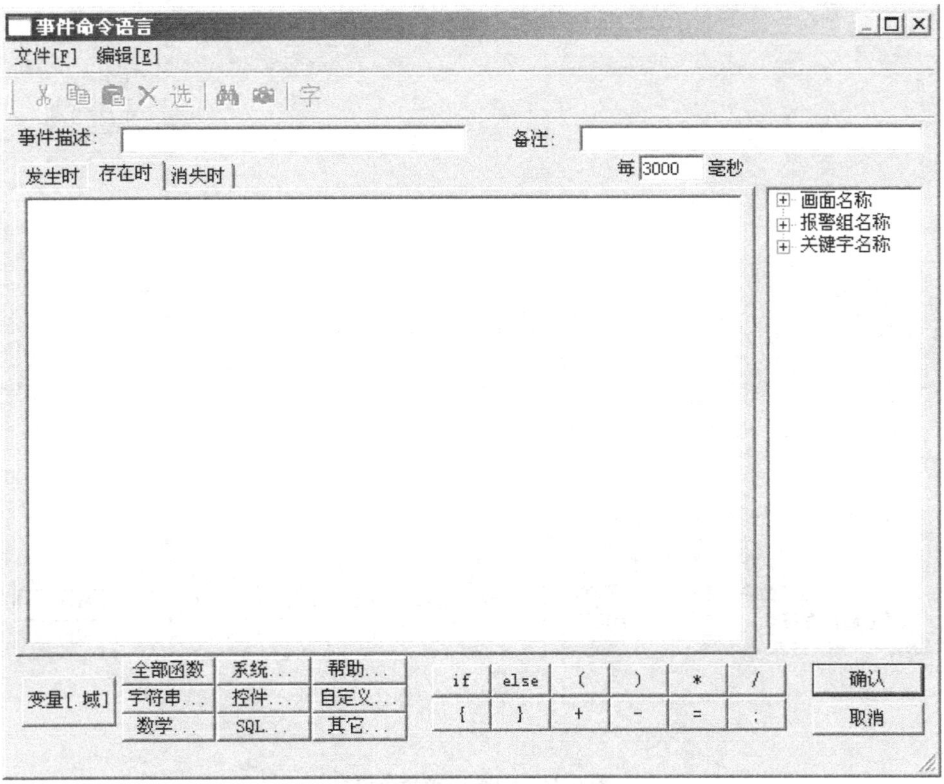

图 6-26 事件命令语言

6.7.3 动画连接命令语言

对于图素，有时一般的动画连接表达式完成不了的工作，而程序只需要单击一下画面上的按钮等图素才执行，如单击一个按钮，执行一连串的动作，或执行一些运算、操作等。这时可以使用动画连接命令语言。组态王中的大多数图素都可以定义动画连接命令语言。如在画面上放置一个按钮，双击该按钮，弹出“动画连接”对话框，如图 6-18 所示。

在“命令语言连接”选项中包含三个选项：

按下时：当鼠标在该按钮上按下时，或与该连接相关联的热键按下时执行一次。

弹起时：当鼠标在该按钮上弹起时，或与该连接相关联的热键弹起时执行一次。

按住时：当鼠标在该按钮上按住，或与该连接相关联的热键按住，没有弹起时周期性执行该段命令语言。按住时命令语言连接可以定义执行周期，在按钮后面的“毫秒”编辑框中输入按钮被按住时命令语言执行的周期。

单击上述任何一个按钮都会弹出动画连接命令语言编辑器，如图 6-27 所示。其用法与其他命令语言编辑器用法相同。

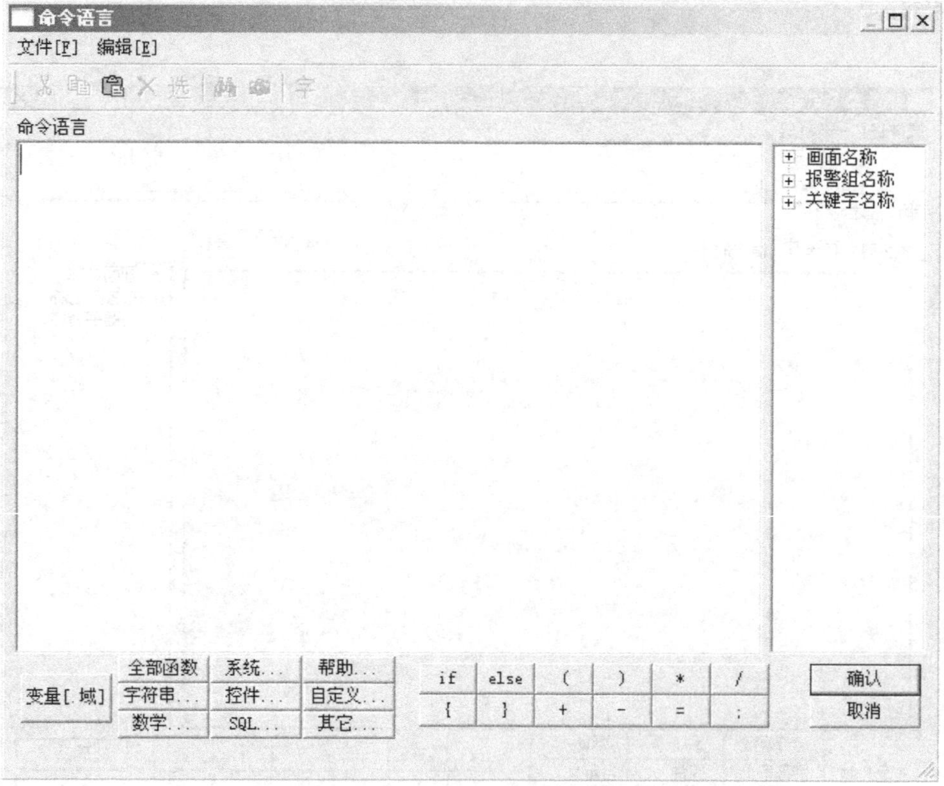

图 6-27　动画连接命令语言

在本次设计中，我们用到“弹起时”有效，在各组命令语言中只要输入相应的按钮等于 1 即可，如“\\ 本站点 \ 一层内选按钮 = 1;”，“\\ 本站点 \ 二层下呼按钮 = 1;”等。

6.8　程序运行

“组态王”软件包由工程管理器 ProjectManage、工程浏览器 TouchExplorer 和画面运行系统 TouchView 三部分组成。其中工程浏览器内嵌组态王画面制作开发系统，生成人机界面工程。画面制作开发系统中设计开发的画面工程在 TouchView 运行环境中运行。TouchExplorer 和 TouchView 各自独立，一个工程可以同时被编辑和运行，这对于工程的调试是非常方便的。本章主要通过 TouchView 的菜单命令来介绍组态王画面运行系统。

在运行组态王工程之前首先要在开发系统中对运行系统环境进行配置。在开发系统中单击菜单栏“配置↗运行环境”命令或工具条“运行”按钮或工程浏览器“工程目录显示区→系统配置→设置运行系统”按钮后，弹出“运行系统设置”对话框，如图 6-28 所示。

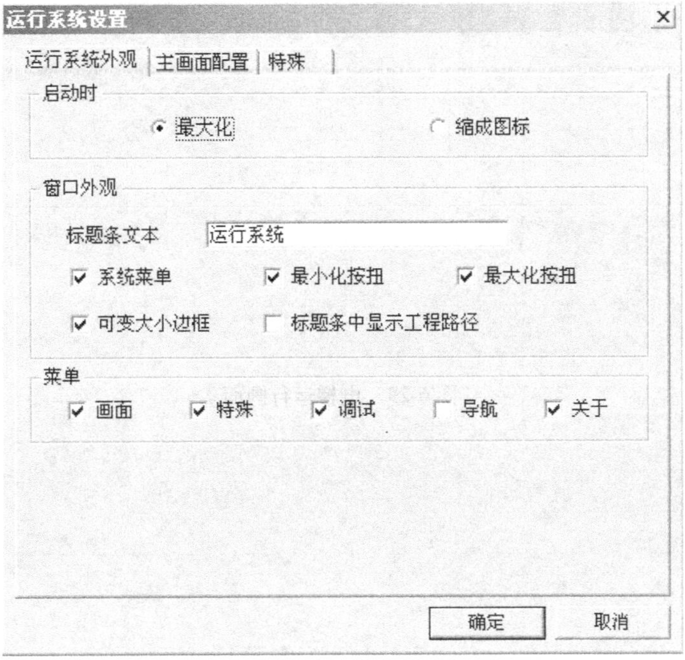

图 6-28　运行系统设置

在本次设计中只需要选择“主画面配置”，再选中“电梯仿真”画面，单击“确定”按钮。这样就把“电梯仿真”画面作为了主画面，即进入运行系统后首先跳出的是“电梯仿真”画面。

配置好运行系统之后，就可以启动运行系统环境了。在开发系统中单击工具条“VIEW”按钮或快捷菜单中“切换到 View”命令后，进入组态王运行系统，如图 6-29 所示。

这样电梯的组态监控组态部分的基本功能就完成了，接下来要做的是 PLC 的编程和硬件电路的制作。关于此部分，请参考相关书目。

本章简要介绍了监控组态软件，并以一个电梯监控系统为例，带领你领略了组态王的魅力。如果想更深入地学习组态王，请参考相关书目。

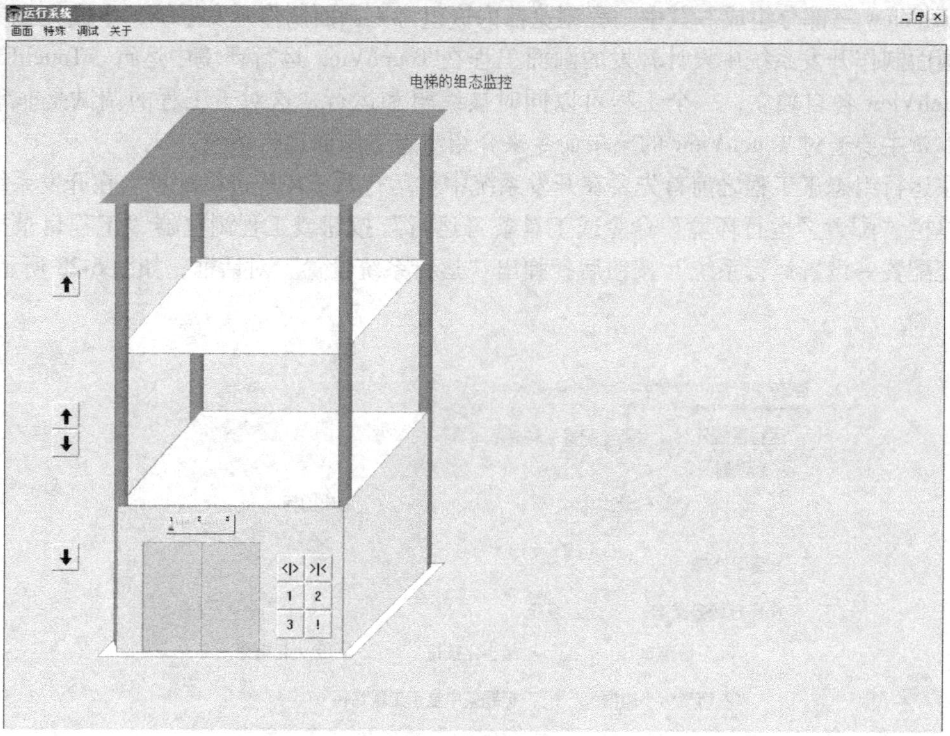

图 6-29 电梯运行画面

第 7 章　可编程序控制器的设计与应用

在介绍了 PLC 的硬件结构、基本原理以及软件编程方法的基础上，本章将结合具体实例，阐述在工业控制过程中设计 PLC 控制系统的方法、应注意的事项及其在工艺控制中的应用实例。

7.1　PLC 控制系统设计的内容与步骤

PLC 广泛应用于工业控制的各个领域，应用场合多种多样。随着 PLC 自身功能的不断增强，其控制系统越发复杂化。因此不可能归纳出设计 PLC 控制系统的详细步骤和准则。这里只阐述设计 PLC 控制系统所必须遵循的基本原则和设计的主要步骤。

7.1.1　PLC 控制系统设计的基本原则

1）最大限度地满足被控对象的控制要求。考虑将来发展的需要，选择 PLC 时，在 I/O 点数和内存容量上留有适当的余量。

2）保证控制系统安全可靠。

3）在满足控制要求的前提下，力求使控制系统简单、经济、使用与维修方便。

4）设计合理、经济，使系统具有较高的性价比。

7.1.2　PLC 控制系统设计步骤

PLC 控制系统设计的基本步骤如图 7-1 所示。

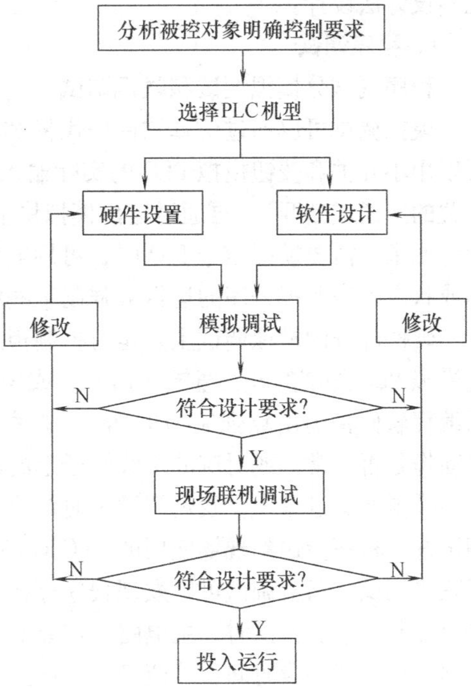

图 7-1　PLC 控制系统设计步骤流程图

1. 分析被控对象，提出控制要求

被控对象就是受控的机械、电气设备、生产线或生产过程。设计 PLC 控制系统之前，设计人员首先要深入分析和调查被控对象，全面详细了解被控对象的工艺流程及设备性能，根据生产中提出的问题，确定系统需要完成的任务，从而提出系统的控制要求。系统的控制要求主要指控制的基本方式、应完成的动作、自身工作循环的组成、必要的保护和连锁等，具体包括各项设计要求、约束条件及控制方式。控制要求是整个系统设计的依据。

2. 确定输入、输出设备

根据被控对象对 PLC 控制系统的功能要求，确定系统所需的用户输入、输出设备。输入、输出设备的确定是 PLC 控制系统硬件设计的内容。输入设备主要包括操作按钮、开关及计量保护装置等设备；输出设备主要包括接触器、电磁阀、指示灯等执行元件。

3. 确定 PLC 的 I/O 点数，选择 PLC 机型

根据已确定的用户 I/O 设备，统计所需的输入信号和输出信号的点数，从而选择合适的 PLC 类型。包括机型的选择、容量的选择、I/O 模块的选择、电源模块的选择等。在选择机型 PLC 时，除了满足确定的要求外，还应留有一定的裕量，以便调试和日后使用时扩展。一般来讲，配制好的 PLC，其输入点数与控制对象的输入信号数总是相应的，输出点数与输出的控制回路数也是相应的，但在设计系统时应预留出实际 I/O 点数的 10% ~30% 做备用。

4. 分配 I/O 点数，绘制 PLC 控制系统输入、输出端子接线图

确定了系统的输入、输出信号后，这些输入信号必须输入 PLC，再由 PLC 输出执行结果来驱动外部负载，所以给所有的外部输入信号、系统的输出信号分配合适的 PLC 端口是十分必要的，在此过程中，可能用户需要更改所使用的 PLC 的类型，因为有时需要的控制功能在以前确定的 PLC 上无法使用。在对 PLC 进行了 I/O 分配后，就需要绘制出输入/输出分配表或者画出输入、输出端子接线图。这个过程是以后硬件施工的基础。整个控制系统输入、输出端子接线图设计的基本原则是所有的输入、输出信号必须能够分别构成电流回路，并且要注意所有的输入、输出信号的电压、电流、频率范围。

5. 程序设计，绘制工作循环图或状态转移图

PLC 的软件设计包括系统初始化程序；控制程序；检测、故障诊断和显示等程序；保护和联锁程序等。程序设计时，首先根据总体要求和控制系统的具体情况，确定程序的基本结构，绘制工作循环图或状态转移图，简单的系统可以用经验法设计，复杂的系统一般用顺序控制设计法设计。

6. 程序调试

程序调试分模拟调试和联机调试。

模拟调试可以通过仿真软件来代替 PLC 硬件在计算机上调试程序。如果有 PLC 的硬件，可以用小开关和按钮模拟 PLC 的实际输入信号（如启动、停止信号）或反馈信号（如限位开关的接通或断开），再通过输出模拟块上各输出位对应的指示灯，观察输出信号是否满足设计要求。需要模拟信号 I/O 时，可用电位器和万用表配合进行。在编程软件中可以用状态图或状态图表监视程序的运行或强制某些编程元件。

硬件部分的模拟调试主要是对控制柜或操作台的接线进行测试。可在操作台的接线端子上模拟 PLC 外部的开关量输入信号，或操作按钮的指令开关，观察对应 PLC 输入点的状态。用编程软件将输出点强制 ON/OFF，观察对应的控制柜内 PLC 负载（指示灯、接触器等）的动作是否正常，或对应的接线端子上的输出信号的状态变化是否正确。

模拟调试过程中，发现问题及时修改，直到满足工作循环图或状态转移图的要求。模拟调试好的程序传送到现场使用的 PLC 存储器中，接入 PLC 的实际输入接线和负载，进行现场联机调试。联机调试可以发现程序存在的实际问题和不足，通过调试和修改，使程序完全符合控制要求。调试时，主电路一定要断电，只对控制电路进行联机调试。程序调试完毕，必须运行实践一段时间，才能确认程序是否达到控制要求。现场调试后，一般将程序固化在有长久记忆功能的可擦除可编程只读存储器（EEPROM）中长期保存。

如果控制系统由几个模块组成，则先进行局部调试，然后再进行整体调试；如果控制程序的步序较多，则可先进行分段调试，然后再连接起来进行整个系统总调试。

7. 整理技术资料，投入使用

调试过程结束，实际运行结果证明系统功能满足要求后，整理技术资料，准备投入使用。技术资料应包括：说明书、可编程控制器的外部接线图等电气图样、电器布置图、电器元件明细表、顺序功能图、带注释的梯形图和说明。

7.2 PLC的硬件设计

PLC的硬件设计包括：PLC及外围线路的设计、电气线路的设计和抗干扰措施的设计等。选定PLC的机型和分配I/O点后，硬件设计的主要内容就是电气控制系统原理图的设计，电气控制元件的选择和控制柜的设计。电气控制系统的原理图包括主电路和控制电路。控制电路中包括PLC的I/O接线和自动、手动部分的详细连接等。电气元件的选择主要是依据控制要求选择按钮、开关、传感器、保护电器、接触器、指示灯、电磁阀等。

7.2.1 PLC机型选择

在作出系统控制方案的决策之前，要详细了解被控对象的控制要求，从而决定是否选用PLC进行控制。确定选用PLC进行系统控制后，就要合理选择PLC的机型。目前国内外众多生产厂家推出了多种系列功能各异的PLC产品，使用户眼花缭乱，无所适从。所以要全面权衡利弊、合理地选择机型才能达到经济实用的目的。机型的选择以满足系统功能需要为宗旨，从以下几个方面来考虑：

1. 结构形式

根据结构形式，PLC可分为整体式结构和模块式结构两大类。

整体式PLC是将CPU、存储器、I/O部件等组成部分集中于一体，安装在印制电路板上，并连同电源一起装在一个机壳内，形成一个整体，通常称为主机或基本单元。整体式结构的PLC具有结构紧凑、体积小、重量轻、价格低的优点，易于装置在工业设备的内部，通常适用于单机控制。一般小型或超小型PLC多采用这种结构。

模块式PLC是把各组成部分分成独立的模块，如CPU模块、输入模块、输出模块、电源模块等。各模块做成插件式，组装在一个具有标准尺寸并带有若干插槽的机架内。PLC厂家备有不同槽数的机架供用户选择。用户可以根据需要选用不同档次的CPU模块、各种I/O模块和其他特殊模块插入相应的机架底盘的插槽中，组成不同功能的控制系统。模块式结构的PLC配置灵活，装配和维修方便，易于扩展。但它的结构复杂、造价较高。一般大中型的PLC都采用这种结构。

在相同功能和相同I/O点数的情况下，整体式比模块式价格低。但模块式具有功能扩展灵活、维修方便（更换模块）、容易判断故障等优点，要按实际需要选择PLC的结构形式。

2. 安装方式

PLC系统的安装方式分为集中式、远程I/O式以及多台PLC联网的分布式。

集中式不需要设置驱动远程 I/O 硬件，系统反应快、成本低；远程 I/O 式适用于大型系统，系统的装置分布范围很广，远程 I/O 可以分散安装在现场装置附近，连线短，但需要增设驱动器和远程 I/O 电源；多台 PLC 联网的分布式适用于多台设备分别独立控制，又要相互联系的场合，可以选用小型 PLC，但必须要附加通信模块。

3. 功能要求

功能要求是系统设计的主要依据，也是控制系统所要实现的最终目的。PLC 选型的基本原则是满足控制系统的功能需要。控制系统需要什么功能，就选择具有什么功能的 PLC，同时兼顾维修、备件的通用性。

对于小型单机仅需要开关量控制的设备，一般的小型 PLC 都可以满足控制要求。

到了 20 世纪 90 年代，小型、中型和大型 PLC 已普遍可以进行 PLC 与 PLC、PLC 与上位机的通信与联网，且具有数据处理、模拟量控制等功能。因此在功能选择方面要注意特殊功能的需要，就是要选择具有所需功能的 PLC 主机和根据需要选择相应的模块，如输入模块、输出模块、定位控制模块、高速计数模块、通信联网模块和人机界面模块等。

4. 响应速度

PLC 的扫描工作方式使其输出信号与输入信号之间存在一定的响应延迟时间。它最终将影响控制系统的运行速度。所选 PLC 的指令执行速度应满足被控对象对响应速度的要求。不同的控制对象对 PLC 的响应速度有不同的要求：控制对象信号速度变化快，要求响应速度快；控制对象信号变化速度慢，相应的速度可以慢一些。要根据实际情况来选择 PLC。

PLC 的响应时间包括输入电路延迟、输出电路延迟和扫描工作方式引起的时间延迟（一般在 2 ~ 3 个扫描周期）等。对开关量控制系统，PLC 的响应速度一般都能满足实际工程的要求，可以不考虑这个问题。但对于模拟量控制系统、特别是闭环系统必须考虑 PLC 的响应速度。

5. 系统可靠性

系统的可靠性就是生命线，任何不能安全可靠工作的系统，都不可能长期投入生产。尤其是在以提高产品数量和质量，保证生产安全为目标的应用场合，必须将可靠性放在首位。PLC 是专门为工业环境设计的控制装置，一般不需要采取特殊措施，就可以直接在工业环境中使用。但是如果环境过于恶劣，电磁干扰特别强，或安装使用不当，都可能导致系统无法安全正常运行。干扰可能使 PLC 接收到错误的信号，造成误动作，或使 PLC 内部的数据丢失，严重时甚至会使系统失控。所以在系统中应采取相应的可靠性措施，以消除或减少干扰的影响，保证系统的正常运行。

6. 机型统一

一个企业，应尽量做到 PLC 的机型统一。主要优点如下：模块可互为备用，便于备品备件的采购和管理；功能和使用方法类似，有利于技术力量的培训和技术水平的提高；外部设备通用，资源可共享，易于联网通信，配上位计算机后易于形成一个多级分布式控制系统。

7.2.2 PLC 的 I/O 接口选择

PLC 作为一种工业控制计算机，其控制对象是工业过程。它与工业生产过程的联系就是通过输入/输出（I/O）接口实现的。I/O 接口是 PLC 与外界连接的接口。I/O 接口的作用是将输入信号转换为CPU能够接收和处理的信号，将CPU输出的微弱信号转换为外部设备需要的强电信号。

通常，PLC的制造厂家会为用户提供多种用途的I/O接口：从数据类型上分为开关量和模拟量；从电压类型上分为直流和交流；从速度上分为低速和高速；从距离上可分为本地I/O和远程I/O。由于采用了光耦合器隔离技术，I/O接口不仅能完成输入、输出接口电信号的传递与转换，而且有效地抑制了干扰，起到了与外部电的隔离作用。

1. 输入器件和输入接口

输入接口是PLC与生产过程相连的通道，用来接收和采集来自输入器件的各种信号。输入接口接收和采集的输入信号分为模拟信号（来自压力传感器、温度传感器等）、数字信号（来自数字开关）、开关信号（来自按钮、转换开关、形成开关、触点等）。

输入器件：指连接到PLC输入接线端子用于产生输入信号的器件。输入器件可分为：

1）主令器件：按钮、选择开关、数字开关等。

2）检测器件：行程开关、接近开关、光电开关、继电器触点，接触器辅助触点等。

2. 输出器件和输出接口

输出接口是PLC与生产过程相连的输出通道，输出部分接收CPU的处理输出，并转换成输出器件所能接受的电压、电流信号，以驱动被控设备。输出接口一般分为继电器输出型（驱动交直流负载）、晶体管输出型（驱动直流负载）和晶闸管输出型（驱动交流负载），用来驱动输出器件进行相应工作。

输出器件指连接到PLC输出接口用于执行程序运行结果的器件。根据功能其可分两类：

1）驱动负载：接触器、继电器、电磁阀等。

2）显示负载：指示灯、数字显示装置、电铃、蜂鸣器等。

3. I/O点数的确定

I/O点数是衡量可编程控制器规模大小的依据。

确定依据：将与PLC相连的全部输入、输出器件根据所需的电压、电流的大小和种类分别统计，确定PLC的I/O点数，选择PLC的I/O点数和种类（包括开关量、模拟量、输出规格等）。在满足控制要求的前提下，还要考虑价格和备用量两个因素，尽量简化系统的I/O点数，选用点数较少的机型可以降低成本，但应考虑留出10%～30%的备用余量，以供系统扩展时使用。

7.2.3 CPU的速度

CPU模块是PLC的硬件核心。PLC的主要性能，如速度、规模都由CPU的性能来体现。CPU模块由微处理器系统、系统程序存储器和用户程序存储器组成。其本质为一台计算机。该计算机负责系统程序的调度、管理、运行和PLC的自诊断，负责将用户程序作出编译解释处理以及调度用户目标程序运行的任务。

CPU的运行速度是指执行每一步用户程序的时间。其响应时间包括输入滤波时间、输出滤波时间和扫描周期。PLC的顺序扫描工作方式使它不能可靠地接收持续时间小于扫描周期的输入信号。对于以开关量为主的控制系统，不用考虑扫描速度，一般的PLC机型都可使用。对于以模拟量为主的控制系统，需要选取扫描速度高的PLC，必须选择合适CPU种类的PLC机型。

7.2.4 PLC模块的选择

常见的PLC模块有：CPU模块、电源模块、I/O模块。除了常见的模块，还有特殊功能模块。特殊功能模块有自己的处理器，可对信号作预处理和后处理，以简化PLC的CPU对复杂的过程控制量的计算。特殊功能模块的种类、特性也大不相同，性能好的PLC，这些模块种类多，性能也好。

1）远程I/O模块。远程I/O模块通过电缆与CPU单元相连，可放在距CPU单元数百米远的地方。应用于输入、输出装置比较分散，工作现场远离控制站的场合。

2）高速计数器模块。高速计数器模块的计数速度比PLC内部的高速计数器的计数速度高，而且可直接进行比较和输出。当PLC内部的高速计数器的最高计数频率不能满足要求时，可选择使用。高速计数模块常用于距离监测及电动机的转速检测。

3）定位模块。具有定位模块的PLC，可通过脉冲输出形式的定位单元或模块进行一点的简易定位到多点的定位。在机械设备中，为保证加工精度常需要进行定位。

4）通信联网模块。它接入PLC后，可使PLC与PLC之间，或PLC与计算机之间进行通信，有的还可以实现与其它控制部件，如变频器、温控器通信，或组成局部网络。通信联网模块代表PLC的组网能力，代表着当今PLC性能的重要方面。

5）模拟输入模块、输出模块。模拟量I/O模块的主要功能是数据转换，并与PLC内部总线相连。模拟量输入（A/D）模块是将现场由传感器检测而产生的连续的模拟量信号（流量、速度、压力、风力、张力）转换成PLC内部可接收的数字量；模拟量输出（D/A）模块是将PLC内部的数字量转换为模拟量进行输出。一些PLC制造厂家还提供特殊模拟量输入模块，可用来直接接收低电平信号（RTD、热电偶等信号）。

7.2.5 PLC外围设备

尽管用PLC实现对系统的控制可不用外围设备，配置合适的模块就行了。然而，要对PLC编程，监控PLC及其所控制系统的工作状况，以及存储用户程序、数据打印等，就需要使用PLC的外围设备了。PLC的性能如何，与该PLC所具有外围设备的丰富程度、外围设备的好坏直接相关。PLC的外围设备主要是人机对话装置，用于PLC的编程和监控。通过人机对话装置可以进行编程、调试及显示图形报表、文件复制、报警等。常用的PLC外围外围设备有编程器、打印机、EPROM写入器、显示器等。PLC的外围设备具体分为以下四大类：

1）编程设备。简单的为简易编程器，多数只接受助记符编程，个别的也可用于图形编程。复杂一点的有图形编程器，可用梯形图语编程。有的还有专用的计算机，可用其他高级语言进行编程。编程器除了用于编程，还可对系统作一些设定，以确定PLC控制方式或工作方式。编程器还可以监控PLC及PLC所控制的系统的工作情况，以进行PLC用户程序的调试。

2）监控设备。小的监控设备有数据监控器，可监视数据；大的监控设备有图形监视器，可以通过画面监视数据。除了不能改变PLC的用户程序，编程器能做的监控设备都能做。它是使用PLC很好的界面。性能好的PLC的外围设备已越来越丰富。

3）存储设备。用于永久性地存储用户数据，使用户程序不丢失。如存储卡、存储磁带、软磁盘或只读存储器。为实现这些存储，就应有与存储设备相应的接口部件，各种PLC

大多都有这方面的配套设施。

4）输入、输出设备。它用以接收信号或输出信号，便于与PLC进行人机对话。输入设备包括条码读入器，输入模拟量的电位器等。输出设备包括打印机、编程器、监控器等。虽然也可对PLC输入信息，从PLC输出信息，但输入、输出设备实现人机对话方便，可在现场条件下实现，并便于使用。随着技术进步，这种设备将更加丰富。

外围设备已发展成为PLC系统不可分割的一部分，是选用PLC必须了解的重要方面。应把它列为PLC性能的重要内容。

7.2.6　电源电压的选择

PLC的CPU所需的工作电源一般都是5V的直流电源，一般的编程接口和通信接口模块还需要24V的直流电源。这些电源都由PLC内部电源模块提供。选用直流I/O模块时，需要外设直流电源。对于带有有源器件的接近开关可外接220V交流电源，提高稳定避免干扰。

PLC一般使用市电（220V，50Hz），电网的冲击、频率的波动将直接影响到实时控制系统的精度和可靠性。有时电网的冲击将给整个系统带来毁灭性的破坏。电网的瞬间变化是经常发生的，由此可能干扰PLC系统。为了提高系统的可靠性和抗干扰性，在PLC供电系统中可采取隔离变压器、交流稳压器、UPS、晶体管开关电源等措施。

1）隔离变压器。隔离变压器的一、二次侧之间采用隔离屏蔽层，用漆包线或铜等非导磁性材料绕成，但电气设备上不可短路，而后引出接地。一、二次侧间的静电屏蔽层与一、二次侧间的零电位线相连，再用电容耦合接地，如图7-2所示。采用了隔离变压器后可以隔离掉供电电源中的各种干扰信号，从而提高系统的抗干扰能力。

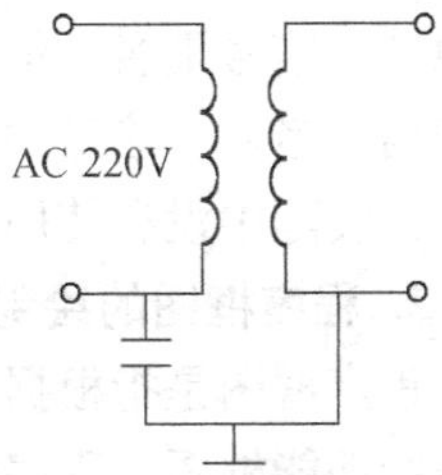

图7-2　隔离变压器

2）交流稳压器。为了抑制电网电压的起伏，PLC系统中设置有交流稳压器。在选择交流稳压器时，其容量要留有裕量，裕量一般为实际最大需求容量的30%，这样既可以充分保证稳压特性，又有助于交流稳压器的可靠工作。在实际应用中，有些PLC对电源电压的波动具有较强的适应性，为了降低成本，此时也可以不采用交流稳压器。

3）UPS。在一些实时控制系统中，系统的突然断电会造成严重的后果，此时就要在供电系统中加入UPS供电。PLC的应用软件可进行一定的断电处理。突然断电时，可自动切换到UPS供电，并按工艺要求进行一定的处理，使生产设备处于安全状态。在选择UPS时要注意所需的功率容量。

4）晶体管开关电源。晶体管开关电源主要是指稳压电源中的调整管以开关形式工作，用调节脉冲宽度的办法调整直流电压。这种开关电源在电网或其他外加电源电压变化很大时，输出电压并没有多大变化，从而提高了系统的抗干扰能力。目前，各公司生产的PLC中电源模块采用的都是晶体管开关电源，所以在供电系统设计中可不考虑使用晶体管开关电源。

7.3　PLC的软件设计

PLC控制系统包括硬件系统、软件系统两部分。系统控制功能的强弱、控制效果的好坏是由硬件和软件系统共同决定的。软件系统设计的主要工作是用户控制程序的设计。程序设计之前首先要了解控制系统的全部功能、规模、控制方式、输入、输出信号的种类和数量、是否有特殊功能的接口、与其他设备的关系、通信的内容与方式等，从而对整个控制系统建立一个整体的概念。接着进一步熟悉被控对象，可把被控对象和控制功能按照相应要求、信号用途和控制区域分类，确定检测设备和控制设备的物理位置，了解每一个检测信号和控制信号的形式、功能、规模及之间的关系。

7.3.1　PLC 的软件设计的内容

用户应用程序设计是指根据软件设计规格书的总体要求和控制系统的具体情况，使用相应编程语言，对实际应用程序的编制和相应文件的形成过程。基本内容包括：参数表的定义、程序框图的绘制、程序的编写和程序说明书的编写等内容。

1. 参数表的定义

参数表的定义就是按一定的格式对系统各接口参数进行规定和整理，为编制程序做准备。参数表的定义包括对输入信号表、输出信号表、中间标志表和存储单元表的定义。参数表的定义格式和内容根据个人的习惯和系统的情况不尽相同，但所包含的内容基本相同。总的原则是便于使用，尽可能详细。

一般情况下，输入、输出信号表要明显地标出模块的位置、信号端子号或线号、输入地址号、输出地址号、信号别名、信号名称和信号的有效状态等。中间标志表的定义要包括信号地址、信号别名、信号名称、信号处理和信号的有效状态等；存储单元表中要含有信号地址和信号名称。信号的顺序一般按信号地址由小到大排列，在编程和调试时，为便于信号的查找，实际中没有使用的信号也不要漏掉。

2. 程序框图的绘制

程序框图是指根据工艺流程而绘制的控制过程框图。程序框图包括两种：程序结构框图和控制功能框图。程序结构框图（状态转移图）是一台 PLC 的全部应用程序中各功能单元在内存中的先后顺序，使用中可以根据此结构框图了解所有控制功能在整个程序中的位置。控制功能框图（控制流程图）是描述某一种控制功能在程序中的具体实现方法及控制信号的流程。设计者根据控制功能框图编制实际控制程序。使用者根据控制功能框图可以详细阅读程序清单。

3. 程序的编写

程序的编写是程序设计的最重要的阶段，是控制功能的具体实现过程。编写程序时，要选择合适的语言形式，了解其指令系统，根据设计出来的框图逐条地编写控制程序。编写过程中要及时给程序加注释。在编程时，除了要注意程序要正确、可靠之外，还要考虑程序要简洁、省时、便于阅读、便于修改。程序编好后，要测试编写的程序是否符合工艺要求。常用的编程语言有梯形图、指令表等。

4. 程序说明书的编写

程序说明书是对整个程序内容的注释性综合说明。在说明书中通常要对程序的控制要求、程序的结构、流程图等给以必要的说明，并且给出程序的安装操作使用步骤等。

7.3.2　PLC 的软件设计的方法

程序设计主要依据是控制系统的软件设计规格书、电气设备操作说明书和实际生产工艺要求。用户应用程序设计一般用翻译法、状态转移图、逻辑设计法等完成。

1. 翻译法

所谓翻译法是用PLC中的软元件代替原继电器-接触器控制线路图中的元器件，直接翻译成梯形图的方法。传统的工业技术改造常采用该方法。对于原有的继电器控制系统，其控制逻辑图在长期的运行中，实践已证明该系统设计合理、运行可靠。在这种情况下可采用翻译法直接把该系统中继电器的控制逻辑图翻译成PLC控制的梯形图。翻译法的具体步骤如下：

1）将检测元件（如行程开关）、按钮等合理安排，且接入输入口。

2）将被控的执行元件（如电磁阀等）接入输出口。

3）将原继电器逻辑控制图中的单向二极管用接点或用增加继电器的办法取消。

4）和继电器系统一一对应选择PLC软件中功能相同的器件。

5）按接点和器件对应关系画梯形图。

6）简化和修改梯形图，使其符合PLC的特殊规定和要求，在修改中要适当增加器件或接点。

对于熟悉机电控制的人员来说很容易学会翻译法，将继电器的控制逻辑直接翻译成梯形图。例如：对一台三相交流异步电动机进行正、反转控制。对于交流异步电动机，可用正、反向接触器改变定子绕组中通入电流的相序来实现。三相异步电动机正、反转控制电路如图7-3所示。

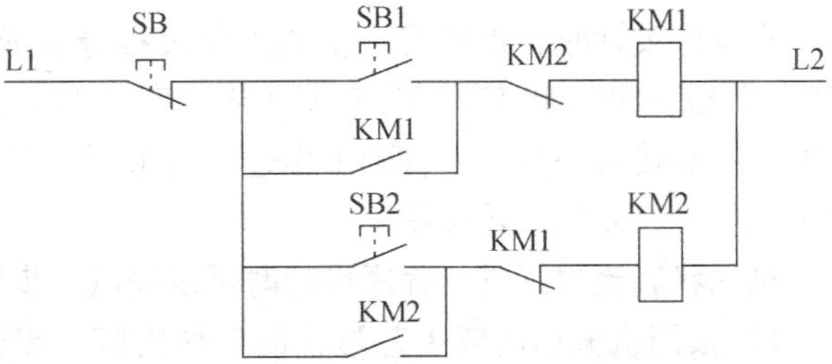

图7-3　电机控制电路图

1）功能分析

启动时按下启动按钮SB1，接触器KM1线圈得电，KM1常开触点闭合，此时定子绕组中通入正相序的电流，电动机正转；若要反转，先按下SB，使KM1断电，KM1互锁触点闭合，然后再按下反转按钮SB2，接触器KM2常开触点闭合，此时定子绕组中通入反相序的电流，电动机反转。若按下停止按钮SB，则电动机停转。

2）I/O分配

PLC的I/O的分配如表7-1所示。

表7-1　PLC的I/O分配表

输入电器	输入地址	输出电器	输出地址
停止按钮SB(常闭)	X0	正转接触器KM1	Y1
正转按钮SB1	X1	反转接触器KM2	Y2
正转按钮SB2	X2		

3）硬件线路设计

PLC硬件线路如图7-4所示。

4）梯形图程序

电动机控制电路的梯形图程序如图7-5所示。在PLC编程时，对于外部控制信号的常闭触点，在编制梯形图时要特别注意，否则可能会出现逻辑错误。

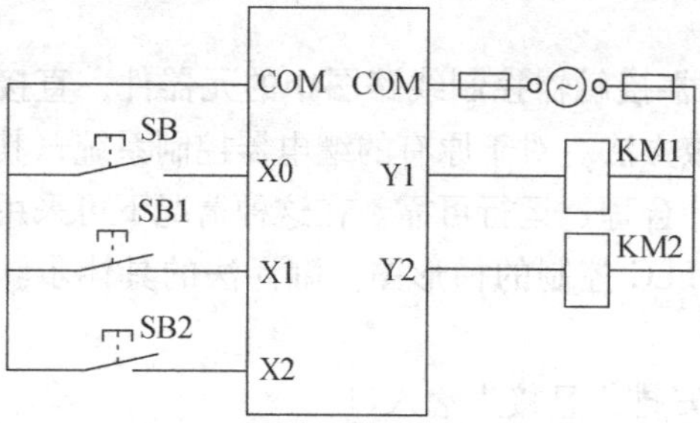

图 7-4　PLC 硬件线路图

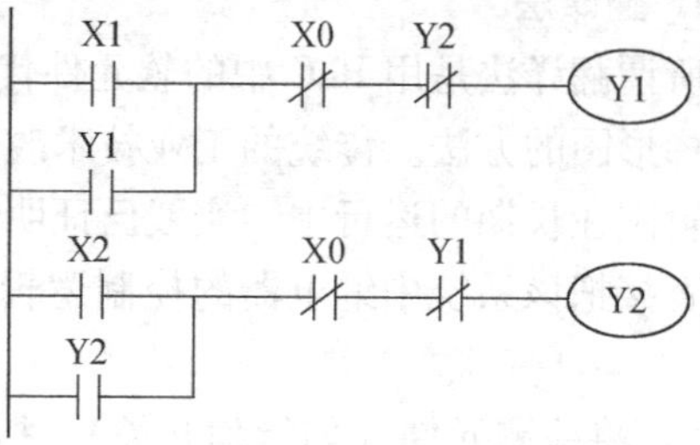

图 7-5　梯形图程序

2. 状态转移图

状态转移图又称为状态流程图、状态图或功能图表。它不是一种语言形式，并不涉及所描述的控制功能的具体技术，而是一种主要是用于顺序控制功能的专门程序设计结构形式，是描述控制系统的控制过程、功能和特性的。该方法适用于顺序控制方式或步进控制方式的程序设计。

在程序设计时，首先将系统的工作过程分解成若干个连续的阶段，每一阶段称为一个“工步”或一个“状态”。以工步（或状态）为单元，从工作过程开始，一步接着一步，一直到工作过程的最后一步结束。图 7-6 所示为机械手控制状态转移图。

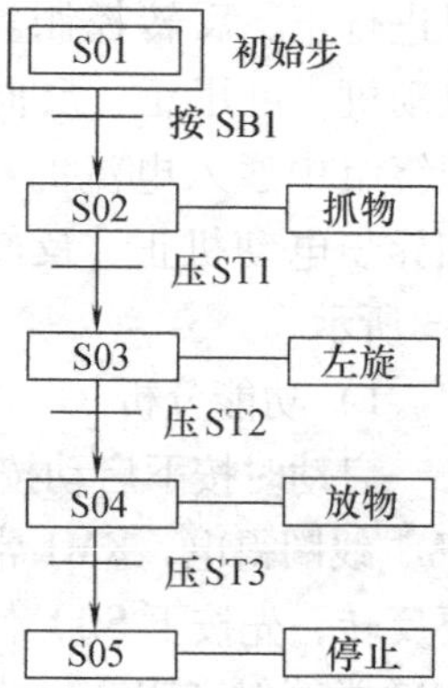

图 7-6　机械手控制状态转移图

利用状态流程图进行程序设计时可以按以下步骤进行：

1）按照机械运动或工艺过程的工作内容、步骤、顺序和控制要求画出状态流程图。

2）在画出的状态流程图上以 PLC 输入点或其他元件定义状态转换条件。当转换条件的实际内容不止一个时，每个具体内容定义一个 PLC 元件编号，并以逻辑组合形式表现为有效转换条件。

3）按照机械或工艺提供的电气执行元件功能表，在状态流程图上对每个状态和动作命令配画上实现该状态或动作命令的控制功能的电气执行元件，并以对应的 PLC 输出点的编号定义这些电气执行元件。

3. 逻辑设计法

逻辑设计法的基本含义是以逻辑组合的方法和形式设计电气控制系统。这种设计方法既有严密可循的规律性、明确可行的设计步骤，又有简便、直观和十分规范的特点。

PLC 虽然是一种新型的工业控制设备，但在某种意义上可以把 PLC 看作是“与”、“或”、“非”三种逻辑线路的组合体。PLC 的梯形图程序的基本形式也是“与”、“或”、“非”的逻辑组合。它们的工作方式及其规律也完全符合逻辑运算的基本规律。

逻辑代数的三种基本运算“与”、“或”、“非”都有着非常明确的物理意义，逻辑函数表达式的线路结构与 PLC 语句表程序完全一样。

根据上述关系，可以将继电接触器控制系统的逻辑线路与 PLC 的梯形图程序，以及逻辑代数的三种基本运算与 PLC 语句表程序对应起来，进行直接转化，得到相应的 PLC 程序。

综上所述，逻辑设计法以布尔代数为理论基础，根据生产过程中各工步之间的检测元件（如行程开关、传感器等）状态的变化，列出检测元件的状态表，确定所需的中间记忆元件，在列出各执行元件的工序表，然后写出检测元件、中间记忆元件和执行元件的逻辑表达式，再转换成梯形图。该方法中，以逻辑变量“0”或“1”作为研究对象，以“与”、“或”、“非”三种基本逻辑运算为分析依据，对电气控制线路进行逻辑运算，把触点的“通”、“断”状态用逻辑变量“0”或“1”来表示。该方法在单一条件控制系统中，非常好用，相当于组合逻辑电路，但在和时间有关的控制系统中，就很复杂。逻辑运算的梯形图表示如下。

（1）“与”运算

梯形图中的逻辑“与”，用常开触点或常闭触点的串联表示。图7-7所示为“与”运算的梯形图，实现的逻辑运算为 $L(Y1)=X0\cdot X1\cdot X2\cdot\overline{M1}$

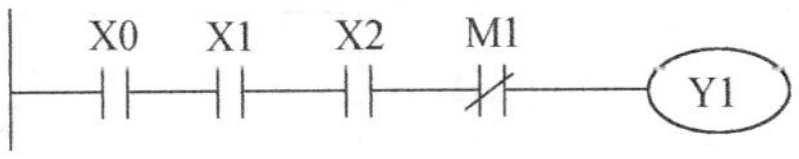

图7-7　“与”运算的逻辑图

（2）“或”运算

梯形图中的逻辑“或”，用触点的并联表示。图7-8所示“或”运算的梯形图，实现的逻辑运算为 $L(Y2)=X0+X1+\overline{M2}+Y2$

（3）“非”运算

采用常闭触点来表示对该常开触点的逻辑“非”运算。

图7-9所示为“与或非”运算的梯形图，实现的逻辑运算为 $L(Y3)=(X0+X1)\cdot X2\cdot\overline{Y2}+M1$。

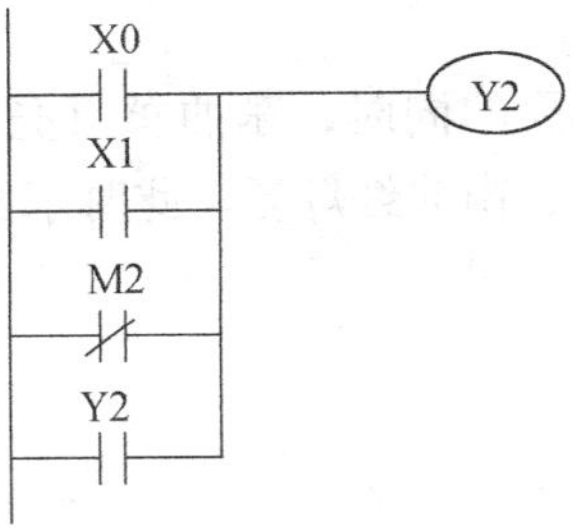

图7-8　“或”运算的梯形图

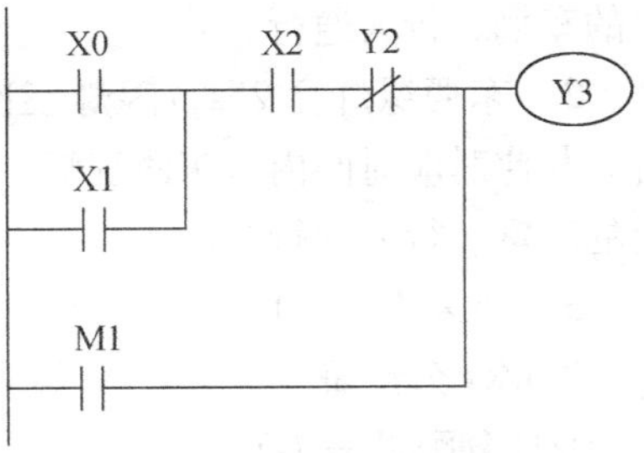

图7-9　“与或非”运算的梯形图

7.4　可编程序控制应用举例

传统的自动控制系统由继电器-接触器控制组成，存在故障多、可靠性差、工作寿命短、不易检修等缺点。随着PLC的普及和完善，以及PLC本身所具有的高可靠性、易编程修改的特点，在自动控制系统中应用取得了良好的效果。

7.4.1　十字路口的交通信号灯控制

1. 控制要求

十字路口南北向及东西向均设有红、黄、绿三只信号灯，交通信号灯启动时（输入X0

控制启动，输入 X1 控制停止），6 只灯依一定的时序循环往复工作。交通信号灯的时序图如图 7-10 所示。

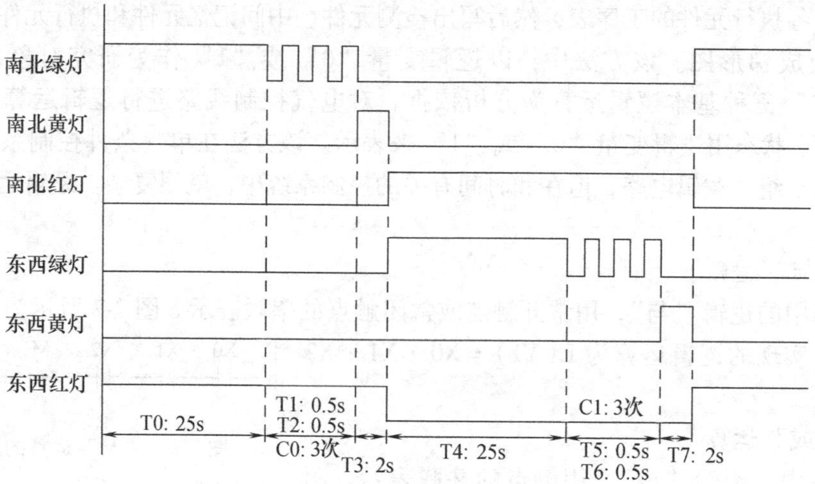

图 7-10 十字路口交通灯正常工作时序

2. 功能分析

交通灯循环一个周期的时间为 60s，启动后：

1）南北绿灯亮 25s 后，闪烁三次，共计 3s，南北绿灯灭的同时，南北黄灯亮 2s 进行警告。与此对应时间内：南北红灯、东西绿灯、东西黄灯灭，东西红灯亮。此时南北方向道路上的车辆、行人通行。

2）东西绿灯亮 25s，闪烁三次，共计 3s，东西绿灯灭的同时，东西黄灯亮 2s 进行警告。与此对应时间内：东西红灯、南北绿灯、南北黄灯灭，南北红灯亮。此时东西方向道路上的车辆、行人通行。

3）重复 1）、2）。

3. I/O 分配表

I/O 分配见表 7-2。

表 7-2 I/O 分配表

文字符号	名　称	输入地址	序　号	名　称	输出地址
SB1	启动按钮	X0	H1	南北向绿灯指示	Y0
SB2	停止按钮	X1	H2	南北向黄灯指示	Y1
			H3	南北向红灯指示	Y2
			H4	东西向绿灯指示	Y3
			H5	东西向黄灯指示	Y4
			H6	东西向红灯指示	Y5

4. 梯形图

梯形图如图 7-11 所示。

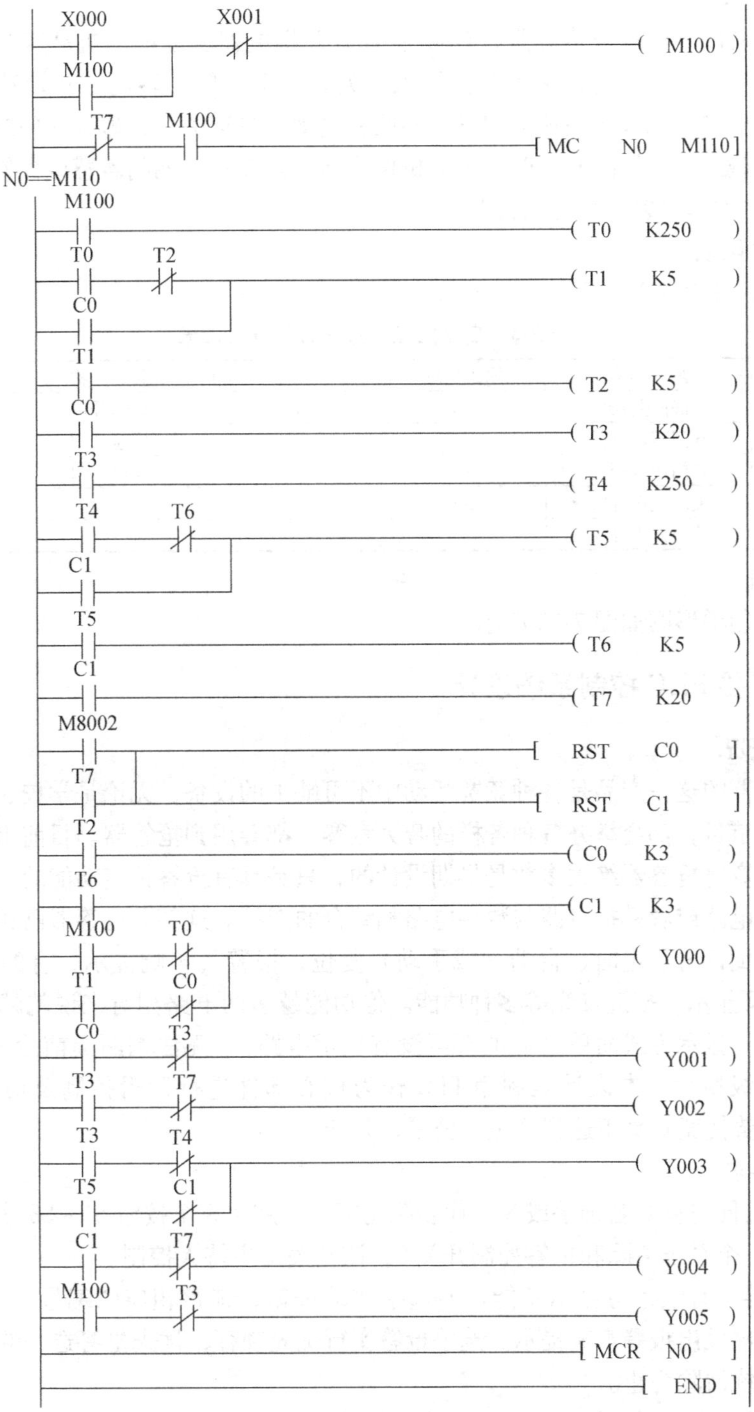

图 7-11　交通信号灯控制梯形图

7.4.2 自动门控制系统

1. 控制要求

人靠近自动门时，红外感应器为 ON，高速开门继电器驱动电动机高速开门，碰到开门减速开关时，变为低速开门，碰到开门极限开关时电动机停止转动，开始延时。若在 0.5s 内红外感应器检测到无人，高速关门继电器驱动电动机高速关门，碰到关门减速开关时，该为低速关门，碰到关门极限开关时，电动机停止转动。在关门期间若感应器检测到有人，停止关门，0.5s 后自动转换为高速开门。

2. I/O 分配表

I/O 分配表如表 7-3 所示。

表 7-3 自动门控制系统的 I/O 分配表

序号	名　称	输入地址	序号	名　称	输出地址
1	红外感应器	X0	1	高速开门	Y0
2	开门减速开关	X1	2	低速开门	Y1
3	开门极限开关	X2	3	高速关门	Y2
4	关门减速开关	X3	4	低速关门	Y3
5	关门极限开关	X4			

3. 梯形图

自动门控制梯形图如图 7-12 所示。

7.4.3 抢答器 PLC 控制系统设计

1. 设备概况

实用抢答器的这一产品是各种竞赛活动中不可缺少的设备，无论是学校、工厂、军队还是益智性电视节目，都会举办各种各样的智力竞赛，都会用到抢答器。目前市场上已有的各种各样的智力竞赛抢答器绝大多数是早期设计的，只是具有抢答锁定功能的一个电路，以模拟电路、数字电路或者模拟电路与数字电路相结合的产品。这部分抢答器已相当成熟。现在的抢答器具有倒计时、定时、自动（或手动）复位、报警（声响提示，有的以音乐的方式来体现）、屏幕显示、按键发光等多种功能。但功能越多的电路相对来说就越复杂，且成本偏高，故障高，显示方式简单（有的甚至没有显示电路），无法判断提前抢按按钮的行为，不便于电路升级换代。本设计是利用 PLC 作为核心部件进行逻辑控制及信号的产生，用 PLC 本身的优势使竞赛真正达到公正、公平、公开。

2. 控制要求

1）抢答器同时供 8 名选手或 8 个代表队比赛，分别用 8 个按钮 S1 ~ S8 表示。

2）设置一个系统清除和抢答控制开关 S，该开关由主持人控制。

3）抢答器具有锁存与显示功能。即选手按动按钮，锁存相应的编号，并在 LED 上显示，同时扬声器发出报警声响提示。选手抢答实行优先锁存，优先抢答选手的编号一直保持到主持人将系统清除为止。

4）抢答器具有定时抢答功能，且一次抢答的时间由主持人设定（如 10s）。当主持人启动“开始”键后，定时器进行倒计时，同时扬声器发出短暂的声响，该声响持续的时间 0.5s 左右。

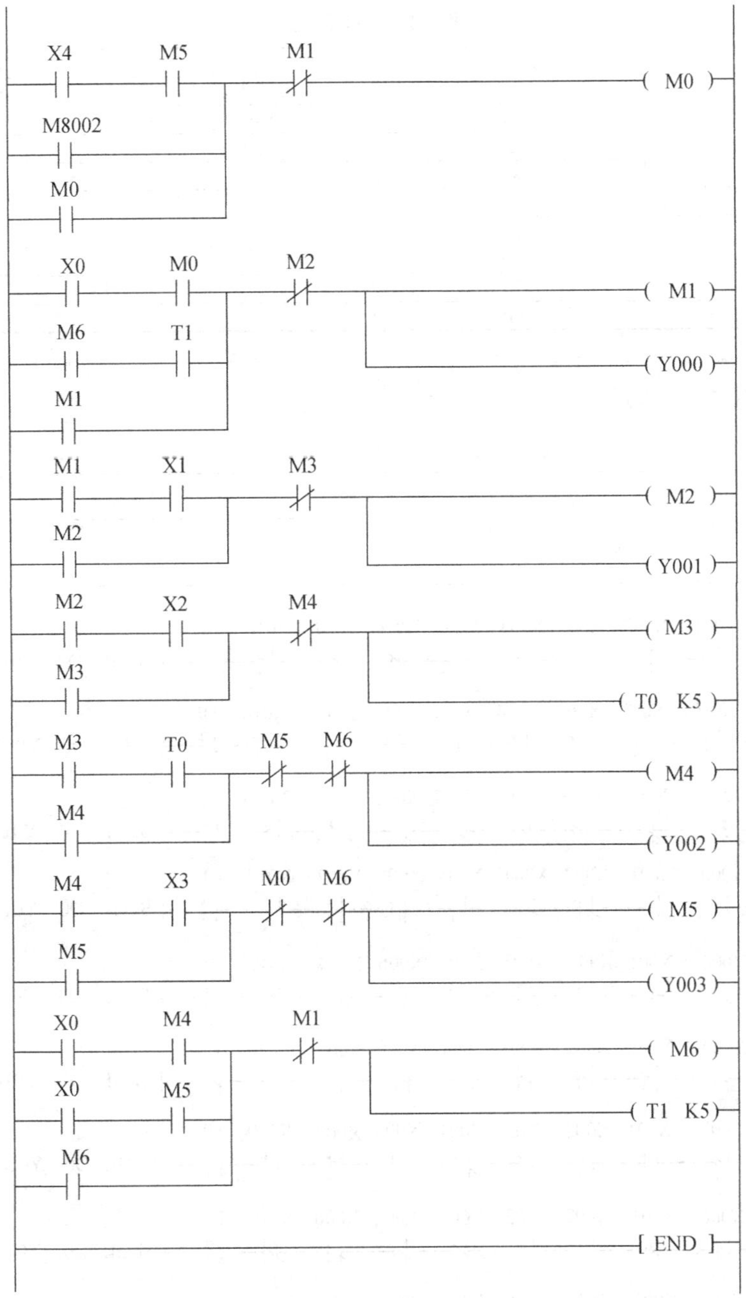

图7-12　自动门控制梯形图

5）参赛选手在设定的时间内进行抢答，抢答有效，定时器停止工作，显示器上显示选手的编号，并保持到主持人将系统清除为止。

6）如果定时时间已到，无人抢答，本次抢答无效，系统报警并禁止抢答，定时显示器上显示0。

3. I/O分配表

I/O分配表见表7-4。

表7-4 I/O分配表

输入电器	输入地址	输出电器	输出地址
按钮S1	X0	LED数码管	Y10～Y17
按钮S2	X1	系统报警	Y1
按钮S3	X2	扬声器	Y2
按钮S4	X3		
按钮S5	X4		
按钮S6	X5		
按钮S7	X6		
按钮S8	X7		
控制开关S	X10		

4. 梯形图

梯形图如图7-13所示。

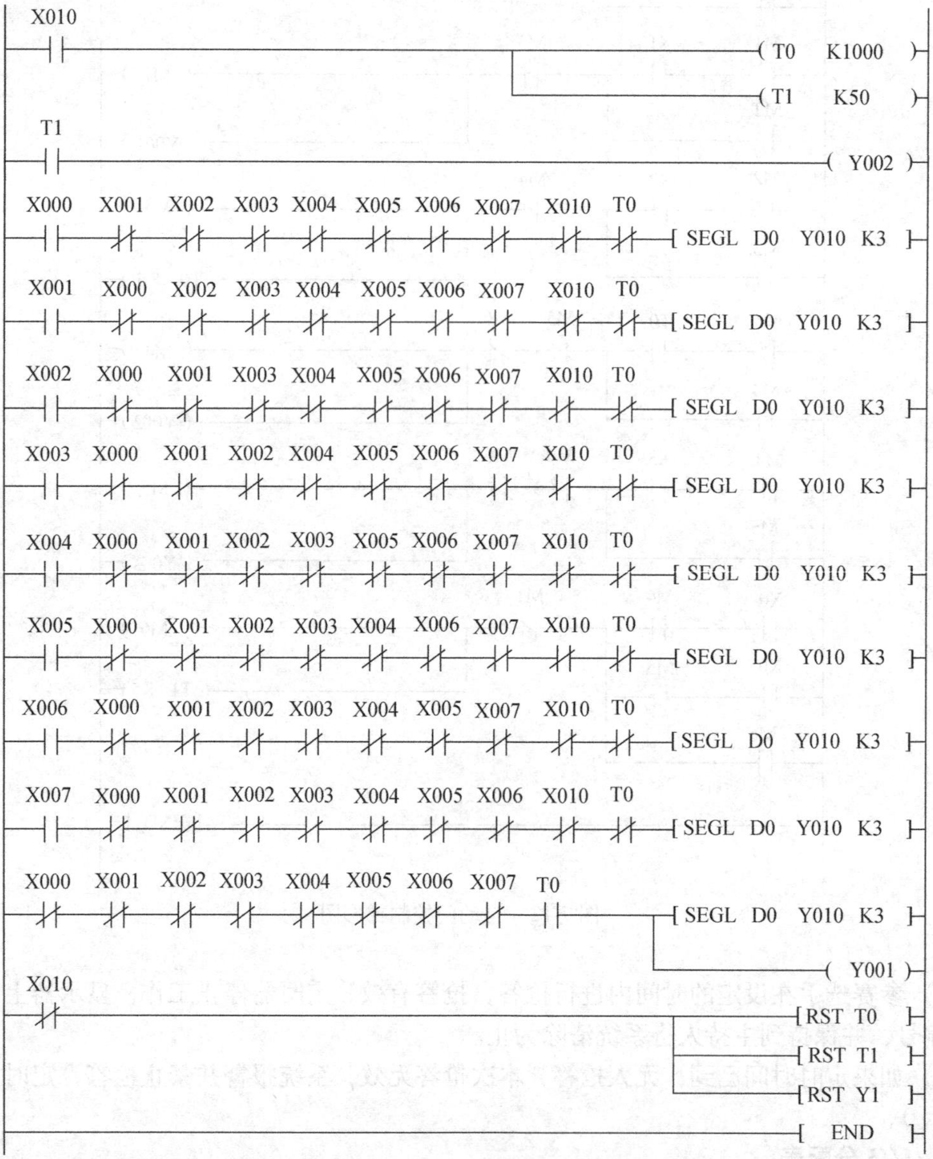

图7-13 抢答系统梯形图

7.4.4 密码锁 PLC 系统的设计

利用 PLC 实现密码锁的控制。该密码锁控制系统可实现密码的设定、修改、输入等功能。

1. 控制要求

1）按下启动按钮，此系统可进行使用。

2）设定/输入密码按钮为 ON 时，可进行密码的设定，密码值由数字键进行输入，每个数字可重复使用。

3）设定/输入密码按钮为 OFF 时，可由数字键输入密码值进行开锁，密码输入结束后，按下确认键，则系统将输入值与设定值进行比较，以确定是否开锁。如果密码正确则正确灯亮，开锁成功；密码错误则错误灯亮，开锁失败。

4）错误灯亮后，按下清除按钮，重新输入密码，连续输入错误密码 3 次后，无法再输入。若想重新使用，则须先按下重置按钮进行清除，再按启动/重新输入按钮进行系统重起。

5）若要更改密码，则按下清除密码设置值按钮，再按设定输入密码按钮，进行密码重新设定，然后按下启动按钮，重新使用。

2. I/O 分配表

I/O 分配表见表 7-5。

表 7-5　I/O 分配表

输入电器	输入地址	输出电器	输出地址
数字键“0”	X0	正确灯	Y0
数字键“1”	X1	错误灯	Y1
数字键“2”	X2		
数字键“3”	X3		
数字键“4”	X4		
数字键“5”	X5		
数字键“6”	X6		
数字键“7”	X7		
确认按钮	X10		
设定/输入密码按钮	X11		
清除按钮	X12		
清除密码设定值按钮	X13		
重置按钮	X14		
启动/重新输入按钮	X15		

3. 梯形图

梯形图如图 7-14 所示。

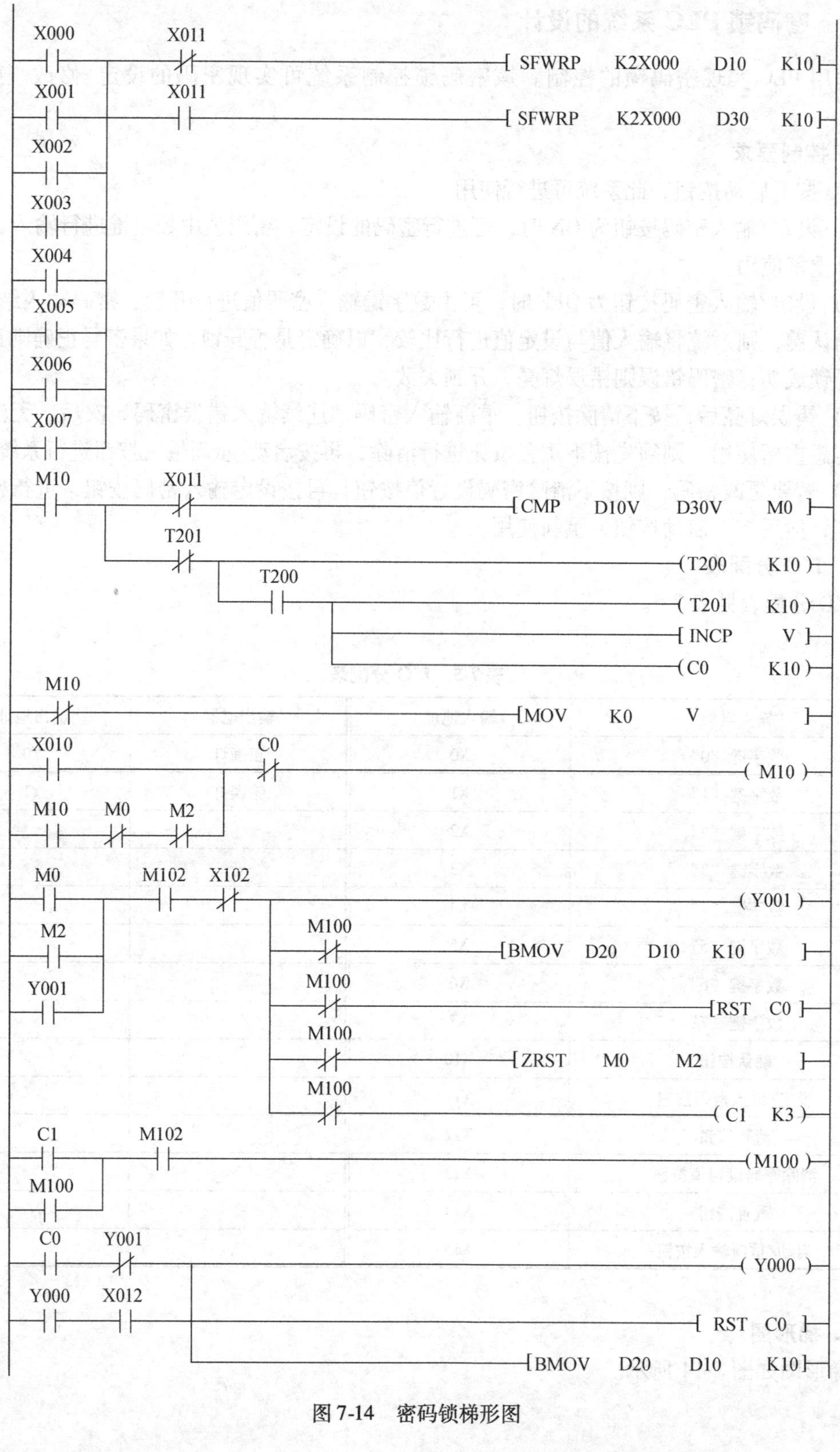
X000
X011
SFWRP K2X000 D10 K10
X001
X011
SFWRP K2X000 D30 K10
X002
X003
X004
X005
X006
X007
M10
X011
CMP D10V D30V M0
T201
T200 K10
T200
T201 K10
INCP V
C0 K10
M10
MOV K0 V
X010
C0
M10
M10 M0 M2
M0
M102 X102
Y001
M2
Y001
M100
BMOV D20 D10 K10
M100
RST C0
M100
ZRST M0 M2
M100
C1 K3
C1
M102
M100
M100
C0
Y001
Y000
Y000 X012
RST C0
BMOV D20 D10 K10

图 7-14　密码锁梯形图

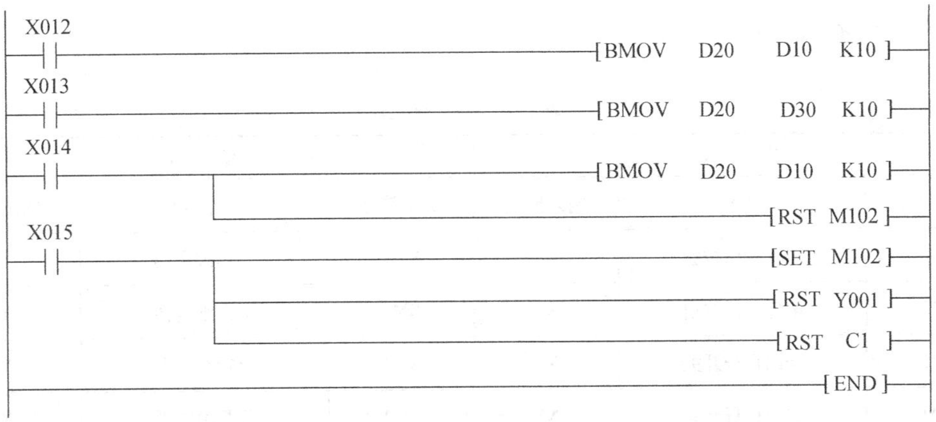

图7-14　密码锁梯形图（续）

7.4.5　三层电梯自动控制

采用 PLC 构成三层简易电梯控制系统。电梯的上、下行由一台电动机拖动，电动机正转为电梯上升，反转为下降；电梯轿厢门由另一台小电动机驱动，该电动机正转，轿厢门开，电动机反转，轿厢门关。

1. 控制要求

1）电梯运行时，电梯开门与关门按钮不起作用，电梯到达停在各楼层时，电梯开门与关门动作可由电梯开门与关门按钮控制。

手动开门时，当电梯运行到位，手动开门按钮 SB1 闭合时，开门继电器 KM1 动作，电梯门被打开，开门到位时，开门行程开关 SQ1 的触点断开，开门结束；自动开门时，当电梯运行到位，相应的楼层接近开关 SQ5 ~ SQ7 闭合，3s 后开门继电器 KM1 动作，电梯开门。

手动关门时，按下关门按钮 SB2，关门继电器 KM2 动作，电梯关门；自动关门时，电梯运行到位，5s 后关门继电器 KM2 动作，实现自动关门。当自动关门时，为防止夹住乘客，在门两侧安装了红外线传感器 SL1 和 SL2，有人进出时，2s 后才关门。

2）每节电梯采用轿厢外呼叫、轿厢内按钮控制方式的自动控制形式。由安装在轿厢内的指令按钮进行开、关门，启动电梯，使电梯到达目的层。一层有上升呼叫按钮 SB6 和指示灯 E9，二层有上升呼叫按钮 SB7 和指示灯 E10 以及下降呼叫按钮 SB8 和指示灯 E11，三层有下降呼叫按钮 SB9 和指示灯 E12；轿厢内内有一至三层呼叫按钮 SB3 ~ SB5、指示灯 E3 ~ E5、开门按钮 SB1、关门按钮 SB2。

3）电梯运行方向是由上行方向灯 E1 和下行方向灯 E2 指示的，当电梯运行方向确定后，在关门信号和门锁信号符合要求的情况下，电梯开始启动运行。电梯启动后快速运行，2s 后加速，在接近目标楼层时，相应的接近开关动作，电梯开始转为慢速运行，直至电梯到达目标楼层为止。

4）楼层呼叫按钮及电梯内按钮按下，电梯未达到相应楼层或未得到相应的响应时，相应指示灯一直接通指示。

2. I/O 分配表

I/O 分配表见表 7-6。

表 7-6 I/O 分配表

输入			输出		
文字符号	元件名称	输入地址	文字符号	元件名称	输出地址
SB1	电梯开门按钮	X0	KM1	开门继电器	Y0
SB2	电梯关门按钮	X1	KM2	关门继电器	Y1
SQ1	开门行程开关	X2	KM3	上行继电器	Y2
SQ2	关门行程开关	X3	KM4	下行继电器	Y3
SQ3	向上运行转换开关	X4	KM5	快速继电器	Y4
SQ4	向下运行转换开关	X5	KM6	加速继电器	Y5
SL1	红外传感器（左）	X6	KM7	慢速继电器	Y6
SL2	红外传感器（右）	X7	E1	上行方向灯	Y20
K	门锁输入信号	X10	E2	下行方向灯	Y21
SQ5	一层接近开关	X11	E3	一层指示灯	Y22
SQ6	二层接近开关	X12	E4	二层指示灯	Y23
SQ7	三层接近开关	X13	E5	三层指示灯	Y24
SB3	电梯内一层按钮	X14	E6	一层内指令指示灯	Y25
SB4	电梯内二层按钮	X15	E7	二层内指令指示灯	Y26
SB5	电梯内三层按钮	X16	E8	三层内指令指示灯	Y27
SB6	一层上升呼叫按钮	X17	E9	一层向上召唤灯	Y30
SB7	二层上升呼叫按钮	X20	E10	二层向上召唤灯	Y31
SB8	二层下降呼叫按钮	X21	E11	二层向下召唤灯	Y32
SB9	三层下降呼叫按钮	X22	E12	三层向下召唤灯	Y33
SQ8	一层下接近开关	X23			
SQ9	二层上接近开关	X24			
SQ10	三层上接近开关	X25			
SQ11	二层下接近开关	X26			

3. 梯形图

梯形图如图 7-15 所示。

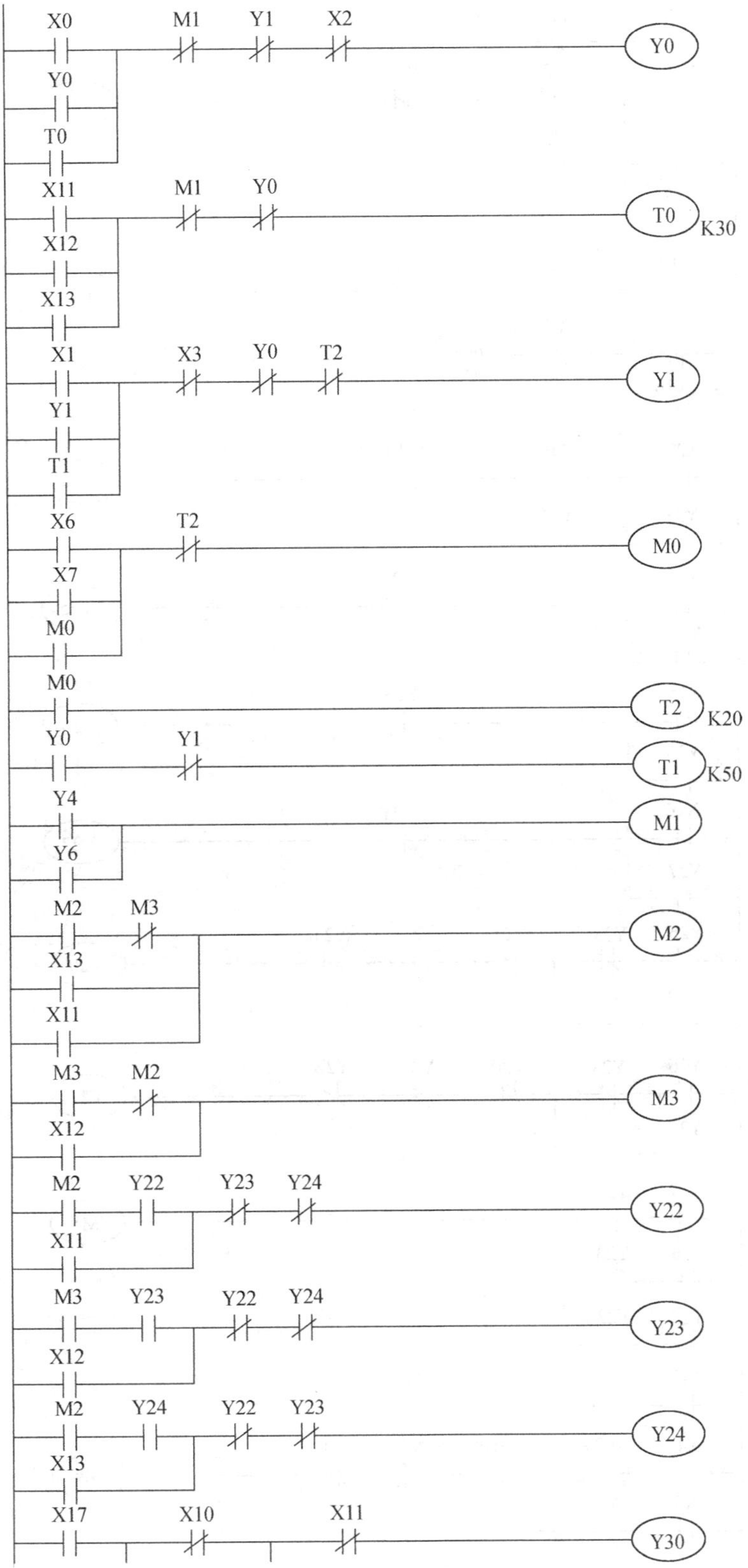

图7-15　电梯控制梯形图

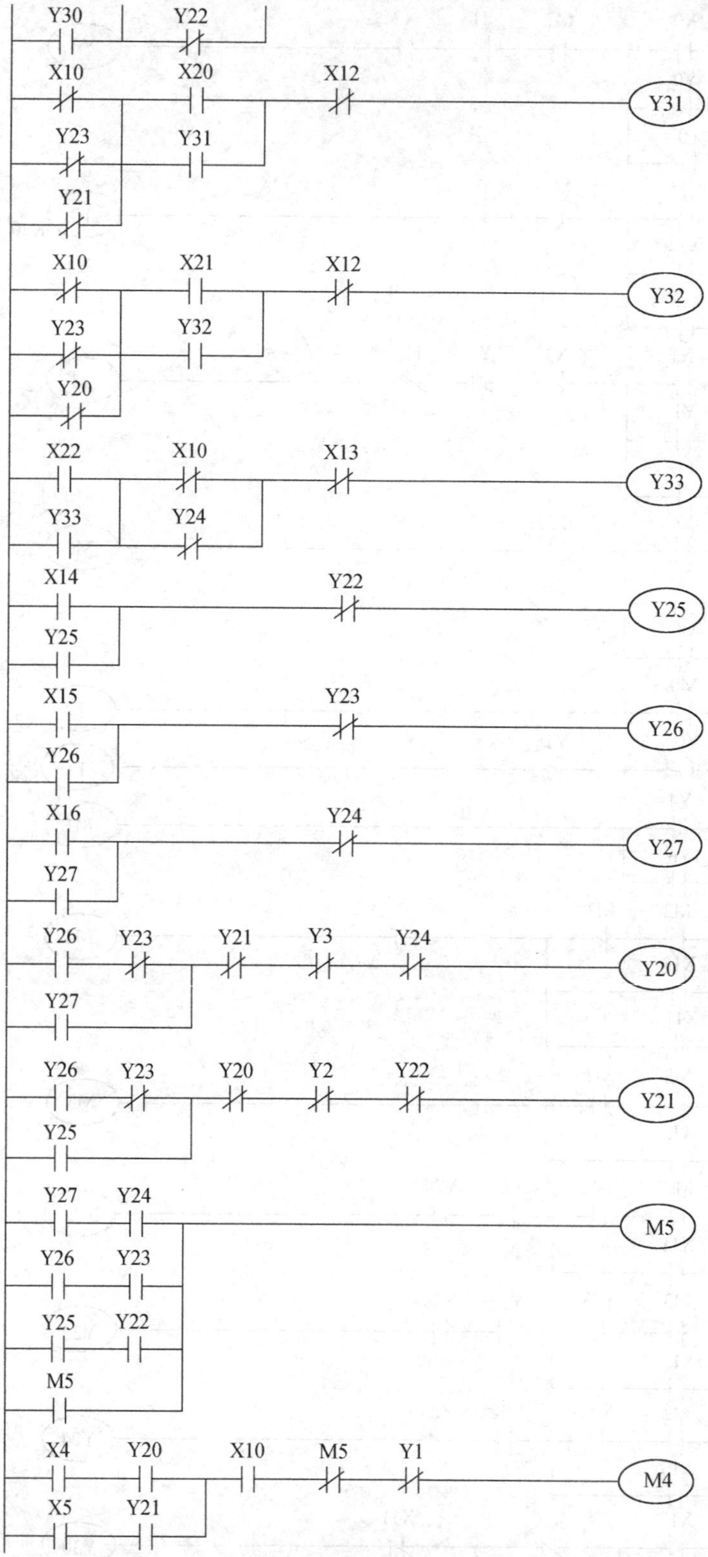

图 7-15　电梯控制梯形图（续一）

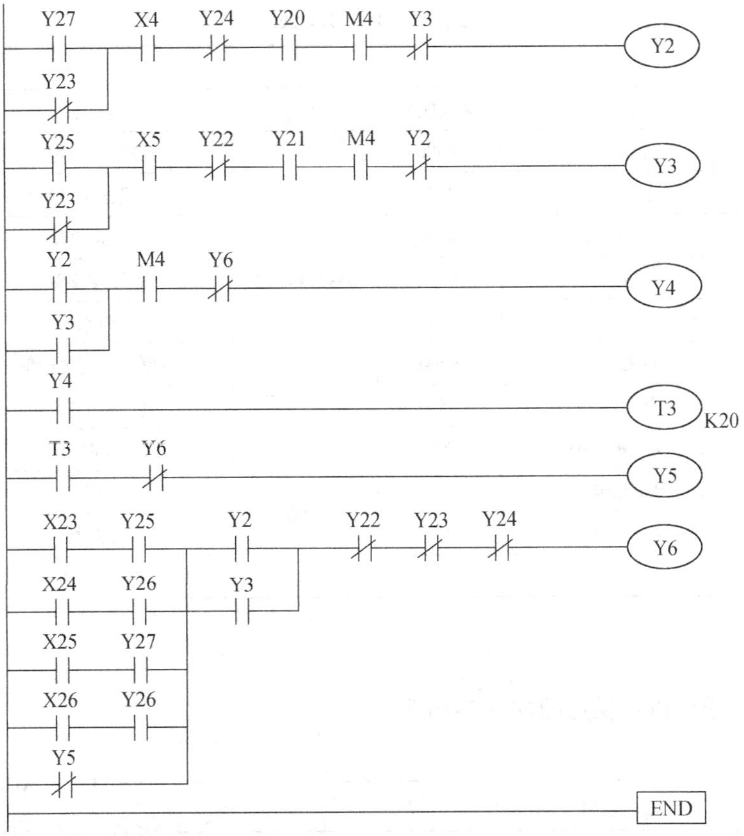

图 7-15　电梯控制梯形图（续二）

7.4.6　PID 控制的恒压供水系统

设计一 PID 控制的恒压供水系统，该系统具有报警功能、系统设置功能及各种显示功能。

1. 功能要求

1）该供水系统有两台水泵自动轮流运行，自动运行时泵运行累计 100h 轮换一次，手动时不切换。

2）两台水泵分别由 M1、M2 电动机拖动，电动机同步转速为 3000r/min，由 KM1、KM2 控制。

3）切换后起动和停电后起动须 5s 报警，运行异常可自动切换到备用泵，并报警。

4）PLC 采用 PID 调节指令。

5）水压在 0 ~ 10kg 可调，通过触摸屏（F940）输入调节。

6）触摸屏可以显示设定水压、实际水压、水泵的运行时间、转速、报警信号等。

7）变频器（使用三菱 FR-A540）采用 PLC 的特殊功能单元 FX_{ON}-3A 的模拟输出，调节电动机的转速，变频器参数自行设计。

2. I/O 分配表

I/O 分配表见表 7-7。

表 7-7 I/O 分配表

输入			输出		
元件	功能	输入地址	元件	功能	输出地址
触摸屏输入	自动起动	M500	触摸屏输出	1 号泵运行指示	Y0
	手动 1 号泵	M100		2 号泵运行指示	Y1
	手动 2 号泵	M101		1 号泵故障	T20
	停止	M102		2 号泵故障	T21
	运行时间复位	M103		当前水压	D101
	清除报警	M104		泵累计运行的时间	D502
	水压设定	D500		电动机的转速	D102
PLC 输入	1 号泵流水开关	X1	PLC 输出	KM1	Y1
	2 号泵流水开关	X2		KM2	Y2
	过电压保护	X3		报警器	Y4
				变频器 STF	10

3. 梯形图

根据控制要求，PLC 梯形图如图 7-16 所示。

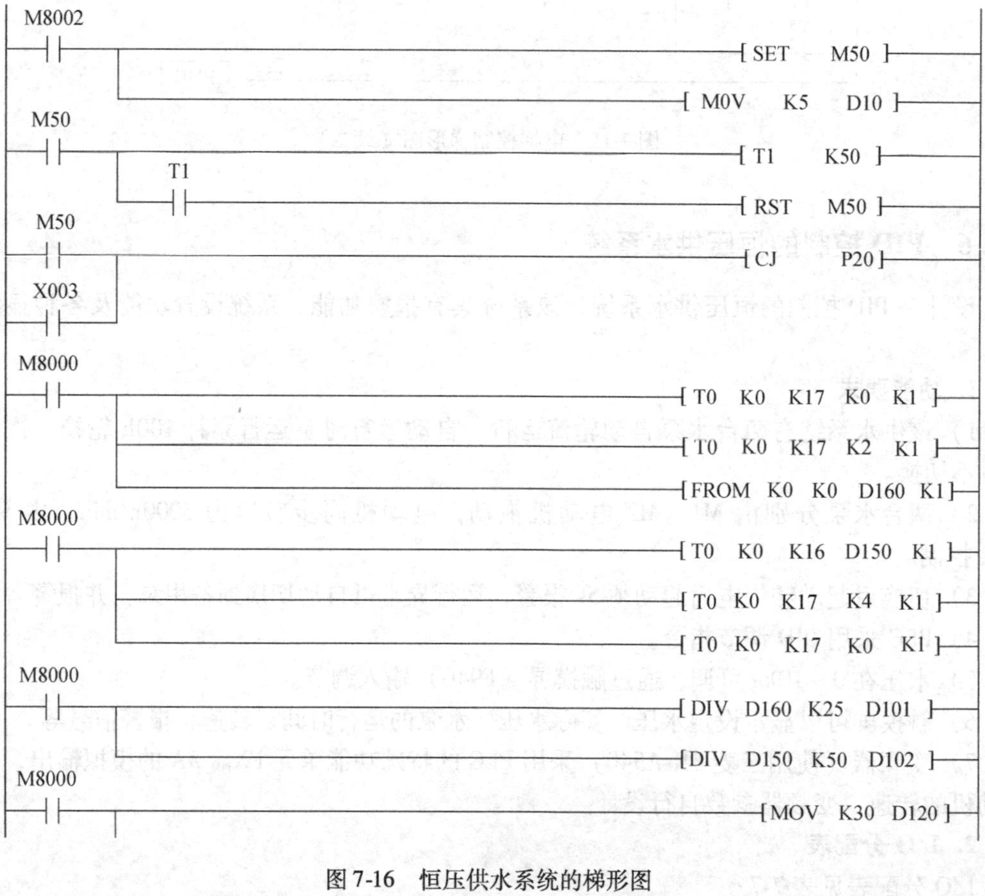

图 7-16 恒压供水系统的梯形图

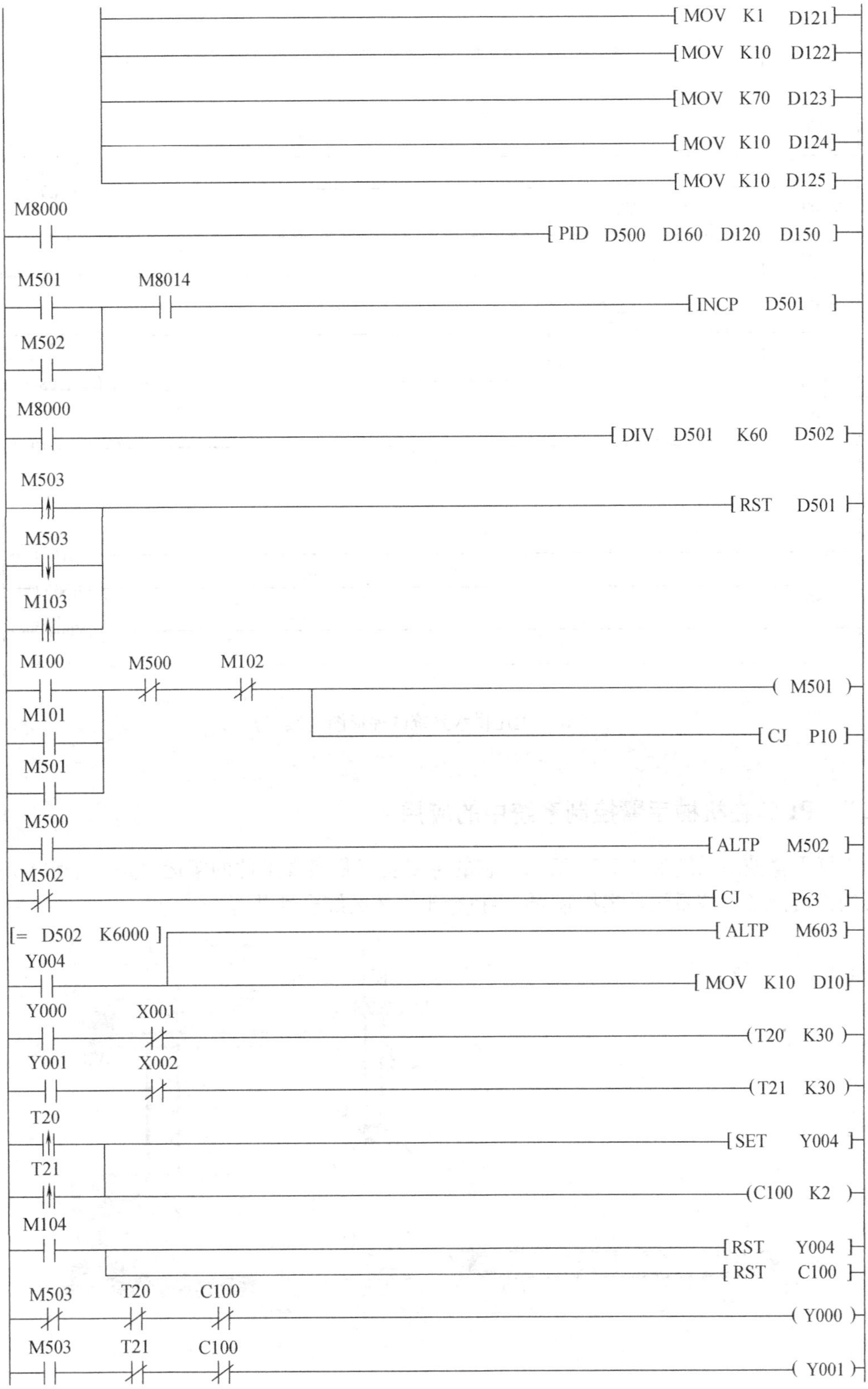

图 7-16　恒压供水系统的梯形图（续一）

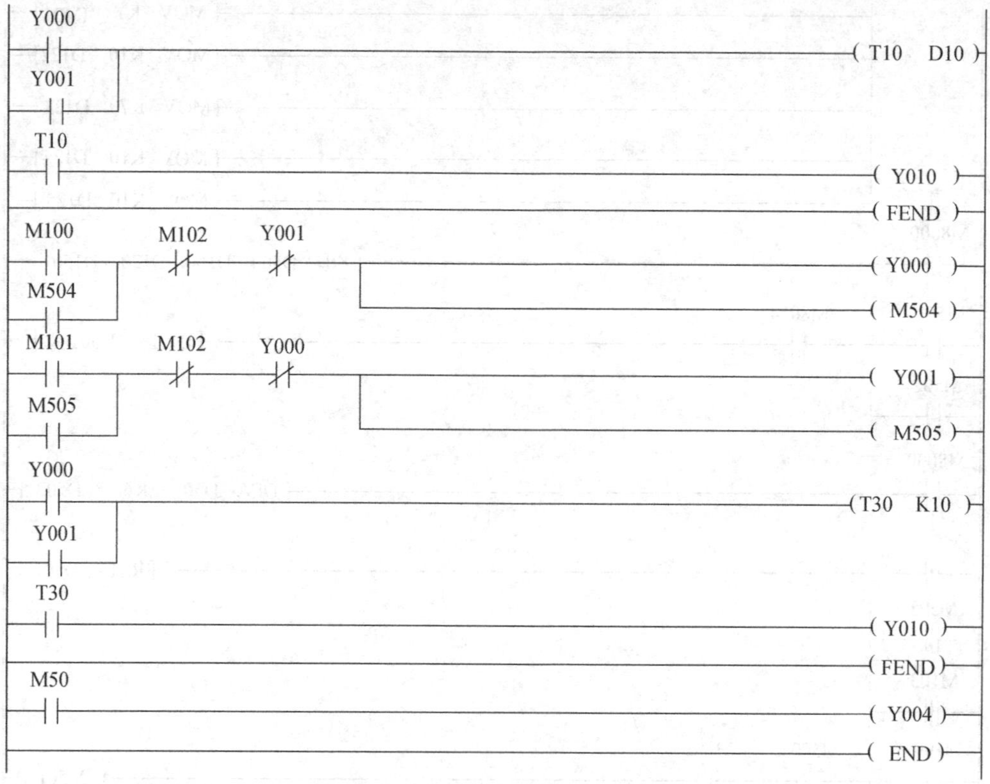

图 7-16 恒压供水系统的梯形图（续二）

7.4.7 PLC 在机械手臂控制系统中的应用

机械手臂控制系统如图 7-17 所示。它的主要功能是实现工件的搬运，是一个水平/垂直位移的机械设备。该系统是集控制-检测-执行于一体的综合性装置。

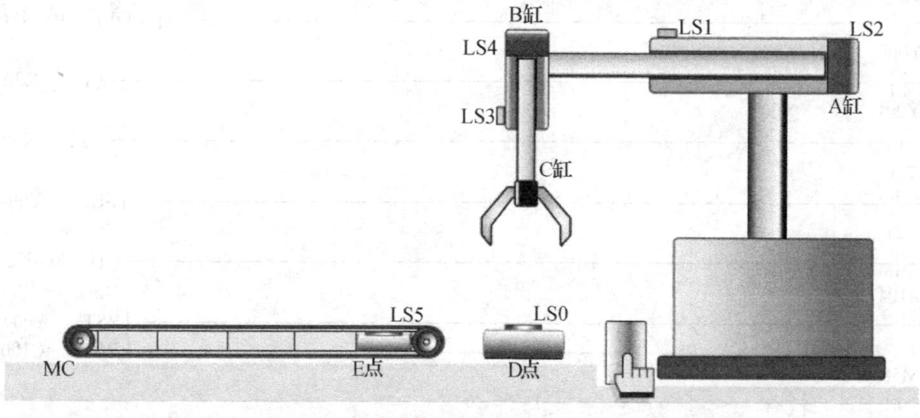

图 7-17 机械手臂控制系统

1. 控制要求

机械手臂的全部动作由气缸驱动，汽缸由相应的电磁阀控制。具体功能要求如下：

1）工件的补充使用人工控制，可直接将工件放在D点（LS0动作）。

2）只要D点有工件，机械手臂即先下降（B缸动作）将工件抓取（C缸动作）后上升（B缸复位），再将工件搬运（A缸动作）到E点上方，机械手臂再次下降（B缸动作）后放开（C缸复位）工件，机械手臂上升（B缸复位），最后机械手臂再回到原点（A缸复位）。

3）A、B、C缸均为单作用气缸，使用电磁控制。

4）C缸在抓取或放开工件后，都需有1s的间隔，机械手臂才能动作。

5）当E点有工件且B缸已上升到LS4时，传送带电动机转动以运走工件，经2s后传送带电动机自动停止。工件未完全运走（计时未到）时，则应等待传送带电动机停止后再将工件移走。

6）LS0→D点有无工件侦测用限制开关

LS1→A缸前行限制开关（左极限）

LS2→A缸退回限制开关（右极限）

LS3→B缸下降限制开关（下极限）

LS4→B缸上升限制开关（上极限）

LS5→E点有无工件侦测用限制开关

2. 功能分析

1）原点复位：选定以A缸退回至右极限位置（LS2 ON）、B缸上升至上极限位置（LS4 ON）及C缸松开为机械手臂的原点。执行一个动作之后，应做原点复位的侦测（因为A、B、C缸均为单作用气缸，所以会自动退回原点）。

2）工件搬运流程：依题意其动作为一循环式单一顺序流程。

3）传送带流程：在侦测到E点有工件且B缸在上极限位置时，应驱动传送带转动。

4）上述两个流程可以同时进行，因此使用并进分支流程来完成组合。

3. 元件分配

D点工件传感器LS0，使用输入继电器X0；A缸左限位传感器LS1，使用输入继电器X1。

A缸右限位传感器LS2，使用输入继电器X2；B缸下限位传感器LS3，使用输入继电器X3。

B缸上限位传感器LS4，使用输入继电器X4；E点工件传感器LS5，使用输入继电器X5。

A缸驱动，使用输出继电器Y0；B缸驱动，使用输出继电器Y1。

C缸驱动，使用输出继电器Y2；传送带驱动，使用输出继电器Y3。

元件分配图如图7-18所示。

4. 绘制状态流程图

1）原点复位流程图如图7-19所示。

2）工件搬运流程图如图7-20所示。

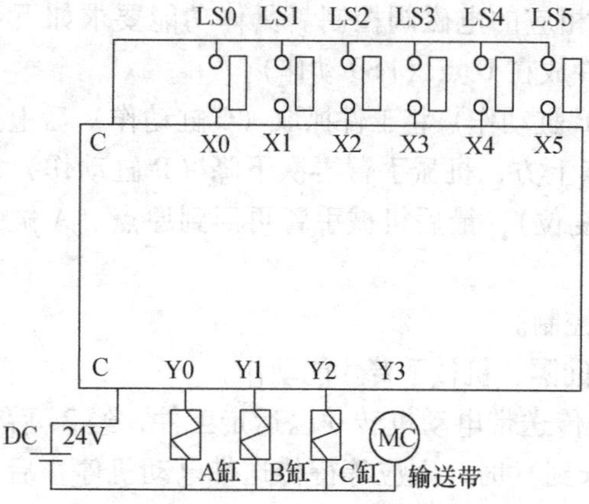

图 7-18　元件分配图

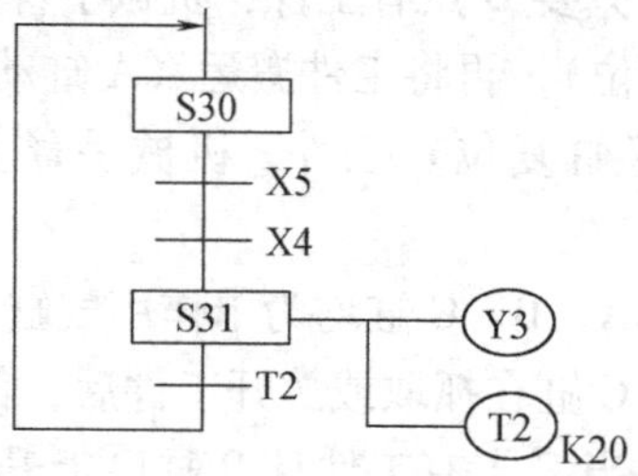

图 7-19　原点复位流程图

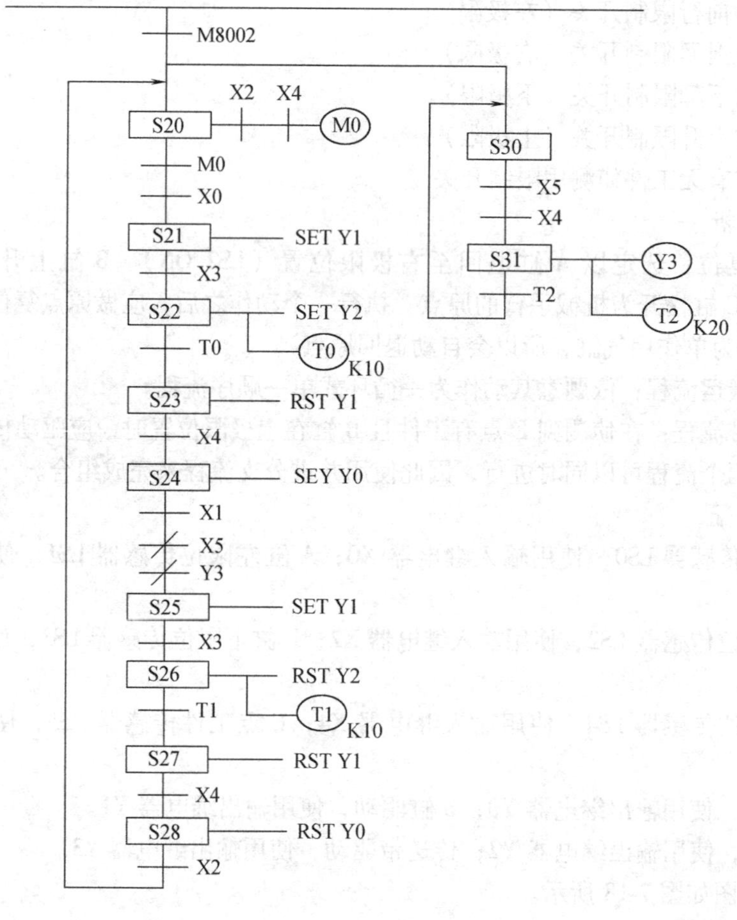

图 7-20　工件搬运流程

3）转换为步进阶梯图如图 7-21 所示。

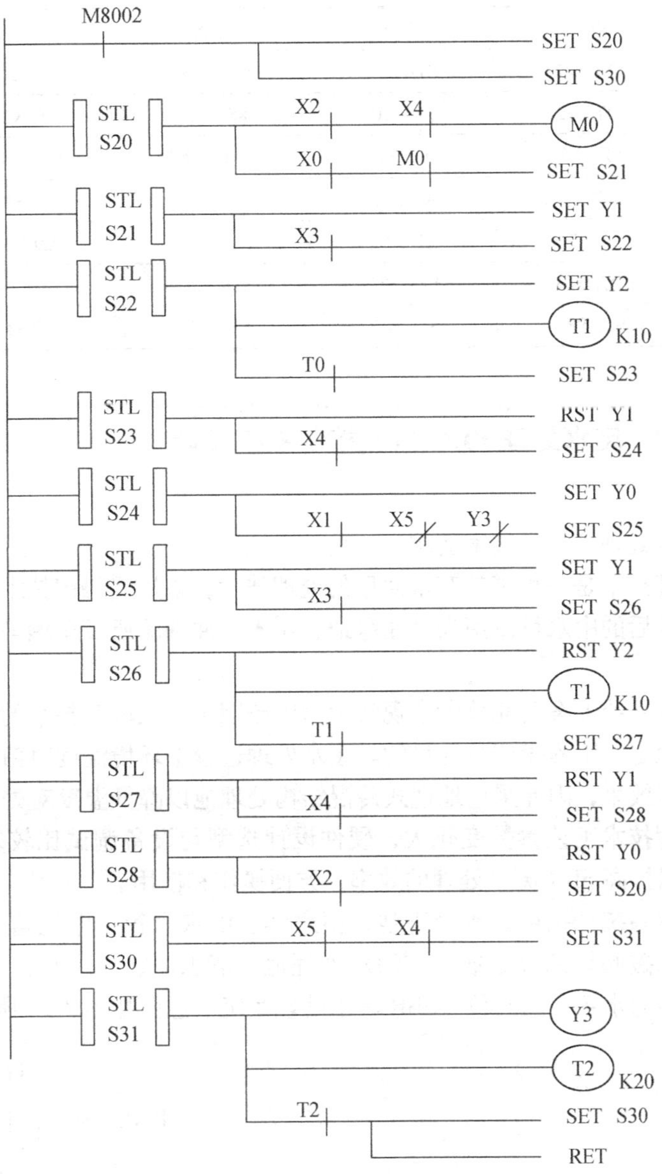

图 7-21　步进阶梯图

5. 程序清单

程序清单见表 7-8。

表 7-8　程序清单表

指令	指令	指令	指令	指令	指令
LD M8002	STL S21	RST Y1	SET Y1	LD X4	STL S31
SET S20	SET Y1	LD X4	LD X3	SET S28	OUT Y3
SET S30	LD X3	SET S24	SET S26	STL S28	OUT T2，K20

（续）

指令	指令	指令	指令	指令	指令
STL S20	SET S22	STL S24	STL S26	RST Y0	LD T2
LD X2	STL S22	SET Y0	RST Y2	LD X2	SET S30
AND X4	SET Y2	LD X1	OUT T1，K10	SET S20	RET
OUT M0	OUT T0，K10	ANL X5	LD T1	STL S30	END
LD M0	LD T0	ANL Y3	SET S27	LD X5	
AND X0	SET S23	SET S25	STL S27	AND X4	
SET S21	STL S23	STL S25	RST Y1	SET S31	

7.4.8 小型 SBR 废水处理 PLC 电气控制系统设计

1. 系统介绍

（1）SBR 废水处理工艺的技术要求

SBR 废水处理技术是一种高效废水回用的处理技术，采用优势菌技术对校园生活污水进行处理，经过处理后的中水可以用来浇灌绿地、花木，冲洗厕所及车辆等，从而达到节约水资源的目的。

SBR 废水处理系统方案要充分考虑现实生活中校园生活区较为狭小的特点，力求达到设备体积小，性能稳定，工程投资少的目的。废水处理过程中环境温度对菌群代谢产生的作用直接影响废水处理效果，因此采用地埋式砖混结构处理池以降低温度对处理效果的影响。同时，SBR 废水处理技术工艺参数变化大，硬件设计选型与设备调试比较复杂，采用先进的 PLC 控制技术可以提高 SBR 废水处理的效率，方便操作和使用。

SBR 废水处理系统分别由污水处理池、清水池、中水水箱、电控箱以及水泵、罗茨风机、电动阀门和电磁阀等部分组成，在污水处理池、清水池、中水水箱中分别设置液位开关，用以检测水池与水箱中的水位。SBR 废水处理系统示意图如图 7-22 所示。

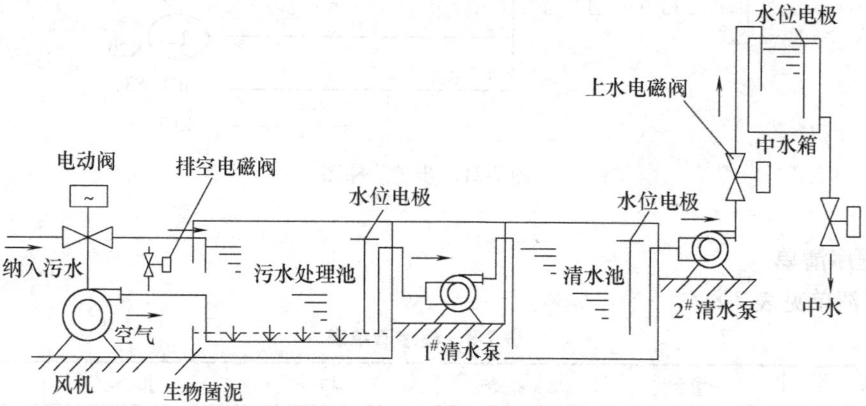

图 7-22 SBR 废水处理系统示意图

污水处理的第一阶段：当污水池中的水位处于低水位或无水状态时，电动阀会自动开起纳入污水。当污水池纳入的污水至正常高水位时，电动阀自动关闭，污水池中污水呈微氧和厌氧状态。

污水处理的第二阶段：采用能降解大分子污染物的曝气法，可使污水脱色、除臭、平衡菌群的 pH 值并对污染物进行高效除污，即好氧处理过程。整个好氧（曝气）时间一般需要6～8h。在曝气管路上安装了排空电磁阀，当电动阀门自动关闭后，排空电磁阀开起，罗茨风机延时空载起动，然后排空电磁阀关闭，污水池开始曝气。当曝气处理结束后，排空电磁阀再次开起，罗茨风机空载停机，然后排空电磁阀延时关闭。曝气风机在无负荷条件下起动和停止，能起到保护电动机和风机的作用。经过0.5h的水质沉淀，PLC 下达起动1#清水泵指令，将沉淀后的水泵入到清水池。当清水池中的水位升至正常高水位时，1#清水泵自动停止运行。这时2#清水泵自动起动向中水箱泵水，当水箱内达到正常高水位时，2#清水泵自动停止运行，这时中水箱内的水全部完成处理过程。

当中水箱内水位降至低水位时，2#清水泵又自动起动向中水箱泵水。当污水池中的水位降至低水位时，电动阀门自动打开继续向污水池纳入污水。如此循环往复。

SBR 废水处理技术针对污水水质不同选用生物菌群不同，工艺要求有所不同。电气控制系统应有参数可修正功能，以满足废水处理的要求。

（2）SBR 废水处理系统动力设备

SBR 废水处理系统中所使用的动力设备（水泵、罗茨风机、电动阀），均采用三相交流异步电动机，电动机和电磁阀（AC220V 选配）选配防水防潮型。

1#清水泵：立式离心泵 LS50-10-A，扬程10m，流量29m^3/h，1kW。

2#清水泵：立式离心泵 LS40-32.1，扬程30m，流量16m^3/h，3kW。

曝气罗茨风机：TSA-40，0.7m^3/min，1.1kW。

电动阀：阀体 D97A1X5-10ZB-125mm，电动装置 LQ20-1，AC380V，60W。

（3）SBR 废水处理电气控制系统设计要求

1）控制装置选用 PLC 作为系统的控制核心，根据工艺要求合理选配 PLC 机型和 I/O 接口。

2）可执行手动和自动两种方式，应能按照工艺要求编辑程序并可实时整定参数。

3）电动阀上驱动电动机为正、反转双向运行，因此要在 PLC 控制回路加互锁功能。

4）PLC 的接地应按手册中的要求设计，并在图中表示或说明。

5）为了设备安全运行，考虑必要的保护措施，入如电动机过热保护、控制系统短路保护等。

6）绘制电气原理图：包括主电路、控制电路、PLC 硬件电路，编制 PLC 的 I/O 接口功能表。

7）选择电器元件、编制元器件目录表。

8）绘制接线图、电控柜布置图和配线图、控制面板布置图和配线图等。

9）采用梯形图或指令表编制 PLC 控制程序。

2. SBR 废水处理电气控制系统总体设计过程

（1）总体方案说明

1）SBR 废水处理系统控制对象电动机均由交流接触器完成起、停控制，电动阀电动机要采用正、反转控制。

2）污水池、清水池、中水水箱水位检测开关，在选型时考虑抗干扰性能，选用电极考虑耐腐蚀性。

3）电动阀上驱动电动机，其内部设有过载保护开关，为常闭触点，作为电动阀过载保护信号，PLC 控制电路考虑该信号逻辑关系。

4）$1^{\#}$清水泵、$2^{\#}$清水泵、罗茨风机电动机、电动阀电动机分别采用热继电器实现过载保护，其热继电器的常开触点通过中间继电器转换后，作为 PLC 的输入信号，用以完成各个电动机系统的过载保护。

5）罗茨风机的控制要求在无负载条件下起动或停机，需要在曝气管路上设置排空电磁阀。

6）主电路用断路器，各负载回路和控制回路以及 PLC 控制回路采用熔断器，实现短路保护。

7）电控箱设置在控制室内。控制面板与电控箱内的电器板用 BVR 型铜导线连接，电控箱与执行装置之间采用端子板连接。

8）PLC 选用继电器输出型。

9）PLC 自身配有 24V 直流电源，外接负载时需考虑其供电容量。PLC 接地端采用第三种接地方式，提高抗干扰能力。

（2）SBR 废水处理电气控制原理图设计

主电路设计：

SBR 废水处理电气控制系统主电路如图 7-23 所示。

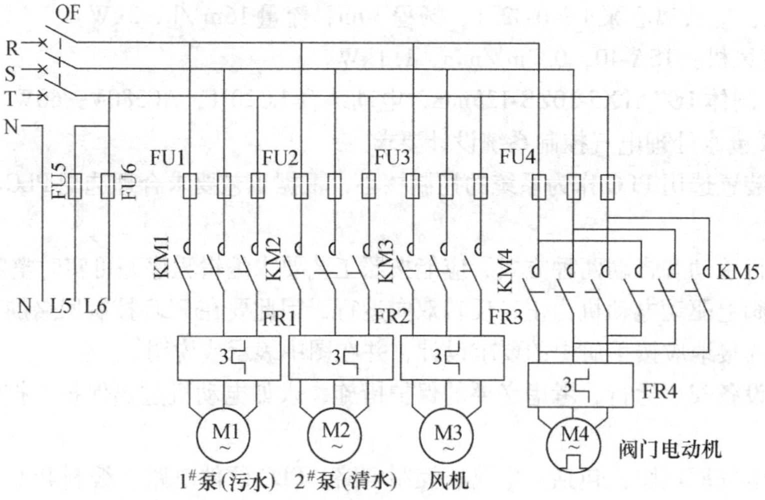

图 7-23 SBR 废水处理电气控制系统主电路

1）主回路中交流接触器 KM1、KM2、KM3 分别控制$1^{\#}$清水泵 M1、$2^{\#}$清水泵 M2、曝气风机 M3；交流接触器 KM4、KM5 控制电动阀电动机 M4，通过正、反转完成开起阀门和关闭阀门的功能。

2）电动机 M1、M2、M3、M4 由热继电器 FR1、FR2、FR3、FR4 实现过载保护。电动阀电动机 M4 控制器内还装有常闭热保护开关，对阀门电动机 M4 实现双重保护。

3）QF 为电源总开关，既可完成主电路的短路保护，又起到分断三相交流电源的作用，使用和维修方便。

4）熔断器 FU1、FU2、FU3、FU4 实现各负载回路的短路保护。FU5、FU6 分别完成交流控制回路和 PLC 控制回路的短路保护。

交流控制电路设计：

SBR 废水处理系统交流控制电路如图 7-24 所示。

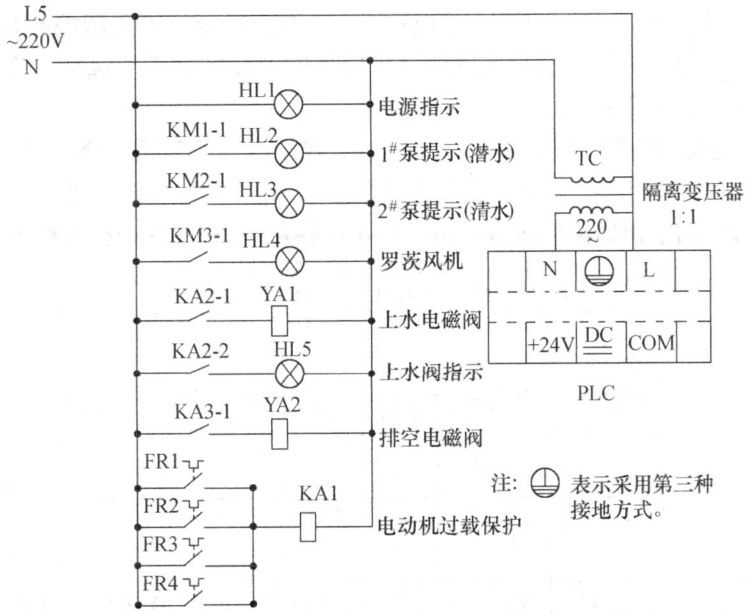

图 7-24 SBR 废水处理系统交流控制电路

1）控制电路有电源指示 HL。PLC 供电回路采用隔离变压器 TC，以防止电源干扰。

2）隔离变压器 TC 的选用根据 PLC 耗电量配置，可以配置标准型、变比 1:1、容量 100V·A 隔离变压器。

3）1#清水泵 M1、2#清水泵 M2、曝气风机 M3 分别有运行指示灯 HL1、HL2、HL3，由 KM1、KM2、KM3 接触器常开辅助触点控制。

4）4 台电动机 M1、M2、M3、M4 的过载保护，分别由 4 个热继电器 FR1、FR2、FR3、FR4 实现，将其常闭触点并联后与中间继电器 KA1 连接构成过载保护信号，KA1 还起到电压转换的作用，将 220V 交流信号转换成 24V 直流信号送入 PLC 完成过载保护控制功能。

5）上水电磁阀 YA1 和指示灯 HL1、排空电磁阀 YA2，分别由中间继电器 KA2 和 KA3 触点控制。

主要参数计算：

1）断路器 QF 脱扣电流。断路器为供电系统电源开关，其主回路控制对象为电感性负载交流电动机，断路器过电流脱扣值按电动机起动电流的 1.7 倍整定。SBR 废水处理系统有 3kW 负载电动机一台，起动电流较大，其余三台在 1.1kW 以下，起动电流较小，而且工艺要求 4 台电动机单独起动运行，因此可根据 3kW 电动机选择自动开关 QF 脱扣电流 I_{QF}：

$$I_{QF}=1.7I_N=1.7\times6A=10.2A\approx10A，选用 I_{QF}=10A 的断路器。$$

2）熔断器 FU 熔体额定电流 I_{FU}。以曝气风机为例，$I_{FU}\geqslant2I_N=2\times2.5A=5A$，选用 5A

的熔体。其余熔体额定电流的选择，按上述方法选配。控制回路熔体额定电流选用2A。

3）热继电器的选择请参考有关技术手册，自行计算参数。

PLC 控制电路设计：

包括 PLC 硬件结构配置及 PLC 控制原理电路设计。

1）硬件结构设计。了解各个控制对象的驱动要求，如驱动电压的等级、负载的性质等。分析对象的控制要求，确定输入/输出接口（I/O）数量。确定所控制参数的精度及类型，如对开关量、模拟量的控制、用户程序存储器的存储容量等。选择适合的 PLC 机型及外设。完成 PLC 硬件结构配置。

2）根据上述硬件选型及工艺要求，绘制 PLC 控制电路原理图，绘制 PLC 控制电路，编制 I/O 接口功能表。图 7-25 为 SBR 废水处理系统 PLC 控制电路原理图，L6 作为 PLC 输出回路的电源，分别向输出回路的负载供电，输出回路所有 COM 端短接后接入电源 N 端。

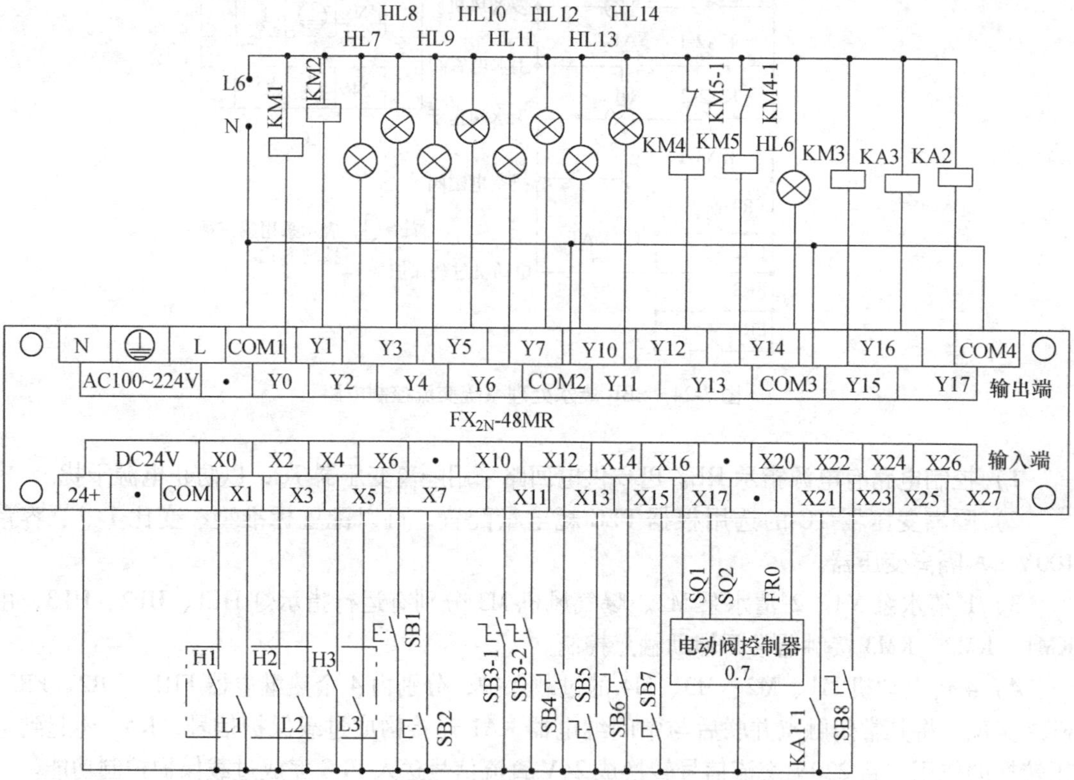

图 7-25 SBR 废水处理系统 PLC 控制电路原理图

3）KM4 和 KM5 接触器线圈支路，设计了互锁电路，以防止误操作故障。

4）PLC 输入回路中，信号电源由 PLC 本身的 24V 直流电源提供，所有输入 COM 端短接后接入 PLC 电源 DC24V 的（+）端。输入口如果有有源信号装置，需要考虑信号装置的电源等级和容量，最好不要使用 PLC 自身的 24V 直流电源，以防止电源过载损坏或影响其他输入口的信号质量。

5）PLC 采用继电器输出，每个输出点额定控制容量为 AC250V/2A。

表 7-9 和表 7-10 分别为 SBR 废水处理系统 PLC 输入和输出接口功能表。

表 7-9　SBR 废水处理系统 PLC 输入接口功能表

序号	工位名称	文字符号	输入地址
1	污水池高水位开关信号	H1	X000
2	污水池低水位开关信号	L1	X001
3	清水池高水位开关信号	H2	X002
4	清水池低水位开关信号	L2	X003
5	中水箱高水位开关信号	H3	X004
6	中水箱低水位开关信号	L3	X005
7	起动按钮（绿色）	SB1	X006
8	停止按钮（红色）	SB2	X007
9	旋钮开关（自动）	SB3-1	X010
10	旋钮开关（手动）	SB3-2	X011
11	手动开电动阀旋钮开关	SB4	X012
12	手动关电动阀旋钮开关	SB5	X013
13	1#清水泵手动旋钮开关	SB6	X014
14	2#清水泵手动旋钮开关	SB7	X015
15	电动阀门开起限位开关	SQ1	X016
16	电动阀门关闭限位开关	SQ2	X017
17	电动阀电动机故障报警	FR0	X020
18	电动机热保护器报警	KA1	X021
19	曝气风机手动旋钮开关	SB8	X022
20	输入点备用		X023 ~ X027

表 7-10　SBR 废水处理系统 PLC 输出接口功能表

序号	工位名称	文字符号	输出地址
1	1#清水泵接触器	KM1	Y000
2	2#清水泵接触器	KM2	Y001
3	污水池高水位红色指示灯	HL7	Y002
4	污水池低水位绿色指示灯	HL8	Y003
5	清水池高水位红色指示灯	HL9	Y004
6	清水池低水位绿色指示灯	HL10	Y005
7	中水箱高水位红色指示灯	HL11	Y006
8	中水箱低水位绿色指示灯	HL12	Y007
9	电动阀门开起绿色指示灯	HL13	Y010
10	电动阀门关闭黄色指示灯	HL14	Y011
11	开电动阀门接触器	KM4	Y012
12	关电动阀门接触器	KM5	Y013
13	电动机热保护器报警红色指示灯	HL6	Y014
14	罗茨风机（曝气风机）接触器	KM3	Y015
15	排空电磁阀继电器	KA3	Y016
16	上水电磁阀继电器	KA2	Y017
17	输出口备用		Y020 ~ Y027

6）根据上述设计，对照主回路检查交流控制回路、PLC 控制回路、各种保护联锁电路、PLC 控制程序等，全部符合设计要求后，绘制出最终的电气原理图。

7）根据设计方案选择的电气元件，编制原理图的元器件目录表，见表 7-11。

表 7-11 SBR 废水处理系统元器件目录表

序号	文字符号	名　称	数量	规格型号	备　注
1	M1 ~ M4	电动机	4	Y 系列	三相交流异步电动机
2	FR1 ~ FR4	热继电器	4	JR16B-20/3	参照电动机整定电流
3	FU1 ~ FU4	熔断器	12	RL1-15	熔体 2 ~ 10A
4	FU5、FU6	熔断器	2	RT16-32X	熔体 2A
5	QF	断路器	1	C45AD	脱扣电流 10A
6	TC	隔离变压器	1	BK-100	电压比 1:1，AC220V
7	SB1	起动按钮	1	LAY37	绿色
8	SB2	停止按钮	1	LAY37	红色
9	SB3	转换开关	1	LAY37-D2	手动/自动转换
10	SB4 ~ SB8	手动开关	5	LAY37-D2	黑色
11	KM1 ~ KM4	交流接触器	4	DJX-9	线圈电压：AC220V
12	KA1 ~ KA3	中间继电器	3	HH52P	线圈电压：AC220V
13	HL1 ~ HL15	指示灯	15	AD16-22	LED 显示，AC220V
14	YA1	电磁阀	1	ZCT-50A	线圈电压：AC220V
15	YA2	电磁阀	1	ZCT-15A	线圈电压：AC220V
16	YA3	电动阀门装置	1	LQA20-1	AC380，60W
17	PLC	可编程序控制器	1	FX2N-48MR	继电器输出

PLC 控制程序设计：

1）程序设计。根据控制要求，建立 SBR 废水处理系统控制流程图，如图 7-19 所示。表达出各控制对象的动作顺序，相互间的制约关系。在明确 PLC 寄存器空间分配，确定专用寄存器的基础上，进行控制系统的程序设计，包括主程序编制、各功能子程序编制、其他辅助程序的编制等。

2）系统静态调试。空载静态调试时，针对运行的程序检查硬件接口电路中各种逻辑关系是否正确，然后先调试子程序或功能模块程序，然后调试初始化程序，最后调试主程序。调试过程中尽量接近实际系统，并考虑到各种可能发生的情况，作反复调试，出现问题及时分析、调整程序或参数。

3）系统动态调试及运行。在动态带负载状态下调试，密切观察系统的运行状态，采用先手动再自动的调试方法，逐步进行。遇到问题及时停机，分析产生问题的原因，提出解决问题的方法，同时做好详尽记录，以备分析和改进。

SBR 废水处理系统 PLC 控制程序流程图如图 7-26 所示。梯形图程序如图 7-27 所示。

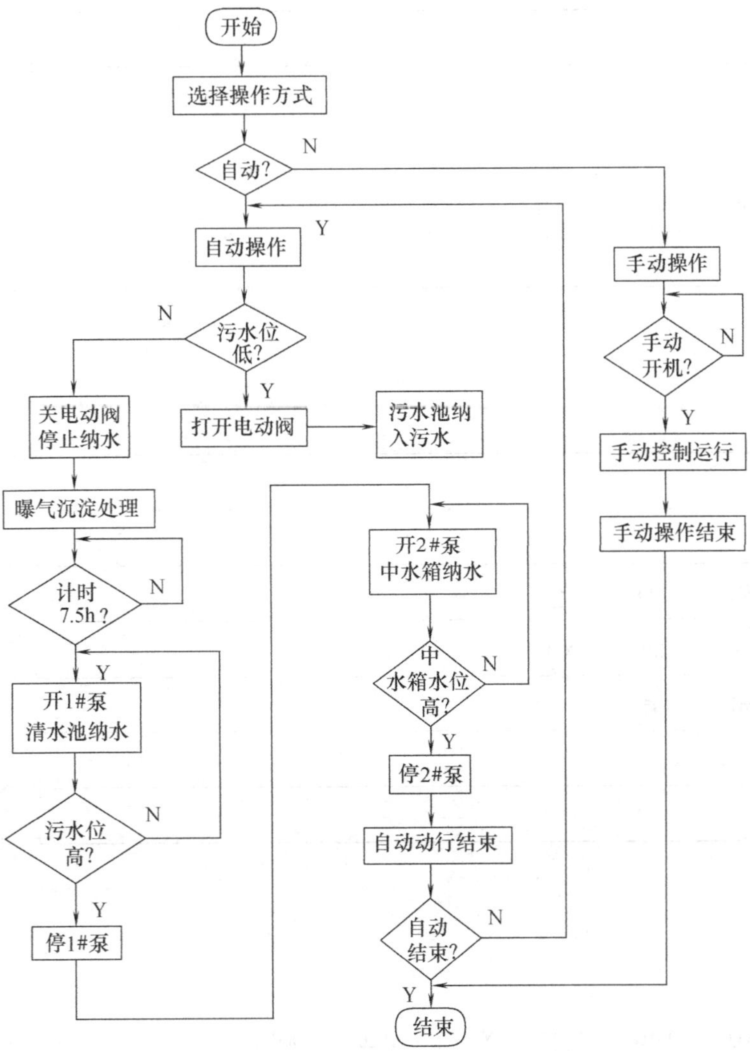

图 7-26　SBR 废水处理系统控制流程图

（3）SBR 废水处理系统电气工艺设计

按设计要求设计绘制电气装置总体配置图、电器板电器元器件平面图、控制面板电器平面图及相关电气接线图。

1）先根据控制系统要求和电气设备的结构，确定电器元器件的总体布局以及电控箱内装配板与控制面板上应安装的电器元件。本系统除电控箱外，在污水处理设备现场设计安装的电器元件和动力设备包括：电磁阀、水位开关、电动机、电动阀（含阀位控制器）等。电控箱内电器板上安装的电器元件包括：断路器、熔断器、隔离变压器、PLC、接触器、中间继电器、热继电器和端子板等。在控制面板上设计安装的电器元件包括：控制按钮、旋钮开关、各色指示灯等。

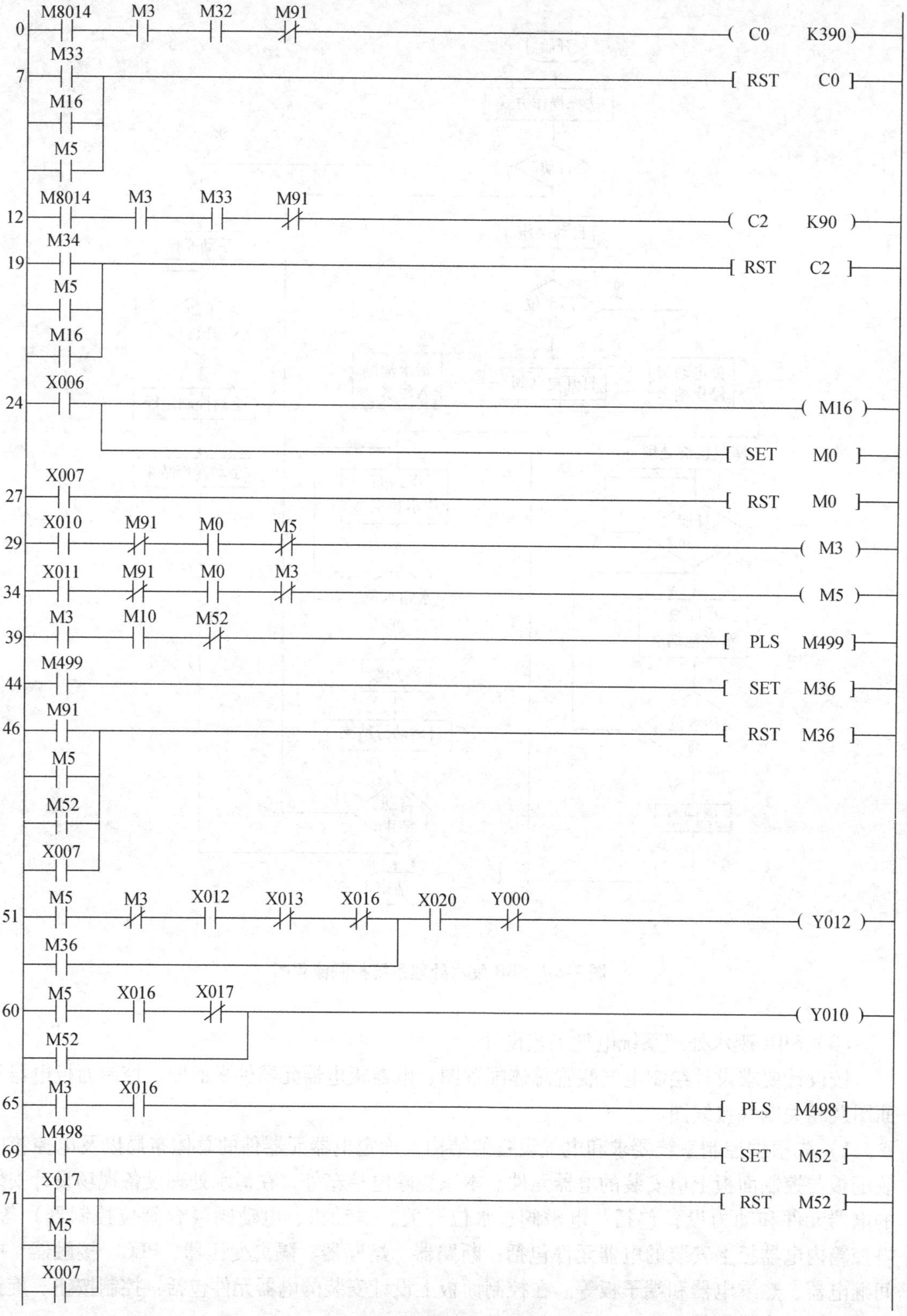

图 7-27 SBR 废水处理系统 PLC 控制梯形图程序

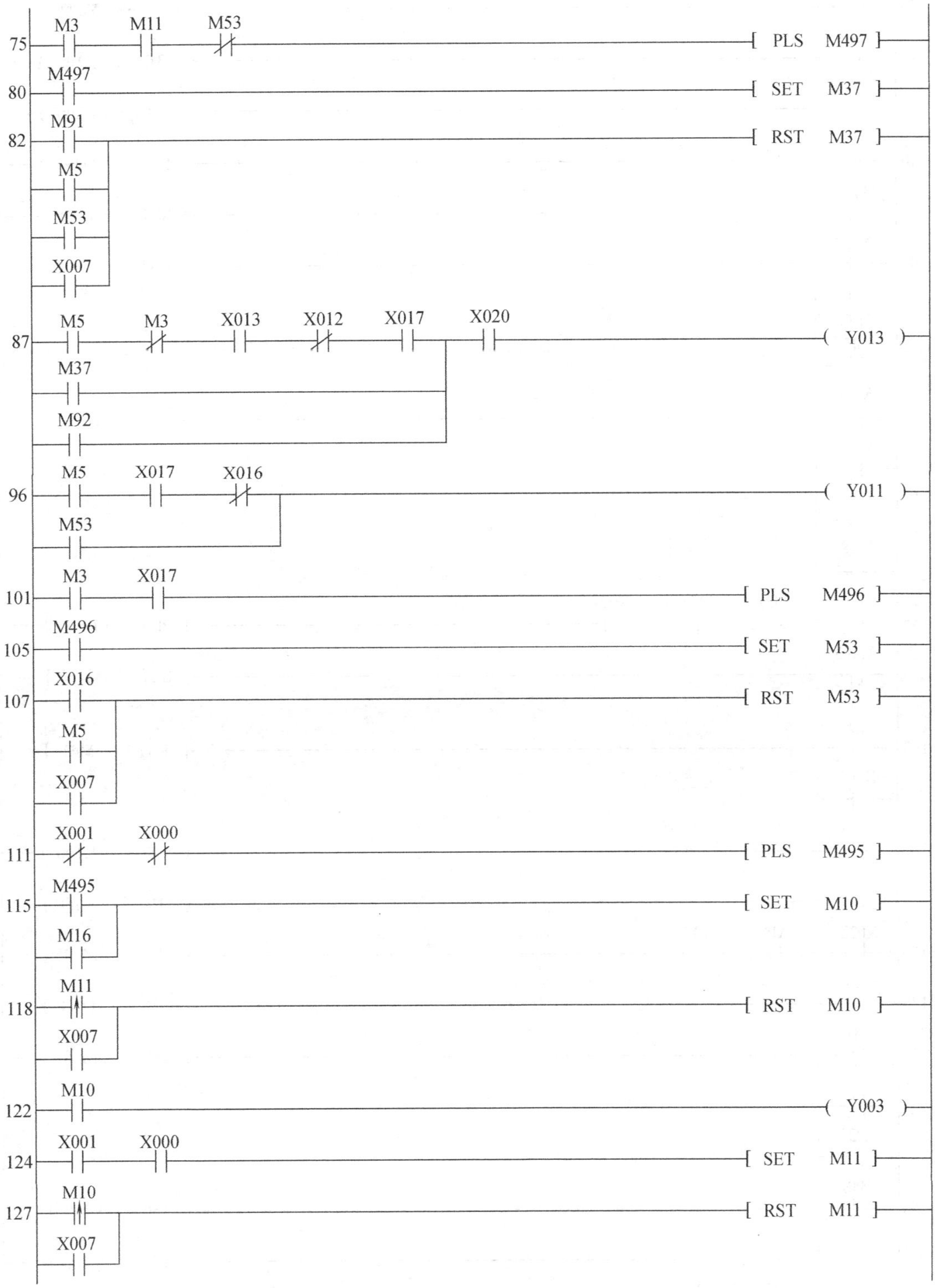

图 7-27　SBR 废水处理系统 PLC 控制梯形图程序（续一）

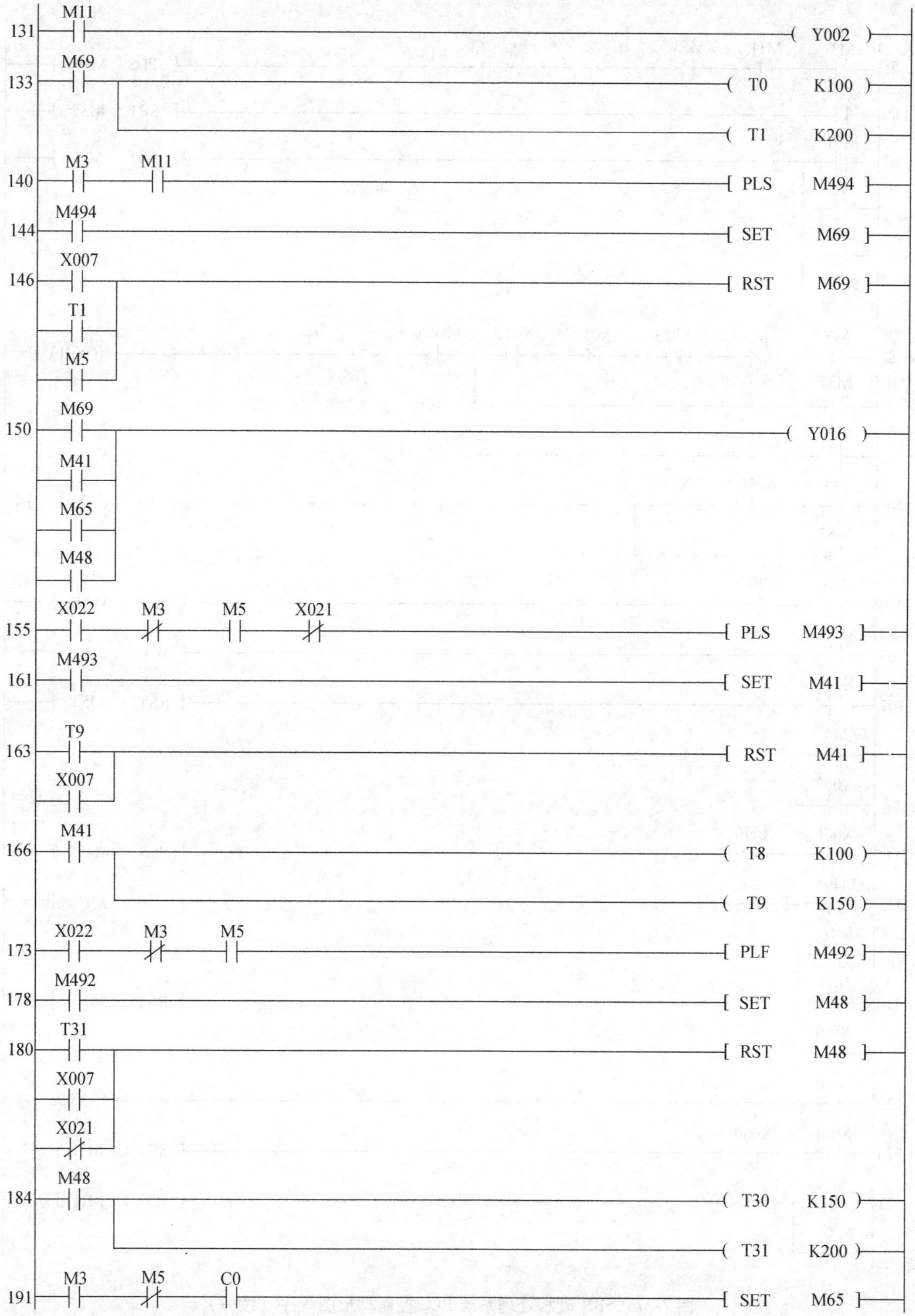

图 7-27 SBR 废水处理系统 PLC 控制梯形图程序（续二）

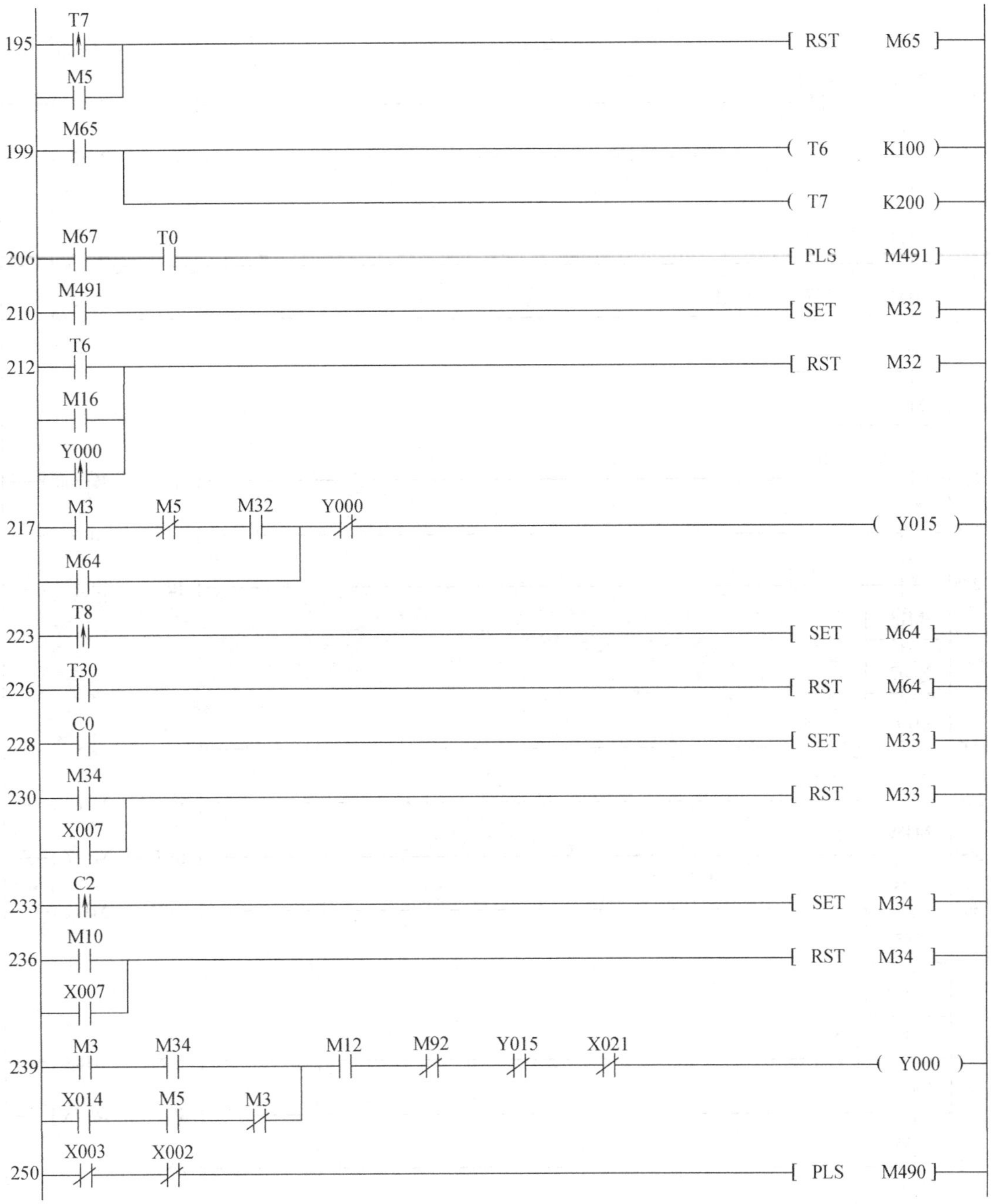

图 7-27　SBR 废水处理系统 PLC 控制梯形图程序（续三）

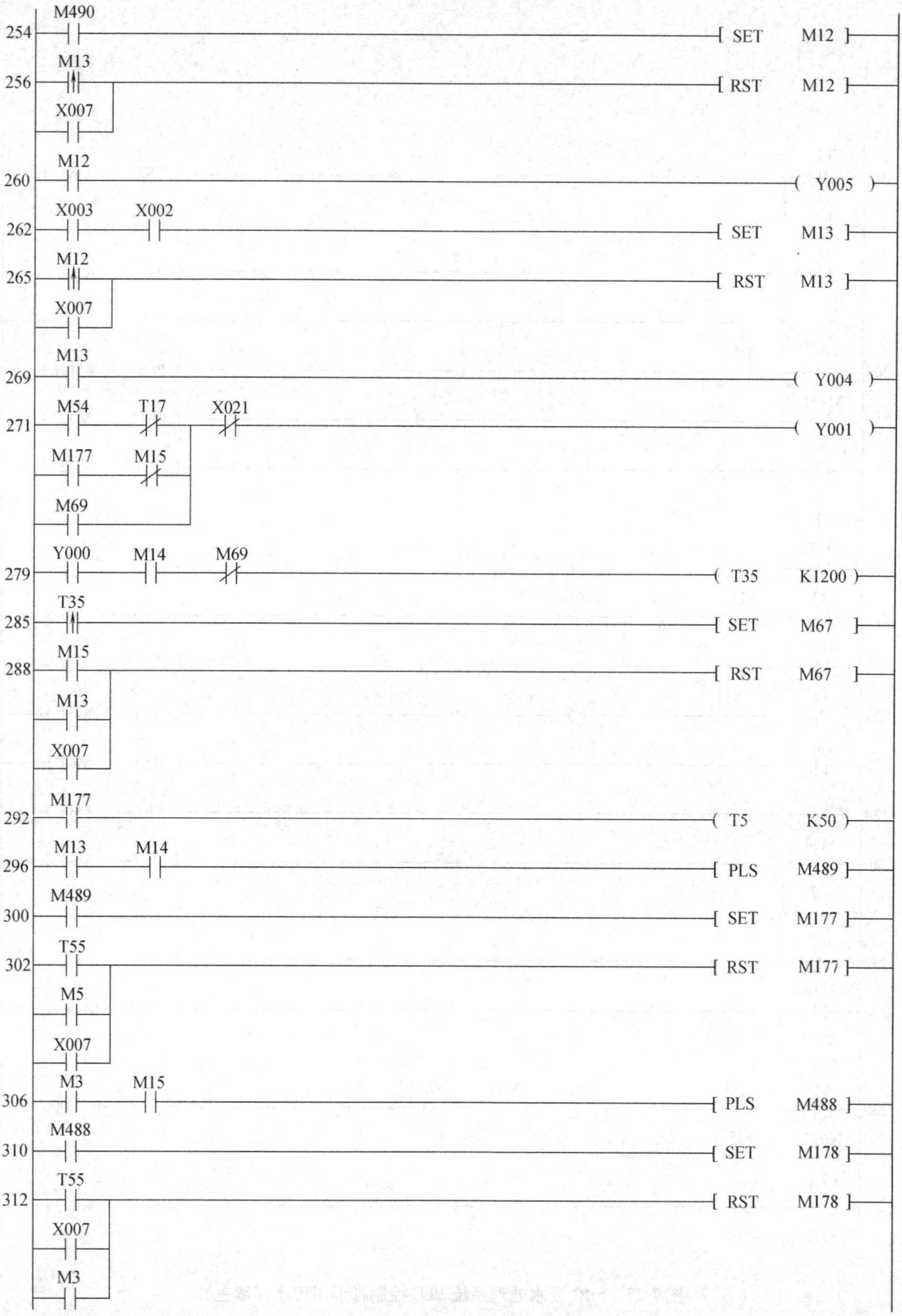

图 7-27　SBR 废水处理系统 PLC 控制梯形图程序（续四）

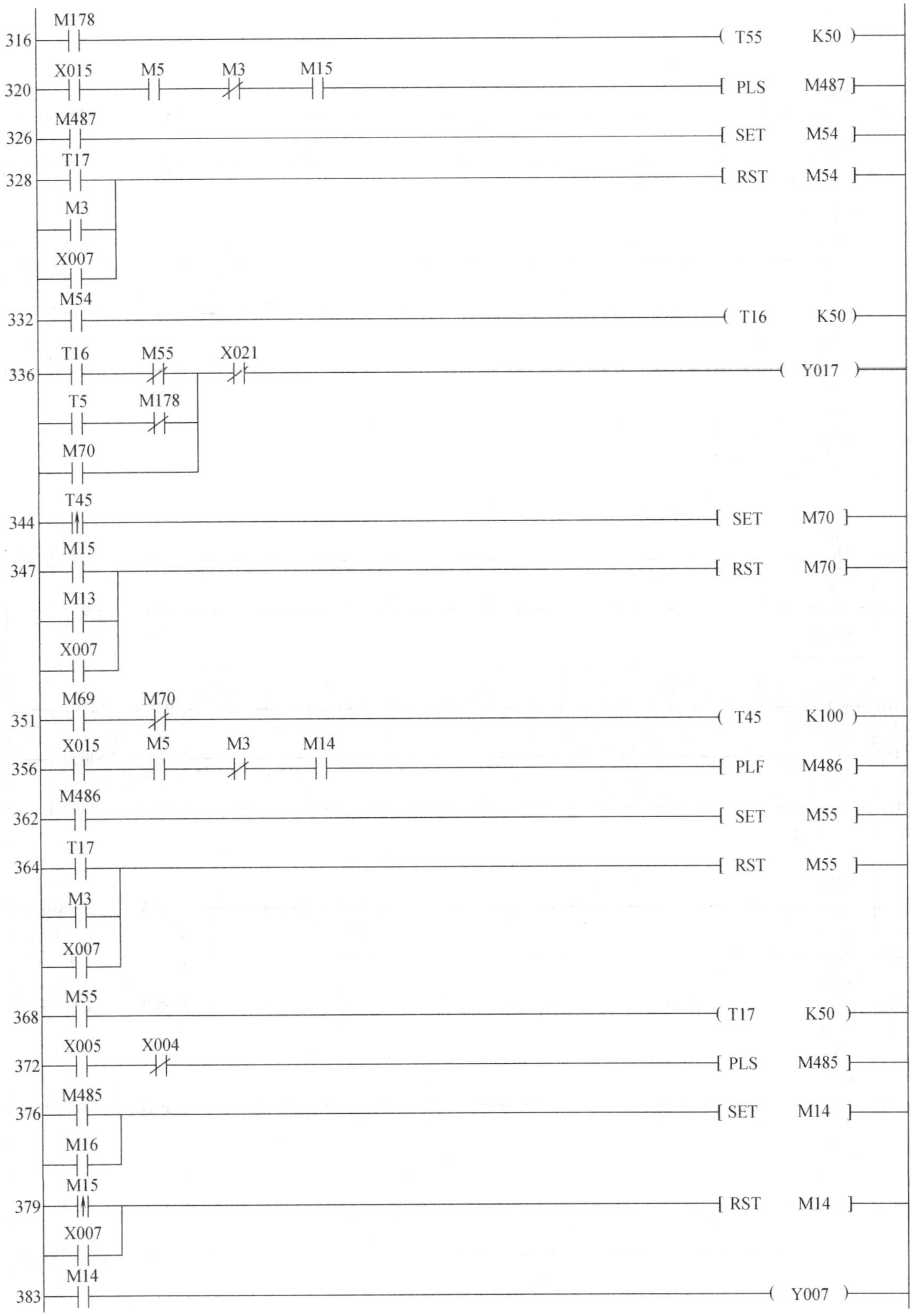

图 7-27　SBR 废水处理系统 PLC 控制梯形图程序（续五）

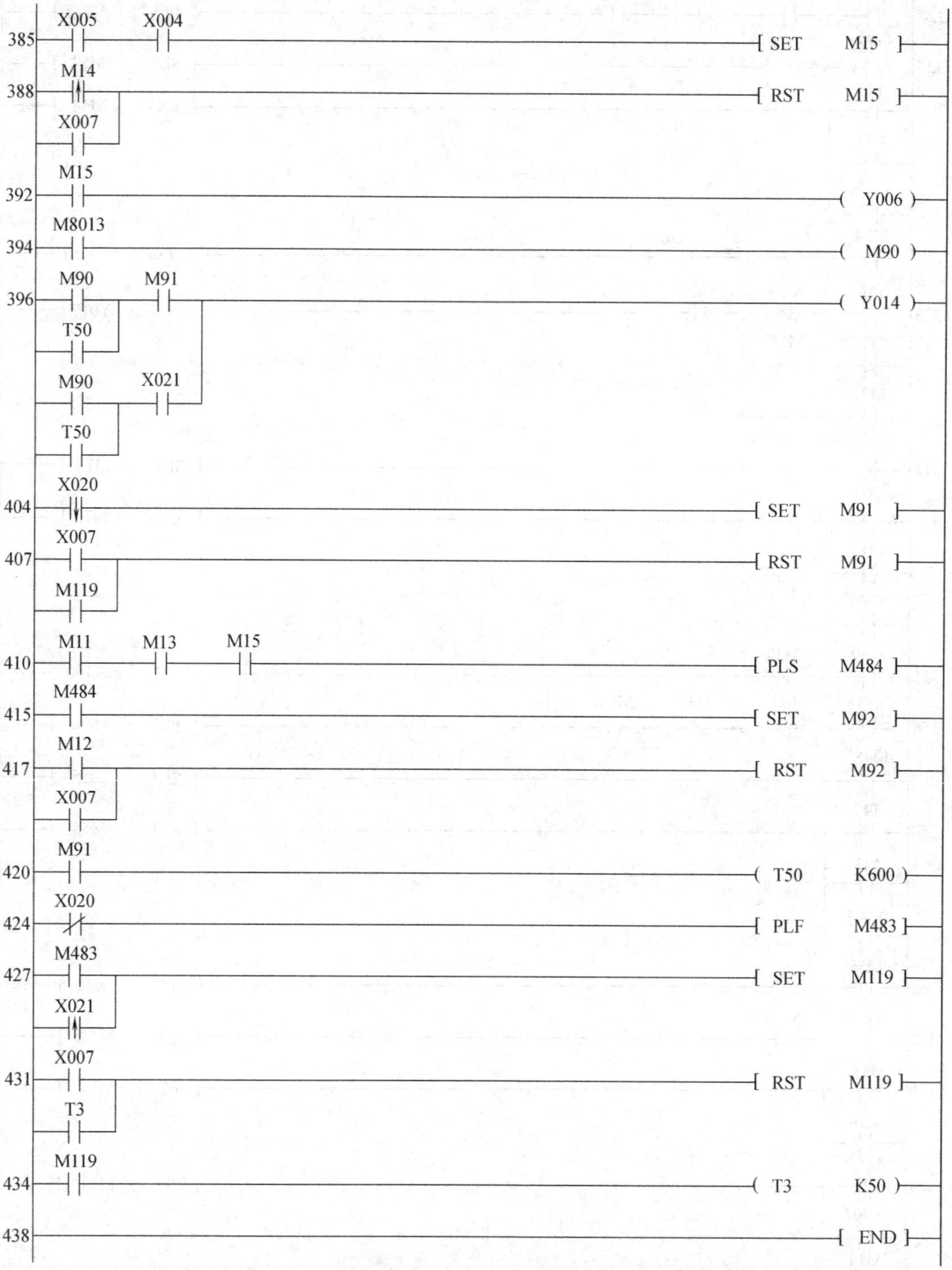

图 7-27 SBR 废水处理系统 PLC 控制梯形图程序（续六）

2）依据用户要求满足操作方便、美观大方、布局均匀对称等设计原则，绘制电控箱电器板元件布置图、电器面板元件布置图、电气接线图等，如图7-28、图7-29所示。进出引线采用接线端子板连接，接线图略。

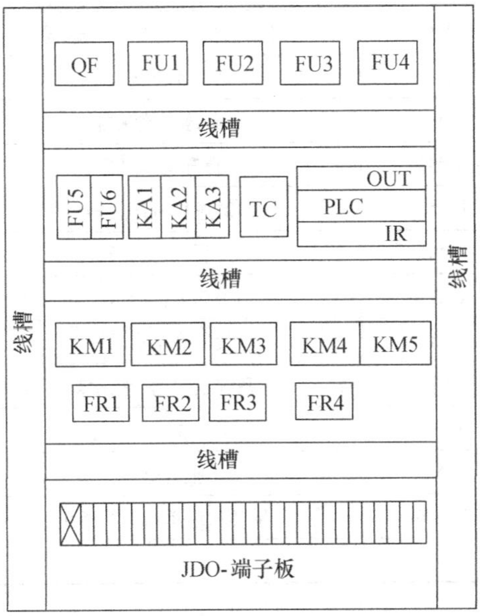

图7-28　电控箱电器板元件布置图

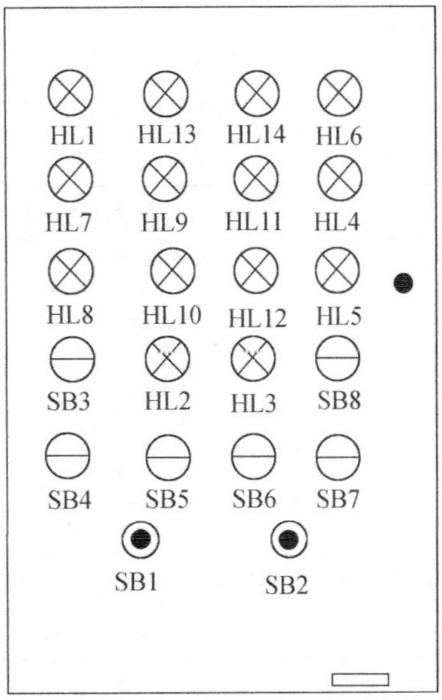

图7-29　电控箱电器面板元件布置图

3）依据电器元件布置图及电器元器件的外形尺寸、安装尺寸，绘制电器板（绝缘板、镀锌铁板或架）、控制面板（有机玻璃板、铝板或铁板等）、垫板（有机械强度的绝缘板或镀锌板）等零部件加工图。图中应注明外形尺寸、安装孔径、定位尺寸与公差、板材厚度以及加工要求等。本设计所涉及的钣金加工技术图从略。

4）依据电器安装板、控制面板尺寸设计电控箱，绘制电控箱安装图。本设计从略。

至此，基本完成了SBR废水处理系统要求的电气控制原理设计和工艺设计任务。

7.5　可编程序控制应用参考选题

7.5.1　锅炉车间输煤机组控制

1. 输煤机组控制系统

输煤机组控制系统示意图如图7-30所示，输煤机组控制信号说明见表7-12。

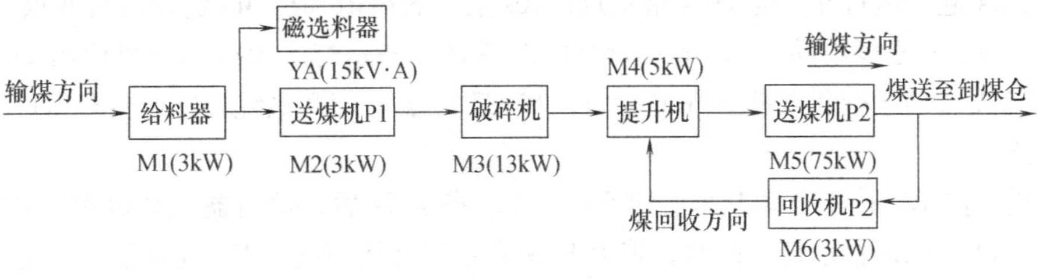

图7-30　输煤机组控制系统示意图

表 7-12　输煤机组控制信号说明

输入		输出	
文字符号	说明	文字符号	说明
SA1-1	输煤机组手动控制开关	KM1	给料器和磁选料器接触器
SA1-2	输煤机组自动控制开关	KM2	1#送煤机接触器
SB1	输煤机组自动开车按钮	KM3	破碎机接触器
SB2	输煤机组自动停车按钮	KM4	提升机接触器
SB3	输煤机组紧急停车按钮	KM5	2#送煤机接触器
SB4	给料器和磁选料器手动按钮	KM6	回收机接触器
SB5	1#送煤机手动按钮	HL7	手动运行指示灯
SB6	破碎机手动按钮	HL8	紧急停车指示灯
SB7	提升机手动按钮	HL9	系统正常运行指示灯
SB8	2#送煤机手动按钮	HL10	系统故障指示灯
SB9	回收机手动按钮	HA	报警电铃
KM	M1 ~ M6，YA 运行正常信号	HL1 ~ 6	输煤机组单机运行指示
FR	M1 ~ M6，YA 过载保护信号		

输煤机组的拖动系统由 6 台三相异步电动机 M1 ~ M6 和一台磁选料器 YA 组成。SA1 为手动/自动转换开关，SB1 和 SB2 为自动开车/停车按钮，SB3 为事故紧急停车按钮，SB4 ~ SB9 为 6 个控制按钮，手动时单机操作使用。HA 为开车/停车时讯响器，提示在输煤机组附近的工作人员物煤机准备起动，注意安全。HL1 ~ HL6 为 Ml ~ M6 电动机运行指示，HL7 为手动运行指示，HL8 为紧急停车指示，HL9 为系统运行正常指示，HL10 为系统故障指示。

2. 输煤机组控制要求

（1）手动开车/停车功能

SA1 手柄指向左 45°时，接点 SA1-1 接通，通过 SB4 ~ SB9 控制按钮，对输煤机组单台设备独立调试与维护使用，任何一台单机开车/停车时都有音响提示，保证检修和调试时人身和设备安全。

（2）自动开车/停车功能

SA1 手柄指向右 45°时，接点 SA1-2 接通，输煤机组自动运行。

1）正常开车。按下自动开车按钮 SB1，音响提示 5s 后，回收电动机 M6 起动运行并点亮 HL6 指示灯。10s 后，2#送煤电动机 M5 电动机起动运行并点亮 HL5 指示灯。10s 后，提升电动机 M4 起动运行并点亮 HL4 指示灯。10s 后，破碎电动机 M3 起动运行并点亮 HL3 指示灯。10s 后，1#送煤电动机 M2 起动运行并点亮 HL2 指示灯。10s 后，给料器电动机 M1 和磁选料器 YA 起动运行并点亮 HL1 指示灯。10s 后，点亮 HL9 系统正常运行指示灯，输煤机组正常运行。

2）正常停车。按下自动开车按钮 SB2，音响提示 5s 后，给料器电动机 M1 和磁选料器 YA 停车并熄灭 HL1 指示灯。同时，熄灭 HL9 系统正常运行指示灯。10s 后，1#送煤电动机 M2 停车并熄灭 HL2 指示灯。10s 后，破碎电动机 M3 停车并熄灭 HL3 指示灯。10s 后，提升电动机 M4 停车并熄灭 HL4 指示灯。10s 后，2#送煤电动机 M5 电动机停车并熄灭 HL5 指示灯。10s 后，回收电动机 M6 停车并熄灭 HL6 指示灯。输煤机组全部正常停车。

3）过载保护。输煤机组有三相异步电动机 M1 ~ M6 和磁选料器 YA 的过载保护装置热继电器。如果电动机、磁选料器在输煤生产中，发生过载故障需立即全线停车并发出报警指示。系统故障指示灯 HL10 点亮，HA 电铃断续报警 20s，HL10 一直点亮直到事故处理完毕。

4）紧急停车。输煤机组正常生产过程中，可能会突发各种事件，因此需要设置紧急停车按钮，实现紧急停车防止事故扩大。紧急停车与正常停车不同，当按下红色蘑菇形紧急停车按钮 SB3 时，输煤机组立即全线停车，HA 警报声持续 10s 停止，紧急停车指示灯 HL8 连续闪亮直到事故处理完毕，回复正常生产。

5）系统正常运行指示。输煤机组中，拖动电动机 M1 ~ M6 和磁选料器 YA 按照程序全部正常起动运行后，HL9 指示灯点亮。如果有一台电动机或选料器未能正常起动运行，则视为故障。此时，系统故障指示灯 HL10 点亮，输煤机组停车。

（3）相关参数

1）M1 ~ M6 及磁选料器 YA 功率如图 7-30 中所示。

2）指示灯 HL：0.25W，DC24V。

3）电铃 HA：8W，AC220V。

3. 设计任务

1）根据控制要求，进行电气控制系统硬件电路设计，包括主电路、控制电路及 PLC 硬件配置电路。

2）根据控制要求，编制输煤机组 PLC 控制程序，有条件可以利用模拟开关板调试程序，模拟运行。

3）编写设计说明书，内容包括：①设计过程和有关说明；②基于 PLC 的输煤机组电气控制系统电路图；③PLC 控制程序（梯形图和指令表）；④电器元器件的选择和有关计算；⑤电气设备明细表；⑥参考资料、参考书及参考手册；⑦其他需要说明的问题，例如操作说明书、程序的调试过程、遇到的问题及解决方法、对课程设计的认识和建议等。

7.5.2 千斤顶液压缸加工机床电气控制

1. 机床概况

本机床用于千斤顶液压缸两个端面的加工，利用装在动力滑台上的左、右两个动力头同时进行切削。动力头的快进、工进及快退由液压缸驱动。液压系统采用两位四通电磁阀控制，并用调整死挡铁的方法实现位置控制。

机床的工作程序是：

1）工件定位。人工将零件装入夹具后，定位液压缸动作，工件定位。

2）工件夹紧。零件定位后，延时 15s，夹紧液压缸动作使零件固定在夹具内，同时定位液压缸退出以保证滑台入位。

3）滑台入位。滑台带动动力头一起快速进入加工位置。

4）加工零件。左右动力头进行两端面切削加工，动力头到达加工终点位置即停止工进，延时 30s 后停转，快速退回原位。

5）滑台复位。左右动力头退回原位后，滑台复位。

6）夹具松开。当滑台复位后夹具松开，取出零件。

以上各种动作由电磁阀控制，电磁阀动作要求见表7-13。

表7-13 电磁阀动作要求

	YV1	YV2	YV3	YV4	YV5
定位	+				
夹紧		+			
入位				+	+
工进				+	
退位			+		
复位放松					

注："+"号表示电磁阀得电。

2. 控制要求

1）左右动力头旋转切削由电动机M1集中传动，切削时冷却泵电动机同时运转。

2）只有在液压泵电动机M3工作，油压达到一定压力（压力继电器检测）后，才能进行其他的控制。

3）机床既能半自动循环工作，又能对各个动作单独进行调整。

4）要求有必要的电气连锁与保护，还有显示与安全照明。

5）控制信号说明见表7-14。

表7-14 控制信号说明

输入		输出	
文字符号	说明	文字符号	说明
SA1-1	机床半自动循环控制转换开关	KM1	动力头M1、冷却泵M2接触器
SA2-1	手动定位控制转换开关	KM2	液压泵M3接触器
SA3-1	手动入位控制转换开关	YV1	1#电磁阀
SA3-2	手动工进控制转换开关	YV2	2#电磁阀
SA3-3	手动退位控制转换开关	YV3	3#电磁阀
SB1	动力头M1、冷却泵M2起动按钮	YV4	4#电磁阀
SB2	动力头M1、冷却泵M2停止按钮	YV5	5#电磁阀
SB3	液压泵M3起动按钮	HL1	动力头M1、冷却泵M2运行指示
SB4	液压泵M3停止按钮	HL2	液压泵M3运行指示
KM1	动力头M1、冷却泵M2运行信号	HL3	半自动循环工作指示
KM2	液压泵M3运行信号	HL4	定位指示
FR1	动力头M1、冷却泵M2过载信号	HL5	入位指示
KP	压力继电器油压检测信号	HL6	工进指示
SQ	动力头工进终点位置检测信号	HL7	退位指示
		HL8	故障指示

6）相关参数：①动力头电动机M1：Y100L-6，1.5kW，AC380V，4.0A；②冷却泵电

动机 M2：JCB-22，0.15kW，AC380V，0.43A；③液压泵电动机 M3：Y801-4，0.55kW，AC380V，1.6A；④电磁阀 YV1 ~ YV5：100mA，AC220V；⑤指示灯 HL1 ~ HL8：10mA，DC24V；安全照明：10W，6.3V。

3. 设计任务

1）根据控制要求，进行机床电气控制系统硬件电路设计，包括主电路、控制电路及 PLC 硬件配置电路。

2）根据控制要求，编制机床控制 PLC 应用程序，有条件可以利用模拟开关板调试程序，模拟运行。

3）编写设计说明书，内容包括：①设计过程和有关说明；②基于 PLC 的机床电气控制系统电路图；③PLC 控制程序（梯形图和指令表）；④电器元器件的选择和有关计算；⑤电气设备明细表；⑥参考资料、参考书及参考手册；⑦其他需要说明的问题，例如操作说明书、程序的调试过程、遇到的问题及解决方法、对课程设计的认识和建议等。

7.5.3　旋转式滤水器电气控制系统

1. 设备概况

旋转式滤水器主要用于水力发电厂的生产用水过程中，对进入水厂原水中 $2cm^3$ 以上的漂浮杂物进行过滤除杂。该设备安装在水处理车间的进水管道入口处，根据生产用水量的实际需要，既可单台使用，也可多台并联运行。旋转式滤水器的基本工作原理是根据旋转式滤水器进水口、出水口之间的水位压力差来控制旋转式滤水器的除杂排污。

正常滤水过程：由于旋转式滤水器进水与出水口的水流正常，产生的压力差低于差压控制器设定值，因此，差压控制器内微动开关无动作输出，原水正常过滤。

除杂排污过程：由于旋转式过滤器长时间过滤原水，势必在滤水器内的过滤孔中阻塞大量的水中漂浮物，使得进水口的水压大于出水口的水压，出水量减少，进、出水口产生的压力差高于差压控制器设定值，这时差压控制器内微动开关动作输出，常开触点闭合，接通控制系统进行除杂排污。除杂排污后旋转式滤水器又恢复正常滤水状态，生产供水系统安全运行。旋转式滤水器控制框图如图 7-31 所示。

2. 控制要求

（1）手动调试和检修

SA1 手柄指向左 45°时，接点 SA1-1 接通，通过 SB1、SB2 控制按钮，手动开/关电动阀，通过 SB3、SB4 控制按钮，手动开/关滤水器电动机，以便于系统调试和检修。

（2）人工除杂排污

SA1 手柄指向右 45°时，接点 SA1-2 接通，人工起动、停止旋转式滤水器进行除杂排污。

（3）定时自动除杂排污

SA1 手柄回零位时，若原水中杂物较少，固体漂浮物也较少。因此，水处理车间的旋转式滤水器长时间正常滤水，不能进行差压自动除杂排污。由于旋转式滤水器长时间置于水中，各个机械传动机构会锈蚀，影响过滤和除杂排污或导致旋转式滤水器损坏，因此，需要具有定时自动除杂排污功能。

（4）差压自动除杂排污

SA1 手柄回零位时，若滤水器进、出水口产生的压力差高于差压控制器设定值时，旋转

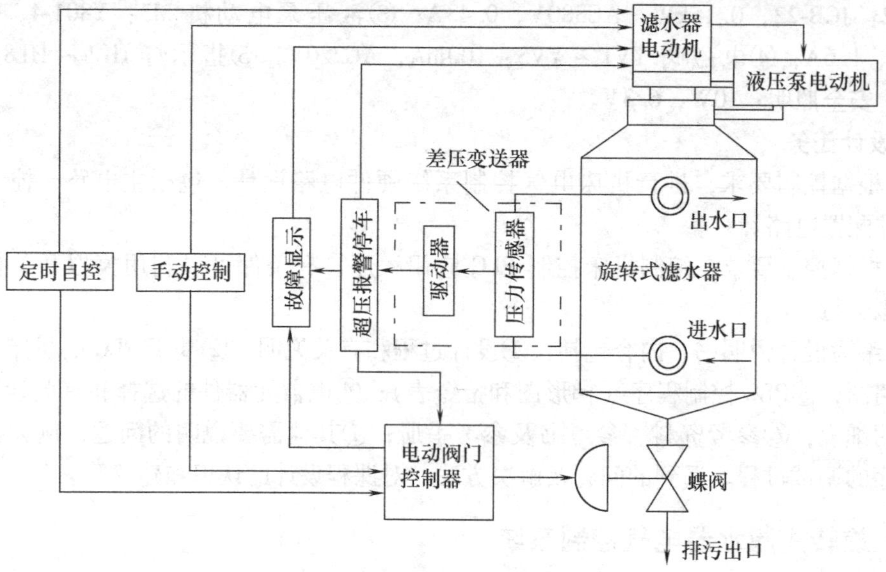

图 7-31　旋转式滤水器控制框图

式滤水器自动进行除杂排污，直到滤水器进、出水口产生的压力小于差压控制器设定值时，旋转式滤水器自动停止除杂排污，恢复正常滤水状态。

（5）超压停机

旋转式滤水器内部的过滤孔被小颗粒杂物堵死无法排出，进、出水口的压力差较高，虽然进行了除杂排污，但是进、出水口的压力差仍然未能降到正常值，差压控制器内微动开关长时间动作（8～10min），需要立即停车，并发出声光报警。

（6）计数功能

该设备不管进行了哪种形式的除杂排污，每次进行除杂排污后都要有记录。因此需要记录除杂排污次数（5 位）。

（7）减速机润滑

在旋转式滤水器上装有行星摆线针轮减速机，由输油泵将油室中的润滑油源源地送入减速机，液压泵拖动电动机与滤水器电动机同步运行。

（8）除杂排污阀门的电动装置

内设三相交流异步电动机 380V/60W、阀门限位开关和电动机过热保护，通过正、反相运行实现开阀、关阀功能。

（9）其他必要的电气联锁与保护，受控对象运行状态显示等

（10）相关参数

1）滤水器电动机 M1：Y 系列，AC380V，1.5kW，6 极；液压泵电动机 M2：Y 系列，AC380V，70W，4 极；减速机 4 极减速；电动阀电动机 M3：AC380V，60W，电动阀自带。

2）差压变送器测量范围：0.3～0.8MPa 可调，电感性电接点输出：AC220V，1A。

3）指示灯 HL：10mA，DC24V。

4）电铃 HA：8W，AC220V。

控制信号说明见表 7-15。

表 7-15　控制信号说明

输入		输出	
文字符号	说　明	文字符号	说　明
SA1-1	手动控制转换开关	KM1	开电动阀接触器
SA1-2	人工除杂排污控制转换开关	KM2	关电动阀接触器
SB1	手动开电动阀按钮	KM3	滤水器、液压泵运行接触器
SB2	手动关电动阀按钮	HL1	手动控制指示灯
SB3	手动开滤水器、液压泵按钮	HL2	人工除杂排污指示灯
SB4	手动关滤水器、液压泵按钮	HL3	定时自动除杂排污指示灯
KP	差压变送器信号	HL4	差压自动除杂排污指示灯
KM1	开电动阀信号	HL5	故障指示灯
KM2	关电动阀信号	HL6	开电动阀指示灯
KM3	滤水器、液压泵运行信号	HL7	关电动阀指示灯
FR	电动机过载信号	HL8	滤水器、液压泵运行指示灯
SQ1	电动阀打开限位开关	HA	报警电铃
SQ2	电动阀关闭限位开关	H	除杂排污次数显示（5 位）

3. 设计任务

1）根据控制要求，进行旋转式滤水器电气控制系统硬件电路设计，包括主电路、控制电路及 PLC 硬件配置电路。

2）根据控制要求，编制旋转式滤水器控制 PLC 应用程序，有条件可以利用模拟开关板调试程序，模拟运行。

3）编写设计说明书，内容包括：①设计过程和有关说明；②基于 PLC 的旋转式滤水器电气控制系统电路图；③PLC 控制程序（梯形图和指令表）；④电器元器件的选择和有关计算；⑤电气设备明细表；⑥参考资料、参考书及参考手册；⑦其他需要说明的问题，例如操作说明书、程序的调试过程、遇到的问题及解决方法、对课程设计的认识和建议等。

7.5.4　锅炉车间输煤机组控制

1. 设备概况

车床是机床中应用最广泛的一种。它可以用于切削各种工件的外圆、内孔、端面及螺纹。车床在加工工件时，随着工件材料和材质的不同，应选择合适的主轴转速及进给速度。但目前中小型车床多采用不变速的异步电动机拖动，它的变速是靠齿轮箱的有级调速来实现的，所以它的控制电路比较简单。为满足加工的需要，主轴的旋转运动有时需要正转或反转，这个要求一般是通过改变主轴电动机的转向或采用离合器来实现的。进给运动多半是把主轴运动分出一部分动力，通过挂轮箱传给进给箱来实现刀具的进给。有的为了提高效率，刀架的快速运动由一台进给电动机单独拖动。车床一般都通过交流电动机拖动的冷却泵来实现刀具切削时冷却。有的还设有润滑泵对系统进行润滑。

2. 控制要求

1）主要控制电器为三台电动机：主电动机、冷却泵电动机、快速移动电动机。三台电动机都要有短路保护措施。

2）主电动机和冷却泵电动机采用热继电器进行过载保护。

3）主电动机要采用降压起动方式起动。

4）主电动机要求能够正反转控制，并且有点动调整控制和长动控制，采用反接制动。

5）主回路负载的电流大小能够监控，但要防止起动电流对电流表产生冲击。

6）机床要有照明设施。

控制信号说明见表 7-16。

表 7-16 车床控制系统信号说明

符　号	名称及用途	符　号	名称及用途
QF	断路器作电源引入及短路保护用	FR1	热继电器，主电动机过载保护用
FU1 ~ FU2	熔断器作短路保护	FR2	热继电器，冷却泵电动机过载保护用
M1	主电动机	KM1	接触器，主电动机正向起动、停止用
M2	冷却泵电动机	KM2	接触器，主电动机反向起动、停止用
M3	快速电动机	KM3	接触器，主电动机起动、制动切入电阻
SB1 ~ SB4	主电动机起、停、点动按钮	KM4	接触器，冷却泵电动机起动、停止用
SB5 ~ SB6	冷却泵电动机起停按钮	KM5	接触器，快速电动机起动、停止用
SQ	限位开关，快速移动电动机控制	TC	控制与照明变压器
HLl	主电动机起停指示灯	SA	机床照明灯开关
HL2	电源接通指示灯		
EL	机床照明灯		

3. 设计任务

1）根据控制要求，进行卧式车床电气控制系统硬件电路设计，包括主电路、控制电路及 PLC 硬件配置电路。

2）根据控制要求，编制卧式车床控制 PLC 应用程序。

3）编写设计说明书，内容包括：①设计过程和有关说明；②基于 PLC 的卧式车床电气控制系统电路图；③PLC 控制程序（梯形图和指令表）；④电器元器件的选择和有关计算；⑤电气设备明细表；⑥参考资料、参考书及参考手册；⑦其他需要说明的问题，例如操作说明书、程序的调试过程、遇到的问题及解决方法、对课程设计的认识和建议等。

7.5.5 锅炉车间输煤机组控制

1. 设备概况

钻床可以进行多种形式的加工，如钻孔、镗孔、铰孔及攻螺纹。因此要求钻床的主轴运动和进给运动有较宽的调速范围。Z3040 型摇臂钻床的主轴的调速范围为 50:1，正转最低转速为 40r/min，最高为 2000r/min，进给范围为 0.05 ~ 1.60r/min。它的调速是通过三相交流异步电动机和变速箱来实现的。也有的采用多速异步电动机拖动，这样可以简化变速机构。

钻床的种类很多，有台钻、立钻、卧钻、专门化钻床和摇臂钻床。台钻和立钻的电气电路比较简单，其他型式的钻床在控制系统上也大同小异。

摇臂钻床适合于在大、中型零件上进行钻孔、扩孔、铰孔及攻螺纹等工作，在具有工艺装备的条件下还可以进行镗孔。摇臂钻床的主轴旋转运动和进给运动由一台交流异步电动机拖动，主轴的正反向旋转运动是通过机械转换实现的。故主电动机只有一个旋转方向。

摇臂钻床除了主轴的旋转和进给运动外，还有摇臂的上升、下降及立柱的夹紧和放松。摇臂的上升、下降由一台交流异步电动机拖动，主轴箱、立柱的夹紧和放松由另一台交流电动机拖动。通过电动机拖动一台齿轮泵，供给夹紧装置所需要的压力油。而摇臂的回转和主轴箱的左右移动通常采用手动。此外还有一台冷却泵电动机对加工的刀具进行冷却。

2. 控制要求

1）主要控制电器为四台电动机：主电动机、摇臂升降电动机、液压马达、冷却泵电动机。

2）主电动机和液压马达采用热继电器进行过载保护，摇臂升降电动机、冷却泵电动机均为短时工作，不设过载保护。

3）摇臂的升降，主轴箱、立柱的夹紧放松都要求拖动摇臂升降电动机、液压泵电动机能够正反转。

4）摇臂的升降控制：按下摇臂上升起动按钮，液压泵电动机起动供给压力油，经分配阀体进入摇臂的松开油腔，推动活塞使摇臂松开。同时摇臂升降电动机旋转使摇臂上升。如果摇臂没有松开，摇臂升降电动机不能转动。可使用限位开关保证摇臂可靠松开后才能上升或下降。

当摇臂上升到所需要的位置时，松开摇臂上升起动按钮，升降电动机断电，摇臂停止上升。当持续 1 ~3s 后，液压泵电动机反转，使压力油经分配阀进入的夹紧液压腔，摇臂夹紧，同时液压泵电动机停止，完成了摇臂的松开-上升-夹紧动作。

5）摇臂升降电动机的正转与反转不能同时进行，否则将造成电源两相间短路。

6）因为摇臂的上升或下降是短时的调整工作，所以应采用点动方式。

7）摇臂的上升或下降要设立极限位置保护。

8）立柱和主轴箱的松开与夹紧控制：主轴箱与立柱的松开及夹紧控制可以单独进行，也可以同时进行。由开关 SA2 和按钮 SB5（或 SB6）进行控制。SA2 有三个位置：在中间位置（零位）时为松开及夹紧控制同时进行，扳到左边位置时为立柱的夹紧或放松，扳到右边位置时为主轴箱的夹紧或放松。SB5 是主轴箱和立柱的松开按钮，SB6 为主轴箱和立柱的夹紧按钮。

9）主轴箱松开和夹紧的动作过程：首先将组合开关 SA2 扳向右侧。当要主轴箱松开时，按下按钮 SB5，经 1 ~3s 后，液压泵电动机正转使压力油经分配阀进入主轴箱液压缸，推动活塞使主轴箱放松。主轴箱和立柱松开指示灯 HL2 亮。当要主轴箱夹紧时，按下按钮 SB6，经 1 ~3s 后，液压马达反转，压力油经分配阀进入主轴箱液压缸，推动活塞使主轴箱夹紧。同时指示灯 HL3 亮，HL2 灭，指示主轴箱与立柱夹紧。

10）当将 SA2 扳到左侧时，立柱松开或夹紧。SA2 在中间位置按下 SB5 或 SB6 时，主轴箱和主柱同时进行夹紧或放松。其他动作过程和主轴箱松开和夹紧完全相同，不再重复。

11）机床要有照明设施。

控制信号说明见表 7-17。

表 7-17 摇臂钻床电器元件列表

符 号	名称及用途	符 号	名称及用途
M1	主电动机	YA1	主轴箱放松、夹紧用电磁铁
M2	摇臂升降电动机	YA2	立柱松开、夹紧用电磁铁
M3	液压泵电动机	K1	工作准备用中间继电器
M4	冷却泵电动机	SA1	机床工作灯开关
KM1	主轴旋转接触器	SA2	主轴箱、立柱松开、夹紧用转换开关
KM2	摇臂上升接触器	FR1	M1 电动机过载保护用热继电器
KM3	摇臂下降接触器	FR2	M3 电动机过载保护用热继电器
KM4	主轴箱、立柱、摇臂放松接触器	TC	控制变压器
KM5	主轴箱、立柱、摇臂夹紧接触器	SB1	总起动按钮
KT1	摇臂上升、下降用时间继电器	SB2	主电动机起动按钮
KT2	主轴箱、立柱和摇臂放松、夹紧用时间继电器	SB3	摇臂上升起动按钮
KT3	主轴箱、立柱和摇臂放松、夹紧用时间继电器	SB4	摇臂下降起动按钮
SQ1	摇臂升降极限保护限位开关	SB5	主轴箱、立柱、摇臂松开按钮
SQ2	摇臂放松用限位开关	SB6	主轴箱、立柱、摇臂夹紧按钮
SQ3	摇臂夹紧用限位开关	SB7	总停止按钮
SQ4	立柱夹紧、放松指示用限位开关	SB8	主电动机停止按钮
QF1 ~ QF4	电源引入兼做短路保护用断路器	HL1 ~ HL4	工作状态指示信号灯
QF5	工作灯用断路器	EL	机床工作灯
QF6	冷却泵电动机电源断路器		

3. 设计任务

1）根据控制要求，进行摇臂钻床电气控制系统硬件电路设计，包括主电路、控制电路及 PLC 硬件配置电路。

2）根据控制要求，编制摇臂钻床控制 PLC 应用程序。

3）编写设计说明书，内容包括：①设计过程和有关说明；②基于 PLC 的摇臂钻床电气控制系统电路图；③PLC 控制程序（梯形图和指令表）；④电器元器件的选择和有关计算；⑤电气设备明细表；⑥参考资料、参考书及参考手册；⑦其他需要说明的问题，例如操作说明书、程序的调试过程、遇到的问题及解决方法、对课程设计的认识和建议等。

参 考 文 献

[1] 张运刚，宋小春，郭武强．从入门到精通：三菱 FX2N PLC 技术与应用［M］．北京：人民邮电出版社，2007.

[2] 王建，张宏．三菱 PLC 入门与典型应用［M］．北京：中国电力出版社，2009.

[3] 罗海平，吴海勤，严盈富．监控组态软件与 PLC 入门［M］．北京：人民邮电出版社，2006.

[4] 陈建明．电气控制与 PLC 应用［M］．北京：电子工业出版社，2006.

[5] 满永奎，边春元，赵苏．三菱 Q 系列 PLC 原理与应用设计［M］．北京：机械工业出版社，2010.

[6] 陈苏波，杨俊辉，陈伟欣，常春藤．三菱 PLC 快速入门与实例提高［M］．北京：人民邮电出版社，2008.

[7] 贺哲荣，石帅军．流行 PLC 实用程序及设计（三菱 FX2 系列）［M］．西安：西安电子科技大学出版社，2006.

[8] 曹菁．三菱 PLC、触摸屏和变频器应用技术［M］．北京：机械工业出版社，2010.

[9] 王万丽，郝庆文．三菱系列 PLC 原理及应用［M］．北京：人民邮电出版社，2009.

[10] 杨青杰．三菱 FX 系列 PLC 应用系统设计指南［M］．北京：机械工业出版社，2008.

[11] 刘艳梅．三菱 PLC 基础与系统设计［M］．北京：机械工业出版社，2009.

[12] 张还．三菱 FX 系列 PLC 设计与开发：原理、应用与实训［M］．北京：机械工业出版社，2009.

[13] 华满香．电气控制及 PLC 应用（三菱系列）［M］．北京：北京大学出版社，2009.

[14] 杜从商．PLC 编程应用基础（三菱）［M］．北京：机械工业出版社，2009.

[15] 孙德胜，李伟．PLC 操作实训：三菱［M］．北京：机械工业出版社，2007.

[16] 龚运新，陈淑兰，解晓飞．三菱 PLC 实用技术教程［M］．北京：北京师范大学出版社，2007.

[17] 洪应．三菱系列 PLC 入门与应用实例［M］．北京：中国电力出版社，2010.

[18] 俞国亮．PLC 原理与应用（三菱 FX 系列）［M］．2 版．北京：清华大学出版社，2009.

[19] 刘建华，张静之．三菱 FX2N 系列 PLC 应用技术［M］．北京：机械工业出版社，2010.